도판 1 뉴질랜드 오라케이 코라코의 온천 주변에 나타나는 미생물 생태계. 청록색의 긴 띠는 시아노박테리아다. 다양한 물질대사를 수행하는 박테리아와 고세균이 살고 있는 오늘날의 온천은 초기의 지구에 어떤 생물이 살고 있었는지를 엿볼 수 있는 창이다.

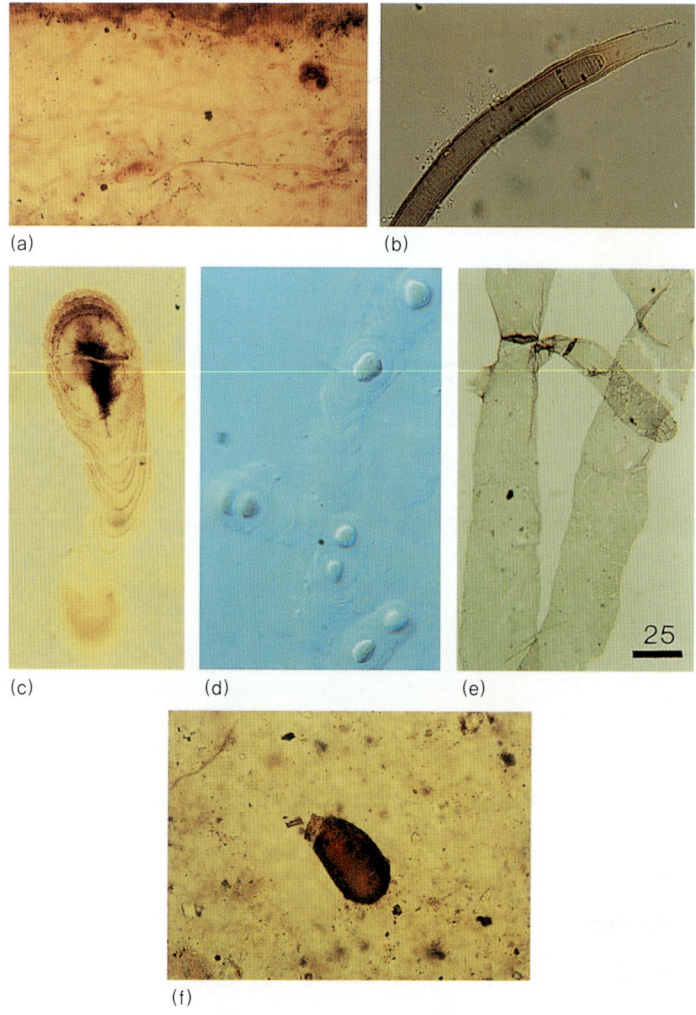

도판 2 아카데미케르브린 층군의 처트와 셰일에 존재하는 화석과 이에 대응하는 현생생물.
(a) 스피츠베르겐 섬의 처트에 포함되어 있는, 매트를 형성하는 미생물의 필라멘트 꼴 화석. 관의 폭은 약 10마이크론.
(b) 링그비아 *Lyngbya* 속의 시아노박테리아. (a)의 화석에 대응하는 현생생물(표본의 직경은 약 15마이크론). 띠 모양의 세포를 둘러싸고 있는 세포 외 초를 눈여겨볼 것. 이 초는 박테리아에 의해 잘 파괴되지 않기 때문에, 안에 든 세포보다 화석기록으로 남기 쉽다(사진은 존 볼드 John Bauld 제공).
(c) 폴리베수루스 비파르티투스 *Polybessurus bipartitus*. 스피츠베르겐의 처트에 존재하는, 대를 형성하는 특이한 미생물. 표본의 폭은 약 35마이크론.
(d) 대를 형성하는 현생의 시아노박테리아. 바하마 제도, 안드로스 섬의 개펄에 크러스트를 형성하고 있는 것. 각 표본은 폭이 약 15마이크론. 이것은 폴리베수루스에 대응하는 현생생물로서 6,000~8,000만 년 전의 화석에서 예측한 환경을 근거로 찾아낸 것이다.
(e) 스피츠베르겐 섬의 셰일에서 나온 다세포 화석. 현생 녹조류 클라도포라 *Cladophora*에 대응하는 생물(관의 폭은 25마이크론, 사진은 니콜라스 버터필드 제공).
(f) 꽃병 모양을 한 작은 원생동물 미화석(화석의 길이는 100마이크론. 자세한 것은 9장 참조).

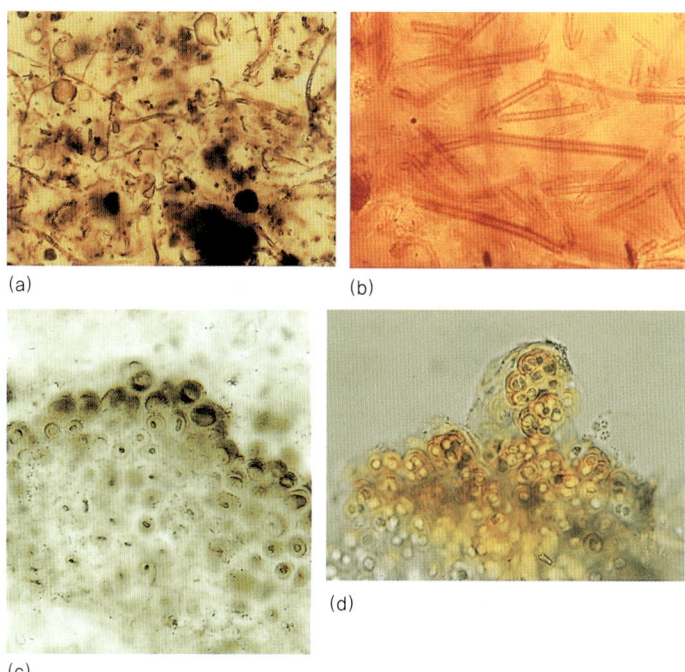

도판 3 원생이언 초기의 미화석과 이와 아주 비슷한 현생생물.
(a) 미화석으로 빽빽한 건플린트 처트를 현미경으로 본 사진.
(b) 렙토트릭스 *Leptothrix*. 건플린트 화석군에서 발견된 필라멘트와 유사한 종류로 여겨지는 현생 철세균. (a)와 (b) 사진 모두에서, 필라멘트 꼴 생물의 폭은 1~2마이크론.
(c) 에오엔토피살리스 *Eoentophysalis*. 캐나다 벨처 군도에서 발견된 원생이언 초기의 처트에 존재하는 시아노박테리아(사진은 한스 호프먼 제공).
(d) 엔토피살리스 *Entophysalis*. 에오엔토피살리스와 매우 비슷한 현생종(세포를 둘러싼 타원형 초는 (c)와 (d) 사진 모두에서 폭이 6~10마이크론 정도, 사진은 존 볼드 제공).

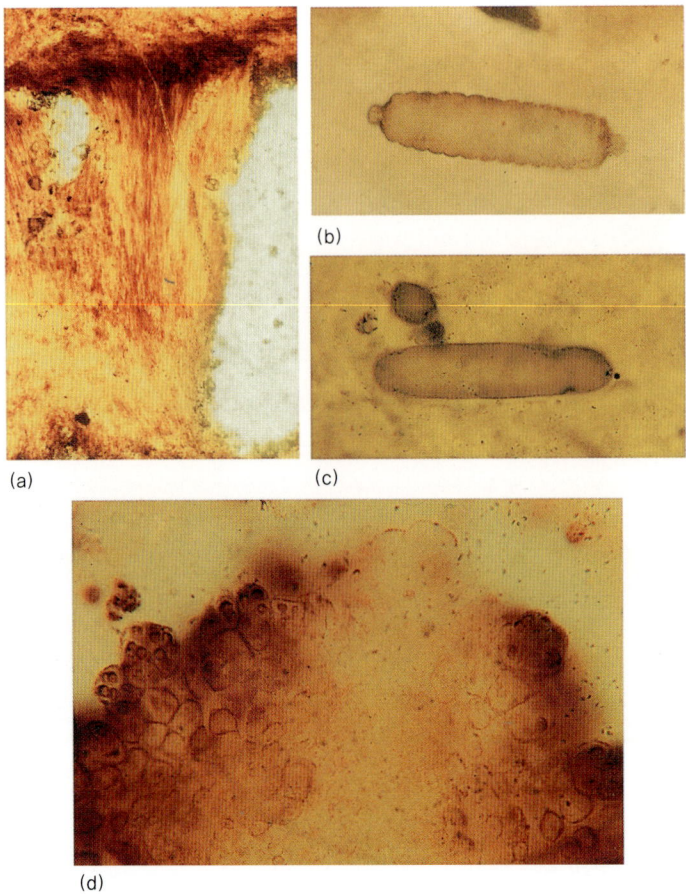

도판 4 15억 년 전의 빌랴흐 층군에서 발견된 처트에 존재하는 시아노박테리아의 미화석.
(a) 관 모양의 필라멘트 타래가 곧추서 있다. 탄산칼슘 교결물이 아주 이른 시기에 형성되어, 이 방향으로 고정되었음(각 필라멘트의 크기는 약 8마이크론).
(b) 필라멘트 꼴 시아노박테리아. 세포가 긴 방향으로 배열되어 있는 모습을 보여준다. 이 표본은 가볍게 염색을 한 캐스트로서, 탄산염 퇴적물 속에서 아주 빨리 교결물이 채워져 형성된 것이다(화석의 길이는 85마이크론).
(c) 아르카이오엘립소이데스 *Archaeoellipsoides*. 크기가 크고(이 표본은 길이가 80마이크론) 시가 모양을 한 화석. 현생종인 아나베나 *Anabaena*와 비슷한 시아노박테리아의 생식을 위해 분화한 세포로 해석된다.
(d) 15억 년에 매트를 형성했던 에오엔토피살리스의 군체. 대응하는 현생종은 컬러도판 3d를 참조.

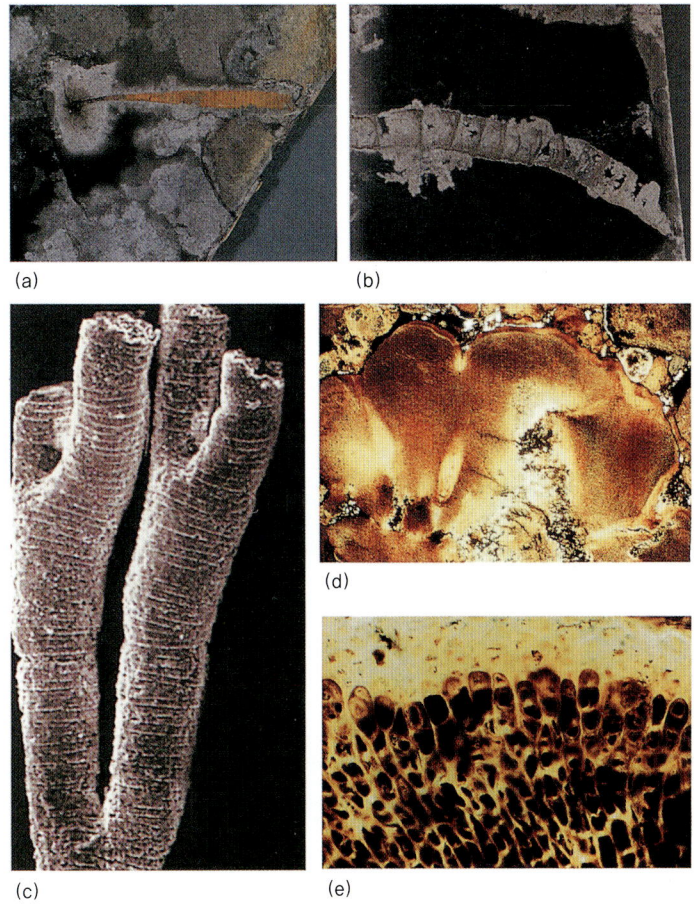

도판 5 더우산튀 층군의 암석에 존재하는 진핵생물 화석.
(a) 먀오허의 셰일에서 발견된 바닷말의 압축화석. 표본의 길이는 약 5센티미터.
(b) 마찬가지로 먀오허에서 발견된 관 모양의 화석. 아직 무엇인지 밝혀지지 않았지만 동물로 여겨짐. 표본의 길이는 약 7.5센티미터.
(c) 더우산튀의 인산염암에 보존되어 있던 아주 작은(폭이 150마이크론) 가지 모양의 관. 관에는 칸을 나누는 많은 벽들이 있다. 이것을 만든 존재는 산호의 먼 옛날 친척쯤 되는 생물인 것 같다.
(d)와 (e)는 더우산튀의 인산염암에 있는 다세포 홍조류. (d)는 어떤 조류의 단면으로, '세포 분수'와 생식구조로 해석되는 원통형의 빈 부분을 보여준다. 표본의 폭은 1밀리미터. 검은 점 한 개 한 개는 개별세포들이다. (e)는 보존상태가 좋은 세포들(한 개의 크기는 직경 6~10마이크론)을 고배율에서 본 것.

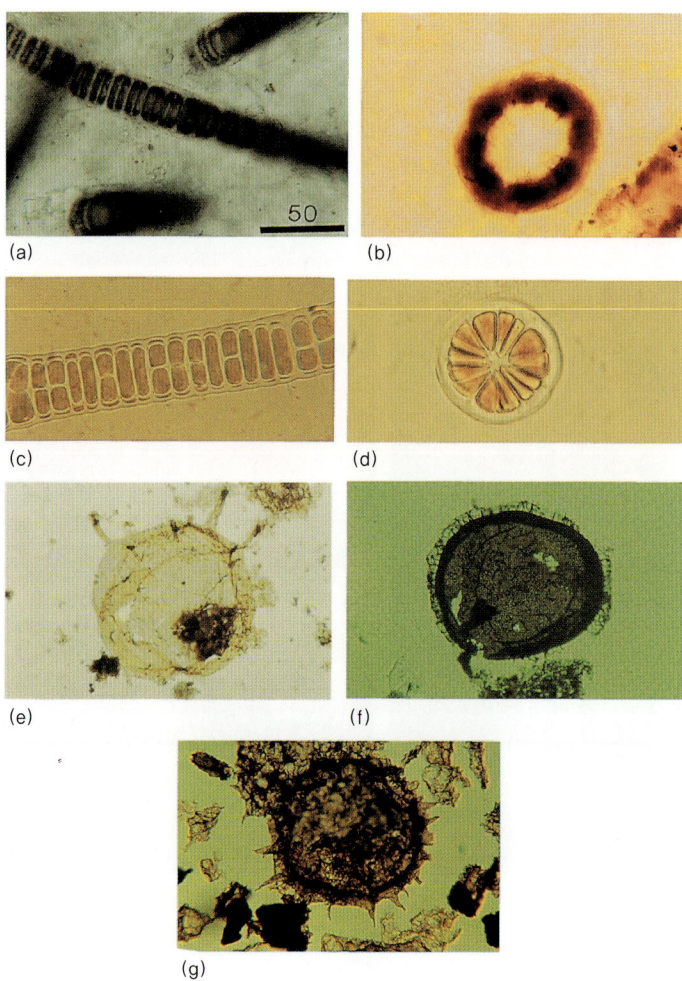

도판 6 원생이언 진핵생물의 화석.
(a)와 (b)는 캐나다 북극지방에서 나온 약 12억 년 전의 처트에 존재하는 화석, 방기오몰파*Bangiomorpha*.
(c)와 (d)는 현생 홍조류 방기아*Bangia*. 모든 표본은 단면의 직경이 약 60마이크론.
(e) 타파니아*Tappania*. 호주 북부에서 발견된 15억 년 전의 미화석. 화석의 직경은 120마이크론.
(f) 화려한 장식이 달린 미화석(직경 200마이크론). 중국의 약 13억 년 전 암석에서 발견되었고, 조류의 생식포자로 해석된다.
(g) 크고(200마이크론 이상) 가시가 달린 미화석. 호주의 5억 7,000만~5억 9,000만 년 전의 암석에서 발견되었다.

도판 7 나미비아 등지에서 발견된 에디아카라 화석.
(a) 스와르트푼티아 *Swartpuntia*. 나마 층군의 원생이언 최후 지층에서 발견된 날개 세 개짜리 화석. 사진 속의 화석에서는 두 개의 '날개'만 확실하게 보인다.
(b) 마우소니테스 *Mawsonites*. 호주 남부에서 발견된 10센티미터 가량의 원반. 말미잘과 비슷한 동물이거나 바다조름 군체의 부착기로 보인다(사진은 리처드 젠킨스 제공).
(c) 디킨소니아 *Dickinsonia*. 벤도비온트 화석 중에서 가장 유명하며 가장 논란이 분분한 것. 이 표본은 호주 남부의 에디아카라 언덕에서 발견되었다(사진은 리처드 젠킨스 제공).
(d) 구형의 녹조류 벨타넬리포르미스 *Beltanelliformis*. 우크라이나에서 발견된 원생이언 말기의 사암에서 나온 것이다. 표본의 직경은 1~2센티미터.
(e) 프테리디니움 *Pteridinium*. 나마 층군의 사암에서 발견된 날개 세 개짜리 화석.

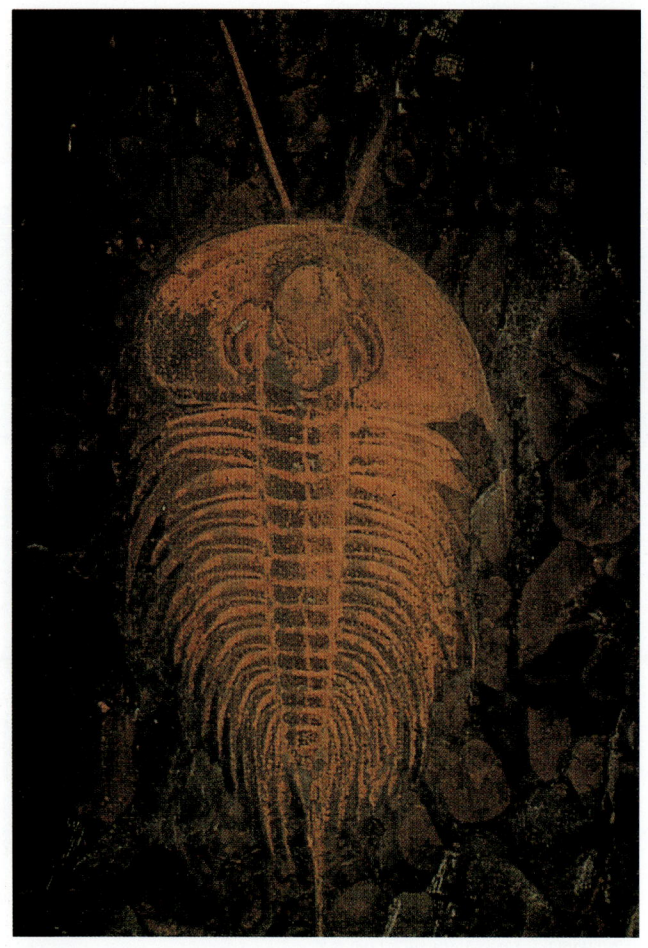

도판 8
삼엽충 올레넬루스 *Olenellus*. 캄브리아기 초기의 동물이 놀라운 복잡성을 획득했음을 잘 보여 준다(사진은 브루스 리버만Bruce Lieberman 제공).

생명 최초의 30억 년

지 구 에   새 겨 진   진 화 의 발 자 취

국립중앙도서관 출판시도서목록(CIP)

생명 최초의 30억 년 : 지구에 새겨진 진화의 발자취 /
지은이 : 앤드루 H. 놀 ; 옮긴이 : 김명주. — 서울 : 뿌리와이파리, 2007
p. ; cm

원서명 : Life on a young planet : the first three billion years of evolution on Earth
원저자명 : Knoll, Andrew H.
참고문헌과 색인 수록
ISBN 978-89-90024-66-4 03450 : \22000

476-KDC4
576.83-DDC21   CIP2007000453

LIFE ON A YOUNG PLANET:
The First Three Billion Years of Evolution on Earth

Copyright ⓒ 2003 by Princeton University Press
All rights reserved.

No part of this book may be reproduced or transmitted in any form or
by any means, electronic or mechanical, including photocopying, recording or
by any information storage and retrieval system permission in writing
from the Publisher.

Korean Translation Copyright ⓒ 2007 by PURIWA IPARI Publishing Co.
Korean Translation rights arranged with Princeton University Press,
through EYA(Eric Yang Agency).

이 책의 한국어판 저작권은 EYA(Eric Yang Agency)를 통해 Princeton University Press 사와
맺은 독점계약에 따라 뿌리와이파리가 갖습니다.
신저작권법에 의해 한국 내에서 보호를 받는 저작물이므로 무단전재와 복제를 금합니다.

생명
최초의 30억 년

지구에 새겨진 진화의 발자취

앤드루 H. 놀 Andrew H. Knoll 지음 | 김명주 옮김

뿌리와
이파리

차례

옮긴이의 말　　6
프롤로그　　11

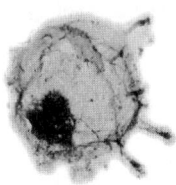

01　처음에 무엇이 있었을까?　　19
02　생명의 계통수　　33
03　암석에 새겨진 생명의 지문　　55
04　생명이 움트던 시절에　　79
05　생명의 탄생　　109
06　산소혁명　　133
07　생물계의 미생물 영웅, 시아노박테리아　　159

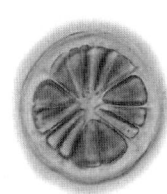

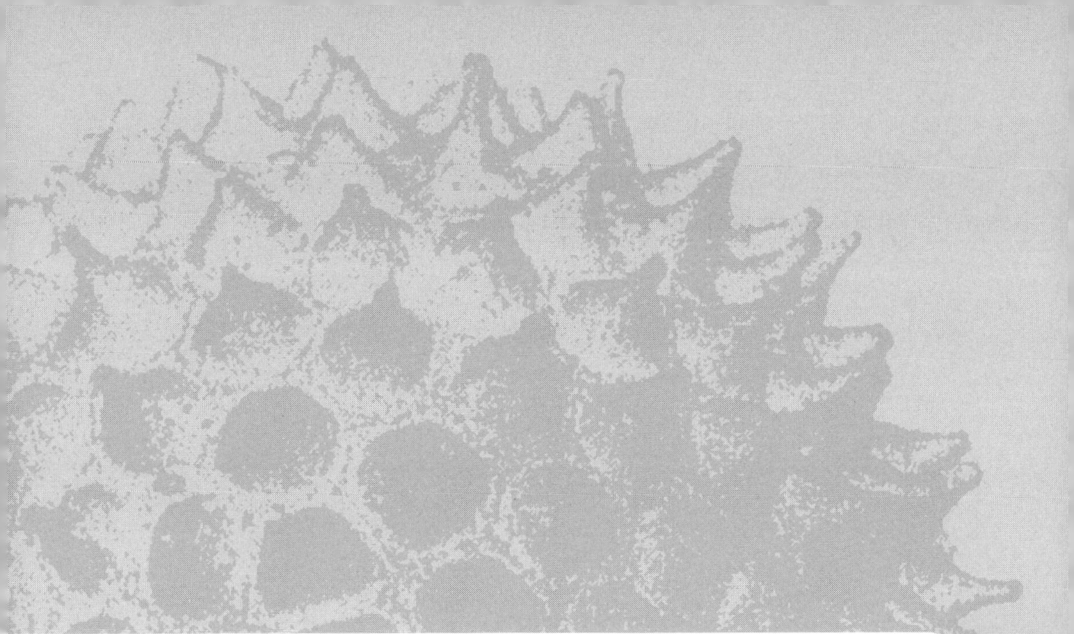

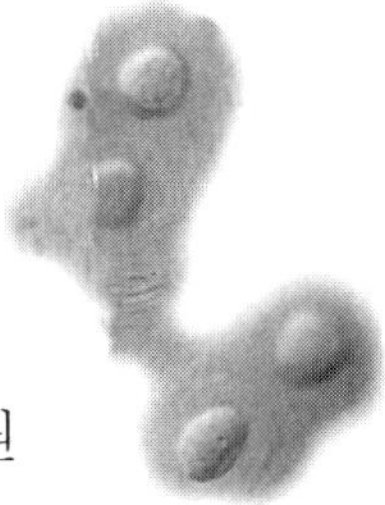

08 진핵세포의 기원	179
09 초기 진핵생물의 화석	201
10 동물의 등장	231
11 마침내 캄브리아기로	257
12 역동적인 지구, 너그러운 생태계	293
13 우주로 향하는 고생물학	319

에필로그	344
참고문헌	350
찾아보기	376

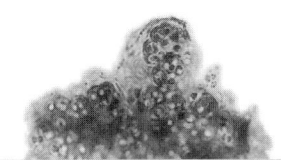

옮긴이의 말
생명의 '거의 모든' 역사

캄브리아기가 시작되는 5억 4,200만 년 전, 화석기록에 크고 작은 동물들이 (지질학의 시간척도에서) 갑자기 폭발하듯 출현한다. 이것을 캄브리아기 대폭발이라고 한다. 이 사건은 ─ 이때 현재의 동물들 대부분이 출현한다는 의미에서 ─ 오늘날의 세상을 열었다고 할 수 있다. 현재 우리가 아는 대부분의 고생물학 지식들은 모두 '그 이후'의 일이라고 생각하면 맞다. 반면, 그 앞에 수십억 년의 세월 동안 켜켜이 쌓여온 지층들에 대해서는 화석이 뜸한 만큼 알려진 사실이 거의 없다. 『생명 최초의 30억 년』은 생물의 흔적이 처음 발견되는 35억 년 전부터 캄브리아기 대폭발(약 5억여 년 전)까지를 담은 책이다. '최초'의 30억 년이라고는 했지만, 사실 생명의 '거의 모든' 역사에 해당하는 기나긴 기간이다. 또한 길기만 한 게 아니라, 중요한 일이 많이 일어났던 기간이었다. 물론 이 책이 막을 내릴 때까지 공룡이나 새나 인류는 코빼기도 비치지 않는다. 그러나 단순한 생물이 진핵생물로 진화하고, 다시 여러 세포가 복잡한 신호를 주고받으며 협력하는 다세포 생물로 진화하는 것은 결코 만만한 일이 아니었다. 오히려 이 길이 닦였을 때, 나머지 큰 동물들의 진화는 한달음이었다.

흥미롭게도 『생명 최초의 30억 년』은 35억 년 전의 지구가 아니라, 캄브리아기 대폭발의 현장에서 시작된다. 그리고 이야기는 역사를 한 바퀴 빙 돌아 시작했던 곳으로 다시 돌아온다. 지은이가 결말을 살짝 공개하면서 이야기를 시작하는 이유는, 읽는 이들에게 '캄브리아기 대폭발'이라는 생명사의 중요한 사건을 뚝 떨어진 하나의 사건으로 보지 말고 어떤 개연성을 갖고 바라보라는 주문인 듯하다. '캄브리아기 대폭발'은 이 책을 읽는 내내 우리의 머릿속으로 끼어든다. 호주 서부의 어느 암석에서 포착된 약 35억 년 전의 희미한 생명의 빛이 대체 어떤 과정을 거쳐 캄브리아기에 폭발하게 되었을까?

그런데 생물이 최초의 30억 년 동안 끝 무렵의 '대폭발'을 향해 늘 똑같은 속도로 움직였던 것 같지는 않다. 35억 년 전에 원핵생물이 진화의 무대에 등장하지만, 진핵생물이 제 살길을 찾은 것은 원핵생물이 출현한 후 적어도 10억 년쯤 지났을 때였다. 또한 다세포 생물이 캄브리아기에 만개하기까지는 다시 10~20억 년이 필요했다. 생물은 마치 뭔가에 가로막힌 듯 주춤거리다가는 뭔가에 힘을 받은 듯 달음질친 것처럼 보인다(오랫동안 변하지 않다가 — 지질학의 시간척도에서 — 갑자기 변하는 이른바 '단속평형'이라는 진화패턴을 보였다). 무슨 속사정이 있었던 걸까? 힌트는 생물이 진화하는 동안 지구가 잠자코만 있었던 게 아니라는 사실이다. 생물은 예나 지금이나 진화의 재료(변이)를 만들고 그 변이들이 자연선택의 손에 갈고 다듬어져 진화를 이루지만, 그때의 지구는 지금보다 훨씬 역동적이었다. 지은이의 설명에 따르면, 지구가 커다란 환경변화를 겪을 때 생물들은 더욱 다양한 삶의 기회들을 모색할 수 있었다고 한다. 여기서 눈여겨봐야 할 대목이 산소의 변화와 '너그러운 생태계'이다. 산소는 생물에게 두 번(약 22억 년 전과 선캄브리아 시대 막바지)의 생태적 기회를 열어주었다. 첫 번째 기회는, 약 22억 년 전 지구에 — 어떤 계기로 — 산소가 쌓이기 시작하면서 우리 인간처럼 산소를 이용할 수 있는 생물이 그렇지 않은 생물과 더불어 살아갈 수 있게 되었던 것이다. 그러나 지구는 곧

바로 지금의 세상이 되었다기보다는 해수면에만 약간의 산소가 있는 여전히 낯선 장소였기 때문에, 산소를 이용하는 진핵생물의 삶은 힘겨웠다. 그러다— 역시 어떤 계기로— 산소 장벽이 치워지자 그동안 유성생식, 세포골격, 유전자의 조절 스위치 같은 혁신의 도구들을 차곡차곡 마련한 '준비된' 생물들은 마침내 죽죽 뻗어나갈 수 있게 되었다. 특히 이 두 번째 기회는 빙하기와 대멸종 같은 환경 대변동으로 생긴 '너그러운 생태계'와 맞물려 캄브리아기 대폭발을 이끌었다는 게 지은이의 설명이다(너그러운 생태계란 경쟁이 드물거나 약한 생태환경을 뜻한다). 너그러운 생태계가 서투른 새 종을 배려하면서 다양한 생물이 진화할 수 있었다는 것이다. 생명과 지구는 함께 진화했기 때문에 유전적 가능성과 생태환경의 상호작용에서 진화의 설명을 찾아야 한다는 것을 지은이는 여러 차례에 걸쳐 강조하고 있다.

'폭발'도 중요하고 '기회'도 중요하다. 그렇지만 이 책은 진화의 학설을 추상적으로 정리하는 책이 아니다. 결국 30억 년 전에, 20억 년 전에, 10억 년 전에 살았던 생물들이 무엇이었고, 어느 곳에서 어떤 방법으로 살았는지와 같은 구체적인 증거들이 없다면 생명의 진화에 대한 모든 이야기들은 추측과 가정에 불과할 테니까. 이 책의 진정한 재미는 고생물학자인 지은이를 따라 태곳적 지구에 살았던 박테리아와 단세포(또는 다세포) 진핵생물을 찾는 과정이다. 그런데 이 과정은 우리가 아는 고생물학 탐사보다는 오히려 범인의 뒤를 밟는 탐정의 모습에 더 가깝다. 진화의 기틀을 다진 작은 일꾼들을— 본의 아니게— 범인으로 몰아 세워 미안하지만, 요는 그들이 아무것도 순순히 털어놓지 않는다는 것이다. 그나마 흔적을 잘 남기고, 광합성을 하기 때문에 연구할 가치가 높은 시아노박테리아라는 세균도, 암석에 벗어놓은 껍질의 크기가 우리 속눈썹 두께의 10분의 1 정도다. 이 '범인'들은 작은 단서 하나만을 흘려놓고 술래잡기를 하는 것처럼 보인다. 가장 대표적인 예가 미생물이 만든 암석인 스트로마톨라이트. 이것은 개펄을 끈끈한 막으로 뒤덮은 박테리아들이 파도에 휩쓸려온 고운 퇴적물 입자를 붙들어 묶어 만든 신기한 암석이다. 따라서 스트로마톨라이트를 발견하면, '아, 이곳에 박테리아가 살았구나'라고 예상할 수 있다 — 이 문제도 그리 간단치는 않지만. 선캄브리아 시대의 고생물 찾기는 이 밖에 방사성동위원소, 생명의 계통수, 암석에 남겨진 생물기원(biological)의 분자, 퇴적특징들이 알려주는 당시의 환경 따위를 세심히 읽어내어 종합적으로 판단해야 하는 과정이다. 이런 부분들을 대충 흘려듣고 '그래서 있다는 거야, 없다는 거야?'라며 조급한 결론을 얻으려 한다면, 확실한 결론들이 드문 선캄브리아 시대의 고생물학 탐사에서 길을 잃을지도 모른다. '그럴까 아닐까', '있을까 없을까'라는 질문에 푹 빠져보면 좋겠다.

더불어 "장화를 신고 야외로 나가는" 사이사이에 지은이가 들려주는 생물학 강의들도 흘려듣지 말기를. 생명의 계통수의 쓰임새, 원핵생물이 얼마나 다양한 방법으로 먹고사는지, 최초의 생명은 어떻게, 또 어디서 탄생했는지, 최초의 진핵생물은 어떤 것이었는지 같은 논의들은 그 자체로도 흥미로울뿐더러 초기 생명의 증거를 찾는 데 꼭 필요하기 때문이다. 이미 들어본 독자들도 있겠지만 'RNA 세계'나 '내부공생이론'처럼 책 한 권씩을 할애해도 모자랄 이야기들이 최신연구들과 함께 담겨 있다. 또한 우주고생물학 이야기도 흥미롭다. 고생물학자이지만 화성탐사로봇 연구팀의 일원으로서 우주고생물학에도 관심이 많은 지은이는 생명에 대한 논의를 우주 차원으로 넓혀간다. "화성에 물이 흘렀다", "화성에 생물이 살았을 가능성이 있다"와 같은 신문기사를 항상 챙겨 읽는 독자라면, 지은이의 논리정연하고 균형 잡힌 설명에 매우 만족할 것이다.

무한한 역사를 이어온 생명의 진화뿐 아니라, 100년도 채 되지 않는 사람살이에서도 '단속평형'의 진화를 경험할 수 있는 순간들이 있는 것 같다. 『생명 최초의 30억 년』이라는 만만치 않은 상대를 만나 겯고 트는 동안, 그리고

30억 년이라는 막대한 시간을 넘나드는 동안, 내 삶에도 작은 '단속평형'의 순간이 있었으리라. 이 책을 만난 덕분이라고 생각한다. 더불어 추천의 말씀을 보내주셨으며 내가 미처 챙기지 못했던 중요한 지질학 용어들을 바로잡아 주신 장순근 박사님과, 옮긴이를 책을 함께 만드는 동지로 배려해주신 뿌리와이파리 식구들께 깊이 감사드린다.

생명이 움트는 계절에
김명주

프롤로그

역사 이야기는 역사가가 생산하는 최종산물이다.
— C. 밴 우드워드 Vann Woodward

월트 휘트먼은 과학강연을 들은 어느 날 저녁의 소감을 〈그 박식한 천문학자의 말을 들었을 때〉라는 짤막한 시에서 털어놓고 있다. 그는 강당을 가득 메운 증거와 숫자들에 숨이 막힐 듯 답답해져서,

> 자리에서 일어나 밖으로 빠져 나온 뒤 홀로 거닐었다.
> 그리고 젖어 있는 신비로운 밤공기 속에
> 이따금씩 아무 말 없이 하늘의 별을 올려다보았다.

이 시는 100년도 더 전에 씌어졌지만 오늘날의 수많은 청중들에게도 공감을 불러일으킨다. 아마도 휘트먼은, 일찍이 우주를 이해하고 우주 안에서 인간의 위치를 가늠해보려는 옛 사람들의 시도가 자연의 신비를 멋진 이야기로 바꾸어놓은 데 반해, 과학은 경외를 통계로 바꿔치기하고 있다는 말을 하고 싶었던 듯하다.
하지만 자연의 경이로움에 다가서는 데 진정 모르는 것이 아는 것보다 나

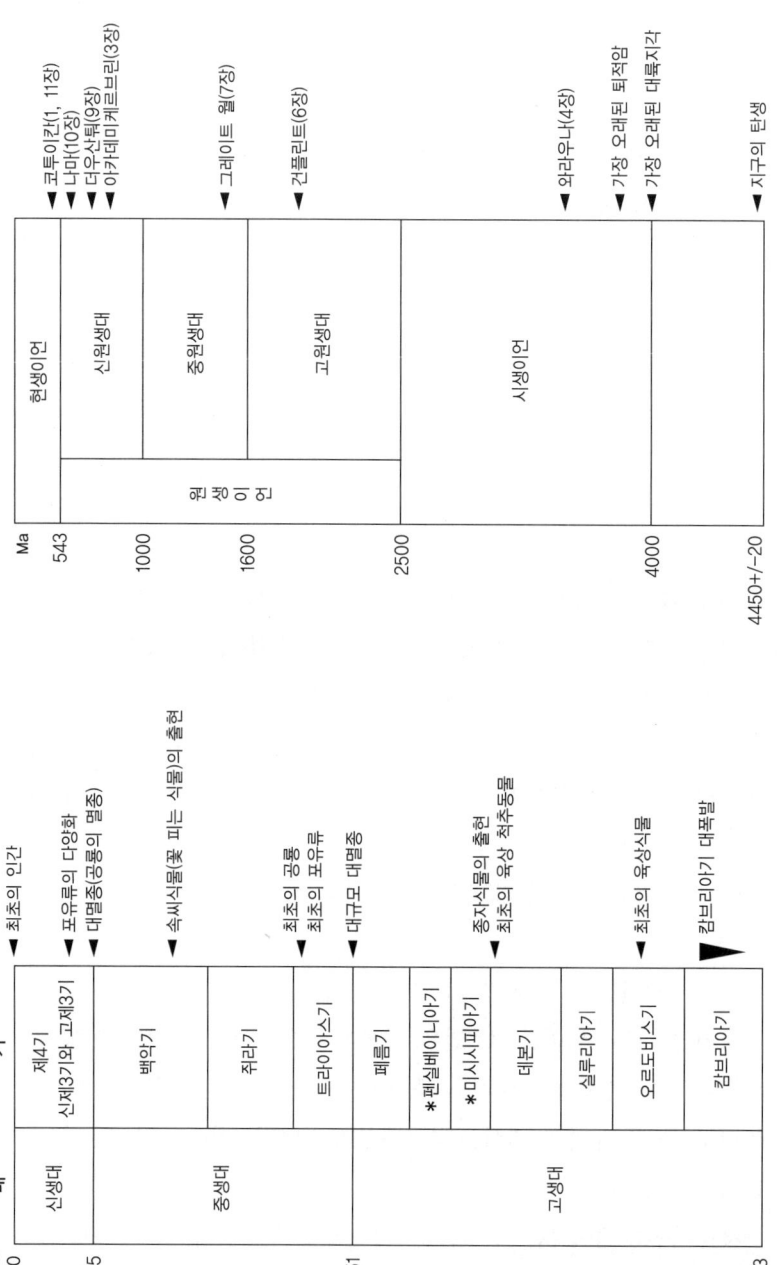

그림 지질연대표. 현생이언(고생대, 중생대, 신생대를 아우르는 명칭; 줄긴이)의 생물 진화에 일어난 큰 사건들과 이 책에서 논의되는 선캄브리아 시대의 중군의 시간판계를 보여준다(Ma = 백만 년 전).
* 공식적으로는 이 두 시대를 묶어 석탄기라고 하고 각각은 '기' 대신 '세' 라고 부른다(줄긴이).

을까? 나는 고생물학자로서 그렇게 생각하지 않는다. 생물의 기나긴 역사에 대한 과학의 설명 속에는 생생한 이야기와 신비로움이 넘실댄다. 박물관 서랍 안에 조심스레 전시된 루시(1974년 에티오피아 북부 하다르Hadar에서 발견된 화석 오스트랄로피테쿠스 아파렌시스로, 지금까지 인류의 조상으로 간주되어왔으나 아직까지 논란이 분분하다: 옮긴이)의 두개골과 자그마한 뼈들은 인류가 생겨났던 300만 년 전의 따뜻한 아프리카 사바나로 나를 데려간다. 공룡들은 이보다 20배에서 70배나 더 먼 과거로 나를 끌고 가서 무지막지한 동물들이 어슬렁거리던 중생대 숲에 내려놓는다(티라노사우루스를 본 아들의 휘둥그레진 눈동자를 도무지 이해할 수 없다면 세월을 탓할 수밖에). 게다가 약 5억 년 전에 열대암초를 휙휙 스쳐 헤엄치며 캄브리아기 바다의 제왕으로 군림했던 그 유명한 절지동물인 삼엽충은 나를 더 먼 옛날로 안내한다.

과학자는 물론 일반대중도 많은 관심을 보이는 동물화석은 생물 연대기의 많은 부분을 채워준다. 그렇지만 화석은 장대한 생물 진화사의 마지막 몇 부분을 기록하고 있을 뿐이다. 질식할 것 같은 공기 아래 유황바다가 넘실대는 미지의 세계를 지나고, 철로 호흡하는 박테리아와 키메라 미생물들을 통과해, 마침내 산소와 오존, 숲과 계곡, 헤엄치고 걷고 날아다니는 동물들의 세계에 이르는 생물의 기나긴 여정은 무려 **40억** 년에 걸쳐 있다. 세헤라자데도 이보다 더 매혹적인 이야기를 지어낼 수는 없었으리라.

이 이야기의 완결편은 아직 나오지 않았다. 그럴 수도 없다. 힘들여 하나의 사실을 얻고 나면 이것이 또다시 새로운 질문을 던지기 때문이다. 20세기 최고의 물리학자로 손꼽히는 존 아치볼드 휠러John Archibald Wheeler는 우리가 무지의 바다에 뜬 섬에서 살아가고 있다고 말했다. 이 비유는 생각할 거리가 많은 다음과 같은 추론을 불러일으킨다. 지식을 하나하나 쌓아올려 건설된 그 섬이 조금씩 커질 때, 이에 따라 해안선 — 지식과 무지의 경계 — 도 따라서 늘어날 것이라고. 우리는 아직 생명의 역사에 대해 모르는 것이 많다. 아마 우리의 손자손녀들도 그럴 것이다. 하지만 알아야 할 것을 다 알고 나면 과학하는 흥미는 사라지고 말 것이다. 과학책은 과학이 증명된 사실의 집합체인 듯한 인상을 주지만, 사실 과학은 모르는 것에 대해 체계적으로 질문하는 방법이다.

『생명 최초의 30억 년』은 역사를 이야기하는 책이다. 공룡이 살기 전에, 삼엽충이 살기 전에, 온갖 동물들이 나타나기 전에 이 지구에 왔다 간 생명의 역사를 돌아보는 책이다. 내 이야기는 동물의 다양화가 막 시작된 캄브리아기 바다에서 막이 오른다. 그런 후 장면은 지구 초기의 바다에서 만들어진 더 오래된 암석으로 넘어간다. 그 다음에 생명의 오랜 역사를 연구하는 방법을 알아본 뒤, 지구의 초기 생물에 대한 끊어지고 잘린 불완전한 기록을 탐구하며 생명의 기원에 대한 이런저런 가능성을 생각해볼 것이다. 그리고 나서 화석과 분자 흔적을 따라서 지질연대를 차차 거슬러 올라갔다가, 마지막에는 다시 캄브리아기 '대폭발'로 돌아온다. 그때 여러분은 캄브리아기 대폭발을 선캄브리아 시대의 오랜 생명 역사의 절정인 동시에, 선캄브리아 시대와 이별하는 새로운 출발점으로서 다시 보게 될 것이다.

나는 세 가지 목표를 가지고 이 책을 썼다. 첫 번째 목표는 명백하다. 미국 역사학자 C. 밴 우드워드는 "역사 이야기는 역사가가 생산하는 최종산물이다. 그리고 '이야기'는 역사가가 역사를 총정리하여 독자를 납득시키는 장이다"라고 말했다. 나는 과학판 창세기는 넋을 쏙 빼놓을 만큼 흥미로운 이야기로서, 제대로만 씌어진다면 생물의 과거뿐 아니라 오늘날 우리를 둘러싼 지구와 자연을 이해하는 데 큰 도움을 줄 수 있다고 생각한다. 오늘날의 생명의 다양성은 지난 40억 년 동안의 진화의 산물이다. 따라서 생명의 오랜 진화사를 제대로 알고 났을 때 우리는 지구의 관리자로서 져야 할 책임을 포함하여 이 세계 속에서 인류의 위치가 어디쯤인지를 깨달을 수 있을 것이다.

두 번째 목표는 진화의 첫 부분을 구체적으로 이야기하는 것이다. 흔히 생명의 역사는 아브라함의 자손들처럼 열거된다. 박테리아가 원생동물을 낳고, 원생동물이 무척추동물을 낳고, 무척추동물이 어류를 낳았다는 식이다. 이런 일반상식 목록들은 암기하면 그뿐, 생각할 게 그리 많지 않다. 그래서 나는 이 이야기를 하나의 프로젝트처럼 소개할 작정이다. 지구의 후미진 곳에서 우연히 암석과 화석을 발견하고, 실험실에서 분석하고, 오늘날에도 관측 가능한 과정(단, 환경은 반드시 현재 관측 가능한 것으로 한정하지 않는다)에 비추어 해석하는 프로젝트로서 말이다. 여기서 자연스럽게, 가장 유서 깊은 과학 분야인 고생물학의 발견과 분자생물학 및 지구화학의 최신 연구성과가 함께 엮이게 될 것이다.

어떤 의미에서 기존의 고생물학과 이 책 속에 등장하는 연구는 하늘과 땅 차이라서, 망원경의 반대쪽 끝으로 과거를 바라보는 것과 같다. 공룡의 뼈는 한밤중에 놀라 **깨어날** 만큼 크고 극적이다. 하지만 살아가는 동물의 크기와는 별개로, 공룡의 **세계**는 우리의 세계와 아주 비슷했다. 한편, 오래전의 지구 역사는 미생물의 화석과 희미하게 남은 화학흔적으로 이야기된다. 그렇지만 그들을 이어붙인 이야기는, 숱한 멸종을 겪으며 대기의 변화와 생물의 혁명을 통해 오늘날의 지구로 이어지는 매우 극적인 이야기이다.

10억 년쯤 전에 일어났던 사실을 이해하고 싶을 때 어떻게 하면 될까? 광합성세균이 15억 년 전의 개펄에 살았다는 사실을 아는 것과, 미생물의 화석을 광합성세균의 것으로 알아보는 것, 그것을 둘러싼 암석이 태고의 조간대에서 형성되었는지 판단하는 것, 그것의 연대를 15억 년 전으로 결정하는 것은 다른 문제이다. 이 책을 읽는 동안 '우리는 우리가 안다고 생각하는데, 그것을 어떻게 아는가'라는 앎의 본질에 대한 탐구가 반복될 것이다. 또 프로젝트란 게 사람이 하는 일일진대, 분자라는 내부우주에서부터 화성과 그 너머의 외부우주에까지 뻗어가는 탐험 이야기가 빠질 수 없다. 시베리아에서 보낸 추운 밤도 중국에서 나눈 따뜻한 우정도 이야기의 한 부분이 될 것이다.

마지막 목표는, 우리의 생물학적 과거의 파편들을 캐내어 평가한 다음에 한 발 물러나 미로처럼 얽힌 과거의 개별구성원들을 한눈에 비춰줄 일반원칙을 찾아보는 것이다. 초기의 생명 역사에 공통으로 존재하는 대주제는 무엇일까? 화성에서 수집된 표본을 보고 싶어 못 견디는 내 안의 우주생물학자는 지구 생물계의 요소 가운데 무엇이 우주 어딘가에 있을 생명의 별에서 발견될 수 있는 것이고, 무엇이 지구 역사만의 특수한 산물일지 궁금하다. 아직은 이 대답을 알지 못한다. 하지만 광대한 우주에서 생명을 찾기 위한 열쇠는 이 질문의 대답 속에 들어 있다.

진화사의 한 가지 분명한 주제는 생명의 다양성의 축적이다. 각각의 종은 지층을 차례차례 올라감에 따라 나타났다 사라지고, 멸종은 경쟁과 환경변화의 세계에서 개체군이 불인정했다는 표시이나. 하시만 형태석·생리적으로 다양한 삶의 방식들의 역사는 축적된다. 긴 안목으로 바라본 진화는 분명히, 생태계 작동법칙의 지배를 받는 축적의 역사이다. 아브라함의 계보와 같은 주인공 갈아 치우기식 접근은 생물의 역사가 가지고 있는 이런 기본속성을 포착하지 못한다.

진화사의 또 하나의 주제는 지구와 생물의 공진화다. 생물과 환경은 둘 다 시간이 흐르면서 극적인 변화를 겪었고, 이따금씩은 손에 손을 잡고 변화했다. 기후변동, 지리적 조건, 대기와 바다의 조성변화는 진화의 진로에 영향을 주었고, 또 거꾸로 생물의 혁신들이 환경의 역사에 영향을 미쳤다. 사실 지구의 오랜 역사를 아우르는 큰 그림은 생물과 환경의 **상호작용**이다. 화석에 기록된 진화의 대서사는 무엇보다도 유전적 가능성과 생태적 기회 사이의 계속된 상호작용을 담고 있다.

이처럼 생물의 역사를 긴 안목으로 바라볼 때, 생명의 초기 역사를 관통하는 대주제가 떠오른다. 생명은 갓 태어난 지구 위에서 진행되었던 물리적 과정으로 탄생했다. 이와 똑같은 과정 — 지각변동, 해양변화, 대기변화 — 은 지구의 표면을 만들고 재구성하면서 오랜 시간에 걸쳐 생명을 키워냈다.

그리고 마침내 생명이 불어나고 다양해져 그 자체로도 지구를 움직일 수 있는 힘이 되었을 때, 생명은 지각변동, 그리고 대기와 해양의 변화를 이끄는 물리화학적 힘과 결합했다. 지구를 규정하는 한 가지 — 아니, **결정적인** — 특징인 생명의 출현은 내게 너무나도 경이로운 사실로 다가온다. 이런 일이 광대한 우주에서 일어날 확률은 얼마나 될까? **나는** '아무 말 없이 하늘의 별들을' 올려다볼 때마다 이런 물음을 던진다.

옛 사람들의 창조 이야기에는 경외와 겸손이 깃들어 있다. 과학 쪽 창조 이야기에도 이 둘이 함께한다면 더할 나위 없으리라.

01

처음에 무엇이 있었을까?

북시베리아의 코투이칸 강을 따라 발견되는 화석들은 캄브리아기 '대폭발'을 기록하고 있다. 캄브리아기 대폭발은 약 5억 4,300만 년 전 무렵, 다양한 동물이 폭발하듯 나타난 사건을 말한다. 찰스 다윈은 무려 100년 전에 이 캄브리아기 화석들을 보면서 생물 진화에 대한 근본적인 의문을 품었다. 캄브리아기에 나타난 이미 복잡한 이 동물들 전에는 어떤 생물들이 살았던 걸까? 캄브리아기 암석보다 더 오래된 암석을 찾을 수 있을까? 찾는다면, 거기에는 지구에 맨 처음 탄생했던 생물의 기록이 남아 있을까?

과거란 때로는 휴대용 카메라에 촬영되어 있기도 하고, 때로는 석고 조형 화관花冠과 펄럭이는 커튼이 쳐진 무대와 객석 사이에 있는 아치 안쪽에 기념비처럼 우뚝 서 있는 경우도 있다. 또 때로는 무성영화 시대의 러브스토리처럼 감미롭고 희미하며 전혀 믿기 어려운 이야기로 남아 있기도 하며, 때로는 기억을 더듬어 찾아야 하는 스틸 사진의 연속일 뿐이다.

— 줄리언 반스Julian Barnes의 『태양을 바라보며 Staring at the Sun』에서

북극권의 어느 절벽에서

코투이칸 강을 따라 솟은 절벽들이 늦은 오후 햇살을 받아 황톳빛과 분홍빛으로 반짝인다(그림 1-1). 여기가 북아메리카나 유럽이었다면 벌써 국립공원으로 지정되어 길목부터 캠프장과 기념품 가게들로 에워싸이고도 남을 만한 절경이다. 하지만 황량한 북시베리아의 숲 속에서는 그 아름다움을 봐 달랠 수도, 봐줄 이도 없다. 나는 절벽 가운데쯤에 벌어진 좁은 틈에 발을 디딘 채 친구 미샤 세미하토프Misha Semikhatov를 올려다본다. 그는 수면에서 아주 높이 떨어진 곳에 올라가 있다. 절벽에서 튀어나온 좁은 바위 턱에 얹힌 미샤의 큰 몸집이 아슬아슬하다. 발아래는 천 길 낭떠러지인데 미샤의 정신은 온통 딴 데 팔려 있다. 그는 자기 머리 바로 위에 층층이 쌓인 퇴적암에서 눈을 떼지 못하고 있다. 숙련된 전문가의 눈에 비친, 여러 겹으로 구불구불하게 쌓인 그 석회암층은 먼 옛날 이곳에 바다와 접한 개펄이 있었음을 말해주는 증거였다. 바다에 물이 빠질 때면 광활한 해안선에 의해 윤곽이 드러나는 그 개펄은 두툼한 박테리아 매트로 빽빽이 뒤덮였으며, 이따금씩 작은 동물들이 종종걸음 치며 그 위를 지나다녔을 것이다. 나는 암석 표면에 바싹 몸을 붙인 채 미샤가 보고 있는 것보다 약간 더 오래된 층을 관찰하고, 노트에 메모를 하고, 모기를 쫓으면서(꼭 이 순서로 한 것은 아니지만), 무엇이 미샤와 나를 북극권(그림 1-2) 꼭대기의 이 머나먼 곳까지 데려왔는지를 곰곰이 생각해보

그림 1-1 시베리아의 코투이칸 강변을 따라 솟아 있는 화석을 포함한 절벽. 수면에서 절벽 꼭대기까지 높이가 90여 미터로, 캄브리아기 초기의 약 2,000만 년 동안의 역사가 여기에 남겨져 있다.

았다. 물론 곧이곧대로 답하자면 헬리콥터다. 소련 시대의 거대한 군용 헬리콥터가 나와 미샤, 동료 몇 명과 1톤가량의 장비를 여기서 약 110킬로미터쯤 떨어진 강 상류에 내려놓았다. 거기서부터 작은 고무보트들이 석회암 협곡들을 통과하고, 선회하는 매 아래를 건너가고, 한밤중에 뜬 태양에 울부짖

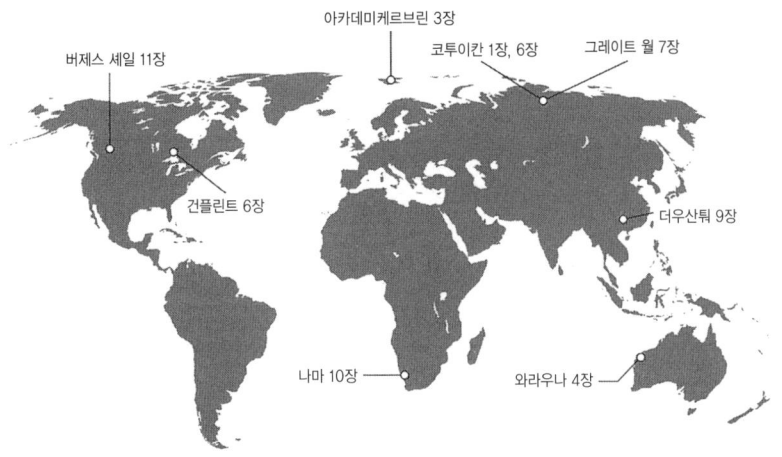

그림 1-2 지도는 코투이칸 절벽의 위치를 보여준다. 앞으로 논의할 장소들도 함께 표시하고 있다.

는 늑대들을 지나쳐 이 아름다운 야생으로, 마치 허클베리 핀처럼 우리를 천천히 하류를 향해 띄워 보냈다.

  헬리콥터는 무엇이 우리를 여기로 데려왔느냐는 물음에 대한 한 가지 대답일 뿐이다. 훨씬 심오하고 흥미로운 대답은 절벽들 속에 있다. 지난 천 년 동안, 바람이 북극권으로 불어올 때마다 코투이칸 강의 침식작용으로 만들어진 이 절벽들이 지구 역사의 위대한 전환점 하나를 기록하고 있기 때문이다. 이 절벽들은 캄브리아기 대폭발로 잘 알려진, 동물의 놀라운 다양화를 기록하고 있다. 넓은 의미에서 볼 때, 코투이칸 강의 절벽은 현재 세계의 시작을 기록하고 있다. 숨 쉴 수 있는 대기 아래에서 동물들이 헤엄치고 기어 다니고 걷는 세상 말이다. 그것이 우리를 여기로 데려온 진정한 이유이다.

  강가 근처에, 일련의 계단들이 마치 선사시대 계단처럼 수면 밖으로 올라와 있다. 이들은 석회암과 백운암의 얇은 층에서 자연히 다듬어진 것이다. 이 암석들은 약 5억 4,500만 년 전에 오늘날의 플로리다키스와 비슷한 따뜻하고 얕은 바다에서 석회이토가 퇴적되어 생긴 것이다. 여기저기 흩어진 석고결정 뭉치들은 건조해져 바닷가의 물이 일시적으로, 가장 질긴 박테리아를 남기고 모든 생물을 없애버릴 만큼 염분이 높은 상태가 되었다는 사실을 말해준다. 이런 암석에는 동물화석이 드물고, 있다 해도 단순한 것이다. 불규칙하고 꼬불꼬불한 길 몇 개만이 층리 표면을 훼방 놓고 있을 뿐인데, 이것은 먹이를 찾아 진흙투성이 바닥을 기어 다녔던 아주 작은 벌레들이 남긴 흔적이다.

수면에서 약 3미터쯤 위에 갑자기 석영질사암으로 바뀌는 곳이 있는데, 이곳은 선캄브리아 시대와 캄브리아기[1]의 경계를 나타낸다. 역사적으로 현생이언(문자 그대로 '눈에 보이는 생물의 시대')이라는 연구하기 수월한 고생물의 영역과 오래된 지구라는 미지의 영역을 나누는 경계선이나. 동쪽으로 수백 킬로미터 떨어진 곳에 있는 화산암에서 이 층준(지층 속의 특정한 면 또는 두께를 갖춘 부분: 옮긴이)의 연대를 추정했더니, 지금부터 5억 4,300만 년(±100만 년) 전으로 나왔다. 석영질사암 단구(하안, 해안, 호안을 따라 형성된 계단 모양의 지형: 옮긴이)의 위에는 보라, 빨강, 초록의 셰일이 가파른 어깨처럼 비스듬히 놓여 있고, 그 위로 아찔한 석회암 절벽이 벽처럼 솟아 있다. 셰일에서, 물가의 모래가 해수면이 상승되면서 멀리 서쪽으로 밀려간 흔적을 통해, 물이 불어났던 사건을 읽어낼 수 있다. 그러나 퇴적물이 쌓이면서 바다는 다시 얕아졌

---

1) 지질연대는 보통 4개의 이언으로 나눈다. 현생이언(5억 4,300만 년 전부터 지금까지)*, 원생이언(25억 년 전부터 5억 4,300만 년 전까지), 시생이언(약 40억 년 전부터 25억 년 전까지), 하데안이언(약 45.5억 년 전부터 약 40억 년 전까지. 지구가 형성되던 때부터 기록이 남겨진 최초의 시기까지)이 그것이다. 캄브리아기는 현생이언의 시작 시점이다. 따라서 그 전의 모든 기간을 비공식적으로 '선캄브리아 시대'라고 부른다. 12쪽에 나와 있는 지질연대표를 참조하라.

* 지질연대의 시작 시점은 학자들마다 의견이 조금씩 다르다. 국제층서위원회가 공인한 최신자료에 따르면 고생대, 중생대, 신생대의 시작은 각각 5억 4,200만 년 전, 2억 5,100만 년 전, 6,550만 년 전이다(옮긴이).

고, 따라서 위에 가로누인 석회암층은 점점 태고의 해안에 가까워지는 환경들을 기록하게 된다. 절벽면 꼭대기 근처에 울퉁불퉁한 면은 퇴적물이 드러났다가 코투이칸 강의 조상뻘되는 강에 깎인 흔적이다. 그 이후 바다가 잃어버린 영토를 다시 회복하면서 이 층은 다시 물속에 잠겼다.

석영질사암 단구에 포함된 암석에는 작은 껍데기 화석이 들어 있다. 맨 밑 층에는 종류가 몇 가지밖에 없는데, 대부분이 방해석으로 된 길이 1밀리미터 정도의 속이 텅 빈 고깔이다(그림 1-3a). 그러나 천천히 조심조심, 행여 발이라도 미끄러져 직업적 생명이 끊길까 노심초사하며 절벽 위로 올라가면, 화석의 양과 종류가 눈에 띄게 많아진다. 또 발자국, 기어간 자국, 구멍 뚫는 행동의 수와 복잡성도 증가한다. 절벽의 꼭대기 근처, 수면 위로 90미터 이상 올라간 곳에 있는 약 5억 2,500만 년 전의 것으로 추정되는 암석에는, 거의 100가지에 이르는 껍데기 화석(그림 1-3b)이 포함되어 있다. 어떤 것은 아래쪽에서 발견된 작은 고깔처럼 3중 회전대칭을 갖추고 있어서, 대부분의 현생동물과 구별된다. 그러나 연체동물의 유해로 보이는 작은 소라껍데기도 있고, 완족동물이 만든 두 개짜리 패각도 있으며, 좀더 위로 올라가면 몸이 체절로 나누어진 삼엽충의 화석도 나타난다. 러시아 고생물학자들이 고생하여 수집하고 기록한 이 화석들은 캄브리아기 바다에 생물의 다양화가 빠른 속도로 진행되었음을 보여준다. 고작 2,000만 년이 채 되지 않는 시간 동안 바다 밑바닥은 외계의 땅에서 친숙한 곳(적어도 넓은 의미에서)으로 탈바꿈했던 것이다. 똑같은 드라마가 세계 곳곳의 같은 시대의 암석들에 기록되어 있는데, 이는 그때 이후 지구의 바다를 채워온 동물들의 최초의 모습을 살짝 보여주는 창이다.

화석증거는 불충분하다?

찰스 다윈은 이런 변화의 패턴들에 주목했다. 다윈이 그의 지식을 물려받은

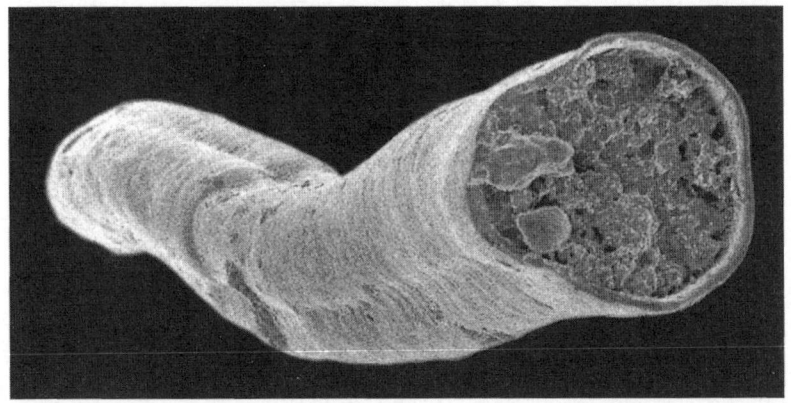

(a)

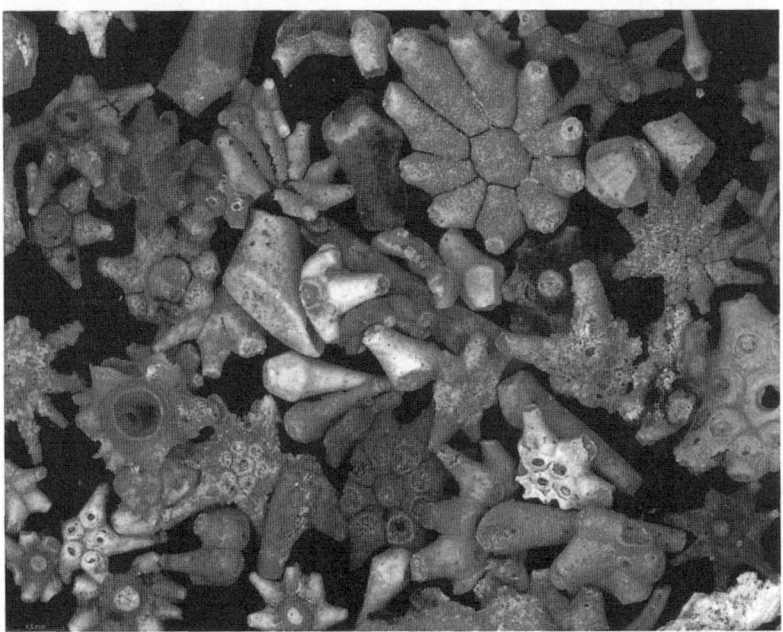

(b)

그림 1-3 캄브리아기 초기의 암석에서 발견되는 작은 껍데기 화석.
(a) 아나바리테스 트리술카투스 *Anabarites trisulcatus*, 코투이칸 강변에 있는 캄브리아기 지층의 맨 아래층에서 발견되는 작은 껍데기 화석들. 이 표본들은 중국에서 발견된 동시대 암석에서 나온 것이다. (b) 코투이칸 절벽의 높은 곳에서 발견된 작은 껍데기 화석. 이곳에서 나타나는 형태의 대부분은 해면류의 골편이다. 해면류는 캄브리아기 암석에서(만) 폭넓게 발견되는, 자루처럼 생긴 정체 모를 동물이다(사진은 스테판 벵트손 Stefan Bengtson 제공).

현대의 고생물학자들처럼 화석기록에서 자신이 내놓은 가설의 증거 — 캄브리아기에서부터 현대에 이르는 생명 진화를 충실히 기록한 증거 — 를 얻었다고 생각하는 사람도 있을 것이다. 하지만 사실, 『종의 기원 The Origin of Species』에서 지질학을 다룬 두 개의 장은 자신의 가설을 자화자찬하는 분위기와는 거리가 멀다. 오히려 이 장들은 화석증거가 충분하지 **않음에도** 자연선택에 의한 진화가 옳다고 주장하는 학자의 미안함이 담겨 있다.

다윈은 자연선택을 더디지만 연속된 과정으로 보고, 이런 과정에 의해 생물의 계통이 갈라져 서서히 서로 멀어진다고 생각했다. 두 종을 연결하는 중간형태가 현재의 세상에 드문 것은 자연선택이 이들을 가차 없이 제거했기 때문이라고 보았다. 그렇지만 역사적으로도 중간형태가 발견되지 않는 이유는 무엇일까? 다윈의 예상대로라면, 연속하여 퇴적된 지층에는 가장 아래에서 발견되는 생물부터 꼭대기에서 발견되는 형태가 아주 다른 자손까지, 조금씩 변해가는 과도기적 형태들이 발견되어야 한다. 하지만 이런 연속성이 거의 나타나지 않는데, 이것을 다윈은 화석기록이 불완전하게 남아 있기 때문이라고 생각했다.

『종의 기원』은 위엄에 찬 문장들로 채워져 있다. 문장들은 명쾌할 뿐 아니라 혜안으로 가득하다. 지질기록에 대한 다윈의 묘사는 특히 인상적이다. "세계의 역사는 불완전하게 기록되고, 변화무쌍한 방언으로 씌어진다. 이런 역사 가운데에서 우리는 겨우 두세 나라만을 다룬 마지막 한 권만을 가지고 있다. 이 한 권도, 드문드문 남은 몇 개의 장만이 보존되었고, 한 페이지 속에서도 드문드문 몇 줄만이 남아 있다."

다윈이 인간의 기억에 대한 줄리언 반스의 묘사를 알았다면 지구의 지질학적 기억에 대한 은유로 이것을 기꺼이 활용했으리라. 곧, 퇴적암은 지구역사의 다큐멘터리가 아니라 여기저기서 드문드문 찍은 스냅사진의 연속으로 볼 수 있는 것이다. 한 장소의 길가나 절벽면에서 보면 이 관점은 딱 들어맞는 것 같고, 다윈의 주장은 놀랍도록 현대적으로 들린다. 오늘날 우리는 퇴적암이 불연속적인 기록으로서, 두 지층의 경계는 지층 하나하나보다 더 많은 시간을 뜻한다는 사실을 잘 알고 있다. 그러나 실제로 퇴적구조는 동네 노두에서 보는 가지런한 3단 케이크 모양보다 훨씬 복잡하다. 3차원적으로 보면 지층은 반 고흐의 그림에 등장하는 가늘어지다가 부풀어 오르는 언덕처럼, 여기서 두꺼워지고 성격이 바뀌었다가는 저기서 깃털 끝처럼 가늘어진다. 한 장소에서 지층들 간의 단절로 표현된 시간이 다른 곳에서는 퇴적물의 축적으로 기록되기도 한다. 더 넓은 눈으로 보면, 지역적으로는 불연속적인 기록들이 매순간 전 세계의 수많은 움푹 팬 땅에서 형성되고 있는 것이다. 따라서 지질학 역사에 대한 다윈의 비유로 다시 돌아가면, 다윈이 말하는 그 책에 설사 빠진 장이 있고 장마다 빠진 쪽이 있다 하더라도, 우리는 이 책을 여러 부 갖고 있고 책마다 빠진 부분도 다 다르다. 따라서 남은 쪽들을 서로 포개는 원칙만 있다면 여기저기 흩어진 기록들을 한데 꿰맬 수 있다. 적어도 지난 6억 년 동안에 대해서는 전망이 그리 나쁘지 않다. 층서학이라는 학문은 이 원칙을 제시함으로써, 화석에서 읽어낸 대략의 생물패턴이 진화를 반영하고 있으며 암석기록의 커다란 불완전함은 없다는 사실을 분명히 밝히고 있다.

점진론과 단속평형설

생물층서학자들은 100여 년 전부터, 생물종이 대부분 완전한 형태로 화석기록에 나타나고 수백만 년 동안 큰 변화 없이 존재했다가 마침내 자취를 감춘다는 사실을 알고 있었다. 종이 단 하나의 지층에 오직 한 번만 나타날 때, 이 패턴만으로는 "형태는 어느 날 돌연히 변화하는 것이지 연속적으로 변화하지 않는다"라는 것을 알 수 없다. 이것을 알 수 있는 때는 생물의 형태가 한 번에 여러 층에 거의 변화 없이 나타날 때나 변화가 있어도 아래층에서 위층으로 그 방향성을 찾기 어려울 때다 — 이 패턴은 (적어도 많은 경우에 터무니없는 가정을 하지 않는 한) 지층의 불완전함 탓으로 넘길 수 있는 것이 아니다. 이것을 알아본 나일스 엘드리지Niles Eldredge와 스티븐 제이 굴드Stephen Jay Gould는 1972년에, 현대의 진화론과 가장 잘 맞는 것은 다윈이 생각한 점진적인 변화가 아니라, 이와 같은 '단속평형'의 층서패턴이라고 주장했다. 대부분의 새로운 종은 큰 개체군이 아주 서서히 변화해 생기는 것이 아니라, 주류의 주변부에 있는 작은 개체군이 급격히 분화해 생긴다는 것이다. 다윈이 생각한 것 같은 변화가 일어나지만, 그것이 급격하고 국소적으로 일어나며, 그 이후에 자손 종의 개체군은 자연선택을 받으면서 경쟁자나 환경변화가 영향을 미치지 않는 한 거의 같은 상태로 머문다.

일반적인 화석종의 천이(각 지층에서 발견되는 생물 무리의 화석이 순차적으로 변화하는 것 : 옮긴이)는 진화론의 예상과도 지질학적인 사실과도 잘 들어맞는다. 그런데 코투이칸 강의 절벽에서 목격되는 이 놀라운 패턴은 대체 무엇일까? 이 해양의 커다란 생물변화를 어떻게 설명해야 할까? 화석기록에 과도적 형태가 드문 것이 다윈을 단지 혼란스럽게 했을 뿐이라면, 캄브리아기 초기의 지층에 돌연히 복잡한 구조를 가진 다양한 동물들이 대거 출현한 것은 그의 말문을 막고도 남을 만큼 놀라운 사건이었다.

또 하나 비슷한 문제가 있는데, 이것은 훨씬 더 중대한 것이다. 그것은 화석을 포함하고 있는 지금까지 알려진 최하층의 암석에, 같은 분류군에 속하는 수많은 종들이 갑자기 나타나는 패턴을 말하는 것이다. …… 이 사실은 지금으로서는 설명이 불가능하며, 내가 여기서 주장하는 견해들에 대한 타당한 반대논거가 될 수 있다.

물론 『종의 기원』은 이 문제에 한 가지 해석을 내리고 있고, 그것은 우리가 익히 예상할 수 있듯이 캄브리아계(계는 기 동안에 쌓인 지층 : 옮긴이)의 하부에 기록되지 않은 부분이 엄청나게 많다는 설명이다. 다윈은 캄브리아기에 놀랍도록 복잡한 형태를 하고 나타난 달팽이와 삼엽충 이전에 생물이 전혀 없었던 게 아니라, 그 조상들의 기록이 새겨진 더 오래된 지층들이 깊숙이 파묻혀버렸거나 파괴되었거나 아니면 아직 발견되지 않았다고 쓰고 있다. 다윈은 또 다른 인상적인 문단에서 다음과 같이 주장한다.

> 내 이론이 사실이라면, 실루리아기[2] 지층의 최하층이 퇴적되기 전, 오랜 시간들이 지나갔다. 그 시간은 실루리아기부터 현재에 이르는 기간보다 훨씬 긴 시간이었다. 아직은 얼마 동안인지 알려지지 않은 이 기나긴 기간에 세계는 생물들로 우글거렸다.

미샤와 나는 고두이긴 깅을 따라 다시 돌아와 질벽 맞은 편 사갈밭에 앉아서 차 한 잔을 마시며 다윈의 딜레마를 곰곰이 생각해본다. 그렇게 복잡한 것이 어떻게 그토록 빨리 진화할 수 있었을까? 만일 그렇게 빨리 일어난 게 아니라면, 그 이전의 생명의 역사를 기록한 암석은 어디에 있을까?

코투이칸 절벽의 지층은 평평하게 놓여 있지 않다. 수백만 년에 걸친 지각운동 때문에 서쪽으로 약간 기울어졌다. 따라서 강 상류인 동쪽으로 가면 캄브리아기 화석층보다 아래 놓인 지층이 드러나 있다. 강 상류로 24~25킬로미터가량 올라가면 지층의 60미터쯤 아래에 가파른 부정합(두 지층의 형성시기가 시간적으로 커다란 간격을 보일 때 나타나는 것으로, 새로운 지층이 낡은 지층 위에 겹

---

[2] 19세기 중반에 캄브리아계와 실루리아계를 어떻게 정의하고 구별할 것인지에 대한 논쟁이 일어났다가 미결의 과제로 남았다. 다윈은 케임브리지 대학에 있던 그의 정신적 스승인 아담 세지윅Adam Sedgwick이 '캄브리아'라는 명칭을 만들었음에도, 화석이 나오는 가장 오래된 지층에 런던의 로데릭 머치슨Roderick Murchison이 붙인 용어인 실루리아계를 가져다 썼다. 1879년이 되어서야 찰스 랩워스Charles Lapworth가 이 문제를 해결했다. 그는 문제의 계에서 아랫부분을 캄브리아계로, 윗부분을 실루리아계로 하며, 논란이 되었던 그 사이 겹치는 부분을 (세간에 떠들썩한 부족으로 알려진 고대 웨일스 부족 오르도비스의 이름을 따서) 오르도비스계로 이름 붙였다.

그림 1-4 코투이칸 강 상류. 그림 1-1에서 보여주는 선캄브리아 시대 최후부터 캄브리아기에 이르는 연속층과 그 아래 놓인 더 오래된 지층군 사이의 경사부정합을 보여준다.

치는 현상을 말함: 옮긴이)이 나타난다. 선캄브리아 시대 끝 무렵의 탄산염암과 캄브리아기 최초의 동물들을 포함하는 지층군의 맨 아래에 해당하는 부분이다(그림 1-4). 그런데 지층이 여기서 끝날까?

절대 그렇지 않다. 이 암석들 아래에는 더 오래된 사암, 셰일, 탄산염암이 계속되고 있다. 이 오래된 지층군은 새로운 지층군과 예각의 경사를 이루는데, 두께가 1,000미터가 넘는다. 캄브리아계 최하층이 층서학적 기록의 최하층은 아니다. 북시베리아에서도 그렇고 다른 많은 장소들에서도 그렇고, 캄브리아기 지층이 퇴적되기 10~20억 년, 심지어 30억 년 전에 퇴적된 암석들이 여러 가지 지각변동 상황에 따라 잘 보존되어 있다.

우리는 다윈의 추론을 검증해볼 수 있을 것이다. 캄브리아기 대폭발이 생물 역사의 시작일까? 아니면 지구의 훨씬 먼 과거부터 진행되어온 진화의 절정인 것일까?

02

생명의 계통수

다양한 생물의 유전자 염기서열을 비교하여 만든 생명의 계통수에서 보면, 식물과 동물들은 고작 가지 한 개의 끄트머리에 달린 작은 잔가지들일 뿐이다. 사실 다양성으로도 한 수 위이며 분명히 역사도 더 깊은 생물은 미생물이다. 선캄브리아 시대 암석에서 초기 생명의 증거를 찾으려면, 우선 박테리아와 고세균이라는 지구 생태계의 자그마한 건축가들을 반드시 알아야 한다.

많은 사람들이 셰익스피어의 동명 희곡을 통해 리처드 3세를 접한다. 하지만 역사인 만큼 이 이야기는 의심스럽다. 결국 장미전쟁에서 **이긴** 셰익스피어의 후원자들 이야기니까. 왜곡되고 선택적이며 불완전한 데다, 심지어는 불가해하기까지 한 기록들이 역사가의 주재료이다. 하지만 각각의 이야기가 단점을 갖고 있음에도, 학자들은 수많은 기록들을 공통된 관점과 상보적인 관점으로 걸러내면서 과거에 대한 균형 잡힌 이해에 이를 수 있다.

생물의 역사를 연구하는 것도 그리 다르지 않다. 코투이칸 강변의 화석으로 가득한 절벽들은 지구의 진화사(지질기록)를 보여주는 거대한 박물관이다. 퇴적암에는 지난날의 생명과 환경에 대한 놀라운 기록들이 보존되어 있다. 하지만 이미 살펴본 것처럼 이 기록들은 연속적이지 않고 변덕스럽다. 또한 매우 선택적이다. 어떤 생물집단은 밝게 조명하면서도 어떤 생물집단은 어둠 속에 버려둔다. 쉬운 예로, 우리는 말의 고생물학은 잘 알고 있지만 그들의 발밑에 깔린 지렁이는 거의 알지 못한다.

그렇지만 다행히도 문의할 또 하나의 도서관이 있으니, 그것은 오늘날의 생명의 다양성이다. 또 비교생물학이 제공하는 풍부한 진화분석 자료들은 고생물학의 불완전한 시간기록을 계통학적으로 보완해주고, 지질학의 환경 변화 기록을 생리학적으로 보완해준다. 위대한 세포생물학자인 크리스티앙 드 뒤브Christian de Duve는 현생생물의 유전자에는 진화사의 **완전한** 기록이 담겨 있다고까지 말했다. 하지만 설사 그렇다 하더라도 그것은 셰익스피어의 희곡 속 역사처럼 살아남은 자들의 이야기일 뿐이다. 지금은 사라지고 없는 삼엽충, 공룡 같은 영광의 생물 이야기를 들려줄 수 있는 것은 오로지 고생물학뿐이다. 따라서 생명의 역사를 제대로 이해하려면, 지질학**과** 비교생물학의 지식을 한데 엮어야만 한다. 그러니까 살아 있는 생물의 도움을 받아 굳어버린 화석에 숨결을 불어넣고, 화석의 도움을 받아 생물이 오늘날과 같이 다양해진 과정을 이해하는 것이다.

다양성 안의 닮은꼴

세포의 형태와 기능은 엄청나게 다양하지만, 모든 세포는 똑같은 핵심분자들을 갖고 있다. 세포는 ATP(생물체 내의 에너지 화폐*), DNA, RNA, 공통의 유전암호(사소한 차이를 갖고 있음), 유전정보를 DNA에서 RNA로 전사하는 분자공장, RNA 메시지를 몸 구조를 만들고 세포기능을 조절하는 단백질로 번역하는 분자공장을 똑같이 공유한다. 뒤집어 살펴봐도 놀랍다. 이렇게 기본 분자구조가 같은데도 생물들은 저마다 크기, 모양, 생리구조, 행동이 그토록 다른 것이다. 이처럼 그 나름대로의 방식으로 경이로운 생명의 통일성과 다양성은 비교생물학의 두 가지 거대한 주제가 되고 있다.

평범한 관찰자들도 생명의 다양성 안에 존재하는 닮은꼴을 쉽게 찾을 수 있다. 인간과 침팬지는 분명히 구별되지만, 둘은 골격과 생리 측면에서 닮은 점이 많다. 인간과 침팬지는 각각을 말과 비교할 때보다 둘이 훨씬 닮았다. 그런 한편, 인간과 침팬지와 말, 이 셋 모두는 털, 허파, 팔다리 같은 특징을 공유한다. 그런 점에서 이 집단은 메기와 또 다르다. 하지만 인간과 침팬지와 말과 메기는 경골골격을 가졌다는 점에서 한패로 묶이면서, 곤충류나 거미류처럼 몸 설계가 완전히 다른 집단과는 구별된다.

초기 자연학자들도 다른 종의 닮은 점들을 잘 알고 있었다. 1730년대에 린네는 이것을 체계화해 계층적 분류체계를 세웠고, 린네의 체계는 오늘날에도 쓰이고 있다. 하지만 이런 패턴에서 계보를 읽어낸 사람은 찰스 다윈이었다. 다윈은 시간이 흐르면서 생물에 차이가 생기는 이유가 변형을 동반한 유래(descent with modification, 다윈은 '진화'라는 용어 대신에 이 말을 썼다가 『종의 기원』 6판에 가서야 '진화'로 대체한다 : 옮긴이) 때문이라고 했다. 다시 말해, 생물의 차

---

* 생물은 호흡을 통해 유기물을 분해하면서 그때 나오는 에너지를 이용해 ADP를 ATP로 만들고 이를 저장한다. 그러다 에너지가 필요하면 다시 ATP를 가수분해하여 ADP를 만들면서 에너지를 만들어낸다. 일을 하며 돈을 벌어두었다가 필요할 때 돈을 쓰는 것과 비슷하다. ATP는 가치의 저장수단인 화폐처럼 에너지의 저장수단인 것이다(옮긴이).

이는 공통조상에서 유래한 생물이 자연선택의 영향을 받아 진화적으로 갈라진 결과라는 것이다.

같은 강綱에 속하는 생물들의 유연관계를 큰 나무로 표현할 수 있다. 나는 이 비유가 실제 사실에 아주 잘 들어맞는다고 생각한다. 푸릇푸릇 돋아나는 작은 가지는 현생 종을 표시하고, 1, 2, 3……년 전에 돋아났던 가지들은 차례차례 절멸한 종을 뜻한다. …… 싹은 성장해 새로운 싹을 내고, 그 가운데 튼튼한 것은 다시 가지를 내어 연약한 가지를 압도한다. '생명의 큰 나무'도 세대가 연속되면서 같은 일이 일어나고 있음이 틀림없으니, 죽고 부러진 가지로 땅을 채우고 늘 새로 돋아나는 아름다운 가지로 스스로를 덮고 있음을 나는 믿는다.

우리는 인간과 침팬지가 닮은 이유를, 두 집단이 공유하는 특징을 갖춘 공통조상으로부터 유래한 것에서 찾을 수 있다. 두 집단의 차이는 공통조상이 갈라지면서 생겼다. 따라서 인간을 비롯한 영장류의 가장 오래된 화석들은 현생인류보다는 침팬지와 인간의 마지막 공통조상과 더 가깝다는 게 고생물학의 예측이다. 우리를 인간이게 하는 특징들은 우리 계통에 속하는 비교적 최근 화석에서만 나타날 것이다. 인간 계통의 화석기록은 불완전함으로 악명 높지만, 아프리카와 아시아에서 발굴된 유골들은 이 예측에 신빙성을 더해준다(인간 계통에 속하는 옛 구성원으로 점점 거슬러 올라갈수록, 침팬지의 형태에 점점 가까워질 거라는 예상은 틀린 것이다. 인간은 침팬지의 후손이 아니기 때문이다. 인간과 침팬지는 호모속 *Homo*도 아니고 판속 *Pan*도 아닌 제3의 공통조상에서 갈라졌다).

공통된 특징이 '유래의 가까움'을 판단하는 데 늘 도움이 되는 건 아니다(여기에 다윈주의의 또 하나의 재미가 있다). 예컨대, 새와 박쥐와 절멸한 익룡은 모두 날개가 있지만, 그들의 날개는 골격구조가 서로 다르고, 여러 다른 특징들도 이들이 날아다니는 공통점이 있을 뿐 유연관계가 멀다는 것을 보여준다. 날개는 각각의 집단에서 비행을 위한 적응으로서 독립하여 진화했다. 이것을 계통생물학 용어로 '**수렴**'이라고 한다. 공통조상이기 때문에 공유하는 특징(진화용어로 '**상동**'이라고 함)만이 진화적 유연관계를 평가하는 데 활용될 수 있다. 실제 상황에서, 닮은 특징이 수렴인지 상동인지 알아맞히는 것은 어렵기 때문에, 우리는 정교한 컴퓨터 알고리듬을 이용해 방대한 비교생물학 자료들을 처리한다.

영장류, 포유류, 척추동물 정도까지는 형태의 특징으로 진화적 유연관계(계통사)를 쉽게 세울 수 있다. 전문가라면 연체동물이나 절지동물까지도 별 무리가 없다. 하지만 모든 동물을 아우르는 진화의 커다란 나무 안에서 연체동물, 절지동물, 척추동물의 자리를 찾는 것은 어려운 문제다. 게다가 모든 살아 있는 생물의 계통사라고 할 수 있는, 다윈이 말한 '생명의 큰 나무'를 통째로 재구성하는 일은 더 어려운 문제다.

진화라는 케이크의 본체는 박테리아

알프스 산속을 지나가거나 산호초 위를 헤엄치다보면 우리는 식물(또는 바닷말)과 동물들이 이루는 생태계를 보게 된다. 먹이사슬의 정점에 큰 척추동물들이 있고, 그 아래 다른 생물들이 놓인다. 생태계에는 이 밖에도 우리 눈에 보이지 않는 수많은 생물들이 있지만, 우리는 그들의 공헌을 곧잘 잊어버린다. 박테리아처럼 작고 단순한 미생물들이 과연, 우리 인간이 만든 세상에 빌붙어 근근이 살아가고 있는 것일까?

인간이 큰 동물로서 자기 위주의 세계관을 갖는 것도 무리는 아니지만, 사실 이 관점은 완전히 잘못된 것이다. 사실 우리가 박테리아의 세상에 적응하기 위해 진화한 것이지, 그 반대가 아니다. 왜 그랬을까를 따지는 것은 역사의 문제일 수 있지만, 생명의 다양성과 생태계 작동의 문제이기도 하다. 진화에서 동물의 대부분은 장식일 뿐이고, 케이크의 본체를 이루는 것은 박테리아다.

식물, 동물, 균류, 조류藻類, 원생동물은 **진핵**생물이다. 계통학적으로 진핵생물은 막으로 둘러싸인 핵 안에 유전물질이 들어 있는 세포구조 패턴을 보인다. 그러나 박테리아를 비롯한 **원핵**생물은 다르다. 원핵생물의 세포에는 핵이 없다. 생물학적 중요성을 따질 때 진핵생물들이 결정적인 우위를 차지하는 듯하다. 진핵생물은 전갈, 코끼리, 독버섯에서부터 민들레, 켈프(갈조류의 다시마목에 속하는 커다란 바닷말: 옮긴이), 아메바에 이르는 매우 다양한 형태를 뽐낸다. 반면, 원핵생물은 거의가 조그만 원, 막대, 나선형이 고작이다. 어떤 박테리아는 세포의 끝과 끝이 맞물린 단순한 필라멘트 꼴을 이루기도 하지만, 이보다 복잡한 다세포 구조를 갖는 것은 아주 드물다.

크기와 모양에서는 누가 봐도 진핵생물이 낫다. 하지만 형태는 생태학적 중요성을 가늠하는 여러 가지 척도 가운데 하나일 뿐이다. 물질대사, 곧 "생물이 어떻게 물질과 에너지를 얻는가"라는 또 다른 척도를 들이대면 문제는 달라진다. 이 기준에 비추어 보면, 눈부신 다양성을 뽐내는 쪽은 오히려 원핵생물이다. 진핵생물이 살아가는 기본방식은 세 가지다. 인간과 같은 생물은 **종속영양생물**이다. 종속영양생물은 다른 생물이 만든 유기분자를 소화시켜 성장에 필요한 탄소와 에너지를 얻는다. 에너지를 얻기 위해 우리 몸의 세포들은 산소를 이용해 당을 이산화탄소와 물로 분해한다. 이 과정을 (산소를 이용한다고 해서) **산소호흡**이라고 한다. 종속영양생물은 비상사태가 발생하면, **발효**라는 2차대사를 가동해 약간의 에너지를 얻을 수 있다. 발효는 하나의 유기분자가 두 개의 분자로 분해되는 **무산소** 과정이다. 양조에 이용되는 효모 같은 몇 가지 진핵생물은 삶의 대부분을 이런 방법으로 살아간다. 진핵생물이 가동하는 세 번째 에너지 대사는 **광합성**이다. 식물과 조류가 광합성을 한다. 엽록소를 비롯한 광합성 색소들이 태양으로부터 에너지를 거두어들여 식물이 이산화탄소를 유기물로 고정할 수 있도록 한다. 빛을 생화학 에너지로 바꾸려면 전자가 필요한데, 물이 여기에 필요한 전하를 공급한다. 이 과정에서 부산물로 산소가 생긴다.

원핵생물이 살아가는 다양한 방법

수전노의 속죄 이야기를 다룬 찰스 디킨스의 고전 『크리스마스 캐럴』은 독자들에게 '어떤 사실'에 주목하라고 주문하는 것으로 시작한다. "늙은 말리는 완전히 죽었다. …… 이 사실을 분명히 알아두라. 그렇지 않으면 지금부터 내가 할 이야기가 전혀 놀랍지 않을 것이다." 디킨스의 극 전개에서 스크루지의 동업자인 늙은 수전노 제이콥 말리가 이미 죽은 사람이란 게 중요한 사실이듯, 생명의 초기 역사에서도 이야기의 개연성을 위해 반드시 짚고 넘어가야 할 이른바 '제이콥 말리'적 사실들이 있다. 첫 번째는 원핵미생물들이 보여주는 물질대사의 놀라운 다양성이다. 이것은 초기 생물의 역사를 탐구하는 데 아주 중요한 열쇠이다. 다시 장화를 신고 고생물학자로서 야외로 나서기 전에, 원핵생물이 살아가는 수많은 방식과 이 작은 생물들이 생명의 계통수에 어떻게 끼워 맞춰지는지를 반드시 알아야 한다.

많은 박테리아는 진핵생물과 마찬가지로 산소를 이용해 호흡한다. 하지만 어떤 박테리아는 산소가 아니라 용해된 질산염(NO_3^-)을 이용해 호흡을 할 수 있다. 또 황산염이온(SO_4^{2-})이라든가 철과 망간의 금속산화물을 이용하는 박테리아도 있다. 어떤 원핵생물은 이산화탄소(CO_2)를 이용해 아세트산과 반응하여 천연가스, 곧 메탄가스(CH_4)를 생산하기도 한다. 원핵생물은 이 밖에도 눈부신 발효반응을 진화시켰다.

또 박테리아는 광합성이라는 주제에 대한 여러 가지 변주를 시도한다. 엽록소를 비롯한 광합성 색소들 때문에 푸른 녹색을 띠는 광합성세균인 시아노박테리아는 마치 진핵생물인 조류와 육상식물처럼, 햇빛을 거두어들여 이산화탄소를 고정한다. 하지만 황화수소(H_2S, '썩은 달걀' 냄새가 나는 기체)가 있을 때 대부분의 시아노박테리아는 물 대신 황화수소를 이용해 광합성에 필요한 전자를 수급한다. 이때는 부산물로 산소가 아니라 황과 황산염이 생긴다.

시아노박테리아는 광합성세균의 다섯 개 집단 가운데 하나일 뿐이다. 다른 집단은 반드시 황화수소나 수소(H_2)나 유기분자에서 전자를 얻기 때문에, 부산물로 산소는 절대 생기지 않는다. 이런 광합성세균들은 우리가 잘 아는 엽록소가 아닌 세균엽록소를 이용해 빛을 거두어들인다. 어떤 세균은 이산화탄소를 고정할 때 시아노박테리아나 녹색식물과 똑같은 생화학반응을 채택하기도 하지만, 그 나름의 독자적인 반응경로를 갖는 광합성세균들도 있으며, 유기분자에 이미 들어 있는 탄소를 이용하는 종류도 있다.

원핵생물은 호흡, 발효, 광합성이라는 세 가지 물질대사를 다양하게 변주하는 능력만도 아주 뛰어난데, 여기다가 진핵생물이 전혀 알지 못하는 물질대사를 하나 더 진화시켰다. 그것은 **화학합성**이다. 화학합성을 하는 미생물은 광합성을 하는 생물과 마찬가지로 이산화탄소에서 탄소를 얻지만, 에너지원으로 햇빛이 아니라 화학반응을 이용한다. 산소나 질산염(드물게 황산염, 산화철, 산화망간)을 수소, 메탄, 또는 환원된 형태의 철, 황, 질소와 결합시켜, 이 반응에서 나온 에너지를 세포가 포착하는 것이다. 메탄생성 원핵생물은 진화와 생태를 탐구하는 데 특히 흥미로운 대상이다. 이 작은 생물군은 수소와 이산화탄소를 결합해 메탄을 생성하는 반응에서 에너지를 얻는다.

원핵생물의 물질대사는 지구 생태계의 맥박

원핵생물의 물질대사 경로가 주는 혜택은 지구를 생물이 살 만한 행성으로 유지시키는 화학순환을 쉼 없이 가동하는 것이다. 이산화탄소를 예로 들어보자. 화산은 바다와 대기에 이산화탄소를 공급하지만, 광합성은 이보다 더 빠른 속도로 이산화탄소를 없애버린다. 사실 이 속도는 광합성을 하는 생물들이 10년 만에 현재 대기에 있는 이산화탄소를 몽땅 없애버릴 수 있을 만큼 빠른 것이다. 물론 이런 일은 일어나지 않는데, 호흡이 광합성반응의 역방향으로 작동하기 때문이다. 광합성생물들이 이산화탄소와 물을 반응시켜 당과 산소를 만들어내는 동안, 호흡을 하는 생물들(이 문장을 읽고 있는 독자 여러

분을 포함해)은 당과 산소를 반응시켜 물과 이산화탄소를 만든다. 광합성과 호흡은 서로 힘을 합해 생물권에 탄소를 **순환**시킴으로써 생명과 환경을 유지시킨다.

시아노박테리아가 유기물 속에 이산화탄소를 고정하고 환경에 산소를 공급하는 동안, 호흡을 하는 세균이 거꾸로 산소를 소비하고 이산화탄소를 내놓는 단순한 탄소순환을 생각해보자. 여기에 시아노박테리아 대신 식물과 조류藻類를 대입할 수 있고, 호흡을 하는 세균 대신 원생동물, 균류, 동물을 대입할 수 있다. 원핵생물과 진핵생물은 기능적으로 등가이다. 그런데 몇몇 세포군을 바다 밑바닥으로 가라앉혀 산소가 고갈된 퇴적물 속에 파묻어보자. 이때 진핵생물 물질대사의 한계는 명백해진다. 탄소순환을 완성하기 위해서는 산소를 이용하지 않는 반응(**무산소** 반응)이 꼭 필요하다. 오늘날의 해저 퇴적층에서, 황산염환원과 철이나 망간을 이용하는 호흡은 산소호흡만큼이나 유기물 순환에 중요하다. 한마디로, 탄소가 산소 없는 환경을 통과할 때마다 박테리아를 통해 탄소순환이 완성되는 것이다. 진핵생물은 언제나 옵션일 뿐이다.

원핵생물의 본질적인 중요성은 비단 탄소순환뿐만 아니라, 생물들에게 중요한 여러 다른 원소들에도 해당된다. 사실, 황과 질소의 생화학적 순환에서 순환의 주요 대사경로들은 모두 원핵생물 덕분에 돌아간다. 특히, 질소를 생각해보라. 질소는 단백질과 핵산을 비롯한 생화합물의 생성에 반드시 필요한 원소이다. 우리는 질소가스 속에 잠긴 채 살고 있다 해도 과언이 아니다(공기는 전체 부피의 약 80퍼센트가 질소로 되어 있다). 하지만 우리 인간의 몸은 이 거대한 질소탱크를 직접 이용할 수가 없다. 그래서 다른 동물들처럼, 다른 생물을 먹어 필요한 질소를 얻는다. 인간뿐 아니라 소나 옥수수도 질소가스 자체를 이용할 수 없다. 그래도 식물은 흙에서 암모니아(NH_4^+)나 질산염의 형태로 질소를 흡수할 수는 있다. 그렇다면 암모니아나 질산염은 애당초 어떻게 흙에 이르렀을까? 암모니아는 죽은 세포가 분해될 때 방출되고, 암모니아를 산화시키는 박테리아가 이 암모니아로 질산염을 생산한다. 산소가 풍부한 곳에서, 식물들은 이렇게 생산된 질산염을 이용할 수 있다(또 수중생태계에서는, 조류와 시아노박테리아가 이 질산염을 이용할 수 있다). 한편 물에 잠긴 땅처럼 산소가 고갈된 곳에서는 다른 박테리아가 호흡에 질산염을 이용하고, 그 결과 질소가 대기에 질소분자(N_2)의 형태로 돌아간다(들판에 비료로 뿌린 질산염의 대부분도 이런 식으로 사라진다).

그렇지만 문제는 아직 해결되지 않았다. 흙과 바다 속에서 죽은 세포로부터 암모니아와 질산염이 생산된다 해도, 질산염으로 호흡하는 박테리아가 생물이 이용 가능한 질소를 환경에서 가차 없이 제거하기 때문이다. 그렇다면 생물학적 질소순환이 멈추지 않고 돌아가도록 매개하는 존재가 무엇일까? 답은, 몇몇 생물들이 세포 속의 에너지 저장고를 이용해 대기 중의 질소를 암모니아로 바꿀 수 있다는 것이다. 진핵생물은 **절대** 이런 식으로 질소를 고정할 수 없지만, 많은 원핵생물에게는 가능한 일이다(농부들이 돌려짓기에 흔히 콩과식물을 포함시키는데, 이것은 이 식물들이 토양에 질소를 되돌려주기 때문이다. 그런데 질소고정이라는 일을 하는 것은 콩이 아니라, 콩과식물의 뿌리에 있는 작은 혹에 붙어사는 박테리아다). 번개가 칠 때 소량의 질소가 고정되기도 하지만, 질소에 대한 생물들의 갈증을 해소하는 것은 주로 박테리아다.

탄소, 질소, 황 같은 원소들의 순환은 복잡한 계로 한데 묶여, 지구의 생명의 맥박을 조절한다. 생물이 단백질을 비롯한 필요한 분자들을 만들려면 질소가 반드시 필요하기 때문에, 질소고정 없이는 탄소순환도 있을 수 없다. 그런데 질소 물질대사는 철을 포함하고 있는 효소를 이용한다. 따라서 생물이 이용 가능한 철이 없다면 질소순환도 일어나지 않으며, 이에 따라 탄소순환도 일어나지 않는다. 다른 행성의 생태계에 크고 지적인 생물이 있는지 어떤지는 모르지만, 생물이 오랫동안 존재해온 곳이라면 반드시, 생물에 필수적인 원소들을 생물권 전체로 순환시키는 상보적인 물질대사 경로들을 갖추고 있을 것이다.

이제는 내가 왜 식물과 동물이 원핵생물의 세계에 적응하기 위해 진화한 것이지, 그 반대가 아니라고 주장했는지를 이해할 수 있을 것이다. 이 세상은 **지금도** 원핵생물들의 세상이다. 단지 박테리아가 많다는 단순한 이유 때문이 아니다. 원핵생물의 물질대사는 생태계의 기본회로를 이룬다. 생물권의 효율적이고 장기적인 활동을 지탱하는 것은 포유류가 아니라 박테리아인 것이다.

리보솜 RNA로 보는 생명의 계통수

이와 같이 놀랍도록 다양한 원핵생물을 진핵생물과 함께 생물 전체를 아우르는 계통사로 어떻게 정리할 수 있을까? 크기와 모양으로는 정리하기가 어렵고, 생리기능으로도 마찬가지다. 균류와 코끼리, 대장균과 레드우드처럼 제각각인 생물들은 달라도 너무 달라서, 형태와 기능만으로는 신빙성 있는 계통수를 만들 수 없다. 이 문제를 해결하려면, 생명을 하나로 결합해주는 대상, 곧 모든 생물이 공유하는 공통된 분자적 특징으로 돌아가야 한다. 에밀 주커캔들Emile Zuckerkandl과 노벨상 수상자 라이너스 폴링Linus Pauling은 1965년에 출판한 혁명적인 논문에서, 분자는 진화 역사의 기록이라는 가설을 주장했다. 팔다리나 두개골의 해부구조처럼, DNA와 단백질의 화학구조도 계통진화를 반영한다는 것이다. 가령, 호흡 단백질인 시토크롬 c를 구성하는 긴 아미노산 사슬은 인간과 침팬지가 약간 다르고, 침팬지와 말을 한데 묶어 인간과 비교하면 더욱 다르다. 마찬가지로, 시토크롬 c의 유전암호를 지정하는 유전자의 염기서열도 다르다.

일리노이 대학의 칼 워스Carl Woese는 이 기본개념을 바탕으로 결정적인 성과를 얻었다. 워스는 단백질을 합성하는 세포소기관인 리보솜을 연구하는 것으로 과학자로서 첫발을 내디뎠다. 그는 모든 생물에 리보솜이 있고, 모든 리보솜에는 RNA와 단백질로 이루어진 기능적 복합체가 있으며, 이런

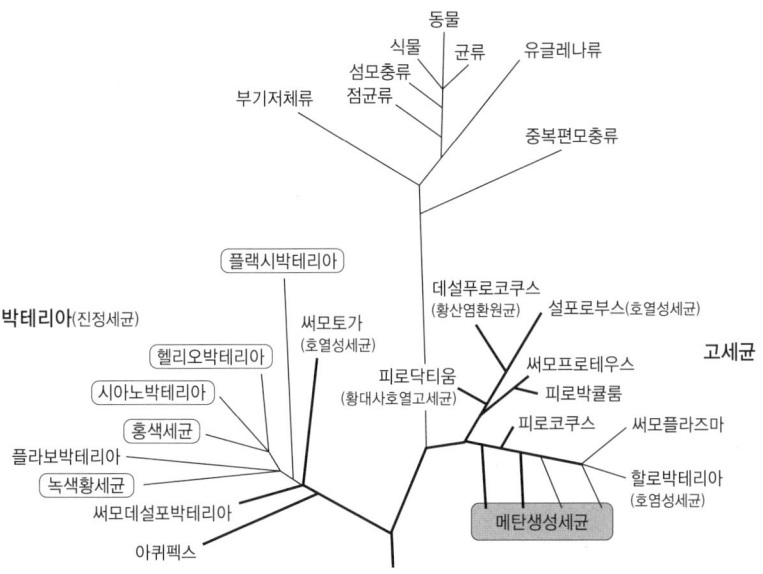

그림 2-1 생명의 계통수. 모든 세포에서 발견되는 리보솜 서브유닛의 RNA 염기서열을 비교한 자료를 바탕으로 작성한 현생생물의 계통관계. 세균(Bacteria), 고세균(Archaea), 진핵생물(Eucarya)로 이루어진 세 개의 큰 가지를 눈여겨보라. 가지의 길이는 염기서열 차이의 정도를 나타낸다. 하지만 유전자들은 서로 다른 속도로 진화할 것이기 때문에 이 길이가 꼭 시간으로 환산되지는 않는다. 광합성을 하는 박테리아 그룹은 흰 상자로 표시되어 있고, 메탄생성 고세균은 흑색 상자로 묶여 있다. 두꺼운 줄은 초고온성미생물(매우 높은 온도에서 사는 미생물 집단)을 뜻한다. 이 그림은 칼 스테터Karl Stetter의 계통수를 조금 바꾼 것이다.

복합체들은 여러 개의 서브유닛을 가지고 있음을 알아냈다. 워스는 리보솜 서브유닛의 RNA 염기서열을 비교함으로써 미생물의 세계에 계통학을 가져왔고, 이로써 진정한 의미를 갖는 '생명의 계통수'의 씨앗을 뿌렸다.

그림 2-1은 리보솜 RNA 서브유닛의 RNA 염기서열을 바탕으로 만든, 모든 현생생물의 계통관계를 나타낸 생명의 계통수이다. 세부사항은 아직도 논란이 분분하지만, 다윈이 말한 '생명의 큰 나무'를 완전하게 구성한 것이

야말로 20세기 후반에 인류가 이룩한 위대한 지적 업적 가운데 하나라는 것만은 모두가 인정하고 있다.

나무에 큰 가지가 셋이라는 점이 제일 먼저 눈에 들어온다. 워스는 각각의 가지를 **도메인**(영역: 옮긴이)이라고 이름 붙였다. 세 도메인 가운데 두 개는 예상했던 대로다. 곧, 진핵생물과 박테리아가 각각 하나의 가지를 차지한다. 하지만 세 번째 가지는 학계에 큰 파장을 일으켰다— 1977년에 워스와 그 당시 박사후 과정에 있던 워스의 동료 조지 폭스George Fox가 그 존재를 주장했다. 고세균은 세포조직으로 볼 때 원핵생물이라서, 이 가지에 속하는 생물들은(존재조차 무시당하기 일쑤였지만) 오랫동안 특이한 물질대사를 수행하는 박테리아로 간주되었다. 그러나 리보솜 RNA의 유전자를 비교한 결과, 이 미생물들은 박테리아가 진핵생물과 구별되는 것만큼이나 기존의 박테리아와 철저히 구별된다는 사실이 드러났다. 게다가 이 나무는 고세균이 박테리아보다는 진핵생물과 유연관계가 더 가깝다는 사실을 보여준다(계통학에서 유연관계가 가깝다는 것은 비교적 최근에 공통조상에서 갈라졌음을 뜻한다. 따라서 이것은 계통을 따지는 것이지 유사성과는 상관이 없다).

1996년에 고세균 메타노코쿠스 야나스키이Methanococcus janaschii의 완전한 게놈(DNA에 들어 있는 유전정보)이 발표되었는데, 이 미생물의 게놈을 유전자 서열이 해독된 어떤 박테리아의 게놈과 비교했더니 오직 11~17퍼센트의 유전자만을 공유하고 있었다. 유전자의 50퍼센트 이상은 진핵생물에서**도** 박테리아에서**도** 보지 못한 것이었다. 이것은 고세균이 다른 두 도메인에 속하는 생물들과 뚜렷이 구별된다는 확실한 증거이다. 그렇지만 고세균은 박테리아와 몇 가지 중요한 특징을 공유한다. 예컨대, 원핵생물 세포조직(가장 분명한 공통점), 리보솜의 분자구조, 한 개의 원형염색체 위에 유전자가 배열되는 점이다. 한편 고세균은 진핵생물과도 공통점이 있는데, DNA 전사의 분자적 특징, 특정 항생제에 대한 감수성 따위이다. 박테리아와 진핵생물이 공유하면서 고세균과 구별되는 특징도 있다. 대표적인 것이 세포막의 성질이다.

 그러면 누가 누구와 더 가까운 관계인지를 어떻게 알 수 있을까? 바꿔 말하면 이 생명의 나무의 뿌리는 어디에 있을까? 기존의 수단으로는 큰 가지가 셋 달린 이 계통수의 뿌리를 추적하기 어렵다. 형질의 분포를 좀더 살펴보면 그 이유를 알 수 있다. 세 개의 도메인 모두가 공유하는 공통의 ATP나 유전암호 같은 특징들은 계통관계에 아무런 정보도 제공하지 않는다. 이 자료에서 세 계통의 마지막 공통조상에 있었던 형질을 추측할 수 있을 뿐이다. 거꾸로, 도메인마다 제각각인 세포벽 조성 같은 특징들도 계통관계나 공통조상의 특징에 대해 아무것도 말해주지 않기는 마찬가지다. 세 도메인 가운데 둘이 공유하는 특징은 계통수를 완성하는 데 좋은 지침이 되는 듯하지만, 그러한 분포는 달리도 잘 설명될 수 있다. 예를 들어, 지방산으로 구성된 세포막이 마지막 공통조상에 존재했다고 가정한 뒤, 이 형질이 박테리아와 진핵생물에서는 그대로 유지되었지만 고세균으로 갈라지는 행로에서는 이소프레노이드 막으로 대체되었다고 해석할 수 있다. 그렇지만 다른 설명도 가능하다. 모두 이소프레노이드 막을 가지고 있다가, 박테리아와 진핵생물의 공통조상에서 지방산 막으로 바뀌었다고 추측할 수도 있다. 전자의 가능성에서도 그렇고, 후자의 계통수에서도, 진화상의 변화는 오직 한 번으로 끝나야 한다(물론 어느 형질이 마지막 공통조상의 것인지 확실히 안다면 몇 가지 가능성을 제외할 수 있지만, 이것을 확실히 알 방법이 없다).

 뿌리가 어디에 있느냐는 문제에 대한 한 가지 탁월한 해결책이 1989년에 나왔다. 이와베 나오유키岩部直之와 피터 고가튼Peter Gogarten이 각각 이끄는 두 연구팀은, 세 종류의 생물을 하나의 뿌리를 가진 계통수에 결합할 수는 없지만, 그들이 가지고 있는 유전자들의 일부는 가능하다는 사실을 발견했다. 그러한 유전자들은 모두가 특이한 성질을 갖고 있다. 그것은 그들이 마지막 공통조상에서 중복되어 존재했다는 것이다. 이 사실이 무슨 도움이 될까? 그림 2-2에서 보듯, 두 개의 자매유전자 각각은 세 개의 도메인이 나누

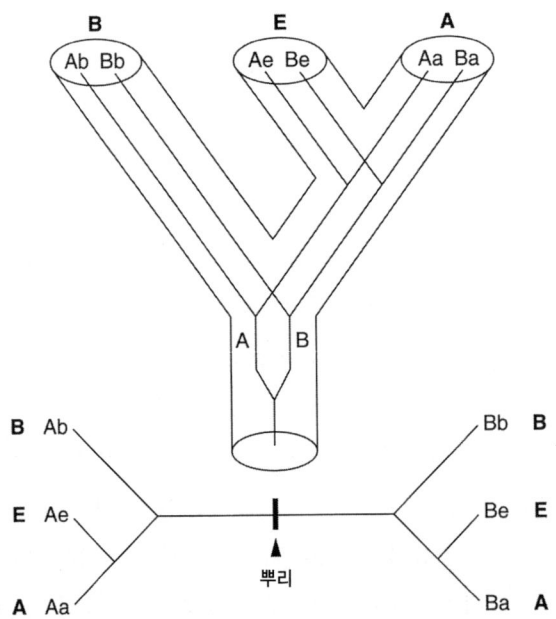

그림 2-2 생명의 계통수의 뿌리 찾기.
위: 박테리아(B), 진핵생물(E), 고세균(A)의 계통관계가 속이 빈 원통형 가지로 표시되어 있다. 원통 안의 선들은 마지막 공통조상에서 세 개의 도메인으로 분화하기에 앞서 A형과 B형으로 중복되어 존재했던 유전자의 계통관계를 나타낸다.
아래: 유전자의 진화적 관계를 표시하고 있다. 두 부분의 반쪽 나무에는 서로를 이어주는 뿌리가 있어서, 분자생물학자들은 이것을 바탕으로 진핵생물, 고세균, 박테리아의 계통관계를 재구성할 수 있다.

어질 때 갈라졌다. 결과적으로 배열된 유전자들은 하나의 나무에 놓일 수 있다. 이 나무는 전체로 보면 뿌리가 없지만 서로를 이어주는 뿌리가 있다. 양쪽의 '반쪽 나무'는 똑같은 모양을 하고 있는데, 하나의 큰 가지에는 박테리아만 있고 또 하나의 큰 가지에는 고세균과 진핵생물이 배열되어 있다.

이 작업은 수십 개의 유전자군을 가지고 여러 차례 반복되었다. 많은 나무에서 그림 2-2와 같은 뿌리의 위치가 나왔지만, 세 도메인의 다른 관계를 보여주는 나무들도 있었다. 나무 한 개가 모든 유전자 데이터를 만족시키는 경우는 없었는데, 이 점은 놀라운 결론을 이끌어낸다. 우리는 유전자가 하나의 나무에서 조상에서 후손으로 수직이동을 한다고 알고 있지만, 어떤 유전자는 이 가지에서 저 가지로 수평이동을 한다는 것이다. 바이러스에 실려 건너가든가, 죽은 세포에서 DNA를 빨아올리는 방법이 이용되었던 것 같다. 그렇다면 현생생물들은 유전자 키메라인 것이다.

  이런 뜻밖의 사실은 유전자 서열을 바탕으로 계통사를 세우려는 노력 자체에 회의를 불러일으킨다. 수평이동이 일어난다면 유전자의 계통수와 생명의 계통수가 일치하지 않을 것이기 때문이다. 일부 비관적인 생물학자에 따르면, 미생물의 유전자들은 아주 자주, 그리고 아주 문란하게 교환되기 때문에 분자수준의 비교로는 의미 있는 미생물의 계통수를 절대 얻을 수 없다고 말한다. 그렇다면 참으로 애석한 일이지만, 아마도 과장된 이야기인 듯싶다. UCLA의 소렐 피츠-기번스Sorel Fitz-Gibbons와 펜실베이니아 주립대학의 크리스토퍼 하우스Christopher House는 1999년 초에, 게놈이 완전히 밝혀진 열 개 남짓한 생물에서 모든 유전자의 분포를 분석했다. 보편적으로 존재하는 유전자들의 분포를 비교하여 얻은 계통수는 리보솜 RNA의 유전자 서열에서 추정해낸 계통수와 엇비슷했다. 이 사실은 유전자 스와핑에도 불구하고 계통적 순서가 박테리아와 고세균의 게놈에 반영되어 있다는 얘기다.

  UCLA의 제임스 레이크James Lake와 마리아 리비에라Maria Riviera는 어떤 규칙이 수평이동을 지배한다는 가설을 내놓았다. 세포생물학과 관련된 기본특성을 암호화하는 **정보**유전자는 수평이동의 적당한 후보가 아닌 것 같다. 리보솜 RNA가 이 범주에 들어간다. 반면, 특정 대사기능을 암호화하는 유전자 또는 유전자 집단인 **작동**유전자는 이 계통에서 저 계통으로, 바이러스 같은 벡터에 실려 상대적으로 쉽게 전달될 수 있는 듯하다. 한 가지 예로, 중금속에 대한 박테리아의 내성이 특정 유전자를 섭취함으로써 얻어진다는 사실이 잘 알려져 있다.

미생물의 유전자와 계통사 연구는 이제 막 시작되었다. 점점 많은 생물에서 전체 게놈이 밝혀짐에 따라, 미래에 새로 밝혀질 사실들이 현재의 통념을 갈아 치울 가능성이 높다. 어쨌든 현재로서는 생명의 계통수가 미생물의 계통사를 반영하는 것으로 보는 것이 합당하다. 하지만 엄밀히 말하면, 미생물이라는 차에 있는 '섀시'의 계통관계로 보는 것이 맞다. 그리고 그 섀시 안에 종간의 유전자 교환으로 가지각색의 성질을 짜 넣음으로써, 이미 잘 적응된 생물이 성능을 높였을 것이다.

갖가지 박테리아와 고세균

계통수에서, 박테리아 큰 가지에는 잔가지가 굉장히 많다. 현재까지는 최소 30개 이상의 큰 분류군이 알려져 있다. 분류군 각각은 생물학에서 전통적으로 인정되는 분류군인 동물과 식물의 계에 빗댈 수 있을 만큼 크다. 앞에서 논의했던 다양한 물질대사의 대부분이 박테리아 가지에서 발견된다. 특히 광합성은 박테리아에 독보적으로 많은 생리작용이다(진핵식물과 조류도 광합성을 하는데, 그 관계를 끼워 맞추는 것은 진화생물학의 또 한 가지 큰 주제다. 하지만 이 이야기는 8장을 위해 남겨두는 게 좋겠다). 하지만 광합성을 하는 계통들은 박테리아 가지의 위쪽에만 달려 있다. 곧, 지구 초기의 생태계가 현재 우리를 둘러싼 생태계와 근본적으로 달랐다는 얘기다. 오늘날은 광합성이 대부분의 환경에서 생물에 연료를 공급한다. 반면 초기의 생물은 화학합성으로 연료를 얻었음이 틀림없다. 박테리아 가지에서 현재 초기의 것으로 인정되는 가지에는 화학합성생물과 종속영양생물이 포진해 있는데, 그 가운데 다수는 산소가 아예 없거나 거의 없는 고온의 환경에서 살고 있는 것이다.

　박테리아와 대조적으로, 고세균은 큰 분류군이 두 개뿐이다. 하지만 없다기보다는 아직까지는 다른 것이 존재한다는 증거가 없을 뿐이다. 크게 두 개로 갈라지는 가지 가운데 하나는 메탄생성세균이 차지한다. 이 가지에 있는 대부분의 미생물이 순수한 메탄생성 타입이지만, 적어도 세 계통에서는 호흡을 포함한 여러 가지 물질대사 수단을 다양하게 진화시켰다. 일리노이 대학의 게리 올슨Gary Olsen에 따르면, 이 '부가기능'들은 모두 박테리아에서 수평이동을 한 유전자에 의해 암호화되어 있다고 한다. 그러니까 수평이동은 초기 생명사에서 어쩌다 한두 번 일어난 일이 아니라, 새로운 생물을 만들어내는 지속적이고 꾸준한 수단인 것이다.

메탄생성고세균과 가까운 관계에 있는 것이 할로박테리아(호염성세균 : 옮긴이)이다. 이 특이한 미생물 집단은 척추동물의 눈에 있는 로돕신과 아주 비슷한 빛 수집색소를 이용해 태양으로부터 에너지를 얻고, 유기분자를 흡수해 성장하는 데 필요한 탄소를 얻는다. 고세균의 또 하나의 큰 가지는 수소와 황 화합물의 화학반응에서 에너지를 얻는 생물이 차지한다.

고세균은 지구 전체에 폭넓게 분포하고 있으나, 이들은 아직까지 상대적으로 덜 알려진 편이다. 아주 작은 고세균이 바다 속의 수많은 장소에서 가장 풍부한 생물로 지목된 것도 2001년에 들어서였고, 생물학자들은 여전히 이 미생물 집단이 어떤 방법으로 살아가는지 짐작조차 하지 못하고 있다. 한편, 가장 특이한 고세균으로는 별난 장소에 사는 무리들이 있다. 이들이 사는 곳은 **정말이지** 특별한 장소들이다. 한 예로, 할로박테리아는 바다보다 소금기가 10배는 더 많은 물에서 번성한다(샌프란시스코 공항의 착륙장을 따라 늘어선 염전 같은 곳에 가면, 할로박테리아가 내는 심홍색 광채가 공기 중에서 번쩍이는 것을 볼 수 있다). pH 1인 산성 광산폐수 속에 사는 고세균도 있다. 피롤로부스 푸마리이*Pyrolobus fumarii*는 온도내성으로 현재 세계챔피언인데, 이 고세균은 113℃의 심해 열수분출공(깊은 바다 속에서 뜨거운 물이 솟아나는 곳으로, 바다 속 온천이라고 할 수 있다 : 옮긴이)에서도 자랄 수 있다. 이런 **호열성**세균은 저온살균우유의 살균온도에서는 살 수 없다. 너무 뜨거워서가 아니라 너무 추워서!

이런 '극한생물'을 어떻게 생각해야 할까? 이들은 단지 신기한 별종일 뿐일까? 아니면 생명의 역사에 대한 본질적인 사실을 이야기하고 있는 것일까? 할로박테리아 같은 호염성세균은 생명의 계통수에서 끝 쪽의 가지에 속하는 것으로 볼 때, 생명의 역사에서 비교적 늦게 진화했을 것이다. 반면, 호열성 원핵생물은 생명의 계통수에서 특별한 지위를 점하고 있다. 이들은 고세균 큰 가지와 박테리아 큰 가지 모두에서 아주 오래된 가지를 차지한다. 곧, 현생생물들은 뜨거운 환경에서 살던 조상들의 후예일지도 모른다는 말이다. 그러니까 옐로스톤 국립공원의 울긋불긋한 온천이나 심해저를 가로지르는 중앙해령에서 미생물 집단을 만날 때, 우리는 지구 초기에 살았던 우리 조상들을 살짝 엿보고 있는 셈이다(컬러도판 1).

(최근 유전학자들이 이 이야기에 한 가지 흥미로운 이의를 제기했다. 현생미생물의 단백질 아미노산 서열을 이용해 마지막 공통조상[박테리아와 고세균의 마지막 공통조상]에 존재했을 원시 단백질을 복원할 수 있는데, 뜻밖에도 복원된 단백질은 고온에서 불안정했다. 이것이 정말이라면, 박테리아와 고세균의 마지막 공통조상은 호열성세균이 아니었다는 얘기다. 이 발견을 생명의 계통수와 어떻게 타협시킬 것인지에 대한 논의는 아직 진행 중이다. 한 가지 가능성은, 초기 생물들이 온화한 온도에서 진화했지만, 에너지가 풍부한 온천에서 살아가는 [적어도] 두 집단의 후손을 남겼다는 것이다. 그러면 이제 필요한 것은 열수분출공을 피신처로 삼은 몇몇 계통을 제외하고 모든 생물을 없애버릴 '몰살의 손길'이다. 거대한 운석의 충돌이라면 이 일을 멋지게 해낼 수 있었을 것이다. 실제로 달과 화성의 분화구 연대를 조사한 결과, 행성의 역사 초기[39억 년 전보다 더 오래전]에 태양계 안쪽의 행성들[수성, 금성, 지구, 화성]이 거대한 운석으로 거듭된 타격을 입었던 사실이 드러났다. 지구라고 이 몽둥이찜질을 피할 수는 없었을 것이다. 스탠포드 대학의 노먼 슬립Norman Sleep은 오래전에, 원시 지구에서 생명의 유일한 피신처는 심해저의 열수분출공뿐이었다고 주장하기도 했다. 따라서 생명의 계통수에서 뿌리에 가까운 가지들은 생명의 어린 시절에 일어났던 진화와 멸종의 이야기 모두를 들려주고 있는지도 모른다.)

생명의 계통수는 곧 환경의 지도

앞에서도 이야기했듯이, 생명의 계통수는 생명의 역사를 보여주는 상세지도다. 계통수의 가지가 갈라진 순서를 따라가면, 생명이 차례차례 제 갈 길로 흩어진 과정을 읽을 수 있기 때문이다. 나무의 모양이 우리에게 말해주는 사실은 초기의 생태계가 열수분출공과 온천을 중심으로 만들어졌으며, 훗날 광합성이 생기면서 지구 전체로 생물을 퍼뜨렸다는 것이다. 식물과 동물 같은 크고 복잡한 생물은 고작 미생물이 점령한 진핵생물 가지의 끝에 달린 잔가지로서, 진화의 후발주자들일 뿐이다.

생명의 계통수를 다른 각도에서 해석할 수도 있다. 일반적으로 생물은, 그 가운데서도 특히 미생물은, 특정한 서식지와 운명을 함께하기 때문에 생명의 계통수를 지구의 환경에 대한 역사기록으로 읽을 수도 있다. 예컨대, 초기 가지에 속하는 생물들은 물질대사에 산소를 이용하지 않으며, 눈곱만큼의 산소라도 있으면 죽는 종류들이다. 산소가 어느 정도 존재해야만 살아갈 수 있는 생물들은 훗날에서야 갈라졌으며, 고농도의 산소가 필요한 우리 인간과 같은 생물들은 나무의 끄트머리에 이르러야 발견된다.

따라서 우리는 생명의 계통수를 통해 지구 역사를 추측한 후, 이것을 지질기록을 가지고 검증해볼 수 있다. 생명의 계통수에서 가장 중요한 점은 우리가 현재 접하는 생물과 환경이 비교적 최근에 나타났다는 사실이다. 곧, 생명의 초기 역사는 미생물의 역사란 것이다. 그리고 하나 더 기억할 것은, 생명이 언제나 그 모습 그대로인 행성에서 진화한 게 아니라는 사실이다! 생명과 환경은 처음부터 지금까지, 생명과 환경이 함께 참여하는 생물지구화학적 순환에 의해 공동운명체로 묶인 채 함께 진화했다.

나중에 우리는 비교생물학으로 추측한 지구의 역사를 바탕으로, 캄브리아기 대폭발을 생생하게 포착하고 있는 코투이칸 강변의 절벽으로 다시 돌아갈 것이다. 지금까지 살펴본 생명의 계통수는 캄브리아기에 생명의 다양성이 폭발하기 **전**에 틀림없이 오랜 생명의 역사가 존재했으리라는 다윈의 직감을 뒷받침한다. 캄브리아기 이전의 역사를 복원하고 싶은 고생물학자라면 당연히, 캄브리아기 이전에 퇴적된 암석, 그러니까 지구 초기의 변천사를 기록하고 있는 **선**캄브리아 시대의 암석에 주목해야 한다. 또한 동물 탐색을 미생물 조사로 바꿀 필요가 있다. 그러나 박테리아, 고세균, 단순한 진핵 미생물은 아주 작고 연약하다. 정말 그들이 우리가 해석할 수 있을 만한 화석기록을 남겼을까?

03

암석에 새겨진 생명의 지문

북빙양(북극해)의 스피츠베르겐 섬에 있는 퇴적암들은 캄브리아기 대폭발이 일어나기 한참 전인 6~8억 년 전에 형성되었다. 이 암석들에 동물의 흔적은 전혀 없다. 그러나 현미경 아래에서 보면 시아노박테리아, 조류, 원생동물의 미화석이 가득하다. 특히 눈에 띄는 것은 스트로마톨라이트다. 이것은 미생물 군집에 의해 만들어진 암초같이 생긴 암석구조다. 그러나 무엇보다 폭넓게 분포하는 것은 미생물 물질대사가 남긴 화학흔적들이다. 이러한 발견들은 우리가 더 오래된 지층에서 초기 생명의 진화에 대한 증거를 찾도록 용기를 주었다.

캄브리아기 대폭발 이전의 생명을 찾아서

노르웨이와 북극점의 중간에 있는 외딴 군도, 스피츠베르겐 섬은 회색과 흰색으로 완성된 매우 아름다운 작품이다. 흰색은 이 섬의 대부분을 감싸고 있는 빙하이며, 다양한 농도의 회색은 빙판에서 거대한 벽을 이루며 높이 치솟은 암석들의 줄무늬이다(그림 3-1). 툰드라의 야생화들이 군데군데 색깔얼룩을 찍어놓고 있지만, 식물은 빈약하다. 해안 저지대에 서 있는 수령 백 년의 버드나무들은 키가 고작 몇 센티미터밖에 되지 않아서, 머리 꼭대기에 이고 있는 흰 순록이끼가 힘겨워 보인다. 산으로 올라가면, 작지만 선명한 오렌지색 지의류뿐이지만, 이것이 둥글게 퍼져 흑백의 풍경에 색채를 더해준다. 해안에 좌초된 빙하 위에는 바다표범과 바다코끼리가 나른하게 드러누워 있고, 작은 순록이 작은 식물을 뜯어먹는다. 북극곰들은 해안을 부지런히 왔다갔다 한다. 바다표범을 포식하여 통통하게 살이 오른 북극곰들은 언덕 위에 쳐놓은 화사한 노랑텐트를 신기한 듯 쳐다본다. 스피츠베르겐의 고생물학자들은 쉬 잠들지 못한다.

섬의 북동쪽 산지에는, 무자비한 힘이지만 거의 느낄 수 없는 속도로 흘러가는 거대한 빙하의 강인 곡빙하가 만들어놓은 깊숙히 팬 지형이 있다. 팬 자국은 너무 깊어서 엠파이어스테이트 빌딩을 여기다 집어넣는다 해도 끝이 보이지 않을 정도다. 우리는 대체 여기서 무엇을 하고 있는 걸까? 늦은 오후, 나는 몰아치는 강풍에 몸을 제대로 가누지 못해 절벽 꼭대기를 기듯이 걸어가면서 이렇게 자문했다. 1장의 '우리는 어떻게 여기에 왔는가'라는 질문처럼 '여기서 무엇을 하고 있는가'라는 질문에도 여러 가지 대답들이 있을 수 있다. 북극지방에 차가운 바람이 휘몰아치던 그날 오후에, 이 질문은 '왜 나는 열대의 얕은 여울에서 일하지 않는가'라는 물음과 바꿔도 좋을 만한 것이었다. 어쨌든 날씨에 대한 불평은 이쯤 해두고 '여기서 무얼 하는가?'에 곧이곧대로 대답하면, 나는 야외조사 동료인 아이오와 대학의 지질학자 킨 스웨트Keene Swett와 함께 스피츠베르겐 섬의 절벽에 드러난 원생이언 후기

그림 3-1 스피츠베르겐 섬 북동부의 빙하로 뒤덮인 산지. 아카데미케르브린 층군에 속한 원생이언 암석들이 드러나 보인다. 밝은 회색 또는 어두운 회색의 띠들은 각각 두께가 약 300미터 정도다.

의 두터운 지층의 단면을 기록하고 있다. 물론 다른 대답도 대기 중인데, 그것은 무엇을 하느냐뿐 아니라 왜 하느냐에 대한 대답이기도 하다.

이 지역의 지층 꼭대기에는 코투이칸 강변의 절벽에서 나타나는 화석들과 아주 비슷한 캄브리아기 초기의 화석이 있다. 그 아래로는 8~6억 년 전에 열대의 바다에서 기록된 두께 6,000미터의 기나긴 지질학적 연대기가 이어진다. 캄브리아기의 가장 오래된 층보다 아래 있는 서열에 걸맞게, 스피츠베르겐 섬의 암석에는 골격 화석도, 압축된 생물유해도, 발자국도, 기어간 자국도 없다. 동물이 살았다는 증거가 전혀 없는 것이다. 그렇다고 이 지층이 퇴적될 때 동물이 없었다는 말은 아니다. 그러나 동물이 존재했다 하더라도 쌓이는 퇴적물에 거의 흔적을 남기지 않는 아주 작은 생물이었을 것이다. 물론 생명의 계통수는 동물 이전에도 생물이 있었다고 말한다. 따라서 우리는 이곳의 암석에서 조개와 완족류가 아니라 조류, 원생동물, 박테리아를 찾을 것이다. 스피츠베르겐 섬의 북동부는 이러한 초기 생물에 대한 고생물학적 질문에 대답을 찾을 수 있는 이상적인 장소다. 우리가 여기서 한 일은 그 대답을 구하는 일, 그러니까 캄브리아기 대폭발 이전에 있었던 생명과 환경을 들여다보는 일이었다.

북빙양의 외딴 섬, 스피츠베르겐으로

스피츠베르겐 섬은 원생이언의 화석이 발견된 최초의 장소가 아니다. 물론 내가 그 화석들을 발견한 최초의 사람도 아니다. 그 영예는 엘소 바곤Elso Barghoorn에게 돌아간다. 그는 선캄브리아 시대 고생물학의 아버지이며 하버드 대학에서 내 스승이었다. 1954년에 바곤과 지질학자 스탠리 타일러Stanley Tyler는 온타리오 서부의 건플린트 층군(Gunflint Formation)에 속한 20억 년 가까이 된 암석에서 박테리아 세포를 발견했다고 보고했다. 당시 나는 세 살이었으니, 장차 내가 가꾸게 될 생명의 나무의 씨앗이 뿌려지고 있다는 사실을 알 리가 없었다. 그러나 나의 선캄브리아 시대 오딧세이가 시작된 곳은 **스피츠베르겐**이었다. 갓 박사학위를 받은 풋내기 조교수였던 나는 1978년에 스승인 바곤에게서 과학적으로 독립할 수 있을 만한 프로젝트를 이리저리 찾고 있었다. 그때 케임브리지 대학의 브라이언 할랜드Brian Harland가 쓴 지질학 논문에서 스피츠베르겐 섬을 알았고, 이 척박한 섬이 앞으로 내게 큰 보상을 가져다줄지도 모른다는 생각을 하게 되었다. 나는 기대에 부풀어 할랜드에게 편지를 보냈다. "스피츠베르겐에서 연구하는 것을 한 수 가르쳐 주시겠습니까?" 기대 이상의 반응이 돌아왔다. "다음 여름에 우리 팀에 합류하시겠습니까?" 말할 것도 없이 나는, 이 기회가 내 연구의 앞날을 결정하게 될지도 모른다는 기대를 품고 흔쾌히 동의했다.

이듬해 여름에 나는 작은 노르웨이 어선에 올랐다. 배는 세 명의 케임브리지 출신 동료들을 태우고서 스피츠베르겐 섬의 북단을 돌아 항해했다. 어떤 날 아침에는 바다가 마치 유리처럼 맑아서 밝은 태양과 빙하로 뒤덮인 산봉우리를 거울처럼 비추었다. 하지만 어떤 날은 폭풍과 함께 회녹색 파도가 우리의 배와 내 뱃속을 장난감처럼 뒤집어놓을 기세로 밀어닥쳤다. 나는 항해를 거의 몰랐고, 미늘창을 휘두르며 뱃길 앞에 놓인 빙하를 밀치는 요령은 전혀 알지 못했다. 게다가 고래가 배 쪽으로 다가올 때는 아예 머릿속이 하얘졌다(속도를 늦추고 배를 조심스럽게 조종해야 한다). 그나마 내가 좀 아는 것이 고생물학인데, 다행스럽게도 우리가 연구한 노두에는 쓸 만한 암석들이 아주 많았다.

원생이언 고생물학에서 사소하지만 늘 부딪히는 어려움이 있다면, 연구 대상이 너무 작아서 눈으로 볼 수 없다는 것이다. 따라서 최선은, 경험에 비추어 화석이 있을 법한 암석들을 채집하고, 잘될 거라는 믿음을 갖고 이것을 연구실로 실어 나른 후, 몇 달 뒤 준비된 표본을 검사해 성공이냐 실패냐를 가름하는 것이다. 나는 행운아였다. 내가 들여다본 첫 번째 표본이 이례적으로 잘 보존된 미화석微化石(현미경을 이용해야 식별이 가능한 미세한 화석: 옮긴이)으로 가득했던 것이다. 현미경을 들여다볼 때 나는 마치 투탕카멘 왕의 무덤에 램프를 비추는 하워드 카터가 된 기분이었다. 렌즈 아래 놓인 종잇장처럼 얇은 암석조각에서 '뭔가…… 아름다운 뭔가'를 보는 일은 굉장한 특권처럼 느껴졌다. 이렇게 연구주제를 찾은 나는 다음 7년 동안 이 섬을 여러 번 다녀갔다. 나는 그때마다 헬리콥터를 타고 눈신을 신고서, 이 멋진 장소의 고생물학적 비밀을 캐기 위해 안간힘을 썼다.

열대바다에 퇴적되었던 암석

나는 스피츠베르겐 섬의 암석들이 열대바다에서 퇴적되었다는 사실로부터 출발했다. 이 사실을 어떻게 알까? 그리고 이게 사실이라면, 열대바다에 있어야 할 이 암석들이 지금 북극 근처의 산꼭대기에서 뭘 하고 있는 것일까?

퇴적지질학은 가설과 실험으로 세워진 거대한 이야기 창고이다. 현장의 지질학자가 호숫가 모래에 새겨진 물결무늬 패턴을 눈여겨본다. 그러면 실험실의 지질학자가 플로우 탱크flow tank라는 실험장치를 이용해 이 물결무늬가 형성될 수 있는 물리적 조건의 범위를 알아본다. 이런 반복되는 관찰과 실험을 통해, 퇴적물의 패턴과 이 퇴적물의 형성을 지배한 물리적 과정의 연결고리를 찾을 수 있다. 따라서 숙련된 지질학자라면 태곳적 사암의 층리, 조성, 조직을 조사해, 그 사암이 형성된 때의 환경과 퇴적과정을 추측할 수 있다.

스피츠베르겐 섬의 암석을 해석하려면, 일단 지층의 조성과 두께, 층리의 특성을 기록해야 한다. 우리는 바위에 확대경을 올려놓고, 절벽에 얼굴을 구겨지도록 들이밀어 태곳적 퇴적물의 확대 이미지를 본다. 그리고 이따금씩 '설득장비'도 휘두른다. 이것은 지질학자들이 허리띠에 찔러 넣고 다니는 자루가 철제로 된 해머인데, 집으로 실어갈 주먹만한 표본들을 채집하는 데 쓰인다. 그 다음에 실험실로 돌아와 박편(아까 말한 종잇장처럼 얇은 암석조각)을 분석하며 현장관찰을 보완한다. 현미경 아래에서 박편의 특징은 1,000분의 1밀리미터 수준으로 샅샅이 파헤쳐진다. 마지막으로 다른 지질학자들이 다른 층과 현재 형성 중인 퇴적물에서 찾아낸 상응하는 특징들과 각 층의 특징을 비교한다. 우리는 이렇게, 축적된 경험과 활발히 소통하면서 오래전에 존재했던 세계의 작은 역사를 되살려낸다.

스피츠베르겐 섬의 지층은 아카데미케르브린 층군(Akademikerbreen Group)에 속한다. 이 층군은 석회암과 그 비슷한 종류의 암석들이 태고의 바닷가 근처에서 두껍게(2,000미터 정도) 퇴적되어 생긴 것이다(그림 3-1). 백운암[1]에

---

1) 석회암은 탄산칼슘($CaCO_3$) 입자들이 단단히 결합해 형성된 암석이다. 이것과 특별히 가까운 광물로서 탄산칼슘마그네슘($CaMg[CO_3]_2$)으로 이루어진 백운석 역시 암석을 형성하는데, 돌로마이트(백운암) 또는 (특히 영국에서) 돌로스톤으로 불린다. 지질기록에서 발견되는 대부분의 백운암들은 원래 석회질이던 퇴적물이 화학적 변질로 형성된 것이다.

얇은 층이 불규칙하게 나타나는 곳은 이것이 해안의 끝에서 퇴적된 사실을 알려준다. 이 암석에 나타나는 이와 같은 밀리미터 두께의 얇은 층, 곧 엽층葉層은 오늘날 미생물 매트가 깔린 개펄에 형성되는 구조와 아주 비슷하다(그림 3-2). 이런 구조는 미생물이 고운 퇴적물 입자들을 붙들어 묶어 얇은 층을 만든 것인데, 그 모양이 마치 퍼프-패스트리의 야들야들한 층처럼 생겼다. 어떤 층은 각기둥 모양으로 쩍쩍 갈라진 틈들이 얼기설기 엮여 그물 모양을 이루고 있기도 하다(이런 지형을 건열乾裂이라고 한다: 옮긴이). 오늘날에도 축축한 진흙이 직사광선에 노출되어 바싹 말라 갈라진 곳에서 이와 비슷한 지형을 볼 수 있다. 먼 옛날에 형성된 건열도 똑같은 방식으로 만들어진 것이다.

환경을 파악하는 데 도움이 되는 또 하나의 흥미로운 지형이 있다. 여기저기에 몇 센티미터 두께의 엽리구조(엽층을 가진 구조나 상태: 옮긴이)가 산봉우리처럼 볼록한 모양을 이루고 있는데, 대개 봉우리는 부서져 있다(그림 3-2). 이 지형은 그 횡단면이 아메리카 인디언의 천막식 오두막집을 닮았다고 해서 기억하기 쉽도록 천막구조라 불린다. 천막구조는 오늘날 석회질이 풍부한 따뜻한 해안을 따라, 만조선 바로 위에 형성된다. 그 지점에는 표면 퇴적물이 태양에 바싹 말라 있고, 어쩌다 한 번씩 바다에 잠긴다. 이런 상황에서 탄산염과 석고 알갱이들이 점점 자라면 표층에 대한 압력이 증가하고, 결국 지층이 뒤로 젖혀져 금이 간 봉우리가 생기는 것이다.

아카데미케르브린 층군의 지층이 쌓인 상태는 이렇게 시간**뿐 아니라** 환경기록도 제공한다. 조금 전에, 아카데미케르브린 층군의 탄산염암 가운데 특히 해안의 끝에서 형성된 부분이 있다는 이야기를 했다. 당연히 그 암석들의 곁에는 좀더 바다 쪽으로, 만조선과 간조선 사이의 지대에서 퇴적된 층이 있다. 이런 조간대의 암석에는 다음과 같은 몇 가지 특징이 나타난다. 우선 모래층과 진흙층이 교대로 쌓이는데, 이것은 파도와 조수 에너지의 변화를 기록하고 있다. 두 번째로 미생물 매트 층에 천막구조가 없다. 또 조수가 들어오고 빠지면서 생긴 좀더 두터운 층에는 모래엽층이 비스듬히 들어가 있

그림 3-2 만조선 근처에 퇴적된 아카데미케르브린 층군의 탄산염암에는 시아노박테리아 매트에 의해 만들어지는 구불구불한 엽리구조와 환경해석의 열쇠인 천막구조가 나타난다. 탄산염암 안에 있는 검은 처트 단괴에는 필라멘트 꼴의 미생물 화석이 가득 담겨 있다.

어서, 암석에 헤링본 구조(청어뼈 구조라는 뜻으로, 아주 가늘고 좁게 빽빽하게 기울어진 모양을 말하며 모래층이나 모래가 굳어진 바위에서 관찰된다 : 옮긴이)를 만든다. 그리고 조수에 깎인 퇴적면에 얕은 골이 새겨져 있다. 이 특징들은 오늘날 개펄 퇴적의 뚜렷한 흔적들을 나타내는 바하마 뱅크 같은 장소에서 볼 수 있다.

조간대의 암석들은 다시 또 다른 층들과 서로 섞여 연결되는데, 간조선보다 아래 있는 연안석호에 석회이토, 모래, 폭풍이 몰아칠 때 개펄에서 떨어져 나온 파편들이 퇴적되어 이루어진 층이 있다. 태고의 스피츠베르겐 섬의 석호는 우이드 여울(우이드는 탄산염이 동심원상의 엽층을 이루어 쌓인 구형의 작은 알갱이다. 우이드는 오늘날에도 따뜻하고 석회질이 풍부한 해수에서 파도가 계속해서 입자들을 부유시키는 지점에서 형성된다)의 보호를 받았다. 또 두께가 1미터쯤 되는 돔형의 엽리구조와 가지촛대 모양의 구조도 연속된 지층에 점점이 끼어 있는데, 이것은 미생물 군집으로 만들어진 초礁이다.

암석에 새겨진 생명의 지문 63

현재는 과거를 푸는 열쇠

지질학자가 되려는 사람들이 배우는 첫 번째 가르침은 "현재는 과거의 열쇠다"라는 말이다. 그러므로 오늘날 바하마 뱅크에 쌓이는 퇴적물은 아카데미케르브린 층군을 이해하는 데 도움이 된다. 현재 관찰되는 과정을 태고의 암석에서 발견한 패턴과 연결할 수 있다면, 우리는 지구의 역사를 지질학적으로 밝힐 수 있다. 단, 이 전제를 맹신해서는 안 된다. 과정의 동일성은 *plus ca change, plus c'est la même chose*(겉은 변해도 알맹이는 변하지 않는다)라는 뜻이 아니다. 다시 말하자면, 현재 일어나고 있는 지각구조, 퇴적, 지구화학 **과정**들이 지구 역사를 통틀어 유효했을 수는 있지만, 그렇다고 해서 지구 표면의 **상태**가 내내 한결같았다는 뜻은 아니라는 것이다. 해양의 화학 조성, 지형, 기후는 시간에 따라 변화하면서 환경—그리고 생명—의 역사에 결정적인 영향을 미친다.

위대한 바우하우스 건축가 미스 반 데어 로에Mies van der Rohe는 "중요한 것은 디테일이다"라는 말을 했다. 우리는 이 말에서 태고의 바다와 대기의 상태에 접근하는 열쇠를 찾을 수 있다. 앞서 언급했던 우이드 여울을 예로 들어보자. 오늘날의 해양 우이드는 최대 직경이 약 1밀리미터 정도다. 이것은 모래 알갱이만한 크기다. 반면, 아카데미케르브린의 우이드는 완두콩만 한 것도 있다. 분명히, 스피츠베르겐 석호의 화학조성은 가장 최근에 형성된 석호의 화학과는 상당히 달랐다. 스피츠베르겐 섬의 석호에 칼슘과 탄산염 이온이 훨씬 많았다. 그 결과 우이드가 오늘날의 우이드보다 더 빠르고 더 크게 자랄 수 있었던 것이다. 스피츠베르겐 섬의 거대 우이드는 선캄브리아 시대의 지구가 단순히 현재 우리의 세상에서 동물과 식물만 뺀 환경이 아니었음을 넌지시 알려준다. 이 발견은 이후의 장들에서 태곳적 지구의 역사를 이야기하는 중요한 주제가 될 것이다. 하지만 지금 당장은, 동일과정설—"현재는 과거의 열쇠다"—이 어디까지나 과정에만 한정되는 진술이며, 초기 지구의 연구에서 보편적인 진리라기보다는 잠정적인 작업가설로 보아야 한다는 사실을 기억하면 되겠다.

베게너의 대륙이동설

스피츠베르겐 섬의 암석들이 열대에서 퇴적되었다는 해석에 근거를 대기 위해, 우리는 이 암석들이 지금 왜 북극권 북부의 꽁꽁 언 절벽 속에 있는지 간단하게라도 질문해봐야 한다. 답은, 판구조론에서 주장하는 지각이동 과정이 현재의 장소로 옮겨왔다는 것이다. 시간이 흐름에 따라 대륙이 이동한다는 가설은 20세기 초에 독일 기상학자 알프레드 베게너Alfred Wegener에 의해 주창되었다. 그러나 이것이 폭넓은 인정을 받은 것은 1960년대와 1970년대에 이르러, 해령에서 생겨 해구에서 사라지는 해저 컨베이어가 대륙을 이동시킨다는 사실이 지구물리학으로 밝혀졌을 때였다. 스피츠베르겐 섬의 북동부는 고생대와 중생대에 북극 쪽으로 이동했고, 1억여 년 전에 현재의 위도에 이르렀다. 그런 후 대서양이 열릴 때 스피츠베르겐 섬이 같은 지질장소(현재 그린란드에 있다)에서 떨어져 나왔고, 플라이스토세(지구 역사에서 마지막 빙하기가 있었던 때로, 181만 년 전부터 1만 년 전까지를 말한다 : 옮긴이)의 대빙하기가 시작될 때 마침내 얼음 속에 갇혔다. 스피츠베르겐 섬의 지리적 이동은 우리에게는 행운이라고 할 수 있다. 암석들이 적당히 노출되어 있는 데다 표면 풍화에 의한 변형을 거의 받지 않았기 때문이다. 이 땅 조각이 낮은 위도에 머물렀다면 불가능했던 일이다.

태고의 지구에서 살아남은 생물

우리는 스피츠베르겐 섬의 암석들이 캄브리아기가 시작되기 전에 열대의 해안에서 형성되었다는 것을 알았다. 그런데 그 바다에 생명이 있었을까? 있었다면, 아카데미케르브린 층군의 지층에 기록을 남겼을까? 이것이 우리가 정말 알고 싶은 것이다. 따라서 이 대답을 구하기 위해 우리는 생물의 여리디여린 유해를 보존하고 있을 법한 암석을 찾아야 한다. 하나의 후보가 처트(플린트라고도 함)라는 암석이다. 처트는 석영(결정질 실리카, 또는 이산화규소[SiO_2])의 아주 작은 결정이 맞붙어 생긴 매우 단단한 물질이다. 처트는 지각판 변형의 기계적 파괴를 견딜 만큼 단단하고, 부식성 액체로부터 내용물을 지킬 만큼 투과성이 낮다. 따라서 처트 속에 있으면, 물질―생물을 포함하여―이 오랫동안 보존될 수 있다.

처트는 선캄브리아 시대의 개펄 퇴적물에 많은데, 탄산염암 속에 들어 있는 검은 단괴로서 나타난다(그림 3-2). 이 단괴는 해저가 아니라 지층 속에서 형성되는데, 엽리구조를 비롯한 층리(층이 쌓여 있는 상태: 옮긴이)의 특징이 탄산염부터 그 속에 들어가 있는 실리카 단괴까지 그대로 연결된다는 것이 그 증거다. 또 처트 단괴는 석회질층에서 나타나는 암석조직상의 특성을 보인다―곁에 있는 탄산염암에 나타나는 것과 똑같이, 우이드, 미생물 매트, 결정질 교결물의 조직이 존재하는 것이다. 많은 경우에 단괴는 퇴적 직후, 그러니까 위에 덮인 퇴적물이 단단히 다져지면서 단괴를 둘러싼 퇴적물을 구부러뜨리기 전에 형성되었다. 실리카는 그 자체로는 아무런 색이 없다. 따라서 단괴의 흑색은 포함된 유기물에서 비롯된 것이다.

스피츠베르겐 섬의 처트에는 보존상태가 훌륭한 미화석이 아주 많이 들어 있다. 이 미화석들은 실리카 무덤 안에 묻힌 작고 귀한 보석이라 할 만하다. 만조선 위에서 형성된 탄산염암 안의 처트에서는 보통 한 종류의 미화석만 나온다. 이것은 두꺼운 벽을 가진 직경 10마이크론 정도의 관인데, 암석 속에 치밀한 조직으로 짜여 있다(컬러도판 2a). (1마이크론은 아주 짧은 길이로, 1천분의 1밀리미터 정도다. 속눈썹은 이 화석의 10배쯤 두껍다.) 이런 관 모양 화석은 필라멘트 꼴 시아노박테리아―'녹색식물'이 수행하는 광합성을 할 수 있는 강인한 박테리아(컬러도판 2b)―의 세포를 덮어씌우는 초鞘(세포를 칼로, 관 모양 화석을 칼집으로 이해하면 쉽다: 옮긴이)로 판단된다. 미생물이 만들어놓은 치밀한 조직은 그 미생물이 매트(막)를 형성했다는 표시이며, 그 흔적은 처트 주위를 둘러싼 탄산염암에 구불구불한 엽리구조로 남아 있다. 다양성이 적은 시아노박테리아 매트는 오늘날에도 플로리다키스와 바하마 제도에서 페르시아 만과 호주 서부의 해안에 이르기까지 줄어든 만의 바다 쪽 끄트머리에서 형성되고 있다.

현재의 개펄에서 미생물의 다양성은 바다 쪽으로 갈수록 증가하는데, 스피츠베르겐 섬의 암석들도 똑같은 패턴을 보인다. 매트를 형성하는 시아노박테리아 같은 개체군은 태고의 해안에 조수간만이 존재했던 영역을 세분화하여, 매트 형성자와 매트 거주자로 된 별개의 군집을 이루었다(매트 거주자란, 그곳에 살지만 매트의 형성에는 기여하지 않는 생물을 말한다. 오늘날 산호초에 달라붙어 사는 조개가 그렇다).

원생이언의 미화석들은 지금까지 현생의 시아노박테리아와 비교되어왔다. 하지만 이 둘이 실제로 얼마나 가까울까? 대부분의 시아노박테리아는 단순한 모양을 하고 있다. 그렇다보니 태고의 형태나 현생의 형태나 차이가 별로 없고, 이런 닮은 모습에 속아서 둘 사이의 생리적 차이를 알아보지 못할 가능성도 있다. 우리가 오늘날 보는 시아노박테리아는 정말, 삼엽충이 바다를 수놓기 전에 이미 진화를 매듭지었을까? 스피츠베르겐 섬에서 발견된 한 아름다운 개체군이 이 문제를 해결할 실마리를 준다. 폴리베수루스 비파르티투스*Polybessurus bipartitus*는 직경 10~30마이크론의 구형세포에 세포 외 분비물로 만들어진 대가 연결되어 있는 구조다(컬러도판 2c). 이 화석은 태고의 조간대에서 바다 쪽 끝을 따라서 따로따로 독립된 개체로 발견되지만, 자주 노출되는 장소에서는 조밀한 개체군을 이루어 나타나면서 퇴적면에 얼룩무늬처럼 크러스트(딱딱한 표피)를 형성한다. 내 대학원생이었고 지금은 사우스캐롤라이나 대학에 있는 줄리언 그린Julian Green은 현재까지 보존된 화석에서 폴리베수루스의 여러 가지 형태를 처음으로 알아보고, 이를 바탕으로 다음과 같은 세포의 일생을 재구성할 수 있었다. 세포들은 개펄 표면에 떨어져 정착했고, 성장하면서 세포 외 초를 분비하기 시작했다. 연속적으로 분비된 초가 연결되어 생긴 대 덕분에, 세포는 석회이토가 유입되었음에도 퇴적물과 물 사이에서 안정된 자리를 유지할 수 있었다. 일정한 크기까지 자란 개체는 성장을 계속하면서 되풀이하여 분열하는데, 이때 새로 생긴 작은 세포들이 흩어져 퇴적면에 내려앉아 새로운 생명주기를 시작했다.

선캄브리아 시대 미화석을 이만큼만 알았으면 현생생물과 의미 있는 비교를 하기에 충분하다. 그런데 답답하게도, 시아노박테리아를 다룬 전문서적에서 스피츠베르겐 섬에 있는 화석의 여러 특징들을 갖춘 현생의 개체군을 찾을 수 없었다. 그렇지만 우리에게는 이 미화석에 대응하는 현생생물을 찾을 또 다른 단서가 있었다. 그것은 그들이 탄산염 퇴적물이 쌓이는, 아열대와 열대바다에 접한 개펄에서 살았다는 것이다.

이 사실을 단서로, 나는 내 이웃대학인 보스턴 대학의 교수이자 시아노박테리아 전문가인 친구 스티브 골루빅Steve Golubic과 함께, 우리가 아는 한 가장 환경이 비슷한 장소인 바하마 뱅크로 떠났다. (과학이 스피츠베르겐 섬에서 여름을 바친 자들에게 보상이라도 해주듯) 우리는 바하마 뱅크에 있는 안드로스 섬의 서쪽 끝 외딴 지역에서 석회이토 개펄 위에 점점이 흩어진 작고 검은 크러스트를 보았다. 시아노박테리아 매트가 그물처럼 깔려 있었다. 크러스트는 개펄 윗부분에 형성되어 있었는데, 이것은 세포 외 초를 분비해 아래로 길게 늘어뜨리는 작은 구형 시아노박테리아가 만든 것이다(컬러도판 2d). 그렇다. 원생이언 암석들을 통해 추적한 오늘날의 장소에서, 우리가 찾던 현생생물을 발견한 것이다. 살아 있지만 지금까지 아무도 몰랐던, 그 형태와 생활주기와 환경분포가 태고의 폴리베수루스 비파르티투스와 딱 맞아떨어지는 시아노박테리아를 발견하는 순간이었다.

스피츠베르겐의 예가 유일한 행운은 아니다. 사우디아라비아의 킹 파이살 대학의 아사드 알-투카이르Assad Al-Thukair는 우이드 알갱이 안에 구멍을 뚫고 그 속에서 사는 여섯 종의 새로운 시아노박테리아를 발견했다. 스피츠베르겐 섬과 그린란드 동부에서 발견되는 규화된(성분이 실리카로 바뀌는 것: 옮긴이) 원생이언 우이드 가운데, 이 여섯 종의 현생 시아노박테리아 각각과 정확히 대응되는 화석들이 있었다. 이들 시아노박테리아는 '구멍 뚫기'라는 틀에 박힌 패턴을 보이기 때문에, 현생 개체군과 화석 개체군이 공유하는 특징에 행동까지도 포함될 수 있다. 스티브와 몬트리올 대학의 한스 호프먼 Hans Hofmann도, 오늘날의 개펄에서 발견되는 매트 형성 시아노박테리아와 20억 년 전에 유사한 환경에서 살았던 시아노박테리아 화석 사이에 아주 정교한 수준의 비교를 이끌어냈다.

여러 발견들을 종합해볼 때, 많은 원생이언 화석들이 현생의 시아노박테리아와 비슷하다는 가설은 설득력이 있다. 서식지의 범위는 생리기능과 직접적인 함수관계를 이룬다. 따라서 원시 시아노박테리아와 현생 시아노박테리아가 비슷한 환경에서 살았다면, 스피츠베르겐 섬(그리고 다른 원생이언)의 개펄에 분포했던 미생물들이 형태, 생활주기, 생리기능 면에서 본질적으로 현생 시아노박테리아와 다를 것이 없다는 얘기다. 곧, 오늘날 우리가 보는 대부분의 시아노박테리아는 태고의 지구에서 살아남은 자들인 것이다.

시아노박테리아

오늘날 시아노박테리아는 염분의 농도가 높거나 다른 환경조건이 나빠서 동물들이 잘 드나들지 않는 해안서식지에 많이 살고 있다. 공교롭게도 원생이언 탄산염암 속에 들어 있는 처트 단괴도, 바닷물이 증발할 때 소금이 침전되듯 실리카가 침전되는 해안환경에 집중적으로 분포한다. 따라서 처트는 시아노박테리아가 번성했던 환경을 집중적으로 비춰주는 고생물학의 랜턴인 것이다. 그런데 오늘날의 개펄에는 시아노박테리아만 사는 게 아니다. 매트의 군집에는 수많은 다른 생물들이 살고 있고, 그중에서도 특히 박테리아가 많다. 그렇다면 처트 단괴에서는 왜 이처럼 다양한 미생물이 나타나지 않는 것일까?

　개펄은 가혹한 환경이다. 여기 사는 생물들은 간조 때면 작열하는 태양빛을 견뎌내야 한다. 날이 건조할 때는 짠물로 인한 삼투압의 효과로 고통을 겪는다. 또 폭풍이 불 때는 담수의 역방향 삼투압으로 시련을 겪는다. 시아노박테리아는 내부의 세포를 보호하는 세포 외 초를 분비함으로써 이런 시련에 대처한다. 이 초는 특히 고생물학자들한테 중요한데, 내부의 세포와 달리 사후에도 박테리아에 의해 분해되지 않기 때문이다. 시아노박테리아는 이를테면 미생물 버전의 조개껍데기를 가지고 있는 셈이며, 개펄에 사는 시아노박테리아에서 이 특성이 특히 잘 발달되어 있다. 개펄에는 다른 박테리아도 살지만, 사후에도 남아서 보존되는 벽이나 초를 가지고 있는 것이 드물다. 게다가 이런 박테리아는 몸이 너무 작고 모양도 단순해서 생물학적 해석이 어렵다. 그러나 보존된 화석이 사후분해의 증거를 보인다는 사실은 종속영양 박테리아가 개펄에 살았다는 뜻이다. 지구화학적 흔적을 통해 이런 박테리아 중 적어도 몇 종류는 확인할 수 있다. 처트의 박편에 보존된 화석은 비록 그것이 가치가 높은 것일지라도, 원생이언의 해안선 근처에 살았던 다양한 미생물 가운데 일부일 뿐이라는 사실을 놓쳐서는 안 된다.

　다행히, 가장 보존이 잘 된 화석표본은 연구할 가치가 높은 것이다. 시아노박테리아는 선캄브리아 시대에 지구에서 살았던 노동자 계층의 영웅들이라 할 만하다. 그들은 지구 초기의 바다에서 주된 1차 생산자였고, 지구의 환경을 탈바꿈시켰던 산소의 원천이었다. 우리는 현생의 시아노박테리아에 대해 계통관계를 포함하여 많은 것을 알고 있다. 게다가 그들이 보존되기 쉽다는 것도 행운이다. 여기에다가 시아노박테리아에 속하는 종들은 형태만으로도 식별이 가능하다는 것까지 고려하면, 시아노박테리아는 초기 생명에 대한 고생물학 연구에서 가장 중요한 존재로 올라선다.

고생물학의 보물창고

스피츠베르겐 섬의 처트에 있는 대부분의 화석들이 시아노박테리아임이 확실하거나 확실시된다. 그런데 상대적으로 큰 미화석(직경이 100마이크론이 넘는)도 드물게 발견된다. 작은 꽃병처럼 생긴 것도 있고(컬러도판 2f) 가시가 박힌 것도 있는데, 이 표본들은 스피츠베르겐 섬에 또 다른 생물이 살았을 거라는 기대를 품게 한다. 이 화석들은 앞바다에서 조수통로를 통해 밀려온 퇴적물에만 나타나는데, 이 사실은 바다 쪽으로 더 나가면 원생이언 생물의 진정한 다양성을 발견할 가능성이 있다는 뜻이다. 어쩌면 처트에서 보았던 원생이언 생물은 그저 맛보기일 뿐일지도 모른다.

나는 야외조사를 하는 동안 검은 셰일의 표본을 많이 수집했다. 셰일은 우이드 여울 너머, 간조대 아래의 조용한 해저에서 퇴적된 것이다(이 셰일은 처트처럼 검은색인데, 마찬가지로 유기물을 포함하고 있기 때문이다). 하지만 나는 처트의 생물상에 열중해 있었던 터라, 셰일 표본에 손을 대지 못하고 있었다. 그때 마침 닉 버터필드Nick Butterfield(할랜드와 마찬가지로 케임브리지 대학에 있다)가 내 연구실에 대학원생으로 왔고, 나는 그에게 셰일을 통해 선캄브리아 시대의 암석들을 직접 경험해보라고 제안했다.

모든 시대의 셰일에는 미화석이 많은데, 부패를 막아주는 점토광물과 착 달라붙은 상태로 존재한다. 광물성분은 강산성용액에 용해되기 때문에, 유리 슬라이드 위에 유기물만 남겨 광학현미경이나 전자현미경으로 분석할 수 있다. 지금까지 해왔던 방법으로 스피츠베르겐 섬의 셰일을 조작하면, 지금까지 알던 화석들만 나온다. 그런데 닉은 획기적인 방법을 개발했고, 이 방법으로 약한 화석들을 찾아내 부드럽게 떼어낼 수 있었다. 공든 작업 끝에, 고생물학의 보물창고가 공개되었다. 이 셰일에서 시아노박테리아도 아주 많이 나왔다. 그때나 지금이나 이 미생물의 생활공간이 개펄에만 한정되지 않았다는 얘기다. 그런데 스피츠베르겐 섬의 셰일에는 다양한 진핵생물의 화석이 들어 있었다. 앞바다에서 개펄로 쓸려온 꽃병 모양의 화석도 있었고,

가시가 박힌 커다란 세포도 있었다. 하지만 정말 흥미로운 사실은, 셰일에서 다세포 조류가 나왔다는 점이다. 이것은 얕은 바다의 밑바닥에서 무성하게 자랐던 작은 바닷말의 유해다. 이 화석들 가운데 몇몇은 현생 녹조류와 닮았다(컬러도판 2e). 하지만 나머지는 비슷한 현생생물을 전혀 찾을 수가 없다. 아마도 이들은 삼엽충과 공룡처럼 절멸한 생물로서, 자연선택이나 대재앙 때문에 역사(자연사)의 뒤안길로 사라져버렸으리라.

스트로마톨라이트의 메시지

스피츠베르겐 섬의 화석들은 아주 풍부하며 보존상태가 좋고, 넓은 범위의 퇴적환경에 걸쳐 분포하고 있다. 또 원핵생물과 진핵생물을 모두 포함하고 있다. 하지만 이 화석들은 검은 처트와 셰일이라는 제한된 층에서만 나온다. 원생이언 후기의 생명이 어디에나 다양하게 존재했다는 사실을 밝혀주는 것은 다른 생물학적 지표들이다. 그 가운데 가장 눈길을 끄는 것은 스트로마톨라이트로서 아카데미케르브린 층군의 암석에서 구불구불한 엽리구조, 돔형, 가지촛대 모양의 구조로 나타난다(그림 3-3).

    스트로마톨라이트는 선캄브리아 시대의 바다에서 형성된 탄산염암에 많다. 오늘날에는 스트로마톨라이트가 드물지만, 바하마 뱅크라든가 특히 서호주의 샤크 만(Shark Bay) 같은 장소에서 가져온 표본을 통해 스트로마톨라이트가 형성되는 과정을 엿볼 수 있다. 미생물 군집이 퇴적물의 표면을 덮으면서 서로 엉겨 붙어 끈적끈적한 매트를 형성한다. 이 매트 표면에 있는 시아노박테리아(때때로 조류)가 파도와 조류에 밀려온 고운 입자들을 잡아채 묶는다. 이렇게 해서 진흙이나 모래층이 한 층 쌓인다. 미생물 군집은 그 위로 자라서, 다시 새로운 퇴적물의 표면에 새로운 매트를 형성한다. 매트의 깊숙한 곳에서는 박테리아가 죽은 세포를 잡아먹어 주변의 화학적 성질을 변화시킴으로써 탄산염 결정을 만든다. 군집형성, 포획, 잡아매기, 탄산염 침전

(a)

(b)

그림 3-3 아카데미케르브린 층군의 스트로마톨라이트.
(a) 미생물에 의해 형성된 초礁가 드문드문 흩어져 있다. 두께가 약 4.5미터. 절벽 표면에 드러나 있다.
(b) 원기둥 모양 스트로마톨라이트의 확대사진. 스트로마톨라이트의 특징적인 모양인, 위로 볼록한 엽리구조를 보이고 있다. 크기 비교용으로 배치한 주머니칼을 주목할 것.

으로 이어지는 과정들은 연속되지는 않지만 끊임없이 되풀이되고, 그 결과 얇은 석회암층이 한 층 한 층 붙어서 두텁게 자란다. 스트로마톨라이트의 모양은 평면, 돔, 원뿔, 원통형이고, 저마다 태곳적 바다 밑바닥에 살았던 미생물의 역사를 기록하고 있다.

스피츠베르겐 섬의 개펄에서 구불구불한 엽리구조를 이루며 쌓였던 탄산염암 안의 처트 단괴는 매트를 만드는 미생물에 대한 직접적인 기록을 보존하고 있다. 곳에 따라서는 앞바다의 스트로마톨라이트를 지은 건축가인 시아노박테리아가 필라멘트에 탄산염 교결물이 덮인 채로 보존되어 있기도 하다. 하지만 이와 달리 스피츠베르겐 섬의 스트로마톨라이트는 대체로 미화석을 전혀 포함하고 있지 않기 때문에, 퇴적패턴과 앞 단락에서 설명한 미생물학적 과정의 연결고리를 찾아내어 이것이 생물의 건축물인지 아닌지를 판단한다. 스피츠베르겐 섬 같은 원생이언 후기의 지층에서는 이 일이 그리 힘들지 않다. 하지만 스트로마톨라이트가 어떻게 형성되었는지에 대한 추측은 과거로 더 깊이 내려갈수록 논란에 휩싸이기 쉽다(앞으로 살펴볼 것이다).

이렇게 스트로마톨라이트는 미생물 군집에 대한 직접기록이 아니라 퇴적물을 통한 대리기록을 제공한다. 스트로마톨라이트는 모래에 찍힌 이름 모를 이의 발자국처럼, 주인의 존재만을 드러낼 뿐 주인이 누구인지는 알려주지 않는다. 그래도 이 정보는 도움이 된다. 6~8억 년 전에 미생물이 스피츠베르겐 섬의 개펄부터 앞바다까지, 닿을 수 있는 거의 모든 땅을 뒤덮다시피 했다는 사실을 말해주기 때문이다.

생물지표

아카데미케르브린 층군의 암석 안에는 스트로마톨라이트 외에 유기물도 미화석보다 많다. 호주 출신이며 현재 매사추세츠 공대(MIT)에 재직하는 지구화학자 로저 서먼스Roger Summons는 원생이언 퇴적층의 유기물에서 생물지표를 찾아냈다. 생물지표란 암석에 남아 있어서 추출해낼 수 있는 생물기원의 분자다. 이 분자들은 주로 박테리아 분해의 혹독한 시련을 견뎌낸 지질로 구성되어 있다(유감스럽게도, 질소와 인이 풍부한 DNA 같은 분자들이 아주 오래된 암석에 남아 있을 가능성은 낙타가 바늘구멍을 통과하는 것만큼 희박하다). 아직까지 스피츠베르겐 섬의 암석에서는 생물지표를 찾는 데 뚜렷한 성과를 거두지 못했지만, 다른 곳, 특히 그랜드캐니언의 깊숙한 곳에 노출되어 있는 비슷한 시대의 셰일에 — 대부분 눈에 띄는 미화석은 전혀 들어 있지 않지만 — 풍부하고 다양한 생물지표분자들이 남아 있고, 이 생물지표들은 고세균, 세균, 원생동물, 조류의 분자흔적을 보존하고 있다.

동위원소 조성의 의미

생물은 스피츠베르겐 섬의 화석에 좀더 일반적인 방식으로 암호화되어 있다. 미생물 하나하나는 아주 조그맣지만, 그들의 집단적인 생리적 효과는 바다의 화학조성에 영향을 미칠 수 있을 만큼 강력하다. 가장 좋은 예가 광합성세균인데, 이들은 바다 밑바닥에 퇴적된 탄산염 광물과 유기물의 동위원소 조성에 영향을 준다.

동위원소는 두 번째 제이콥 말리적 사실(40쪽 참조. 첫 번째는 박테리아 대사의 다양성이었다)이 된다. 여기서 화학을 조금 이해할 필요가 있다. 동위원소를 통해 물질대사의 진화를 추적할 수 있기 때문이다. 게다가 앞으로 이어질 장들에서 살펴보겠지만, 동위원소는 지구 역사에서 일어났던 생명과 환경변화의 상호작용을 이해하는 열쇠가 된다.

탄소 원자는 원자량에 따라 세 가지 형태를 띤다. 모든 탄소의 약 99퍼센트가 ^{12}C의 형태로 존재한다. 이것은 양성자 6개와 중성자 6개를 가지고 있어서 전체 원자량이 12이다(전자는 질량에 기여하지 않는다). 나머지 1퍼센트의 대부분이 ^{13}C이다. 중성자가 1개 추가되어 원자량이 13이 된 것이다. 그리고 약간의 ^{14}C가 있다. 하지만 이것은 방사성 원소라서 천 년의 시간이 지나면 질소로 붕괴한다. 따라서 ^{14}C는 아주 오래된 암석을 논할 때는 등장하지 않는다.

이런 **동위원소**들은 원자량이 다르기 때문에 몇몇 화학반응에서 서로 다르게 행동한다. 특히 광합성세균은 이산화탄소를 받아들여 유기분자를 만들 때, 가벼운 동위원소 ^{12}C를 포함한 이산화탄소를 ^{13}C를 포함한 이산화탄소보다 더 쉽게 결합시킨다. 결과적으로 광합성으로 합성된 유기물에서 ^{12}C에 대한 ^{13}C의 비율은 같은 환경에서 형성된 탄산염 광물의 탄소동위원소비와 뚜렷이 차이가 날 것이다. 이런 양적 차이를 **분별효과**라고 한다(그림 3-4). 차이는 25~30‰(천분율) 정도로 아주 미미하지만, 질량분석기로 무장한 지구화학자들은 소량의 차이도 쉽게 감지해낼 수 있다. 그리고 이런 분별효과는 퇴적물에 보존된다. 따라서 우리는 태곳적에 일어났던 광합성을 지구화학 면에서 조사해볼 수 있다(식물, 조류, 시아노박테리아, 광합성세균을 먹는 우리 인간과 같은 생물들은 새로운 분별효과를 추가하지 않는다). 스피츠베르겐 섬의 암석에서 탄산염과 유기물의 탄소동위원소 비율은 일관되게 28‰ 정도 차이가 난다. 따라서 광합성은 오늘날과 마찬가지로, 원생이언 후기의 바다 생태계를 움직이는 동력이었음을 알 수 있다.

또한 화학조성은 황산염환원세균을 탐구하는 고생물학 지표가 된다. 앞서 2장에서 지적했듯이, 황산염환원세균은 해양의 탄소순환을 완성하는 데 큰 몫을 맡는다. 이 세균은 황산염이온을 이용해, 말하자면 유기분자를 호흡하는 것이다(산화시키는 것이다). 이때 황산염은 황화수소(H_2S)로 바뀌는데, 황화수소는 철과 결합하여 황철광(FeS_2)이 되어 퇴적물에 남는다. 황철광은 진짜 금처럼 보이는 탓에 암석 상점에서 바보의 금(가짜 금)으로 팔리기도 한다. 생물학적으로 황산염환원을 하는 세균은 ^{32}S(양성자 16개와 중성자 16개)를 더 무거운 동위원소인 ^{34}S(중성자가 두 개 더 있음)보다 더 좋아한다. 따라서 퇴적물 속의 황철광에는 같은 지역의 수역에서 형성된 석고(수화된 황산칼슘

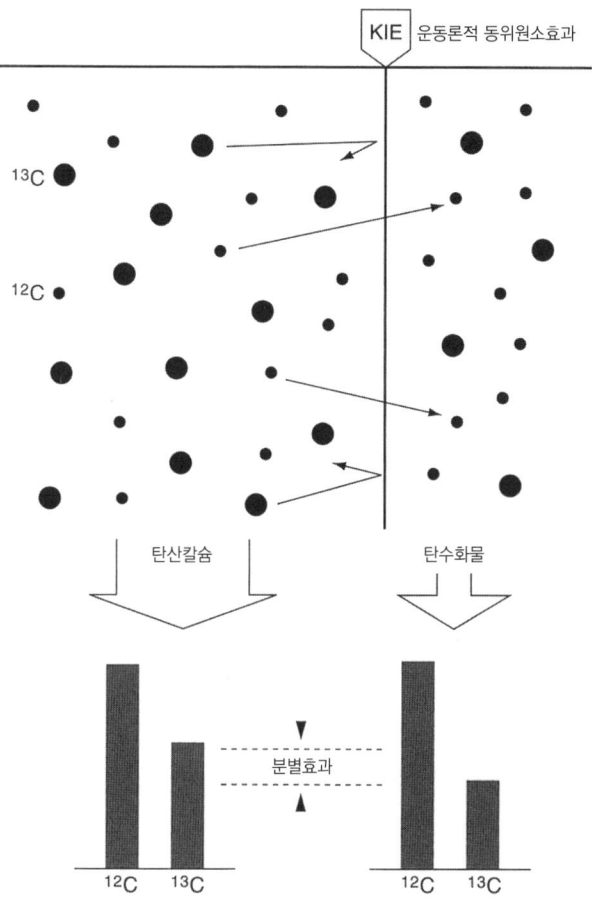

그림 3-4 광합성세균이 탄소동위원소를 분별하는 작용을 보여주는 그림. 검은 점들은 이산화탄소 분자인데, 작은 점은 ^{12}C, 큰 점은 ^{13}C이다. 광합성세균은 $^{12}CO_2$를 더 선호하여 고정한다. 그 결과 광합성세균이 만든 유기물(그리고 그 유기물을 먹는 생물)은 주변환경에 비해 ^{13}C가 적다. 생화학자들은 이것을 운동론적 동위원소효과(kinetic isotope effect)라고 부른다. 그림에서 'KIE'로 표시되어 있다. 생물이 만든 동위원소 분별효과는 한 표본에서 나온 석회암과 유기물의 ^{12}C에 대한 ^{13}C 비율의 차이로 퇴적물 속에 보존된다.

[$CaSO_4 \cdot 2H_2O$]으로 구성된 황산염광물: 옮긴이)보다 ^{32}S가 많다. 스피츠베르겐 섬의 암석들은 황순환에 꼭 필요한 생물학적 구성요소들이 탄소순환의 구성요소들과 더불어 극지방의 이 외딴 섬에 회색암석들이 퇴적될 때 이미 존재하고 있었다는 사실을 알려준다.

암석에 남겨진 생물의 지문

한눈에 알 수 있듯이, 스피츠베르겐 섬의 얼어붙은 원생이언 암석에는 골격화석도, 껍데기 화석도, 발자국 화석도 없다. 주말에 화석사냥을 나선 일반 수집가(혹은 다윈!)에게 보상이 될 만한 것이란 아무것도 없다. 하지만 눈에 띄는 화석이 없다는 것은 속임수다. 그리고 골격과 껍데기 화석이 널려 있는 풍경은 선캄브리아 시대 고생물 탐구에서는 그릇된 이미지일 뿐이다.

스피츠베르겐 섬의 두터운 지층에 포함된 탄산염광물과 유기화합물의 탄소에는 광합성의 표시로 동위원소의 지문이 찍혀 있다. 또 황을 함유한 광물에도 황산염환원세균의 물질대사 흔적이 남겨져 있다. 게다가 스트로마톨라이트는 해저 어디에나 미생물 군집이 있었다는 사실을 말하고 있고, 미화석들은 해저와 수중에 다양한 생물이 살았다는 사실을 기록하고 있다.

주의 깊게 살펴본다면 스피츠베르겐 섬의 원생이언 암석 어디에서나 생명의 지문을 발견할 수 있다. 이처럼 지질기록에는 생명의 계통수를 다듬는 데 쓰일 수 있는 초기 진화의 기록이 담겨 있다. 지금까지 스피츠베르겐 이야기는 태고의 암석을 어떻게 연구하고, 무엇을 찾아야 하는지를 가르쳐준다. 그러나 이 외딴 섬의 가장 오래된 지층인 8억 년 전의 지층들도 지구의 오랜 역사에 비하면 여전히 최근에 해당한다. 우리가 스피츠베르겐에서 얻은 교훈들을 지층의 맨 밑바닥에 적용한다면 어떤 일이 일어날까?

04

생명이 움트던 시절에

호주 서부에 있는 35억 년 전의 와라우나 층군의 퇴적암은 지구 초기의 생명과 환경을 들여다볼 수 있는 가장 오래된 창이다. 와라우나 층군의 암석에는 스트로마톨라이트와 박테리아 화석으로 해석될 수 있는 미세구조가 존재하지만 이 해석은 아직까지 논란의 여지가 있다. 화학흔적은 생명의 처음이 언제인지에 대한 설득력 있는 증거를 제공하지만, 그 흔적이 기록하고 있는 생물이 무엇인지는 불확실하다. 지구 초기의 생명에 대한 지질학적 탐사는 아직까지 어두운 유리창 속을 들여다보는 것과 같다.

생명 시작의 흔적을 찾아서

18세기 후반에 지질학을 창시한 지질학의 아버지 제임스 허턴James Hutton은 글을 어렵게 썼다. 하지만 그는 지질학자라면 누구나 알고 있는 한마디 경구를 남겼다. 허튼은 지질기록이란 "시작의 흔적도 알 수 없고 끝의 전망도 없는" 것이라고 생각했다. 끝은 여전히 요원해 보이지만, 지난 20년 동안 고생물학자들은 생명 시작의 흔적으로 진지하게 고려해볼 만한 것을 찾아냈다.

7월 말의 어느 화창한 날에, 나는 이 흔적들을 살펴보기 위해 '북극'으로 가고 있다. 차가 덜컹거리며 바퀴자국이 찍힌 흙길을 달리는 동안 열과 먼지가 차 안으로 스며든다. 여기저기서 파리들이 윙윙거린다. 알다시피 이 '북극'은 호주 북서부에 있는 노스 폴North Pole(북극이라는 뜻: 옮긴이)을 말한다. 호주식 유머를 가미해 아이러니하게 이름이 붙여졌으나, 실은 지구에서 가장 뜨거운 곳에 속한다(그림 4-1). 나는 승객석에 앉아 덜커덩거리며 라디오에서 흘러나오는 프랭크 시나트라의 노래를 무심코 듣고 있다. 그러는 사이사이 주변의 지질을 읽기 위해 시선을 고정시킨다. 그러나 쉽지 않다. 극지방의 노두에서 회색명암을 구별하는 데 길들여진 내 눈은 호주의 수풀 속에서 좌절하고 만다. 이곳은 온통 울긋불긋하다. 다행히도 내게는 든든한 동료가 있다. 바로 운전석에 있는 로저 뷰익Roger Buick이다. 그는 이때 하버드 대학의 박사후 과정 중에 있으며, 나중에 워싱턴 대학 지질학 교수로 부임하게 된다. 강인한 체격과 헝클어진 머리카락에 섬세한 학자의 면모를 감추고 있는 총명한 인습타파론자인 로저. 이 돌투성이 낮은 언덕에서 그의 날카로운 지질학적 눈매를 따를 자는 아무도 없다.

바늘처럼 뾰족한 가시가 돋은 포아풀과 들쭉날쭉하게 자란 아카시아만이 듬성듬성 흩어진 호주 노스 폴의 언덕들은 초기의 지구가 남긴 아주 특별한 유물을 드러내 보이고 있다. 그것은 화산암과 퇴적암으로 이루어진 두터운 지층인 와라우나 층군(Warrawoona Group)이다. 와라우나 층군은 거의 35억 년 전에 형성되었다. 이들 암층은 달걀형 화강암 사이에 끼어 접히고 눌려 있는

그림 4-1 호주 노스 폴 근처에 있는 이 낮은 언덕들은 거의 35억 년 전에 형성된 퇴적암과 화산암으로 이루어져 있다. 호주 노스 폴의 암석에는 초기 지구의 생명과 환경에 대한 가장 오래된 증거들이 남겨져 있다. 왼쪽 아래의 차는 이 지대의 규모를 보여준다.

데, 대부분 변성작용의 열과 압력으로 크게 변화되었다. 호주 노스 폴을 비롯한 몇 곳에서만, 지각변동을 피해간 행운 덕에 암석들이 거의 변화가 없는 상태로 보존되었다. 여기가 바로 우리가 '생명의 시작은 언제인가'라는 질문을 던질 장소이다.

연대증명의 문제

하지만 이 질문을 하기 전에 우리는 아까 스피츠베르겐 섬의 암석을 다룰 때 대충 얼버무렸던 문제를 제대로 짚고 넘어갈 필요가 있다. 바로 연대증명의 문제이다. 우리는 이곳 노스 폴의 암석들이 나이를 30억 년 이상 먹었다는 사실을 어떻게 아는 걸까?

지질연대는 두 가지 방식으로 측정된다. 암석에 남아 있는 기록을 통해 알

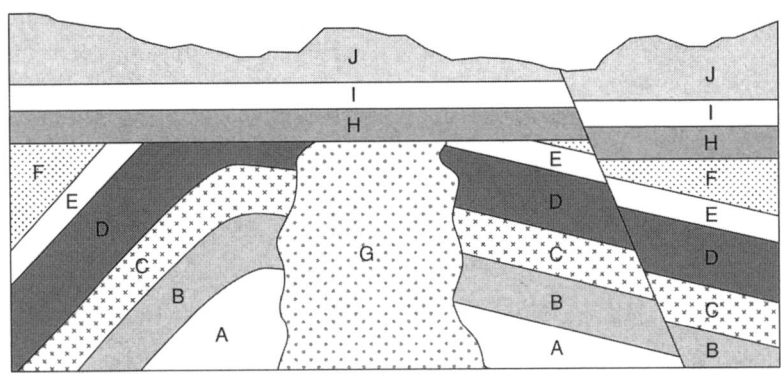

그림 4-2 지질학적 단면도. 지질학자들이 각 층의 상대적인 연대를 어떻게 밝히는지 보여준다. 자세한 내용은 본문을 참조할 것.

아낼 수 있는 사건은 지구 역사를 세 개의 기간으로 나눈다. 사건 이전의 기간, 사건이 일어난 기간, 이후의 기간이다. 암석의 분포와 공간적 위치관계를 지도로 작성하면, 일련의 사건들이 일어난 순서대로 열거되어 **상대적인** 시간의 척도가 나온다. 원칙적으로(실제로 항상 그렇지는 않다), 규칙은 단순명쾌하다. 퇴적물, 화산이 뿜어낸 재, 용암류熔岩流는 중력의 영향으로 지면이나 해저에 차곡차곡 쌓인다. 따라서 위에 놓인 암석은 밑에 덮인 층보다 젊다. 또 다른 층으로 관입한 화산암은 관입된 암석보다 젊을 것이다. 그리고 암석을 변화시키는 사건들 — 습곡, 단층, 침식, 변성 — 은 명백히 퇴적보다 나중에 일어난 것이다.

이런 간단한 관계를 알면 도로 틈, 채석장, 산기슭에 나타나는 사건들의 순서를 알 수 있다. 예를 들어 그림 4-2의 지질단면도에서 가장 오래된 사건은 A층의 퇴적이다. 이어 B층부터 F층이 차례로 형성되었다. 그리고 나서 A~F의 지층단위에 습곡이 일어난 후 화강암 G가 관입했다. 그 다음에 침식이 A~F까지의 오래된 지층을 싹둑 잘라낸 후, H층부터 J층이 쌓였다. 그림 오른편의 단층은 모든 지층을 어긋나게 하고 있으므로, J층이 쌓인 다음에

생명이 움트던 시절에 83

일어난 것이 틀림없다. 우리가 이 지질단면도에서 추측할 수 있는 가장 최근의 사건은 맨 위에 놓인 현재의 지표면을 깎아낸 침식이다.

그런데 이와 같이 이해한 한 지역의 지질사를 지구 전체의 규모로 넓히기 위해서는, 각기 다른 지역(가령, 로키 산맥과 애팔래치아 산맥, 또는 북아메리카와 호주)에서 발견된 지층들의 시간관계를 밝히는 수단이 필요하다. 캄브리아기 대폭발 이후에 퇴적된 지층에서는 화석이 층서대비의 가장 좋은 길잡이다. 사실, 대代, 기紀를 비롯해 지질시대의 세부구분(12쪽)은 다른 무엇보다도 시간에 따라 변화하는 생물종의 구성을 반영하여 만들어진 것이다. 또 퇴적암과 화산암에는 화학조성이나 자기의 영향과 관련한 특징들도 뚜렷이 남겨져 있는데, 이것은 화석을 바탕으로 한 층서대비를 보완하거나 때로는 대체하기도 한다.

두 지층에 같은 화석이 나타날 때 화석은 두 지층이 같은 시대의 것임을 말해줄 수 있지만, 그 시대가 어떤 시대인지 알려주지는 않는다. 어떤 시대인지 알려면 시간의 흐름을 정량적으로 기록할 수 있는 자연의 표준시계가 필요하다. 암석을 이루는 광물에 결합된 방사성동위원소들이 지질학의 표준시계 구실을 한다.

방사성동위원소들은 태생적으로 불안정한 존재라서, 안정된 딸원소로 저절로 붕괴된다. 붕괴속도는 실험실에서 정확하게 측정될 수 있다. 그러므로 만일 광물에서 방사성 어미원소가 얼마나 사라졌는지 알아내면, 광물의 나이를 계산해낼 수 있다. 흥미롭게도, 방사능 붕괴에서 늘 일정한 것은 단위시간 동안 붕괴하는 어미원소의 **비율**이지, 붕괴하는 원자의 개수가 아니다. 따라서 한 광물 속에 있는 방사성동위원소의 양이 시간이 흐르면서 감소할 때, 동위원소가 붕괴하는 절대속도 역시 감소한다. 방사성동위원소가 붕괴하는 속도를 **반감기**라고 한다. 곧, 한 물질의 방사성동위원소의 절반이 다른 원소로 붕괴하는 데 걸리는 시간을 말한다.

가장 잘 알려진 방사성 연대측정은 ^{14}C를 이용하는 것이다. ^{14}C는 희소한 탄소동위원소로, 천연상태에서는 우주선宇宙線에 의해 만들어지고 인위적으로는 핵폭탄에 의해 생산된다. 반감기가 5,730년인 ^{14}C는 그 시간이 지나면 반이 질소(^{14}N)로 돌아간다. ^{14}C는 매우 드물고(이것은 탄소원자 1,000개당 1개 이하의 비율로 존재한다) 반감기가 아주 짧기 때문에 이것을 이용한 방사성연대결정은 10만 년 전까지 정도로 제한된다. 이보다 오래된 물질에는 ^{14}C가 충분히 존재하지 않아서 정확히 측정할 수가 없다. 따라서 ^{14}C는 고대 이집트 유물을 연구하는 학자들이나 털북숭이 매머드에 관심있는 고생물학자들한테는 멋진 도구가 되지만, 지구의 더 먼 역사를 밝히는 데는 아무 도움이 되지 않는다.

와라우나 층군의 나이를 밝히려면 좀더 규모가 큰 시계가 필요하다. 반감기가 수백만 또는 수십억 년 단위로 측정되는 동위원소가 필요하다는 뜻이다. 원자량이 40인 칼륨(^{40}K)은 일찍이 지질연대결정의 유망한 후보로 추천되었다. 이 불안정한 동위원소는 붕괴하여 칼슘(^{40}Ca) 또는 아르곤(^{40}Ar)이 된다. 이때 ^{40}Ca는 광물에 처음부터 있던 칼슘이온과 구별이 불가능한 반면, 아르곤은 기체이므로 정상적으로는 암석 속에 존재할 수 없다. 따라서 암석 속에 포함된 아르곤은 칼륨의 방사성 붕괴로 생긴 것일 수밖에 없다. ^{40}K의 반감기는 12.5억 년이다. 게다가 칼륨은 암석을 형성하는 광물에 많이 들어 있고, 폭넓게 분포한다 ─ 칼륨은 화강암을 분홍빛으로 물들이는 장석, 화산재에 포함된 미세한 광물, 풍화로 생긴 점토에서 나온다.

이런 이점이 있지만 초기의 지구에 관심이 있는 지질학자들은 칼륨-아르곤 지질시계를 그다지 많이 쓰지 않는다. ^{40}K가 시계라면, 지각변동과 변성의 과정들이 마치 시계의 바늘로 장난치는 갓난아이 같은 구실을 하기 때문이다. 광물이 만들어진 후 오랜 시간이 지났을 때 일어난 지질학적 사건들이 광물에서 아르곤을 빼내기도 하는데, 이럴 경우 지질시계는 다시 맞춰지고 이미 지나간 시간에 대한 화학적 기억은 파손되어버린다(비활성기체인 아르곤은 광물 내에 화학적으로 결합되어 있지 않다. 다시 말해, 그들은 결정격자 속에 포획되어 있을 뿐, 결합을 형성하지 않는다).

오래된 암석의 나이를 밝히기 위해 진정으로 필요한 것은 비행기의 '블랙박스' 같은 시스템이다. 곧, 광물에서 잘 달아나지 않고 쉽게 변하지도 않는 동위원소다. 지르콘 — 화강암 종류의 화성암에서 발견되는 함우라늄 광물 — 은 이른바 선캄브리아 시대 지질학의 비행기록 장치이다. 지르콘 생성 당시 지르콘 결정에 포획된 우라늄은 **두 가지** 신뢰할 만한 지질시계를 제공한다. ^{238}U는 원자량 206의 납(^{206}Pb)으로 붕괴하고, 반감기는 약 45억 년(지구의 나이)이다. 한편 더 희소한 동위원소인 ^{235}U는 ^{207}Pb로 붕괴하고 반감기는 7억 년을 약간 넘는다. 따라서 두 지질시계는 측정한 연대를 비교 검토할 수 있는 값진 수단이 된다 — 만일 두 개의 시계가 같은 연대를 가리키지 않는다면 지르콘이 변한 것이다.

지르콘에 문제가 있다면, 그것은 **너무** 잘 견딘다는 것이다. 지르콘은 대부분의 다른 광물들과 달리, 화성암이 결정화되는 단계부터 변성되고 침식을 받아 다시 퇴적물 알갱이로 쌓일 때까지 온전한 암석순환을 화학적 순도를 잃지 않고 견딜 수 있다. 지각을 뚫고 솟아오르는 마그마가 주변의 암석으로부터 지르콘을 끌어내어 더 나이 든 광물(따라서 더 오래된 시계)을 나이 어린 암석에 결합시키기도 한다. 게다가 지르콘은 지구 내부를 통과하는 단계마다 성장한다. 시생이언[1]의 지르콘들은 중심핵 주위를 여섯 개의 층이 둘러싸고 있는데, 각 층은 지질학적 사건이 일어날 때마다 더해진 것이다.

호주 국립대학의 윌리엄 콤스턴William Compston은 겹겹이 자란 시생이언 지르콘의 복잡한 연대결정을 처리하는 독창적인 장치를 개발했다. 이 장치

---

[1] Archean(시생이언: 원생이언 이전의 지질시대)과 Archaea(고세균: 생명의 계통수를 구성하는 큰 가지 중 하나)는 둘 다 '태고'라는 뜻의 그리스어 archaios에서 유래한다. 하지만 두 용어는 그것 말고는 서로 아무 관계가 없다. 이름이 비슷하지만 시생이언(Archean Eon)은 고세균의 시대(Age of Archaea)란 뜻이 아니다. 이런 우연은 지질학자들과 생물학자들이 서로 이야기를 너무 안 해서 일어난 것일 뿐이다.

는 거대이차이온질량분석기(Sensitive High Resolution Ion Microprobe)라고 부르는데(약자를 땄더니 공교롭게도 새우라는 뜻의 SHRIMP가 되었다. 그래서 몇 년 전 콤스턴 연구실에 화재가 났을 때 사람들은 "바비큐에 새우를 태워먹었군" 같은 우스갯소리들을 했다), 가느다란 이온광선을 이용해 지르콘의 각 층을 하나씩 분석해준다. 따라서 지구화학자들은 각 층의 연대를 따로따로 밝힐 수 있다. SHRIMP는 초기의 지구에서 일어난 퇴적활동, 화산활동, 지각변동 같은 현상들의 복잡한 시간관계를 알아낼 수 있도록 해준다는 점에서, 시생이언 지질학에 혁명을 불러 일으켰다.

이제는 코투이칸 강가에 있는 캄브리아기 지층에서 가장 오래된 층이 어떻게 5억 4,300만 년 전의 것으로 밝혀졌는지 알 수 있다. 캄브리아기 초기의 화석이 들어 있는 퇴적암에는 지르콘이 포함된 화산암이 끼어 있는 곳이 있는데, 우라늄-납의 방사성 연대측정 결과 이 지르콘들이 5억 4,300만±100만 년 전에 결정화되었다는 것을 알 수 있었다('±'는 측정된 연대에 대한 오차추정치이다. 다시 말해, 결정화의 실제연대가 5억 4,200만 년에서 5억 4,400만 년 사이일 확률이 95퍼센트라는 이야기를 통계학적으로 표현한 것이다. 훌륭한 지질학자는 이러한 오차범위에 세심한 주의를 기울인다). 스피츠베르겐 섬의 지층에는 연대를 확실히 알 수 있는 암석이 없지만, 아카데미케르브린 층군에 있는 공통의 화석과 화학적 특징들을 이용해, 다른 장소에서 발견된 비교적 연대가 잘 밝혀진 암석과 대략적으로나마 층서대비를 해볼 수 있다.

다시 와라우나 층군의 연대로 돌아와서, SHRIMP를 이용해 와라우나 층군의 꼭대기와 밑바닥 근처에 있는 화산암 속의 지르콘을 분석하자, 연대가 각각 34억 5,800만±200만 년 전과 34억 7,100만±500만 년 전으로 나왔다. 연대를 이렇게 정확히 알아낼 수 있는 것은 지구과학의 위대한 승리로서, 와라우나 층군의 생명과 환경을 연구하는 일에 특별한 중요성을 부여한다.

35억 년 전의 생명의 흔적은?

스피츠베르겐 섬의 선캄브리아 시대 후기 암석에는 어디에나 생명의 흔적이 나타난다 ─ 미화석에, 보는 곳마다 눈길을 사로잡는 스트로마톨라이트에, 퇴적암의 유기물에 보존된 생물지표분자에, 지층의 암석에 포함된 탄소와 황 동위원소에. 그렇다면 와라우나 층군에 포함된 암석은 고생물학 탐사 앞에서 어떤 비밀을 털어놓을 것인가?

호주 노스 폴에 있는 퇴적암/화산암 혼합지층은 사실상 대부분이 화산암층이고 퇴적암층은 거의 없다. 이것은 고생물학자들한테 좋은 징조는 아니다. 지층의 95퍼센트 이상이, 육지와 얕은 여울로 흘러나온 용암+화산재층+화산암 파편에서 비롯된 입자가 굵은 층들로 이루어져 있다. 35억 년 전 와라우나는 오늘날 목걸이 모양으로 연결된 인도네시아 군도의 화산군과 비슷한 장소였던 것 같다. 그러나 세부적으로 들어가면, 시생이언의 지형을 단순히 오늘날의 지형으로부터 유추하여 설명하는 데 무리가 있다.

퇴적물은 대체로 검은 처트의 형태로 남겨져 있는데, 화산에 에워싸인 만에 퇴적되었던 것이다. 알다시피 처트의 존재는 고생물학자들한테 기대를 불러일으키는 존재다. 그러나 안타깝게도 이곳 노스 폴에 있는 실리카가 풍부한 암석들은 스피츠베르겐에서 보았던 것과 매우 다른 과정으로 만들어졌다. 스피츠베르겐의 것보다 더 오래된 이곳의 처트는 화산의 열기로 인해 뜨거워진 열수용액이 와라우나의 퇴적물에 침투해 갓 퇴적된 광물을 바꿔치기 함으로써 생성된 것이다. 기대에 부풀어 있는 고생물학자들한테는 유감이지만, 이렇게 만들어진 처트는 생물의 흔적을 보존할 가능성만큼이나 파괴할 가능성이 높다. 게다가 문제를 더욱 복잡하게 만드는 것은, 이런 처트 가운데 몇몇은 퇴적암/화산암 지층의 틈을 따라 광맥(암석의 갈라진 틈을 따라 생긴 광상으로, 가스 또는 열수가 상승하여 만들어진다 : 옮긴이)으로 존재한다는 사실이다. 아마도 이것은 현재 옐로스톤 국립공원의 온천에 물을 대는 지하수맥과 비슷한 열수맥 시스템의 일부로 보인다.

이런 지층이 퇴적된 과정을 이해하려면, 지층을 구성하는 암석들의 분포를 세밀하게 알아내고, 노두에서 이루어지는 직접관찰과 실험실에서 이루어지는 간접관찰로 실리카 베일 너머의 특징들을 살펴야 한다. 로저 뷰익이 서호주 대학에 박사과정으로 있을 때 그렇게 했다. 로저와 호주의 동료들은 함께, 와라우나 층군의 퇴적암의 대부분은 진흙, 모래, 자갈이 주변의 화산에서 침식된 다음 근처의 만에 퇴적되어 생긴 것임을 증명했다. 이따금씩 모래톱 같은 장애물이 만의 입구를 폐쇄하여, 석호로 들어오는 물의 흐름을 막기도 했다. 그럴 때면 증발작용으로 석호의 물속에 용해된 칼슘과 탄산염 이온의 농도가 증가했고, 이렇게 생산된 탄산칼슘이 백화현상을 일으켰다 ─ 백화현상이란, 수중에서 형성된 수백만 개의 작은 탄산칼슘 결정이 석호를 우윳빛으로 만들었다가 차츰 석회이토가 되어 해저에 쌓이는 현상이다. 증발이 더 진행되었을 때 퇴적된 많은 지층에는, 꽃잎 모양의 석고결정이 달려 있다. 그런데 사실은 이 암층 속의 석고는 오래전에 사라졌다. 그 자리에 실리카가 대신 들어가서, 오래전에 있었던 석고의 자취를 석고 특유의 결정형으로 남겨놓은 것이다(그림 4-3a).

아마도 호주 노스 폴에서 가장 특이한 암석은 황산바륨으로 이루어진 중정석층일 것이다. 중정석은 꽃잎 모양 또는 얇은 기둥이 치밀한 층을 이루는 모양으로 바다 밑바닥에서 얼음사탕처럼 성장한 결정이다. 더 나중 시대의 퇴적암층에는 중정석이 드물다. 네덜란드 위트레흐트 대학의 와우터 나이먼Wouter Nijman과 그의 연구팀은, 와라우나 층군의 커다란 중정석 덩어리가 열수가 뿜어져 나오는 바다 밑바닥에서 형성되었다고 본다. 열수분출공은 우리한테는 낯선 데다 불쾌한 환경으로 보일지 몰라도, 생명의 계통수에서 처음 갈라진 가지에 속하는 호열성미생물들한테는 그야말로, 제대로 뜨거운 낙원이었을 것이다.

스피츠베르겐 섬의 탄산염암에서 본 미생물에 의한 엽리구조처럼, 이곳의 퇴적암에도 구불구불한 엽리구조가 나타난다. 몇몇 장소에서 이러한 엽리구조는 위로 볼록 솟은 돔이나 원뿔 모양을 하고 있다 ― 이것은 스트로마톨라이트의 특유의 모양이다(그림 4-3b). 1980년에 와라우나 층군의 스트로마톨라이트를 최초로 보고한 이들은 스탠포드 대학의 돈 로위Don Lowe, 또 별도로 호주의 맬컴 월터Malcolm Walter, 존 던롭John Dunlop, 로저 뷰익이었다. 3장에서 다루었던, 현생 스트로마톨라이트의 성장에서 유추하는 작업이 와라우나에서 다시 실시되었다. 거의 불가능의 한계에 도전하는 이 작업 끝에, 지질학자들은 지구에서 가장 오래된 퇴적암에서 생물에 매우 가까운 흔적을 찾아냈다.

정말 생물의 흔적일까? 처음부터 로저 뷰익과 그의 연구팀은 신중을 요구했다. 그들이 1983년에 발표한 진지한 논문에는 '그럴 수도 있다'라든가 '그럴지도 모른다' 같은 표현들이 넘쳐난다. 그들은 박테리아가 와라우나 층군의 구조를 만들었을 가능성이 없다고 말하기보다는, 그 구조가 생물에 의해 성장했다는 확실한 증거가 없다고 쓰고 있다. 물론 오래된 암석인 데다 생물의 직접적인 증거가 없는 상황에서 해석의 부담은 크다. 그렇다 해도 우리는 35억 년 전에 생명이 존재했는지 아닌지를 알고 싶고, '그럴지도 모른다'는 결론은 부족하기 짝이 없다.

1990년에 돈 로위는 한 발 더 후퇴했다. 와라우나의 스트로마톨라이트를, 해저에 광물의 층을 퇴적시킨 화학적 과정과 이 지층을 마치 밀려서 울룩불룩해진 카펫처럼 접어 올린 물리적 과정의 관점에서 냉정하게 재해석했던 것이다. 그의 새로운 관점에서 생명의 관여는 어디에도 없다.

생물의 작용이라고 해석하는 데 확신이 없어진 이유가 뭘까? 간단히 말하면, 미생물이 매트를 형성할 때 촘촘한 엽리구조가 생길 수 있지만, 이런 구조를 만드는 과정이 이것**밖에** 없는 것은 아니기 때문이다. 미생물 매트가 없더라도 주위의 물에 고농도의 광물이 용해되어 있다면 비슷한 엽리구조가 생길 수 있다 ― 옐로스톤 국립공원에서 그런 예를 찾아볼 수 있다. 이곳에는 실리카로 포화된 물이 주기적으로 온천에서 흘러나와, 미생물의 작품인

(a)

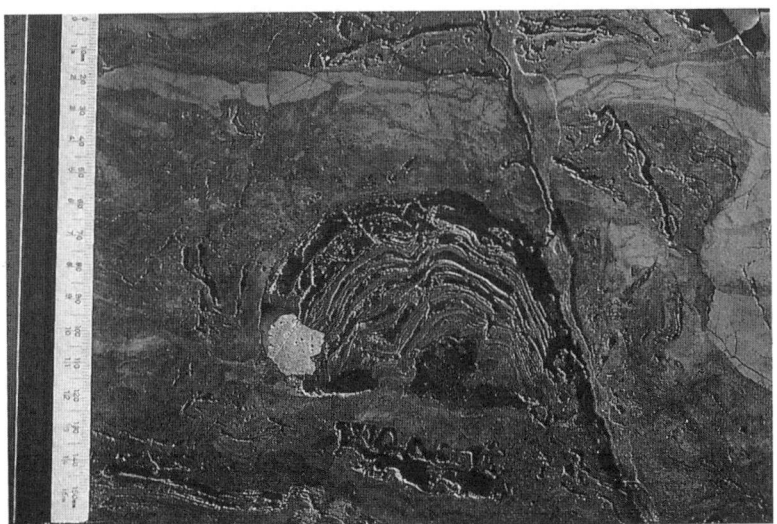

(b)

그림 4-3 와라우나 층군의 퇴적암의 특징. (a) 회색과 검은색 부분은 석고결정(현재 실리카로 교대가 이루어져 있는 상태)인데, 해저에서 성장한 다음, 진흙과 모래로 이루어진 얇은 층(사진에서 밝은 색 층)에 파묻혔다(사진은 로저 뷰익 제공). (b) 로저 뷰익과 그의 동료가 1980년대 초에 발견한 스트로마톨라이트. 현재 뜨거운 논쟁이 계속되고 있다. 왼쪽에 보이는 물건은 6인치 자.

스트로마톨라이트와 비슷한 엽리구조를 만든다.

스피츠베르겐 섬에서는 이런 걱정을 할 필요가 없었다. 왜냐하면 6~8억 년 전의 바다는 이런 종류의 퇴적을 일으킬 만큼 칼슘과 탄산염(또는 실리카)이 충분하지 않았기 때문이다. 하지만 갓 태어난 지구의 해양화학은 사뭇 달랐다. 우리가 다시 만나게 될 MIT의 지질학자 존 그로칭거John Grotzinger는 시생이언의 바다가 칼슘과 탄산염 이온으로 충만했고, 따라서 탄산염 광물인 방해석과 아라고나이트가 대개 해저에 직접 침전되었다고 설명한다. 이런 퇴적물에는 직접 침전으로 생긴 것이 확실한 거대한 꽃잎 모양의 결정덩어리가 있지만, 이 밖에도 평평한 엽리, 돔, 평행선상으로 배열된 작은 기둥 같은 구조도 보인다(7장 참고). 따라서 와라우나 층군의 스트로마톨라이트를 현미경으로 자세히 조사하여, 매트를 형성하는 생물의 화석이 남아 있는지 아닌지를 확인해볼 필요가 있다. 그런 화석이 남아 있지 않다면, 이런 구조를 형성하는 데 생물이 관여했는지 밝히는 것은 어려워진다.

지금은 와라우나 층군의 스트로마톨라이트가 만들어진 원인을 확실히 모른다. 이 구조의 유래를 생물에서 찾으려면, 물리적인 과정으로 만들어질 가능성을 배제할 수 있어야 한다. 최근에 스트로마톨라이트에 경험이 많은 한스 호프먼과 캐스 그레이가 생물에서 유래를 찾을 수 있을 만한 새로운 구조를 와라우나 층군에서 발견했다. 이 구조는 얇은 판형결정의 침전에 따라 한 층씩 쌓여서 생긴 것인데, 원뿔 모양을 하고 있다. 이런 모양은 미생물 없이는 해저에서 좀처럼 만들어지지 않는다.

그런데 만일 와라우나에서 발견된 원뿔구조가 생명이 거들었다는 표시라면, 어떤 **종류**의 생물이 관여했을까? 오늘날의 지구에서 시아노박테리아는 가장 유명한 매트 형성자라서, 모든 태고의 스트로마톨라이트를 시아노박테리아 매트와 연결짓기 쉽다. 하지만 다른 세균도 매트를 형성할 수 있고, 처음부터 시아노박테리아가 35억 년 전에 존재했다고 생각할 이유는 없다. 태곳적의 와라우나의 지층에서 생물의 흔적을 찾는 여정에서, 스트로마톨라이트는 오직 암시적인 낙서일 뿐이다. 유아기의 지구에 생명이 탄생했다는 단서, 이 단서는 우리를 애타게 하지만 아직까지는 안개에 휩싸여 있다.

생물이냐 광물이냐, 논쟁은 계속되고

스피츠베르겐 섬의 처트에는 시아노박테리아로 볼 수밖에 없는 미화석이 포함되어 있기 때문에, 이 초록세균이 동시대의 스트로마톨라이트를 만들었다고 확신할 수 있었다. 혹시 와라우나 층군의 검은 처트에도 이와 비슷한 정보가 들어 있지 않을까? 많은 사람들이 10년 넘게 그렇게 생각했지만, 최근에 이루어진 재조사는 와라우나의 고미생물학에 큰 의심을 불러일으켰다.

나는 이 장의 초벌원고에서 1987년에 발견된 와라우나 층군의 화석에 대해 상세하게 썼다. 호주 노스 폴과 가까운 차이나맨스 크릭Chinaman's Creek에 메마른 강바닥을 따라 울퉁불퉁한 노두가 있는데, 여기서 발견된 처트 속에 포함된 화석이었다. UCLA의 빌 쇼프Bill Schopf와 보니 패커Bonnie Packer는 이들 암석에서 직경 1~20마이크론의 작은 필라멘트를 발견했다. 길이가 몇백 마이크론이나 되는 것도 있었다(그림 4-4). 이 구조는 매우 드물었고 보존상태도 열악했다 ― 결정의 성장으로 인한 뒤틀림이 발표된 사진에 분명히 나타난다. 그럼에도 이 사진, 아니 적어도 거기에 해석을 곁들여 그린 그림은 단순한 시아노박테리아의 필라멘트처럼 보인다. 그러나 동시에 다른 종류의 박테리아처럼 보이기도 해서, 분류나 물질대사 쪽의 해석에는 한계가 있다.

스피츠베르겐에서, 미생물이 어떤 장소에서 살았는지는 그들이 어떤 방법으로 살았는지를 이해하는 데 도움이 되었다. 마찬가지로 와라우나 층군의 생물을 이해하는 데도 지질학이 방향을 제시한다. 그런데 여기서는 그 방향이 좀 놀랍다. 호주의 층서학자 마틴 반 크라넨돈크Martin van Kranendonk는 공들인 조사 끝에, 차이나맨스 크릭의 처트층이 와라우나의 해저면이 아니

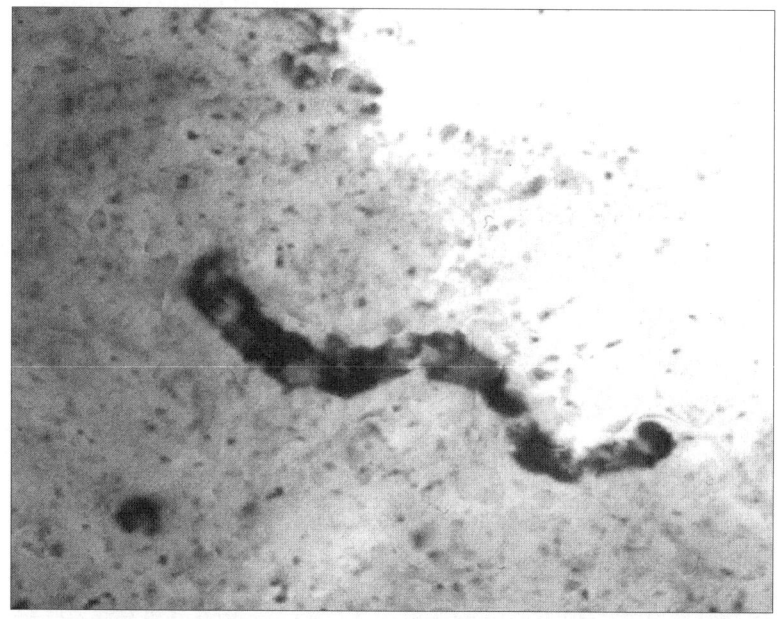

그림 4-4 와라우나 층군의 처트에서 발견된 미세구조. 박테리아의 암석으로 해석됨. 하지만 열수맥에서 형성된 사슬 모양의 결정으로 봐야 한다는 견해도 있다(사진은 마틴 브레이저Martin Braiser 제공).

라 해저보다 아래에서 형성되었다는 사실을 밝혀냈다 — 이 장의 앞부분에서 다루었듯이, 이 처트들은 열수맥에서 유래한 것이다(그림 4-5). 물론 시아노박테리아가 다른 퇴적물 입자들과 함께 땅속 틈으로 비집고 들어왔을 수도 있지만, 지질학으로 따져본 당시의 환경조건은 광합성보다는 화학합성으로 성장한 생물 쪽에 무게를 실어준다.

여기서 해석의 문제가 다시 고개를 든다. 와라우나 층군의 미세구조에 대한 특정한 해석을 유보한다 하더라도, 나는 생물기원설 자체를 의심할 결정적 이유를 찾지 못하겠다. 광물의 성장에 가려 모양을 알아보기 힘든, 보존 상태가 열악한 화석들이 어느 연대의 지층에서나 나오고 있기 때문이다. 왜 와라우나 층군의 오래된 처트만 다르단 말인가? 하지만 나는 나의 이러한

그림 4-5 호주 서부의 마블 바Marble Bar에 있는 와라우나 층군의 처트. 붉은(산화철의 색인데, 사진에서는 회색으로 보임) 띠와 흰 띠가 해저에서 퇴적된 층. 반면, 검은 띠는 다른 층을 가로지르고 있기 때문에 더 나중에 형성된 것이다—그리고 다른 방법으로 형성되었다. 화석으로 해석되고 있는 와라우나의 미세구조는 이런 횡단하는 처트에서 발견되는데, 이 처트는 실리카가 풍부한 열수계의 일부였던 것으로 보인다.

견해를 발표하기 전에 와라우나 층군에서 나온 표본을 직접 보고 싶었다.

뜻밖에도 내가 와라우나 층군의 화석으로 알려진 것을 만난 장소는 시드니도 퍼스도 아니고, 심지어 로스앤젤레스도 아니었다. 그곳은 런던이었다. 문제의 화석이 런던 자연사박물관의 수집품목 속에 있었던 것이다. 2000년 9월, 나는 대서양을 건너 옥스퍼드에서 열리는 과학학술회의에 참석해야 했고, 가는 김에 런던에 들러 자연사박물관에서 조용한 하루를 보낼 계획이었다. 또한 옥스퍼드에서 마틴 브레이저를 만나는, 별로 조용하지 않은 하루도 계획했다. 마틴은 유명한 고생물학자이고, 동네 술집에서 술 감정가로 활동하고 있기도 하다. 운 좋게도, 내가 마틴에게 와라우나 층군의 암석을 연구하고 싶다는 희망을 얘기했을 때, 그는 자신이 현재 런던 자연사박물관에서 중요한 표본들을 대출 중이라고 말했다. 그것이 옥스퍼드에 와 있다니! 팍스 로드Parks Road에 있는 고풍스러운 에드워드 양식의 건물에 자리 잡고 있는 마틴의 연구실에서, 우리 둘은 와라우나 처트의 박편을 살펴보며 아주 값진 하루를 보냈다.

스피츠베르겐의 처트에는 미화석이 풍부하다. 그것의 모양은 현생의 미생물과 비슷하며, 순수하게 물리화학적 과정들로 만들어진 모양과는 다르다. 대부분의 미화석에는 원래의 유기물이 일부나마 남겨져 있다. 개중에는 이것과 가까운 현생생물이 살고 있는 장소와 같은 환경에서 발견되는 것들도 있다. 그런데 와라우나 층군에서 나온 화석의 미세구조는 이 가운데 어느 것에도 해당되지 않는다. 마틴의 연구실에서 현미경으로 관찰한 와라우나 암석 속의 작은 필라멘트들은 광물처럼 보였다.

나는 어렸을 때 나른한 여름날 오후를 하릴없이 구름을 쳐다보며 보내곤 했다. 구름들은 대부분 소용돌이치는 물결 같았다. 아름답지만 정해진 모양이 없었다. 하지만 이따금씩 뚜렷한 모습을 드러낼 때가 있었다. 구름들은 때로는 성이 되고, 때로는 사자가 되었다. 구름이 잠시 뚜렷한 형태를 띠기도 했지만, 어린아이의 생각으로도 그것은 단지 구름일 뿐이라는 사실은 분명해 보였다. 와라우나 층군에서 나온 화석의 미세구조들도 '단지 구름일 뿐'일까?

논문에 쓰기 위해 잘라둔 몇 장의 사진으로 이 질문에 대답하기는 어렵다. 요컨대, **맥락**이 없다는 얘기다 — 맥락은 와라우나 처트의 얇은 박편에 나타나는 암석조직 전체가 가리키는 구조가 무엇이냐는 데 있다. 어린 시절에 본 구름 성이 사실은 수증기가 만들어낸 환영임을 되새겨준 존재는 다른 구름들이었다. 마찬가지로, 생물기원으로 보이는 드문 구조에 의심의 눈초리를 드리우는 것은 와라우나 처트의 전체조직이다. 마틴과 그의 연구팀은 화산과 열수의 작용이 차이나맨스 크릭의 처트를 형성하는 과정을 자세하고 빈틈없이 고증했다. 그들은 화석이라고 골라낸 것들을 포함하여 처트의 **모든**

미세구조들이 물리적 과정만으로 설명될 수 있다고 생각한다. 이 해석이 옳다면, 와라우나 층군의 미세구조들은 세포들이 연결된 필라멘트가 아니라 광물결정 덩어리이며, 생물의 흔적을 흉내 내고 있을 뿐 정작 생물의 기록은 보존하고 있지 않다는 얘기다.

아주 오래되고 아주 드문 고생물학의 황금알이 가짜라고? 빌 쇼프는 이 해석에 반박한다. 브레이저 연구팀의 주장에 대한 반론에서, 빌과 앨라배마 대학의 화학자 톰 도비액Tom Wdowiak은 논란이 되고 있는 와라우나 층군에서 나온 화석 미세구조의 테두리 부분에 유기물이 포함되어 있음을 밝혔다. 이것은 물론 이들이 미화석이라는 견해에 다름 아니지만, 논쟁은 그렇게 간단히 끝나지 않는다. 흔히 시생이언의 처트에는 처음에 형성된 광물의 흔적이 남아 있는데, 얇은 유기물층이 광물 특유의 모양을 보존하고 있다. 내 추측으로는, 대부분의 와라우나 처트에 있는 구조들이 유기물 막에 감싸인 광물의 사슬인 것 같다(유기물 막 자체는 생물기원일 가능성이 있다). 연구가 계속되고는 있지만, 아직까지 이 암석들 속에 화석이 존재한다는 확실한 증거는 나오지 않았다. 논란의 끝은 멀고도 험해 보인다. 하지만 그러한 유물이 지구 초기의 생태계에 대해 얼마나 많은 것을 가르쳐줄지는 의문이다. 와라우나 처트에 있는 미세구조는 와라우나 층군의 스트로마톨라이트와 마찬가지로, 흥미롭고 중요한 무언가가 우리의 이해가 닿을락 말락 하는 곳에 놓여 있다는 사실만을 넌지시 알려줄 뿐이다.

호주 노스 폴의 암석에는 생물지표분자가 남아 있지 않다. 하지만 동위원소의 흔적은 존재한다. 와라우나 층군의 탄소와 황 동위원소들은 오래전의 생명의 역사를 알려주는 더없이 훌륭한 단서가 된다. 스피츠베르겐 섬처럼 (그리고 선캄브리아 시대에 퇴적암이 형성된 거의 모든 장소처럼), 와라우나 층군의 탄산염과 유기물은 $^{13}C/^{12}C$ 비율이 30‰(3.0퍼센트) 정도 차이가 난다. 이 차이는 광합성으로 가장 쉽게 설명되지만, 스트로마톨라이트와 미화석에 대한 논의를 떠올릴 때, 물리적 과정이 생물의 작용을 흉내 내고 있는 것이 아닌지를 한 번 더 질문해볼 필요가 있다. 사실, 일부 화학반응이 ^{13}C가 결핍된 유기분자들을 만들기도 한다. 하지만 오직 철저히 통제된 실험실 환경에서만 와라우나의 암석에 기록된 정도의 비생물학적인 분별효과가 나타난다. 따라서 호주 노스 폴의 표본에서 측정된 **일관되게** 큰 분별효과는 지구 초기에 생물권이 존재했음을 암시한다.

와라우나의 퇴적암과 용암층을 가로지르는 처트광맥 속에 포함된 유기물의 탄소동위원소는 아마도 화학합성세균의 존재를 기록하고 있을 것이다. 그러나 해저면에서 형성된 퇴적암 속에 유기물이 폭넓게 분포한다는 사실은 와라우나 층군이 생기던 시절의 바다에서, 미생물 생명활동의 원천이 광합성이었다는 가설을 뒷받침한다. 1차 생산자가 주로 시아노박테리아였는지 아니면 비슷한 동위원소 흔적을 남기는 나쁜 종류의 광합성세균인지는 확실치 않다. 퇴적된 황철석과 중정석 속에 포함된 황동위원소도, 황산염환원세균이 와라우나의 석호에 살았음을 암시한다. 하지만 시생이언 초기의 생물 흔적에 점점 회의적으로 변해가는 지질학자들은 이 사실 역시 비판적인 눈으로 바라본다.

현재 우리가 말할 수 있는 것은 이게 전부다. 호주 노스 폴의 뙤약볕 내리쬐는 언덕들은 35억 년 전에 생명이 존재했다는 암시를 주고, 사실 그것만으로도 놀랍다. 와라우나 층군의 미생물 군집에는 광합성세균을 비롯해 오늘날에도 볼 수 있는 물질대사를 하는 여러 미생물이 있었는지도 모른다. 하지만 아직 많은 것이 불확실하다. 와라우나의 고생물학은 희미한 장막 너머에서 의연하게 그림자 극을 펼치고 있으며, 우리는 그 주제를 안다고 생각하지만, 속임수일 가능성도 있는 것이다.

남아프리카의 대초원으로

호주 북서부는 35억 년 전의 보존상태가 좋은 퇴적암이 발견되는 지구상의 두 장소 가운데 하나다. 다른 하나는 남아프리카공화국의 크루거 국립공원 가까이에 있는 험난한 바베르톤 산지에 있다. 두 곳은 무척이나 비슷해서, 두 장소가 옛날에 하나의 땅이었는데 시생이언이 끝난 오랜 후에 일어난 판구조운동으로 갈라졌다고 생각하는 지질학자들도 있다. 두 곳의 고생물학적 특징들도 비슷한 구석이 많다. 둘 다 기원이 불확실한 스트로마톨라이트가 나타나고, 유기물의 탄소동위원소 조성과 퇴적암 속의 분포는 광합성이 어떤 형태로든 존재했음을 암시한다. 두 곳 모두 생물지표분자를 파괴할 정도의 온도까지 뜨거웠던 과거를 지니고 있다. 그리고 와라우나의 처트처럼 바베르톤의 처트에도 화석처럼 보이는 구형과 필라멘트 꼴 미세구조가 존재한다.

대학원 시절에 나는 시생이언 고생물학에 도전하기 위해 엘소 바콘 선생님의 야외조사팀 조교로 아프리카에 간 적이 있다. 타잔 세대인 나는 비행기가 한밤중에 요하네스버그에 착륙하는 내내 가슴이 두근거렸다. 난생처음 아프리카를 구경한다는 기대에 다음 날 아침까지 기다릴 수가 없어서 호텔 창밖을 흘깃거렸지만, 내다본 풍경이 시카고와 많이 비슷해서 적잖이 실망을 하기도 했다. 하지만 몇 시간 후 드디어 탐사 길에 올랐을 때, 백미러에서 도시풍경이 점점 멀어지면서 남아프리카의 대초원이 가득 펼쳐졌다. 문화적으로, 생태적으로, 지질학적으로 바베르톤 산지는 내게 완전한 미지의 세계였다. 가시나무 덤불을 하나 지날 때마다 두려움을 느꼈으며, 처트를 하나 볼 때마다 위엄을 느꼈다. 두려움도 위엄도 내 손에 잡히지 않았지만, 내 손에 들어온 처트에서는―비록 확실하지는 않지만―생물기원으로 추정되는 미세구조가 나왔다.

특히 스트로마톨라이트처럼 보이는 몇 센티미터의 침전물이 들어 있는 표본에서, 나는 직경이 2~4마이크론쯤 되는 구형의 미세구조―딱, 작은 시아노박테리아의 크기와 모양이다(그림 4-6a)―의 집단을 발견했다. 이 구조는 엽층마다 나온다. 게다가 유기물로 이루어져 있고, 외벽과 건포도 같은 내용물 — 역시 유기물임 — 이 둘 다 남아 있는 것도 있다. 이 미세구조는 더 나중 시대의 미화석에서 나타나는 특징처럼, 지층면을 따라 눌려 찌그러져 있다 — 이렇게 살짝만 눌린 모양으로부터, 이 구조가 주위의 퇴적물이 땅속에 파묻혀 다져지기 전에 형성되었음을 알 수 있다. 미세구조 집단의 크기 분포는 오늘날의 시아노박테리아와 잘 들어맞고, 구조도 이분법으로 분열한 흔적을 나타내는데, 역시 오늘날의 시아노박테리아와 흡사하다.

그렇다면 이 화석이 시아노박테리아일까? 꼭 그렇지는 않다. 크기가 작고 모양이 구형인 박테리아는 많다. 더욱 찬물을 끼얹는 사실은, 이론상 비생물학적 과정으로도 이와 비슷한 구조가 생길 수 있다는 사실이다 — 하지만 그러한 과정이 바베르톤의 바다에서 일어났는지는 분명치 않다. 따라서 바베르톤의 구형 미세구조는 와라우나 층군의 필라멘트보다 별로 나을 것이 없는 상황인 것이다. 그들은 시아노박테리아의 화석일 수도 있지만, 다른 미생물의 화석일 수도 있다. 아니면 오래전에 멸종한 원시미생물의 기록일지도 모른다. 혹은 바베르톤의 해저에 일어났던 물리적 과정으로 형성된 탄소 덩어리일 수도 있다. 한마디로, 우리는 모른다. 더 최근에는, 루이지애나 주립대학의 모드 월쉬Maud Walsh가 바베르톤의 처트에 포함된 유기물을 공들여 조사한 끝에, 매트와 가느다란 필라멘트의 미화석으로 볼 때 가장 잘 설명되는 지층의 조직을 찾아내기도 했다.

산소가 희박했던 초기의 바다

이런 조각그림을 짜 맞추면 어떤 행성이 나타날까? 그곳은 지질구조로 볼 때, 과정은 아주 친숙하지만 패턴은 그다지 친숙하지 않은 세계였던 것 같다. 대륙이 형성되기 시작한 것은 적어도 42억 년 전이었고, 바베르톤, 와라우나, 그 비슷한 나이대의 지형에서 화산암의 화학적인 특징을 조사해보면, 그 암석들이 퇴적될 즈음에는 이미 상당한 부피의 대륙지각이 형성되어 있

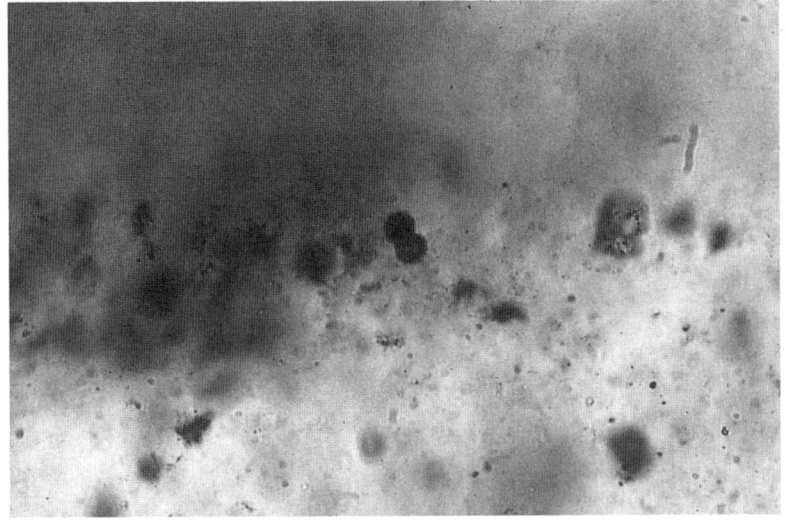

(a)

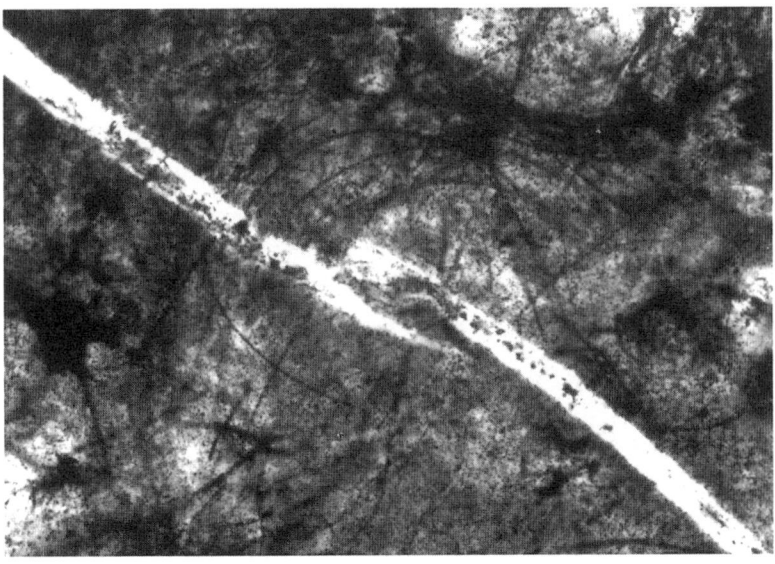

(b)

그림 4-6
(a) 탄소질의 미세구조. 남아프리카의 34억 년 전 암석에서 발견된 것인데, 세포분열이 일어나던 세포가 보존되었을 가능성이 있다. 구의 직경은 4마이크론. (b) 호주 북서부의 32억 년 전 암석에서 나온 필라멘트 꼴 미화석. 각 필라멘트의 직경은 약 2마이크론(사진은 비르거 라스무센Birger Rasmussen 제공).

었음을 알 수 있다. 그러나 이런 초기의 대륙들은 오늘날 거의 남아 있지 않다. 따라서 초기의 지구에서는 대륙이 오늘날보다 훨씬 더 쉽게 맨틀로 되돌려져 재생되었다는 사실을 알 수 있다. 또 35억 년 전에 판구조운동이 이미 시작되어 지구 표면에 패턴을 형성하기 시작했다. 이때 — 지구의 상부 맨틀은 지금보다 더 뜨거웠고, 바다 밑의 현무암질 지각(해양지각)은 지금보다 두꺼웠으며, 대륙은 아마 지금보다 더 작고 불안정했겠지만 — 지금과 마찬가지로 판 가장자리에서 대륙지각이 형성되고, 이 부분에서 해양지각의 암석판이 침강하면서 위에 얹힌 암석을 녹게 만들었다. 하지만 지금과 달리 해저에 흘러넘친 용암 아래 살짝 녹아 있던 현무암이 지구 초기의 대륙형성에 크게 기여했던 것 같다.

초기 지구가 남긴 암석기록과 현재의 지구가 시간의 시련을 받아서 생긴 파편을 똑같이 다루면 안 된다. 대륙을 형성하고 파괴한 과정들의 특징과 조합이 달랐던 것이다. 따라서 통찰력 있는 과학자들이 과감한 견해를 제시하고는 있지만, 우리는 정확히 무엇이 있었는지 완전히 알지 못하는 상황이다.

와라우나의 해저가 형성될 즈음에 지구가 생물들의 행성이었다는 것은 좀 더 확실하다. 게다가 탄소동위원소 증거에서, 광합성에 의한 생태환경의 해방이 이때 이미 시작되었을 가능성도 엿보인다. 산소를 생산하는 시아노박테리아를 포함하여 오늘날과 같은 미생물이 있었는지는 확실치 않지만, 와라우나의 바다에 **어떤** 종류든 광합성세균이 있었다는 사실은 중요한 의미를 지닌다. 우리가 2장에서 다루었던 생명의 계통수에 기준점을 놓아주기 때문이다. 이 나무가 상징하는 새로운 관점의 미생물 진화에서, 광합성생물은 상대적으로 후발주자다. 광합성생물은 생명이 탄생하고 생물의 큼직한 주 도메인이 갈라진 한참 후에 다양화를 이룬 것이다. 따라서 만일 와라우나 층군의 유기물이 광합성으로 생긴 것이라면, 그 앞에 이미 엄청난 분량의 진화가 일어났다는 얘기다.

미생물은 오늘날과 마찬가지로 시생이언 초기의 생태계에서도 탄소, 황,

질소를 순환시켰던 것 같다. 이 시대에 만들어진 오래된 암석에는 진핵생물이나 고세균의 기록이 남아 있지 않지만 그것은 화석이 많지 않을 뿐, 증거의 부재를 부재의 증거로 해석하는 것은 위험하다. 생명의 계통수가 가지를 쳐나간 패턴으로부터 추측할 때, 와라우나의 바다에 광합성세균이 살았다면 적어도 몇 종의 고세균이 존재하고 있었다고 봐도 거의 틀리지 않다.

시생이언 초기의 생물을 이야기할 때 한 가지 더 분명히 해두어야 할 조건이 있다. 계통수에서 환경을 추측한 결과도 그렇고, 지질학적으로 볼 때도 그렇고, 35억 년 전의 지구의 대기에는 질소나 이산화탄소나 수증기는 포함되어 있었던 반면 유리산소는 거의 없었다고 말할 수 있다. 태고의 환경에 관한 추측들이 대체로 희미한 지구화학적 단서들에 기대고 있지만, 산소결핍의 흔적은 퇴적암에 또렷하게 남아 있다 — 처트질의 암석에 산화철광물인 적철석(Fe_2O_3)을 많이 포함한 선명한 붉은색 띠가 들어가 있다. 호상철광층(banded iron formation – 간단히 BIF)이라는 적절한 이름을 가진 이 암석들은 현재의 바다에서는 형성되지 않는다. 한 가지 중요한 예외가 있긴 하지만, 사실 호상철광층은 지난 18억 5,000만 년 동안 생기지 않았다. 하지만 지구 역사의 전반기 때 BIF는 해양 퇴적물의 일반적인 구성요소였다. BIF가 오늘날 형성되지 않는 이유는 바다로 들어가는 철이 곧장 산소를 만나 산화철로 침전되기 때문이다. 그래서 오늘날의 바다에는 철 농도가 지극히 낮다. 시생이언의 퇴적층에 존재하는 BIF는 어쩌면 세균의 손길을 빌려 철과 산소가 반응한 결과 형성되었을지도 모른다. 또는 효과적인 오존층이 없던 당시에 바다 표면으로 내리쬐는 자외선 때문에 철이 산화되었을 수도 있다. 어떻게 침전되었든 산화철이 침전물에 있다는 사실은, 초기의 지구에서 철이 바다로 들어가면서 곧장 제거되지 않았음을 말해준다. 대신 철은 바닷물에 녹은 상태로 온 바다를 돌아다녔다. 이 현상은 바다에 산소가 없는 경우에만 일어날 수 있다. 따라서 우리는 시생이언의 대기와 거기에 닿아 있는 해수면에 오늘날보다 산소가 훨씬 적었다고 결론내릴 수 있다. 얼마나 적었느냐는 논쟁거리지만, 현재 수준의 약 1퍼센트 남짓이 고작이었고 이보다 훨씬 적었을 수도 있다. 이런 조건에서는 산소호흡이나, 산소분자를 필요로 하는 화학합성생물이 간신히 존재했거나 아예 존재하지 않았을 것이다 — 어느 정도로 존재했느냐는 산소의 양에 따라 달라질 것이다.

따라서 지질학과 미생물학을 종합하면, 시생이언 초기의 바다가 더 나중 시대의 바다와 달리 산소는 훨씬 적고 철은 더 많았다는 결론이 나온다. 또 초기의 바다는 지금보다 더 따뜻했던 것 같지만, 지질학은 시생이언 기후에 대한 몇 가지 제약조건만을 알려줄 뿐이다. 우리가 말할 수 있는 전부는, 광합성이 존재했다고 할 때 표층수의 온도가 74℃보다 높지 않았을 거라는 사실이다. 이것은 광합성세균이 견딜 수 있는 최대온도이다. 물론 생명의 계통수에서는 가장 오래된 세균과 고세균이 이보다 높은 온도에서 살았을 가능성이 엿보이지만, 이것을 꼭 온 바다가 뜨거웠다는 의미로 해석할 필요는 없다. 초기의 호열성미생물들은 오늘날의 그 후손들처럼 열수환경에 주로 살았을 것이기 때문이다.

생물의 신호를 탐지하는 전략

그럼, 시생이언 초기의 암석에 존재하는 생물의 약한 신호를 어떻게 증폭할 수 있을까? 두 가지 전략이 금방 떠오른다. 하나는 증거를 찾는 방법에 대한 것이고, 또 하나는 찾는 장소에 대한 것이다. 와라우나 층군에서 펼친 고생물학 대장정이 잘 보여주듯이, 나중 시대의 암석에서 잘 통했던 고생물학 조사의 전략 — 검은 처트를 수집하는 것 등등 — 이 시생이언 초기의 암석에서는 별다른 성공을 거두지 못하고 있다. 호주의 뛰어난 고생물학자인 맬컴 월터는 다른 종류의 조사를 제안했다. 그는 처트만 보존하고 그 내용물을 파괴한 열수과정에 초점을 맞추었다. 앞서 지적했듯이, 생명의 계통수의 뿌리 가까운 곳에서 갈라진 생물들 가운데는 열수시스템을 보금자리로 삼는 것이 있다. 게다가 열수분출공에는 보통 탄산염과 실리카 같은 광물이 퇴적되어 있는데, 거기에 초기의 생명의 기록이 남아 있을 가능성이 있다. 오늘날의 해양 열수분출공에도 황철광 굴뚝 같은 광물의 굴뚝이 형성된다. 비슷한 퇴적물이 시생이언 초기의 지형에서 발견되고 있지만, 최근까지 고생물학자들의 관심을 별로 끌지 못했다. 하지만 상황이 점차 변하고 있다. 2000년 초에 호주의 지질학자 비르거 라스무센은 와라우나 층군보다 약간 더 나중인 32억 년 전의 열수광상에서 발견된, 생물임이 틀림없는 것 같은 필라멘트(물질대사에 관해서는 아무것도 밝혀지지 않았다)를 보고했다(그림 4-6b). 나는 조사전략이 차츰 확대됨에 따라 초기의 생물에 대한 이해도 함께 넓어질 것이라고 기대한다.

두 번째로 확실한 조사전략은 더 오래된 암석을 찾는 것이다. 지구의 표면은 쉼 없이 활동하고 있기 때문에, 변성, 융기, 침식이 언제나 암석의 기록을 변조하고 파괴한다. 따라서 시대를 거슬러 올라갈수록 그 시대를 대표하는 암석의 양이 적다. 상황이 이러하므로, 와라우나와 바르베톤 층군보다 더 오래되었으면서 거의 변화하지 않은 퇴적암을 찾는 것은 지난한 일이다. 하지만 로저 뷰익이 이 일을 해냈다. 그는 호주 북서부의 외딴 지역에서 와라우나 층군보다 **아래** 있는 퇴적암/화산암 지층을 발견했다. 쿤테루나 층군(Coonterunah succession)이라고 이름 붙여진 이 지층에는 35억 1,500만 년±300만 년 전의 화산암이 포함되어 있다. 그 위를 덮은 와라우나의 암석보다 훨씬 오래된 것은 아니지만, 이를 통해 지구의 역사를 한 걸음 더 거슬러 올라갈 수 있다. 그러나 쿤테루나의 암석에는, 현무암의 용암 외에 해저에서 퇴적된 퇴적암이 존재하지만, 아직까지 화석은 발견되지 않았다.

스티브 모이치스Steve Mojzsis의 연구팀은 과거로 더 크게 한 걸음 거슬러 올라갔다. 그린란드 남서쪽 바다에 있는 아킬리아 섬에서 약 38억 년 전의 암석을 발견한 것이다. 이 암석들은 변성작용으로 심하게 변해서 지질역사를 읽어내기 어려웠다. 모이치스의 연구팀은 그 암석들이 태고의 해저에서 형성된 퇴적물이라고 해석했다. 그들은 암석 안에서 인산염 광물의 작은 알갱이를 발견했고, 이 광물 알갱이 안에서 이보다 작은 환원된 탄소(흑연 또는 그래파이트)를 찾아냈다. 모이치스는 이온질량분석기로 흑연의 탄소동위원소 조성을 측정했는데, ^{13}C가 상당히 적게 나왔다. 이 결과는 생물기원의 탄소 생성을 암시하는 것이다.

하지만 시생이언 지질학에 그렇게 간단한 결론이 있을 리 없다. 모이치스 연구팀의 한 사람인 인산염 전문가 거스 아르헤니우스Gus Arrhenius는 아킬리아 섬의 암석들을 꼼꼼히 재검사한 끝에, 인산염 알갱이는 이 암석들의 역사에서 비교적 늦게, 뜨거운 변성유체(metamorphic fluids, 변성작용이 일어날 때 암석 속의 광물입자 사이에 존재하는 유체 : 옮긴이) 때문에 변질되어 형성된 것이라는 결론을 내렸다. 게다가 아르헤니우스와 그의 동료들은 인산염 알갱이 인에 든 흑연도 같은 시기에, 변성유체가 암석 속의 탄산철과 화학반응을 일으켜 형성되었다고 생각한다. 지질학자 크리스토퍼 페도Christopher Fedo와 마틴 화이트하우스Martin Whitehouse의 독자적인 연구결과도 아킬리아 섬의 암석에 나타나는 중요한 특징들이 변성에 기원을 두고 있다는 사실을 뒷받침한다. 사실 페도와 화이트하우스에 따르면, 이 암석들은 지구의 깊숙한 곳에서 형성된 화성암인 것이다.

이 문제도 아직 해결되지 않았지만, 후자의 새로운 해석이 옳다면 아킬리아 섬의 암석 안에 있는 탄소는 생명에 대해 아무것도 말해줄 수 없다. 사실 아르헤니우스의 결론은 더 큰 문제를 불러일으킨다. 아킬리아 섬의 인산염 알갱이 안에 들어 있는 흑연결정이 광합성으로 생산된 유기물과 흡사한 탄소동위원소비를 보인다는 사실을 주목하라. 물리적 과정도 최고 50‰까지 탄소동위원소를 분별한다면, 탄소동위원소 조성이 생물의 신호라는 믿음은 깨지는 것이다.

믿음은 깨지는가 하면 다시 회복되기 마련이다. 그린란드 남서부의 또 다른 장소에서, 코펜하겐 대학 지질학박물관의 미닉 로징Minik Rosing이 두께

50미터 정도의 변성된 셰일의 층군을 발견했다. 이 지층의 나이는 37억 년 이상이고, 틀림없는 퇴적암이며, 더 나중 시대의 셰일에 들어 있는 유기물처럼 아주 많은 흑연입자들이 흩어져 있다. 그리고 여기서도 탄소동위원소가 생물의 활동을 넌지시 암시한다. 하지만 로징은, 이 흑연이 먼저 있던 광물이 변질되어서가 아니라 **유기물**이 가열되어 형성되었음을 설득력 있게 주장한다. 물론 로징이 발견한 암석의 화학조성은 생물로 판단할 때 가장 간단히 설명되지만, 2차 증거가 있다면 확신에 이를 수 있을 것이다.

지금 단계에서 시생이언의 생물과 환경에 대한 지식은 실망스럽지만 한편 대단한 것이기도 하다. 확실한 게 너무 없어서 실망스럽지만, 어쨌든 뭔가를 알아냈기 때문에 대단하다. 또 무지는 앎의 기회라는 점에서 자극이 되기도 한다.

앞으로 해결해야 할 문제 가운데 몇몇은 와라우나 층군, 바베르톤 산지, 한 발 앞서 아킬리아 섬보다 앞에 무엇이 있었는지에 초점이 맞춰져 있다. 만일 현재 발견된 가장 오래된 퇴적암에 복잡한 미생물의 징후가 있다면, 더 일찍이는 어떤 세포가 살았을까? 도대체 최초의 생물은 어떻게 탄생했던 것일까?

05

생명의 탄생

생명은 우리 행성의 지각과 바다를 형성한 것과 똑같은 물리적·화학적 과정으로 만들어졌다. 그러나 다윈이 주창한 진화의 작용을 받는다는 점에서, 생명은 다르다. 자연선택은 동식물의 진화에 중요한 구실을 했지만, 초기의 지구 역사에서도 화학적인 진화를 이끌어 생명의 탄생을 가능하게 했다. 우리는 생물의 분자가 초기의 지구에 존재했던 단순한 전구체로부터 진화한 과정을 대충은 이해하고 있다. 하지만 단백질, 핵산, 막조직이 어떻게 그토록 복잡한 상호작용을 했는지는 아직까지 수수께끼로 남아 있다.

다윈의 통찰

다음과 같은 유명한 이야기가 있다. 서방의 탐험가가 존경받는 현자를 찾아 동방의 산을 오르고 있었다. 탐험가는 산 위의 성에서 현자를 발견하고 한 수 보여주고 싶은 마음에 이렇게 질문했다. "우리 주위의 저 산들 밑에는 무엇이 있습니까?" "산, 계곡을 비롯해 지구 위의 모든 것들은 거대한 거북이의 등 위에 있다오." 현자가 대답했다. "그럼 거북이 밑에는 무엇이 있습니까?" 현자가 덫에 걸려들었음을 알아챈 탐험가가 질문을 계속했다. "다른 거북이가 있지요." 현자가 대답했다. "그 밑에는요?" "또 다른 거북이지요." "그 다음은요?" "역시 거북이가 있소." 그러다 아둔한 탐험가의 질문에 지친 현자가 이렇게 소리쳤다. "모르겠소? 온통 거북이라는 걸!"

생물학도 그 나름의 '온통 거북이' 문제를 안고 있다. 다윈은 『종의 기원』에서 새로운 종이 옛 종의 변형으로 탄생한다는 가설을 세웠다. 생명의 원재료가 생명이라는 얘기다. 다윈과 동시대에 살았던 위대한 파리시민 루이 파스퇴르Louis Pasteur는 논의를 한 걸음 더 진척시켰다. 그는 자연발생설 — 생명은 무생물 재료에서 새로이 탄생한다는 오래된 생각 — 에 대한 단호한 반론으로서, 간결한 라틴어 문장으로 "omne vivum ex viva(생명은 반드시 생명으로부터)"라고 단언했다.

과학에서 대답은 언제나 새로운 질문을 낳는다. 따라서 다윈과 파스퇴르가 생물학의 두 가지 큰 난제를 풀었을 때 생물학의 가장 심원한 수수께끼가 불거져 나온 것도 놀라운 일은 아니다. 지난 40억 년 동안 생명은 오직 생명에서 생겨났던 것 같다. 그렇지만 지구가 탄생한 뒤 얼마 되지 않았을 때는 언제 어디선가, 생물의 최초의 조상이 생물 이외의 다른 무엇[1]에서 생겨어야 한다.

---

[1] 지구 생명의 씨앗이 화성에서 비롯되었다는 주장(13장 참조)은 가능성을 떠나서, 문제를 해결하는 게 아니라 장소를 이동하는 것일 뿐이다.

생명의 기원에 대한 합리적인 고민은 사실 다윈과 파스퇴르 이전에도 존재했다. 예컨대, 이래즈머스 다윈Erasmus Darwin은 그의 유명한 손자가 태어나기도 전인 1804년에, 생명사의 본질을 자작시에 담았다.

> 생명은 끝닿는 데 없는 파도 아래서 태어나
> 바다 속의 진주 빛 동굴에서 컸다네
> 최초의 형태는 유리구슬에도 나타나지 않을 만큼 작았지
> 그러나 개펄로 올라오거나 물속을 뚫고 나와
> 대대손손 자손을 꽃피우며
> 새로운 힘을 얻고, 더 큰 몸을 갖추니
> 거기서부터 셀 수도 없는 식물이 탄생했고
> 지느러미와 발과 날개 달린, 호흡을 하는 무리들도 등장했더라.

어린 다윈은 자연선택을 곰곰이 생각할 때 아마 이 구절들을 의식했을 테고, 1871년에 벤야민 후커Benjamin Hooker에게 종의 궁극적인 기원에 대한 편지를 썼을 때도 이것을 떠올렸을지 모른다.

> 사람들은 생물이 처음으로 탄생한 조건들이 지금도 존재하고, 언제나 존재했던 것처럼 말합니다. 하지만 우리가 만일(아, 정말 정말 만일인데!) 따뜻하고 작은 연못에 암모니아, 인산염, 빛, 열, 전기 등 온갖 것들을 넣어주면, 단백질이 화학적으로 합성돼 더 복잡하게 변할 준비를 할지도 몰라요. 지금은 그런 물질이 생기면 먹히거나 흡수되어버리고 말겠지만, 생물이 존재하기 전에는 그렇지 않았을 것 같습니다.

이 편지에서 다윈은 생명의 기원에 대한 이후의 과학적 사고를 인도한 핵심개념을 단 여섯 줄의 허물없는 문장 속에 녹여놓고 있다. 단순한 분자들이

자연의 에너지에 의해 결합을 반복하면서 복잡한 화합물을 만들었으며, 마침내 자가복제를 할 수 있는 계系가 등장했다는 얘기다. 설득력이 있으며 직관적으로도 끌리는 개념이다. 생명은 척 보기에도 물과 바위와 뚜렷이 구별되지만, 지구의 물리적인 특성을 빚어낸 것과 똑같은 과정으로부터 탄생했을 것이다. 남은 문제는 이것을 어떻게 검증하느냐이다.

밀러의 실험, '생명의 레시피'는?

우리가 아는 가장 오래된 암석에도 생물의 지문이 이미 희미하게나마 남겨져 있기 때문에, 생명 최초의 순간을 지질기록에서 얻을 수는 없다. 대안은 '생명 탄생으로 가는 길'에 놓인 가설상의 걸음들을 되밟아보면서 걸음의 타당성을 실험으로 평가하는 것이다. 생명의 탄생에 어떤 반응이 관여했는지를 역사적 사실로서 아는 것은 불가능하지만, 초기의 지구에서 일어난 화학반응이 어떻게 생명을 탄생시켰는지를 어림짐작해보는 것은 가능하다.

포름알데히드 전구체에서 당분이 합성된 것은 1861년이었지만, 1953년에 스탠리 밀러 Stanley Miller가 독창적인 실험을 수행하면서 생명의 기원을 실험으로 탐구하는 연구가 시작되었다. 시카고 대학에서 노벨상 수상자인 해롤드 유리 Harold Urey의 연구실에 있던 밀러는 혹시 번개가 원시대기를 가르면서 생명의 원재료를 합성했던 게 아닐지 의문을 품었다. 같은 생각을 한 사람들이 또 있었는데, 러시아의 화학자 알렉산더 오파린 Alexander Oparin과 영국의 생물학자 J. B. S. 홀데인 Haldane이다. 두 사람은 1920년대에 생명의 기원에 관한 날카로운 논문을 썼다. 그러나 밀러는 생각에만 머물지 않았다. 그는 플라스크에 메탄, 암모니아, 수소가스와 수증기의 혼합물 — 해롤드 유리가 초기 지구의 대기와 가깝다고 생각한 조건 — 을 채우고 용기 안에 여러 차례 전기방전을 일으켰다. 며칠 후에 플라스크의 색이 변했는데, 내벽에 생긴 얇은 막 때문에 적갈색 빛을 띠었던 것이다. 밀러는 이 걸쭉한 물질을 내벽에 침전시킨 원인물질을 분석한 결과 다양한 유기물을 발견했다. 그 가운데는 단백질을 구성하는 기본단위인 아미노산도 있었다.

밀러는 이 놀라운 실험으로 생명의 기원에 대한 연구를 단숨에 꽃피웠다. 자연계의 에너지에 의해 단순한 혼합기체로부터 생물에 필요한 복잡한 분자를 만들어낼 수 있었으니까. 아미노산을 비롯한 생물과 관계가 깊은 화합물들은 탄산질 운석에서도 발견되었는데, 그것도 밀러가 합성한 것과 비율이 놀랍도록 비슷했다. 따라서 밀러의 플라스크에서 일어난 현상은 실험실에서만 일어나는 특별한 반응이라기보다, 우리 태양계와 그 너머 우주에서도 보편적으로 발견되는 화학작용인 것이다.

하지만 늘 그렇듯, 밀러의 모의실험으로 얻어낸 대답은 또다시 새로운 질문을 불러일으켰다. 원초의 반응물은 어떻게 조합해도 같은 결과를 낼까? 혹시 정해진 레시피가 아니면 생물에 필요한 분자가 나오지 않는 것 아닐까? 밀러 자신이 이 의문에 대답을 했다. 바로 레시피는 아주 중요하다는 것이다. 밀러-유리의 합성법으로 다양한 유기분자가 풍부하게 얻어지는 때는, 혼합기체 속의 수소원자 대 탄소원자의 비가 4대 1 이상이었을 경우에 한한다. 따라서 원시대기의 환원성이 아주 높았던 경우— 곧 산소는 없고, 수소와 메탄과 암모니아는 풍부함—에만, 밀러의 플라스크 속 화학작용이 초기의 지구에서 의미 있는 일을 할 수 있었다는 뜻이다. 4장에서 논의했듯이, 현재 대부분의 사람들은 지구가 갓 탄생했을 때 산소가 희박했다는 데 동의하지만, 1950년대에 UCLA의 지구화학자 윌리엄 루비William Rubey가 제창했을 때부터 많은 연구자들은 초기 지구의 대기가 약한 환원성으로, 메탄과 암모니아보다는 이산화탄소와 질소가스가 대부분을 차지하는 혼합기체였다고 생각한다. 초기의 대기의 환원성이 낮았다면, 생물의 벽돌을 굽는 가마를 다른 곳에서 찾아봐야 하는 것 아닐까? 어디를 찾아봐야 할까? 더 본질적으로는, 무엇을 찾아야 하는 걸까?

'RNA 세계'

현생생물의 세포에는 공통된 특징이 많다(그림 5-1). 모든 세포는 세포의 바깥쪽 둘레에, 세포질 안팎으로 드나드는 분자들을 제한하는 막조직을 갖추고 있다. 세포는 또한 화학반응을 촉매하거나 세포의 구조를 지탱하는 단백질[2]을 합성한다. 그리고 세포는 DNA라는 형태의 화학정보를 보관하는 도서관을 운영한다. 가장 중요한 것은, 막조직과 단백질과 DNA가 세포 안에서 끊임없이 상호작용한다는 것이다. 게다가 세포는 엄청난 수의 단백질을 동원해 DNA 도서관에서 정보를 통째로 복제하고, 그 가운데 일부를 RNA 메시지로 전사하여 단백질의 설계도를 얻는다. 이 설계도에 적힌 RNA 메시지를 번역하는 일은 단백질과 RNA로 건설된 화학공장인 리보솜에서 이루어진다. 생물은 성장과 번식을 하기 때문에, 주위환경에서 물질과 에너지를 얻어야 한다 — 물질대사에는 훨씬 많은 단백질이 동원되는데, 그 가운데 일부는 세포막에 파묻혀 있다.

이와 같이, 아주 단순한 생물조차 매우 정교한 분자기계라고 할 수 있다. 초기의 생물형태들은 이보다 훨씬 더 단순했을 것이다. 따라서 우리는 물리적 과정으로 만들어질 수 있을 만큼 단순하면서, 살아 있는 세포로 진화하는 데 토대가 될 정도의 복잡한 분자집단을 생각해내야 한다. 그러한 분자들에는 스스로 복제를 할 수 있고 더 나아가 복제의 효율을 높이는 촉매화합물을 합성할 수 있는 정보와 구조가 갖추어져 있었을 것이다. 그리고 결국에는 성장에 필요한 분자를 주위의 환경에서 가져오는 대신 직접 합성하고, 세포활동의 연료로 화학에너지 또는 태양에너지를 이용함으로써, 자신을 낳아준 물리과정에서 독립하여 진정한 진화의 여정을 내달을 수 있었을 것이다.

이런 시나리오에서는 RNA가 특별한 위치를 차지한다(그림 5-2). RNA는

---

[2] 화학반응을 촉매하는 단백질을 효소라고 한다.

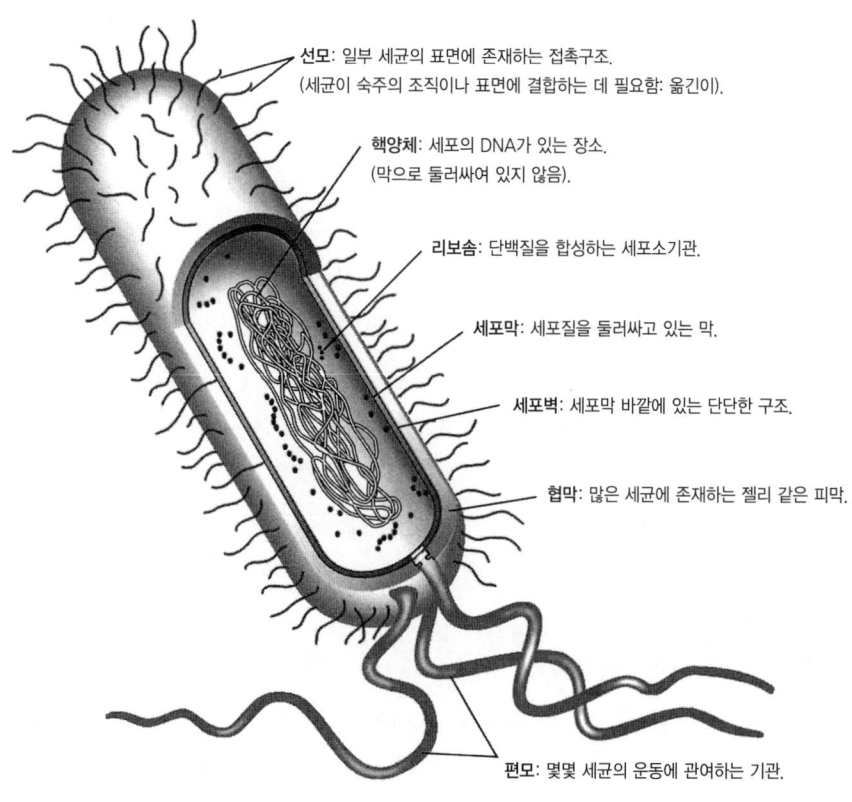

그림 5-1 세균 세포의 구조와 기능. 핵양체 안의 DNA가 RNA 메시지로 전사된다. 그 다음에 RNA 메시지는 리보솜이라는 화학공장에서 단백질로 번역된다. 세포막에 파묻힌 색소와 단백질이 세포의 물질대사를 수행한다(N. A. Campbell and J. B. Reece, Biology, 6쇄판에서 허락을 받아 전재. © Pearson Education Inc., 2002).

그동안 DNA 정보를 단백질로 번역한다고만 알려져 있었기 때문에, 이제껏 생물의 몸종 취급을 받았다. DNA와 단백질이 주인공인 분자 드라마에서 다리 구실을 하는 존재쯤으로 생각되었던 것이다. 그런데 1968년에 노벨상 수상자인 프랜시스 크릭Fransis Crick이 RNA는 초기 생명의 역사에서 우리가 생각하는 것보다 훨씬 위대한 임무를 맡았다는 의견을 내놓았다. 그는 "아마도, 최초의 '효소'는 레플리카제replicase(RNA 주형에서 RNA 사본을 만들 수 있는 복제효소: 옮긴이)의 성질을 띤 RNA였을 것이다"라고 말했다. 이 생각이 발표되었을 당시 많은 사람들은 크릭의 추측을 터무니없다고 생각했다. 하지만 1980년대 중반에 그의 추측은 마치 선견지명처럼 사실로 드러났다.

크릭의 선견지명은 콜로라도 대학의 토머스 체크Thomas Cech의 연구실에서 입증되었다. 체크와 그의 학생들은 섬모충류 원생동물인 테트라히메나 테르모필라Tetrahymena thermophila를 이용한 연구에서, 리보솜 RNA의 모습이 전사될 때 다르고 리보솜 단백질과 결합할 때 다르다는 것을 발견했다. 분자 외과의사가 모종의 과정을 거쳐 RNA 분자에서 불필요한 조각을 잘라낸 후 남은 조각들을 다시 깔끔하게 붙였다. 체크는 다시 질문했다. 이 반응을 촉매하는 효소는 무엇인가?

체크의 연구팀은 편집되지 않은 RNA 가닥을 정제했다. 그런 후 섬모충의 핵에서 추출한 단백질 용액에 그것을 넣었다. 예상했던 대로 세포 안에서처럼 RNA가 잘리고 붙으며 편집(스플라이싱splicing)되었다. 촉매분자가 비커 안에 있었다는 증거이다. 하지만 모든 훌륭한 실험에는 다른 조건에서는 같은 현상이 관찰되지 않는다는 것을 확인하는 대조군 실험이 필요하다. 따라서 다른 조건에서 스플라이싱이 일어나는지 알아보아야 한다. 연구팀은 RNA 가닥만 있고 단백질은 없는 시험관을 추가로 준비했다. 그런데 여기서 놀라운 일이 일어났다. 대조군을 조사해보니 **단백질이 없는데도** RNA의 편집이 일어났던 것이다. 흔히들 연구에서 가장 재미없는 일로 여기는 대조군 실험에서 'RNA는 자기 자신을 자르고 붙인다'는 충격적인 결론을 얻은 것이다. RNA는 DNA처럼 정보를 저장할 수 있을 **뿐만 아니라** 단백질처럼 반응을 촉매할 수 있다.

예일 대학의 생화학자 시드니 앨트먼Sidney Altman도 비슷한 시기에, 그 RNA 효소, 다시 말해 리보자임ribozyme(RNA[리보핵산]와 효소[엔자임]의 합성어로 효소기능을 가진 RNA를 가리킨다. RNA의 특정 염기서열을 인지하여 그 부위를 자를 수도

생명의 탄생 117

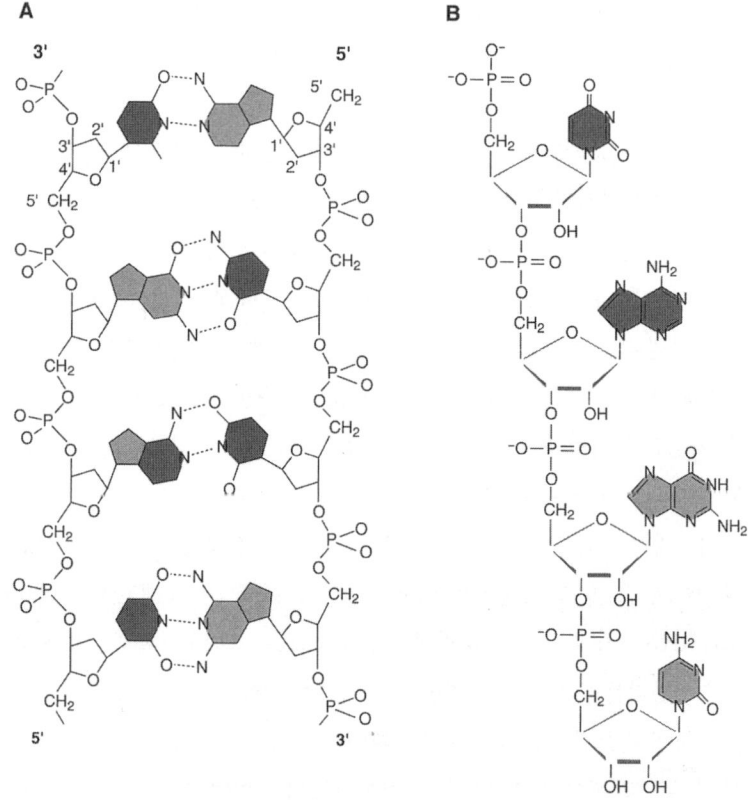

그림 5-2 DNA와 RNA의 분자구조. (a) DNA. 디옥시리보오스(당)와 인산기가 교대로 연결된 사슬에 질소염기가 결합되어 있다. 4개의 염기는 분자정보를 제공하고, 두 개의 사슬을 이중나선으로 만드는 결합을 제공한다. (b) RNA. 리보오스(당), 인산기, 4개의 염기로 되어 있다(한 종류의 염기만 DNA와 다르다).
(a): R. E. Dickerson(1983), The DNA helix and how it is read, *Scientific American* 249: 97–112에 어빙 가이스Irving Geis가 그린 일러스트를 붙임. 판권은 Howard Hughes Medical Institute에 있으므로 무단전재할 수 없음. (b): S. Freeman, 2002, *Biological Science*, 프렌티스 홀Prentice Hall에게서 허가를 받아 전재.

있고 이어 붙일 수도 있다: 옮긴이)을 독립적으로 발견했다. 감히 말하건대 이것은 생명의 기원에 대한 생각에 촉매작용을 했다. 생물철학자 아이리스 프라이Iris Fry가 말했듯이, 이 놀라운 분자는 생명 기원의 수수께끼에서 '닭인 동시에 달걀'로 떠올랐다. 하버드 대학 재학시절 내 동료였던 월터 길버트 Walter Gilbert는 1986년에 짧지만 도발적인 논문을 발표했다. 논문의 제목인 「RNA 세계RNA World」는 생화학적 복잡성의 진화에서 과도적 개념을 상징하게 되었다. 길버트는 RNA가 자기조직화로 형성되고 자신의 복제를 스스로 촉매할 수 있는 속이 알찬 분자임을 알아본 것이다. 나중에 생명이 점점 성숙해짐에 따라 진화에도 노동분업이 도입되어, DNA 이중나선은 안정된 정보자료실 기능을, 복잡하게 접힌 단백질은 대체로 촉매기능을 담당하게 되었다.

위와 같은 생명 탄생의 길은 상당히 끌리지만, 걸림돌이 많다. 첫째로 가장 큰 걸림돌은 우리가 알고 있는 생명 탄생 이전의 조건에서는 RNA를 만들기 어렵다는 것이다. RNA 분자는 5탄당(다섯 개의 탄소가 있는 당)인 리보오스와 인산기(PO_4^{3-})가 사슬처럼 결합된 뼈대를 갖추고 있다(그림 5-2). 당에는 4종류의 염기(탄소와 질소가 고리를 이루고 있는 화합물)가 붙어 분자정보를 부여한다. 염기는 쉽게 합성할 수 있다—1961년에 스페인의 생화학자 후안 오로 Juan Oró가 4종류의 염기 가운데 하나인 아데닌을 다섯 분자의 시안화수소(수많은 탐정소설에 등장하는 범행도구이며 초기의 지구에도 존재했을 가능성이 높다)의 결합으로 직접 만들 수 있음을 보여주었다. 반면 리보오스는 그렇게 간단하게 설명되지 않는다. 앞서 지적했듯이 당은 포름알데히드(아마 이것도 초기의 지구에 존재했을 것이다)가 들어 있는 용액에서 합성될 수 있다. 하지만 리보오스는 그렇게 생기는 수많은 화합물의 하나일 뿐이며, 더군다나 비주류다. 이 당이 어떻게 생물 탄생 이전의 지구에서 중앙무대로 진출했을까? 이것은 분명치 않다. 무엇보다 큰 골칫거리는 우리가 설사 올바른 구성요소들을 합성할 수 있다 해도, 그들을 결합해 핵산(DNA, RNA-폴리뉴클레오티드: 옮긴이)의 기본 단위인 뉴클레오티드를 만드는 일은 결코 만만치 않다. 지금까지 아무도 그 방법을 생각해내지 못했다.

걸림돌이 또 하나 있다. 뉴클레오티드는 키랄 분자다. 이런 분자는 사람

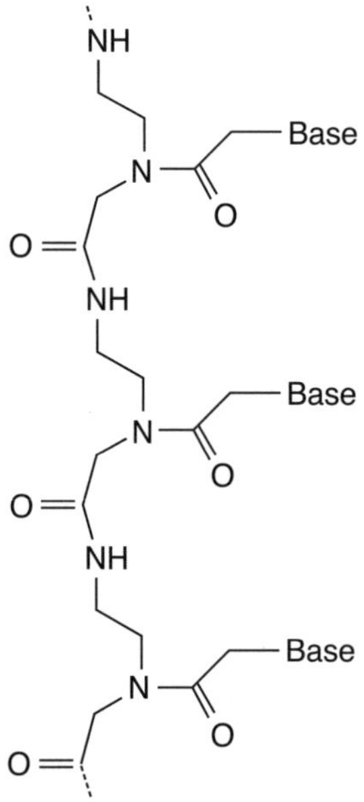

그림 5-3 펩티드 핵산(PNC)의 분자구조. 이 비키랄 분자는 핵산 진화의 한 가지 가능한 통로를 잘 보여준다(그림에서 Base는 염기: 옮긴이).

의 오른손과 왼손처럼 서로 거울상이지만 포개질 수 없는 형태를 띤다. RNA는 오른 나선형으로도 왼 나선형으로 만들어질 수 있지만 두 가지가 혼합된 RNA 사슬은 없다. 그러면 왼 나선형과 오른 나선형이 반반씩 섞인 뉴클레오티드에서 어떻게 RNA — 세포에서 오른 나선형의 뉴클레오티드만으로 이루어짐 — 가 탄생했을까? 역시 아무도 모른다.

 이 문제들이 너무나 어렵다보니, 많은 과학자들이 RNA가 생명의 원초적인 분자였다는 가설을 점점 포기하고 있다. 대신에 그들은 생명 탄생 이전의 진화는 합성과 중합이 훨씬 쉬운 '손 대칭성'이 없는 분자들에서 시작되었다고 주장한다. 실제로 비非키랄 분자로 핵산처럼 이중나선을 이루는 화합물을 실험실에서 비교적 간단하게 만들 수 있다. 게다가 이런 화합물 가운데 최소한 한 개 — 펩티드 핵산(그림 5-3)이라고 불리는 것 — 는 자신과 대응하는 상보적인 RNA 가닥을 형성하도록 지시할 수 있는데, 이것은 진화의 과정에서 원초의 전구체가 RNA로 대체되었다는 가설을 뒷받침한다.

생물 최대의 수수께끼, '유전암호의 기원'

RNA 세계가 어떻게든 출현했다면 그 다음의 일은 이해하기가 한층 쉬워진다. 잭 쇼스택Jack Szostak과 제리 조이스Jerry Joyce가 하버드 의과대학과 스크립스 해양연구소에서 각각 실시한 선구적인 실험들은 자연선택이 RNA 분자의 기능을 어떻게 가다듬었는지를 잘 보여준다. 이 실험은 실험실에서 무작위적으로 생산된 수백만 개의 RNA 가닥을 가지고 시작한다. 이런 RNA 가닥 가운데서 어떤 반응을 촉매하는 능력을 조금이라도 지닌 것을 선택한 후 변이를 유발하는 조건에서 복제를 반복한다. 거기서 2차 선택을 하고, 다시 복제를 반복한다. 이와 같이 복제와 선택을 반복하면서 효율적으로 기능하는 리보자임을 얻어낼 수 있다.

이 실험들은 RNA가 매우 다양한 반응을 촉매할 수 있다는 것을 보여준다. RNA는 생물의 활동에서 이른바 만능박사 분자인 셈이다. 또 이 실험들은 자연선택이 무질서한 분자들에게서 질서를 만들어내고, 약한 생화학 기능을 증폭시킬 수 있다는 사실을 알려준다. 쇼스택과 조이스가 제대로 방향을 잡은 거라면, 진화는 생물의 특징일 뿐 아니라 생명의 필요조건인 것이다.

이 사실은 생명이 막 탄생했을 즈음 핵산의 복제에 일어났던 대단히 중요한 사건 한 가지를 집중조명하고 있다. 로널드 레이건의 말마따나, "실수가 일어났던 것이다."(일부러 저지른 게 아니란 뜻. 비밀리에 이란에 무기를 판매하고 그 대금의 일부를 니카라과의 콘트라 반군에 지원했던 이란-콘트라 사건 때 했던 말: 옮긴이) 초기의 RNA 분자들이 스스로 복제를 할 때 실수가 생겼다. 그 결과로 딸 분자에는 부모 분자에 없는 다른 서열이 나타나게 되었다. 이런 변이는 초기의 지구에서 화학적 진화의 원재료가 되었고, 더 나아가 생물의 진화를 이끌었다.

생명 활동의 거의 모든 영역에서 그렇듯, 여기서도 골디락스 법칙(영국의 전래동화 『골디락스와 곰 세 마리』에 등장하는 소녀의 이름에서 유래한 용어다. 동화에서 골디락스가 곰이 끓인 세 가지의 수프, 뜨거운 것과 차가운 것, 적당한 것 중에서 적당한 것을 먹고 기뻐하는 데서, 너무 뜨겁지도 않고 너무 차갑지도 않은 최적의 상태를 표현하는 말로 쓰이게 되었다: 옮긴이)이 성립한다. RNA 복제(나중에는 DNA 복제)에서 오차비율이 너무 높으면, 성공한 변이체라 해도 다음 세대에 성공한다는 보장이 없다. 반대로 오차비율이 너무 낮으면, 진화가 계속될 수 없다. 오차비율이 '딱 적당'한 것은 놀라운 우연으로 보이지만, 우연이 아니다 — 분자수준의 자연선택에서 비롯된 것이다. 적당한 엉성함이야말로 진화의 미덕인 것이다.

이와 같이 RNA는 생명 발생의 한가운데에 있었다고 볼 수 있다. 무기물 촉매가 존재할 때 뉴클레오티드는 길게 연결되어 RNA를 이루고(하지만 뉴클레오티드 자체는 아직 실험실에서 만들어낼 수 없다), 상대적으로 짧은 RNA 분자들은 자신의 복제를 지시할 수 있다는 사실이 실험에서 밝혀지고 있다. 그리고 복제실수로 변화된 서열을 갖게 된 RNA 가닥 중에서, 자연선택은 기능이 가장 뛰어난 가닥 — 다른 가닥보다 빨리, 또는 실수를 적게 하면서 자신을 복제하는 가닥 — 을 증폭시킨 것이다.

단백질에서 일어나는 일도 이와 같다고 밝혀지고 있다. 스탠리 밀러가 증명했듯이, 아미노산은 생명 탄생 이전의 조건으로 거론되는 것 가운데 적어도 몇 가지 조건에서 쉽게 형성되고, 핵산처럼 서로 연결되어 펩티드를 이룰 수 있다. 펩티드는 아미노산 사슬인데, 이것이 접혀서 기능성 단백질이 된다. 스크립스 해양연구소의 레자 가드히리Reza Gadhiri와 그의 동료들은 자가복제를 촉매하는 펩티드를 실험실에서 만들어내고 있다. 그러므로 핵산 전구체와 단백질 전구체가 원시바다에서 각각 환경조건이 맞는 곳에서 **동시에**

진화했을 가능성도 있다.

　어느 분자가 먼저 생겼든(만일 둘 중 하나라면) 원시진화의 가장 심오한 수수께끼를 꼽으라면, 단백질과 핵산이 **상호작용하면서** 상대의 존속을 책임지는 계가 등장한 일일 것이다. 생명의 기원에 대해 깊이 고민했던 저명한 물리학자 프리먼 다이슨Freeman Dyson은 생명이 실은 두 번 발생한 것 같다고 말했다. 한 번은 RNA의 길을 통해서, 또 한 번은 단백질의 길을 통해서. 그 다음에 원시생명의 합병으로 단백질과 핵산이 한자리에서 상호작용할 수 있는 세포가 탄생했다는 것이다. 이것은 결코 터무니없는 생각이 아니다. 이 책을 다 읽을 즈음이면 확실히 알게 되겠지만, 동맹에 의한 혁신이야말로 진화의 영원한 주제다.

　닭이 먼저냐 달걀이 먼저냐라는 문제로 볼 때 다이슨의 주장은 분명히 매력적이다. 하지만 문제는 이보다 훨씬 복잡하다. 자물쇠와 열쇠의 문제가 또 있기 때문이다. 핵산과 단백질이 주고받는 분자의 대화를 중재하는 것은 유전암호다. 유전암호는 뉴클레오티드의 분자언어를 단백질의 구성단위인 아미노산 사슬로 번역할 때 필요한 일련의 화학통신문이다. 유전암호는 정말 프랜시스 크릭의 말처럼 '동결사건'(먼 과거의 우발적 사건이 현생 생물의 일반적인 특성을 결정했다는 개념: 옮긴이)이었을까? 그랬다면 그 사건은 어떤 사건이었을까? 다시 말해, 이 분자법칙을 지배하는 화학법칙이 있는 걸까? 있다면 그게 무엇일까? 유전암호의 기원이 무엇이며, 그것으로부터 복잡한 생화학적 작용을 하는 생명이 어떻게 탄생했는지는 지금까지 생물의 가장 심오한 수수께끼로 남아 있다.

물질대사와 복제의 통합

수수께끼가 한 가지 더 있다. 물질대사는 생명이 자신을 낳아준 부모인 물리적 과정으로부터 독립해 홀로 설 수 있도록 했고, 2장에서 소개했던 다양한 물질대사 경로들은 40억 년 가까이 생물을 먹여 살렸다. 그러면 물질대사의 진화는 앞 단락들에서 정리해본 생명 탄생의 시나리오와 어떻게 끼워 맞추어질까?

인지질(인과 유기탄소로 이루어진 '머리'와 지방산으로 이루어진 두 개의 긴 '꼬리'를 가진 분자)로 이루어진 막조직은 세포를 물리적 환경과 분리하고, 이온, 분자, 에너지의 대사흐름을 조절한다. 오늘날의 인지질은 DNA와 마찬가지로 초기의 생물 진화 경로에서 생겼겠지만, 자연스럽게 막성 소낭(membranous vesicle)으로 조립되는 훨씬 단순한 분자들은 아마 원시바다 속에 존재하고 있었을 것이다. 지질 성격의 화합물로 만들어진 구형의 막조직이 운석에서 발견되는데, 이것은 꼭 세포처럼 보인다.

물질대사와 복제의 결합은 아마도 RNA(또는 단백질+RNA) 분자들이 원시 막조직 속에 가득 채워지면서부터 시작되었던 것 같다. 캘리포니아 대학의 생화학자인 데이비드 디머David Deamer가 실시한 간단한 실험은 이런 일이 실제로 일어날 수 있음을 분명하게 보여준다. 디머는 막상의 지질과 DNA의 혼합물을 만든 다음, 적시고 말리기를 반복했다. 혼합물을 말리자, 분자들이 플라스크 밑바닥에 '샌드위치' 모양으로 층을 이루었다. 이어 혼합물을 적시자, 이번에는 지질이 구형의 막을 이루었다. 그런데 이때 DNA 가닥의 일부가 막 **안으로** 들어가 있었다. 이 실험결과는 지질, 단백질, 핵산의 구조적 결합이 초기의 지구에서 저절로 일어났을 가능성을 말해준다. 게다가 디머와 그의 연구팀은 막을 넘어온 뉴클레오티드들을 이용해 막 안에서 RNA를 합성할 수 있었다. 이와 같은 사실에서 우리는 물질대사와 복제가 어떻게 결합할 수 있었는지를 어렴풋이 짐작할 수 있다. 그리고 다시 골디락스 법칙이 출동한다.

막의 기능은 막을 구성하는 인지질의 지방산 '꼬리'의 길이에 크게 좌우된다. 꼬리가 너무 짧으면 막이 줄줄 새서 제대로 작동하지 못한다. 또 너무 길면 아무것도 막을 통과할 수 없으므로 치명적이긴 마찬가지다. 따라서 (최소한 제대로 작동할 수 있었던) 최초의 막은, 몸집이 큰 중합체를 안에 붙잡아둘 만큼 길었으며 그보다 작은 분자들이 막을 드나들 수 있을 정도로 너무 길지 않았던 지질의 꼬리를 갖추고서 저절로 형성되었던 것이 틀림없다.

말할 것도 없이, 물질대사와 복제를 통합하는 결정적 열쇠는 막조직의 합성을 명령하는 단백질의 유전암호를 지시할 수 있는 핵산서열의 진화에 있었을 것이다. 그 다음에 막은 세포의 통제를 받으면서 자연선택에 종속되었고, 마침내 막에도 (다시) 분자수준의 노동분업이 일어났다. 인지질의 '꼬리'가 길게 자라서 물과 단순한 기체 같은 몇 가지 분자 말고는 통과시키지 않았던 한편, 단백질이 인지질의 기질基質에 박혀서 이온과 분자와 에너지를 한정적으로 통과시키는 특수대문이 되었다. 따라서 핵산처럼 막도, 화학과정에 의해 형성된 단순하고 미분화된 구조에서 세포로 구성된 고도로 분화된 계로 진화한 듯하다.

다른 시나리오의 가능성

지금까지 시나리오는 핵산이나 핵산의 조상분자에서 **시작해** 단백질, 막, 마침내 물질대사로 범위를 넓혀갔다. 하지만 이와 정반대였다는 주장을 펴는 과학자들도 있다. 생명은 물질대사에서 시작되었고, 그 다음에 핵산과 단백질을 발명했다는 것이다.

뮌헨의 화학자이자 변리사인 귄터 베히터스호이저Gunther Wächtershäuser는 생명의 기원이 물질대사라는 설을 명쾌하고 열정적으로 지지한다. 그는 지금까지 논의되어왔던 생명 탄생 이전의 분자합성은 환경조건이 딱 맞을 때만 일어난다고 지적한다. 원시바다에 조건이 딱 맞지 않았을 가능성도 있다는 얘기다. 그러면서 베히터스호이저는 생명이 다른 곳에서 다른 과정을 통해 탄생했다는 결론을 내린다. 그가 주장하는 장소는 옛날의 와라우나 층군의 바다나 오늘날의 중앙해령을 따라 발견되는 열수분출공이다. 이와 같은 환경에서는, 열수분출공에서 뿜어져 나온 황화수소가 황화제1철(FeS)과 반응해 황철석을 형성한다(거대한 황철석 굴뚝은 오늘날에도 여전히 심해저 열수분출공에서 만들어진다). 이 반응에서 에너지와 화학적 환원력(수소의 형태)이 생산되는데, 그의 시나리오에 따르면 이 힘들이 이산화탄소(또는 일산화탄소)를 고정시킨 결과, 자라는 황철석 결정의 표면에 유기화합물이 생성된다.

바보의 금 위에 씌워진 막이 정녕 생명의 시작이었을까? 역시 우리는 모른다. 하지만 최근의 실험결과들은 베히터스호이저의 가설을 적어도 부분적으로는 뒷받침해준다. 무엇보다도, 베히터스호이저 연구팀은 황화철과 황화니켈의 현탁액懸濁液에서 일산화탄소를 화학적으로 고정해 아세트산(아미노산 합성의 출발분자: 옮긴이)을 합성하는 데 성공했다. 또 같은 현탁액에 아미노산을 첨가해 상당한 양의 펩티드 사슬을 얻었다(황화물이 촉매작용을 한 덕분으로, 아미노산은 펩티드 사슬을 이룰 수 있게 활성화될 수 있었던 것이다). 물질대사 기원설은 아직 많은 부분들이 검증되어야 하고, 더군다나 핵산과 단백질을 물질대사와 통합하는 문제는 만만치 않다. 그렇지만 이 실험들은 생물 발생 이전의 진화를 설명할 때 선입견을 버리고 온갖 새로운 가설들을 격려할 필요가 있다는 가르침을 준다. 마오쩌둥은 혁명동지들에게 백화제방 백가쟁명百花齊放百家爭鳴을 장려했다. 물론 그의 의도는 따로 있었겠지만, 생명의 기원에 대한 연구에서 우리는 정말 백가쟁명할 필요가 있겠다.

단순함에서 복잡함으로

유전자, 단백질, 막이 생겼을 때 생명은 자연선택, 유전자 복제, 유전자 수평이동으로부터 탄력을 받으며 다윈이 말했던 '생명의 큰 나무'를 재빠르게 타오르기 시작했을 것이다. 생물이 세력을 넓히려면 유전자가 많은 기능을 지배할 필요가 있다. 그러나 이러한 유전자 지배가 단 하나의 세포계통에서 몽땅 일어났다고 생각할 필요는 없다. 오히려 생화학적 혁신은 서로 다른 수많은 계통에서 독립적으로 일어났을 가능성이 높다. 어떤 계통은 비타민 B를 만들었을 테고, 어떤 계통은 지방산을 만들었을 것이며, 또 어떤 계통은 복제를 촉매하는 단백질을 만들었을 것이다. 원시세포의 세계는 지붕이 줄줄 새는 집과 같아서, 한 세포의 유전자가 만들어낸 산물을 다른 세포들도 함께 이용할 수 있었으리라. 따라서 세포들은 생합성의 상호의존관계로 얽히고설킨 복잡한 사회를 이루고 살았을 것이다(우리는 지금도 그런 세계에 살고 있다 — 우리가 아침에 오렌지주스를 마시는 것은 비타민 C를 직접 합성할 수 없기 때문이다). 세포막도 허술했을 테니, 유전자와 유전자 산물이 이 세포에서 저 세포로 마음대로 이동할 수 있었을 것이다. 그 덕분에, 장차 세상으로 퍼져나갈 운명을 띤 몇 개의 계통에 다양한 생화학적 경로들이 모일 수 있었다.

초기의 물질대사는 아주 단순해서, 온갖 반응을 촉매하는 대신에 효율은 낮은 '만능효소'를 이용했음이 틀림없다. 하지만 시간이 흐르면서 자연선택이 효율이 높고 특정 반응만을 촉매하는 효소를 탄생시켰다. 예컨대, 호흡에 최초로 황산염을 이용했던 세균은 효율이 낮은 효소를 이용했음에도, 남들이 이 일을 해내지 못했던 덕분에 널리 번성할 수 있었다. 대사에 처음으로 황산염이 이용되었을 때 쓰였던 효소는 다른 많은 일들도 함께 처리하던 효소였을 것이다. 하지만 황산염을 더 효율적으로 환원하는 새로운 변이체가 나타나 우위를 차지하기 시작했고, 효율적인 황산염환원에 대한 선택이 재빠르게 진행되었다. 물론 이 선택에는 대가가 따랐다. 효소가 새로운 일을 더 잘하게 될수록, 다른 반응을 촉매하는 능력은 떨어지기 마련이었을 테니까.

자연선택이 효소의 기능을 갈고 다듬자, 진화하는 세포들은 새로운 유전자를 얻을 수단이 절실히 필요해졌다. 처음에는 유전자 수평이동이 도움이 되었다. 하지만 빈틈없는 세포막이 진화함에 따라 이런 식의 유전자 공유도 점점 힘들어졌다. 새로운 유전자를 가져오는 두 번째 수단이자 현재에도 중요한 방법은 유전자 복제였다. 복제를 할 때 실수가 일어나면 여분의 유전자 사본이 생기게 되는 셈인데, 이것이 진화적 혁신의 원재료로 쓰이는 것이다. 일단 복제가 되면 두 개의 유전자 사본이 서로 다른 선택압을 받기 때문에 결국에는 독자적인 기능을 하는 두 개의 효소가 생겨나게 된다.

자연선택이 개별효소의 진화를 어떻게 이끌었는지를 이해하는 것은 비교적 쉽다. 하지만 수많은 단백질의 활동을 통합하는 복잡한 대사경로라면? 광합성이 갖춘 분자기능의 복잡함은 다윈이 '극도로 완벽한 기관'도 진화를 통해 생길 수 있음을 설명하고자 선택했던 기관인 척추동물의 눈이 갖춘 구조적 복잡함에 견줄 만하다. 다윈을 비판하던 창조론자들은 눈의 복잡성이야말로 지적인 설계자가 있다는 증거라고 믿었지만, 다윈이 한 수 위였다. 다윈은 단순한 안점(단세포 생물에서 나타나는 색소가 응집된 기관)에서 근육과 수정체와 시신경을 갖춘 복잡한 눈에 이르기까지 단계적인 감광기관을 수많은 생물들 속에서 발견할 수 있다고 지적한다. 모든 감광기관은 저마다 주인의 기능적 요구를 잘 만족시킨다. 따라서 다윈은 모든 중간형태들이 제대로 기능하는 한, 자연선택이 단순함에서 복잡함을 빚어낼 수 있는 것이라고 주장했다.

광합성도 이와 똑같이 말할 수 있다. 얼핏 볼 때 광합성 기구는 자연의 가장 정밀한 분자집합체 같지만, 자세히 들여다보면 자연이 고안한 놀라운 골드버그 장치(매우 복잡한 기기들을 얽히고설키게 조합하여 단순한 일을 처리하는 기계장치 : 옮긴이)에 다름 아니다. 엄청나게 복잡해 보이지만 사실 독립적인 기원과 진화역사를 지닌 몇 가지 부품들로 분해할 수 있기 때문이다.

우선 광합성에서 가장 중요한 구실을 맡고 있는 색소인 엽록소는 그것보다 단순하지만 그 기능의 기본을 갖춘 여러 단계의 전구체들을 거쳐서 진화한 것 같다. 최초의 전구체는 생물 발생 이전의 환경에서만 찾아볼 수 있겠지만, 그 이후의 과도기적 형태들은 지금도 엽록소의 생합성에서 중간생성물로 나타난다. 엽록소의 생합성 경로가 진화할 때, 새로운 단계는 전 단계

최종산물의 기능을 수정했던 것이다.

엽록소는 다시, 햇빛을 화학에너지로 바꾸는 광화학계라는 복잡한 분자 집합체 속에서 단백질과 결합되어 있다(그림 5-4). 오늘날의 광화학계가 갖춘 복잡함 역시, 유전자 복제와 수평이동에 의해 진화한 것 같다. 유전자 복제 덕분에 광합성에서 전자를 수송하는 단백질군이 만들어졌다. 한편, 시아노박테리아(그리고 식물)가 갖춘 한 쌍의 광화학계는 각각 독립된 박테리아 집단에서 유래한 광합성계가 수평이동에 의해 결합한 것이다(하나의 광화학계의 형성과 기능에 필요한 모든 유전자가 하나의 DNA 가닥에 모여 있는 것으로 볼 때, 기능으로 묶인 유전자군이 통째로 포장되어 한 광합성세균에서 다른 광합성세균으로 이동한 것 같다. 아마 바이러스에 실려 왔거나 죽은 세포로부터 빨아들였을 것이다).

따라서 단백질, 막조직, 핵산과 마찬가지로 물질대사도 자연적으로 생긴 분자들을 바탕으로 한 단순한 것에서 시작해, 생합성 경로의 진화에 따라 발전을 하고, 자연선택, 유전자 복제, 수평이동에 의해 복잡한 생화학적 경로를 갖추었다고 볼 수 있다. 이 과정들을 만들어낸 힘에 정말 놀랄 따름이다.

우리는 아직도 생명 기원의 수수께끼 속에서 헤매고 있다. 생명의 기원에 대한 연구는 입구가 수없이 많은 미로와 같고, 우리는 아직 어느 문으로 들어가면 막다른 길인지 훤히 꿰뚫어볼 만큼 많은 길을 가보지 못했다. 그래도 화학자와 분자생물학자들은, 생명은 도저히 일어날 수 없는 반응으로 생겼으며 그런 반응이 일어났던 이유는 막대한 시간이 있었기 때문이라는 초기의 견해를 버리고 있다. 현재 대부분의 학자들은 생명의 기원(하나는 아니었을 것이다)에 일어날 수 있을 뿐 아니라 효율이 높은 화학반응이 관여했다고 생각한다. 그러니까 이 미로를 빠져나갈 수 있는 지름길이 있고, 우리는 그것을 찾기만 하면 되는 것이다.

생물 발생 이전의 진화시간표가 엄격하지는 않지만, 38억 년 전쯤에 생명은 이미 우리 지구에 발판을 마련했던 것으로 보인다. 그렇다면 정작 생물이

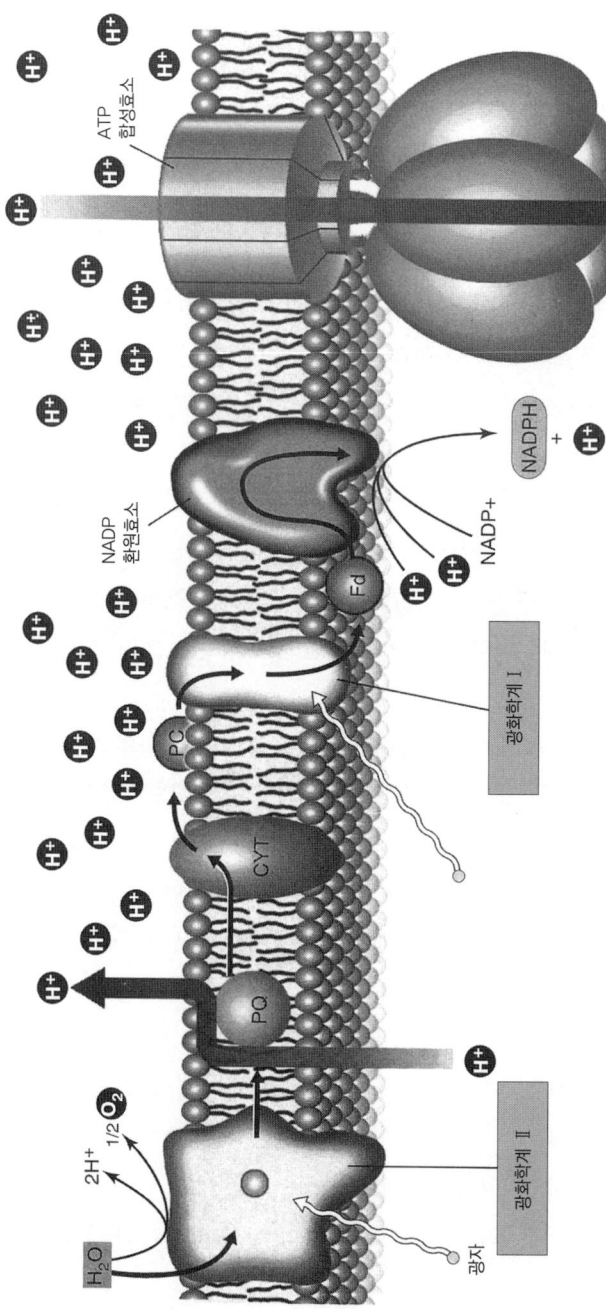

그림 5-4 시아노박테리아와 녹색식물에 있는 광합성계에 의한 전자전달체계를 보여주는 그림. 엽록소 같은 광합성 색소들이 광자를 흡수해 엽록소의 전자가 고에너지 상태로 '들뜨게' 된다. 그러면 그 전자는 광합성막에 파묻혀 있는 일련의 단백질로, 물통 릴레이처럼 전달된다. 이런 일련의 화학반응들은 ATP와 NADPH—이 분자들은 광합성막 밖에서 일어나는 몇 개의 독자적인 반응을 통해 이산화탄소를 당분으로 고정하는 데 필요한 화학적 힘을 제공한다—를 생성하며 완료된다. 광합성세균은 색소와 단백질이 연결돼 하나의 광합성계를 가지고 있다. 시아노박테리아와 녹색식물 그림에서 보는 것과 같은, 함께 일하는 두 개의 광합성계를 이용한다. 광합성계 II 에서, 물의 화학분해로 광합성에 필요한 전자를 얻는다(W. K. Purves, D. Sadawa, G. H. Orians, H. C. Heller, 2001. Life: The Science of Biology, Sixth Edition, Sinauer Associates and W. H. Freeman and Company에서 전재).

출현할 시간은 '겨우' 몇억 년 밖에 남지 않는다고 걱정하는 논평가들도 있지만, 사실 1억 년이라는 시간은 대단히 긴 시간이다! 생명이 발생하는 데 얼마나 걸리느냐는 질문에 대해, 스탠리 밀러는 이렇게 말한 적이 있었다. "십 년은 너무 짧고 백 년도 짧습니다. 하지만 만 년이나 십만 년쯤이면 해 볼 만하죠. 백만 년이 걸려도 일어날 수 없는 일이라면, 영원히 일어날 수 없는 것입니다."

늦어도 35억 년 전에는, 생명의 장기적인 존속을 가능하게 한 다양한 물질대사의 진화가 거의 확실히 시작되었고, 복잡한 미생물 집단들이 생물권 전체로 탄소를 비롯한 여러 원소들을 순환시켰다. 어쩌면 광합성도 존재했을지 모른다. 따라서 지구의 가장 오래된 암석들의 시대는 원초의 진화라는 근원에서 올라와 생명의 계통수가 가지를 뻗기 시작하는(유전자와 생물의 다양화가 시작되는) 중요한 전기에 해당하는 셈이다.

그렇다면 생명은 등장한 후에 어디로 향했을까? 와라우나 층군의 갓 생긴 생물들은 어떤 여정으로 30억 년의 진화를 통과하며 코투이칸 절벽의 석회암에 남겨진 동물들에 이르렀을까? 이것을 알려면 다시 역사 이야기로 돌아가야 한다.

산소혁명

미국 온타리오 주 북서부에 있는 건플린트 층군의 처트는 지금부터 거의 20억 년 전에 철이 풍부한 바다에서 살았던 박테리아 화석을 간직하고 있다. 그러나 건플린트 층군이 형성될 때 이미 지구는 굵직굵직한 환경변화를 마무리하고 있었다. 지구가 형성된 후 20여억 년이 흘렀을 즈음, 산소가 대기와 바다 표면에 퍼지기 시작했던 것이다. 산소혁명은 진화의 방향을 재조정해 먼 미래에 우리 인간의 탄생으로 이어지는 새로운 생물계통으로 안내했다.

수피리어 호수로

"한몫 단단히 챙기게. 언제 다시 올지 모르니⋯⋯." 엘소 바곤은 이렇게 충고하며 수피리어 호수의 북쪽에 접한 바위투성이 곶 위로 끌어올려둔 알루미늄 쪽배에 20킬로그램의 처트 덩어리를 실었다(그림 6-1).

때는 1974년. 엘소 바곤에게는 감회어린 재방문이다. 이곳은 20년 전 그가 스탠리 타일러와 함께 고생물학의 역사를 다시 썼던 곳이다. 한편 나에게 이 여행은, 엘소와 같은 길을 가겠다고 마음먹게 한 암석과의 첫 만남이고, 교과서에 적힌 사실을 노두의 현실과 비교해볼 절호의 기회이며, 해변을 걸으며 스승에게서 지식을 전수받는 고생물학 전통으로 입문하는 과정이다. 움푹 팬 배 밑바닥에 여기저기 흩어져 있는 암석들과 호숫가의 좁은 계단에 노출된 암석들은 건플린트 층군의 처트들이다. 19억 년 전으로 거슬러 올라가는 건플린트 시대는 와라우나 시대와 오늘날의 딱 중간에 해당한다.

건플린트 층군은 다시 캄브리아기로 거슬러 올라가는 기점이 된다. 건플린트의 화석들은 와라우나 층군의 수수께끼를 연장할까, 아니면 스피츠베르겐 섬의 친숙한 생물을 당겨올까? 답을 미리 말하면, 양쪽 모두 조금씩 해당한다. 그러나 무엇보다 건플린트의 처트와 이와 관련된 철은 행성의 중간 시대에 지구와 생물이 중요한 변화를 겪고 있었음을 말해준다.

'작은 샛별'

온타리오 주 북서부에서 건플린트 층군은 호숫가, 산을 깎아서 뚫은 도로변, 강에 침식된 계곡면에 노출되어 있다. 암석들은 대체로 셰일이고, 탄산염암이 약간 있으며, 사암도 드문드문 눈에 띈다. 층군의 꼭대기 근처에 놓인 화성암층에는 18억 7,800만±200만 년 전의 것으로 추정되는 지르콘이 포함되어 있다. 하지만 가장 눈에 띄는 특징은 호상철광층의 존재다. 4장에서 소

그림 6-1 수피리어 호수 북쪽의 호숫가에 있는 건플린트 처트의 노두. 멀리 보이는 인물이 선캄브리아 시대 고생물학의 아버지로 불리는 엘소 바곤이다.

개했던, 철 광물과 처트로 된 그 특이한 지층 말이다. 와라우나 층군과 바베르톤 산지의 예는 가장 오래된 호상철광층이며, 건플린트의 예는 가장 최근 것에 속한다. 따라서 철은 지구의 변화를 알려주는 첫 번째 단서다.

건플린트 층군 맨 아래층의 검은 처트에는 손가락처럼 생긴 스트로마톨라이트가 있고, 그 속에 미화석이 들어 있다. 스피츠베르겐과 비슷한 것 같지만, 겉보기만 비슷할 뿐이다. 자세히 조사해보면, 건플린트의 고생물학적 특징들 — 화석, 스트로마톨라이트, 처트 — 은 스피츠베르겐의 그것과 전혀 다르다. 스피츠베르겐 층군처럼 미화석이 실리카에 파묻힌 상태로 존재하는 층군에서, 처트는 탄산염 퇴적암 속에서 형성된 렌즈(볼록렌즈 모양의 암괴 : 옮긴이), 단괴, 엽층으로서 나타난다. 그렇지만 건플린트의 예는 다르다. 이 오래된 처트들은 바다 밑바닥에 실리카가 직접 침전하여 생긴 것이다.

스트로마톨라이트는 이 차이를 뒷받침한다. 건플린트의 지층의 **조직**(그림

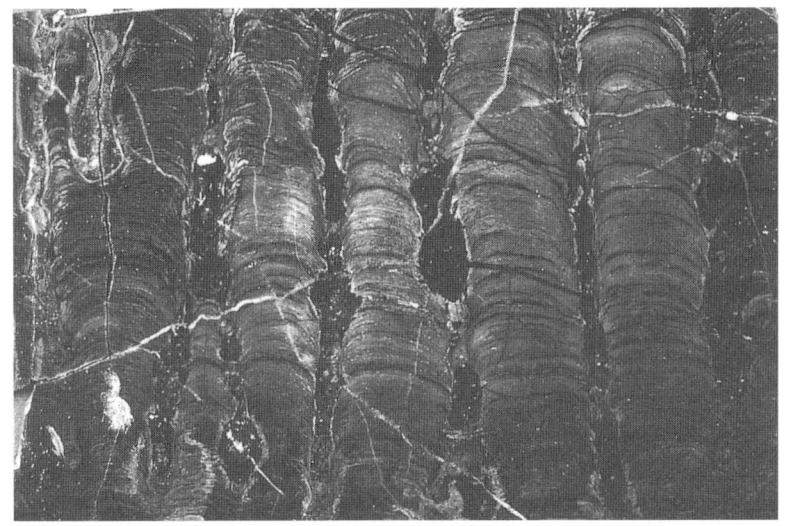

그림 6-2 건플린트 처트의 스트로마톨라이트. 기둥의 폭은 약 1인치 정도이다.

6-2)은 석회암에서 발견되는 일반적인 스트로마톨라이트와 비슷한 듯하지만, 자세히 들여다보면 신터sinter — 이산화규소가 포함된 온천에서 침전된 실리카 엽리구조 — 와 더 비슷하다. 미생물이 엽리구조의 세부모양에 영향을 줄 수는 있지만, 신터는 본디 물리적 과정의 산물이다. 따라서 건플린트의 스트로마톨라이트를 포함하는 처트가 알려주는 정보는 미생물 매트에 대한 것이라기보다는 그 지역의 화학작용에 대한 것이다. 아무튼 건플린트의 처트와 철은 이 근처의 바다가 특별했다는 사실을 말해준다. 이곳은 스피츠베르겐 섬의 개펄과도 다르고, 오늘날의 바다에 나타나는 어떤 환경과도 비슷하지 않다.

건플린트의 스트로마톨라이트에는 미화석이 대량으로 존재하는데, 스트로마톨라이트 내부에 한 겹 한 겹 쌓여 있는 엽층을 따라 남아 있다. 이 화석들이 거대한 스트로마톨라이트 무덤을 건설한 매트 형성자 군집을 기록하는 것인지, 아니면 (옐로스톤 국립공원의 신터에 파묻힌 이파리들처럼) 차곡차곡 쌓이는 실리카 표면에 떨어진 박테리아를 기록하는 것인지는 고생물학자들 간에 논란이 분분하다. 내 마음은 후자 쪽으로 기운다. 건플린트의 스트로마톨라이트에는 스피츠베르겐의 미화석 군집을 매트 형성자로 분류하는 근거였던 촘촘히 뒤엉킨 필라멘트가 좀처럼 눈에 띄지 않기 때문이다. 건플린트에 흔한 것은 찜요리에 뿌리는 파슬리 조각처럼 미화석들이 일정한 방향성 없이 뒤범벅된 층이다.

가장 많은 것은 철 외피로 덮인 직경 1~2마이크론의 관이다(컬러도판 3a). 건플린티아 미누타 *Gunflintia minuta*(건플린티아는 건플린트, 미누타는 아주 작다는 뜻: 옮긴이)라는 적절한 이름의 이 작은 관은 스피츠베르겐 섬의 처트에 남아 있는 시아노박테리아의 초鞘와 비슷하지만, 스파에로틸루스 *Sphaerotilus*와 렙토트릭스 *Leptothrix*(컬러도판 3b)처럼 오늘날 철이 풍부한 물이 산소와 접촉하는 곳에 존재하는 철세균(철을 산화시켜 에너지를 얻는 세균: 옮긴이)의 관 모양 초와도 아주 비슷하다. 철세균이 건플린트의 바다에 살았다는 견해를 뒷받침하는 화석들은 또 있다. 직경 몇 마이크론의 구형화석은 시아노박테리아 세포와는 세부모습에서 다르고, 구상철세균과 닮았다. 꼬이고 분기한 관은 현생 철세균인 갈리오넬라 *Gallionella*와 닮았다. 건플린트 스트로마톨라이트에서 드물게 발견되는 화석 가운데는 시아노박테리아의 유해로 여겨지는 막대 모양 세포와 개체군이 있지만, 화석들 사이에 흩뿌려진 작은 별 모양의 화석들('작은 샛별'이라는 뜻으로 에오아스트리온 *Eoastrion*이라는 시적인 이름이 붙여졌다)은 (역시) 물질대사에 철과 망간을 이용하는 박테리아와 비슷하다. 더 잔잔한 물에 퇴적되었던, 스트로마톨라이트를 포함하지 않는 처트에는 대량의 별 모양 화석과 함께, 멸종한 플랑크톤의 흔적인 작은 구상세포들이 발견된다.

스피츠베르겐 섬의 처트 속에 들어 있는 화석들처럼, 건플린트의 미화석들도 현생미생물을 닮았다. 그러나 건플린트 층군의 화석과 가까운 현생생물은 스피츠베르겐의 경우와 달리, 철이 희소한 오늘날의 바다에서 보기 드문 철세균이다. 따라서 미화석들은 호상철광층으로부터 추측한 건플린트 시대의 환경을 재확인해준다. 건플린트의 바다는 스피츠베르겐의 바다와도, 오늘날 우리가 아는 바다와도 같지 않았다는 것이다.

철이 풍부한 바다

21~18억 년 전의 퇴적암 지층은 세계 곳곳에 널리 분포하며, 이 가운데 10여 곳에서 화석이 발견된다. 화석은 대체로 철이 풍부한 처트에서 나오며, 건플린트 층군의 화석과 아주 흡사하다. 그러니까 건플린트의 철세균은 한 지역의 예외가 아니라, 지구 전체의 바다에 보편적으로 존재했다는 말이다.

그러나 다른 발견은 다른 이야기를 들려준다. 가장 유익한 이야기는 허드슨 만의 동해안 쪽에 옹기종기 모인 야트막한 섬들의 군도인 벨처 군도가 들려주는 것이다. 여기서 몬트리올 대학의 고생물학자인 한스 호프먼은 개펄의 탄산염암 지층에 포함된 검은 처트 단괴를 수집했고, 스피츠베르겐 섬의 화석만큼이나 현생과 비슷한 시아노박테리아 화석을 발견했다(컬러도판 3c와 d). 건플린트의 철세균들이 매트를 형성하는 시아노박테리아와 공존했다는 뜻이다.

이와 같은 증거로 원생이언 초기의 생명에 대한 좀더 상세한 그림을 그려볼 수 있다. 안정동위원소는 20억 년 전에 미생물에 의한 탄소와 황의 순환이 오늘날과 비슷한 정도로 일어났다는 것을 암시한다. 스트로마톨라이트는 이 시대의 탄산염암에 풍부한데, 대부분이 미생물 매트의 작용으로 생긴 것이 틀림없다. 개펄의 처트에서 발견되는 미화석들과 함께 스트로마톨라이트는, '팍스 시아노박테리아나'가 더 일찍부터 오래 지속되었다는 사실을 넌지시 알려준다.

심해에서 올라온 철이 풍부한 물이 산소가 용해된 표층수와 섞이는 지점에서 건플린트 타입의 세균이 번성했다. 하지만 이런 세균의 화석은 건플린트 시대가 끝나자마자 지질기록에서 사라졌다. 건플린트 타입의 미생물이 시아노박테리아의 확장세에 밀렸다고 볼 근거는 없다. 사실 두 종류의 미생물 집단은 수백만 년 동안 함께 살았다. 오히려 건플린트 타입 생물군의 고생물학적 몰락은 서식지를 잃은 결과다. 18억 년 전쯤, 철광층 — 철이 풍부한 바다가 존재했음을 보여주는 암석학적 흔적 — 이 사라졌다.

태고의 시아노박테리아가 남긴 지문

건플린트에서 코투이칸 절벽까지 시대순으로 지층을 올라가면, 점점 친숙한 화석을 발견하리라 예상할 수 있다. 하지만 그 전에 과거로 눈을 돌려서, 와라우나와 건플린트 시대 사이에 생명이 어떤 변화를 겪었는지를 알아볼 필요가 있다. 이것은 미고생물학의 영역으로서 매우 어려운 일이다. 두 시대의 지층을 연결하는 화석이 귀하기 때문이다. 호주의 27억 년 전의 처트에서 나온 한 화석은 시아노박테리아인 것 같지만 확실하지는 않으며, 남아프리카의 25억 년 전의 처트에서도 시아노박테리아로 보이는 유해가 그저 그런 보존상태로 남아 있다. 다행히, 시아노박테리아가 얼마나 오래된 생물인지에 대한 증거가 뜻밖의 지점에서 나오고 있다 — 그것은 호주 노스 폴의 남쪽에서 발견된 27억 년 전의 셰일 속에 포함된 생물지표분자다.

생물지표분자의 증거는 두 가지 이유에서 뜻밖이었다. 첫째로, 최근까지 시아노박테리아는 자신만의 보존 가능한 분자흔적을 남기지 않는다고 알려져 있었다. 당연한 얘기지만, 미생물이 '생산하는 것으로 알려진' 것과 실제로 생산하는 것은 아주 다를 수 있다. 미생물학과 유기화학의 신중한 통합연구를 통해, 로저 서먼스와 그 동료들은 오직 시아노박테리아만이 다량으로 합성하는 독특한 지질분자를 밝혀낼 수 있었다. 2-메틸박테리오호파네폴리올(2-MeBHP, 유기화학자에게는 매우 의미심장한 이름이지만 일반인한테는 해독불능인 이름)이라고 불리는 이 분자들은 퇴적암 속에서 2-메틸호페인이라는 분자로 바뀐 다음, 태곳적 시아노박테리아의 분자지문으로서 영원히 남을 수 있다.

시아노박테리아의 생물지표가 식별 가능하다는 것을 인정한다 하더라도, 그것이 시생이언의 셰일에서 발견된 것은 정말 뜻밖이었다. 생물지표분자는 고온에서 파괴되는 데다, 시생이언 퇴적암은 변성작용으로 지나치게 '구워져' 보존상태가 좋은 분자화석을 얻기 힘들다는 게 지질학계의 통념이다. 이런 통념이 완전히 틀린 건 아니다. 사실, 대부분의 시생이언 퇴적암은 격동의 지질시대를 겪었기 때문에, 분자지구화학의 연구대상으로 적당하지 않다. 하지만 시생이언 퇴적물이 모두 로스구이가 되는 건 아니다. 따라서 비결은 평균적인 예를 무시하고 변성을 피해간 예외에 주목하는 것이다.

로저 서먼스, 로저 뷰익, 요헨 브록스Jochen Brocks와 함께 연구하던 시드니 대학의 박사과정 학생이 그 일을 해냈다. 그는 보존상태가 이례적으로 좋은 데다 유기물이 특별히 풍부한 27억 년 전의 셰일에서 2-메틸호페인을 발견함으로써, 시아노박테리아의 시생이언 기원설을 확인했다. 그는 다른 생물지표들도 발견했다. 그 가운데 하나가 스테란Sterane이라는 분자다. 스테란은 스테롤에서 나오는 지질학적으로 안정된 분자로서, 주로 진핵생물에 의해 만들어지는 막조직을 경화시키는 화합물이다(콜레스테롤은 우리가 가장 잘 알고 있는 스테롤이다).[1] 따라서 27억 년 전쯤(어쩌면 더 일찍이!) 생명의 계통수는 이미 가지치기를 시작하여 다양한 세균을 만들었고, 우리가 속한 진핵생물 가지에도 첫 번째 싹을 틔웠을지도 모른다(그림 6-3).

35억 년 전에서 19억 년 전까지의 진화를 바라보는 시각은 퇴적암과 고생물 기록의 양과 질이 시간이 흐름에 따라 증가하는 탓에 왜곡되기 쉽다. 사실 우리는 많은 위험부담을 안고, 이런 기록증가가 진화적 다양화를 충실하게 반영하고 있다는 해석을 한다. 그럼에도, 건플린트 처트가 퇴적된 때로부

---

[1] 어떤 세균은 진핵생물로부터 수평이동의 방법으로 들여온 유전자를 이용해 콜레스테롤을 합성하는 것 같다.

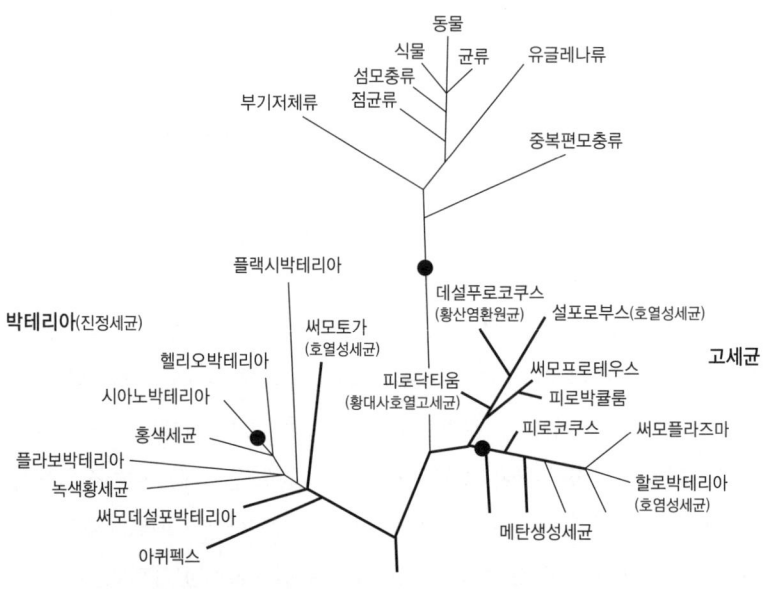

그림 6-3 분자화석과 동위원소 흔적을 통해, 생명의 계통수에서 갈라진 시점을 정할 수 있다.

터 멀지 않은 과거에 극적인 생물학적 변화가 있었다는 주장은 충분히 타당하다. 그렇지만 이 주장은 고생물학이 아니라 지구화학에 따른다.

산소가 희박했던 시대

나는 4장에서 철광층이 시생이언 초기의 대기와 바다에 산소가 희박했음을 보여주는 지질학적 증거라고 말했다. 더 나아가, 약 18억 년 전까지 철광층이 존재했다는 사실은 생물권이 아주 오랫동안 산소가 매우 적은 상태였음을 암시한다(그림 6-4). 프레스톤 클라우드Preston Cloud는 40년 전에 이 가설

그림 6-4 철의 산. 호주 서부에 있는 이 지형은 25억 년 전의 철광층 광상이 깎여서 생긴 것이다.

을 지지했다. 몸집은 왜소하지만 20세기 고생물학의 거인으로 우뚝 선 클라우드는 생물의 역사와 환경의 역사가 긴밀하게 얽혀 있다는 것을 남들보다 훨씬 먼저 알아차렸다. 그는 생명이 탄생했던 때는 산소의 농도가 낮았다가 오늘날은 높아졌다면, 지질기록에 환경변화의 증거가 반드시 남아 있으리라고 생각했다. 클라우드와 그의 뒤를 따랐던 많은 학자들은 철광층의 층서학적인 분포(그림 6-5)를 바탕으로, 조사의 초점을 원생이언 초기의 암석에 맞추었다.

초기의 지구에 산소가 희박했다는 가능성을 뒷받침하는 설득력 있는 증거가 있는데, 그것은 태고의 강이 시생이언과 원생이언 초기의 해안평야를 가로질러 구불구불 흐를 때 퇴적된 자갈과 모래에서 나온다. 유기물이 풍부한 퇴적물에는 황철석이 많은데, 황철석은 지표면 아래서 황산염환원세균이 생산한 황화수소(H_2S)가 산소가 희박한 지하수에 용해된 철과 반응하여

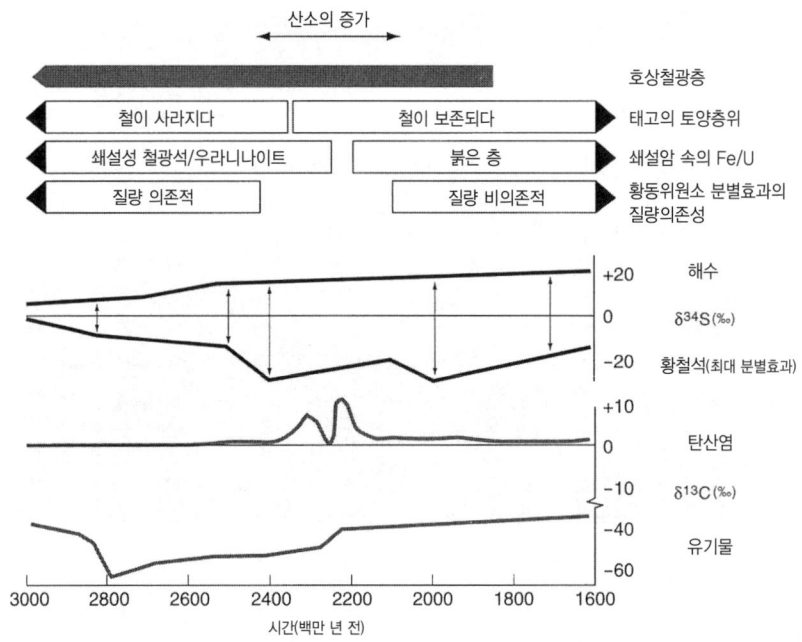

그림 6-5 원생이언 초기의 지구에 일어난 환경변화를 보여주는 지질증거. 자세한 설명은 본문 참조.

형성된다. 결정질 황철석도 화성광상과 열수광상에서 나온다. 그런데 황철석은 암석 속에서 많이 발견됨에도, 암석이 침식을 받아 생기는 퇴적물 알갱이에는 없다. 이유는 간단하다. 황철석은 산소에 분해되기 때문에, 현대의 지구에서는 공기 중에 노출되어 침식을 받으면서 사라지는 것이다.

산소에 민감한 다른 두 광물도 마찬가지다. 그것은 능철석(탄산철[$FeCO_3$]로 이루어짐)과 우라니나이트(산화우라늄[UO_2]으로 이루어짐)이다. 두 광물 모두 오늘날의 해안 근처 범람원의 퇴적물 속에서 발견되지 않지만, 22억 년보다 더 오래된 강이 형성한 퇴적물에는 황철석 알갱이와 함께 발견된다. 따라서 지구 역사의 전반기에는 황철석, 능철석, 우라니나이트가 암석 표면에 노출되어 풍화와 침식에 깎여나간 뒤 강물 속에 뒹굴다가 그대로 범람원에 쌓였던 것이다. 이 광물들은 그들을 없애버릴 정도의 농도를 가진 산소를 만나지 않았기 때문이다.

산소에 민감한 이런 광물들이 무대에서 사라지면서, 산소가 **필요한** 암석 종류가 두각을 나타냈다(그림 6-5). 애리조나 주나 유타 주에 온 사람들은 유난히 붉은빛의 사암과 셰일로 이루어진 깎아지른 듯한 협곡에 깊은 인상을 받는다. 이 암석들 — 틀에 박힌 지질학 용어로 붉은 층(red bed)이라고 불린다 — 은 모래 알갱이 위에 씌워진 산화철 알갱이 때문에 붉은빛을 띠는 것이다. 산화철은 표층의 모래 속에서 형성되는데, 오직 그들을 씻어내는 지하수에 산소가 포함되어 있을 때만 형성된다. 붉은 층은 약 22억 년 전 이후에 퇴적된 지층에만 흔하다.

이런 현상에 대한 가장 단순한 설명은, 22억 년보다 더 오래된 시대에는 대기와 표층수에 포함된 산소가 적었다는 것이다. 역시, 얼마나 적었느냐는 문제를 두고 논란이 분분하지만, 제멋대로인 주장을 제외하면 상한선을 현재 산소농도의 약 1퍼센트로 본다. 어쩌면 훨씬 더 낮았을 수도 있다.

원생이언 초기의 환경변화를 말해주는 또 다른 증거가 있다. 이것은 범람 때 매몰되어 보존된 태고의 토양에서 나온다. 토양은 암석과 공기가 만나는 곳에서 형성된다. 따라서 토양은 생성 당시 대기의 화학조성을 반영하고 있을 것이다. 내 오랜 친구이자 하버드 대학 동기인 딕 홀랜드Dick Holland는 몇 년 동안 태곳적의 토양층위를 찾아다니면서 화학조성을 분석했다. 그는 24~22억 년보다 오래된 화석토양(새로 쌓이는 층 아래에 매몰된 결과 토양생성작용이 중단되어 화석처럼 지층 속에 보존된 고토양: 옮긴이)에서, 그 밑에 있던 암석에 원래는 존재했던 철이 토양이 생성되면서 없어졌다는 사실을 알았다. 반면, 더 나중 시대의 토양 속에는 철이 그대로 있다(그림 6-5). 딕의 설명은 이렇다. 산소가 적은 환경에서는 모암이 풍화될 때 철이 2가 철이온(Fe^{2+})의 형태로 방출되어 산소가 희박한 지하수에 용해된 채 떠내려갔다. 하지만 산소가 많

산소혁명 145

아졌을 때는, 풍화된 철이 즉시 불용성의 산화철로 바뀌어 그 자리에 남았다는 것이다. 이런 관찰로부터 대기의 산소를 정량적으로 추측하는 것은 어려운 일이다. 모암의 화학조성을 알아야 하고 태고의 대기에 존재했던 이산화탄소의 양을 추측(그리 엄밀하게는 아니라도)해야 하기 때문이다. 대기의 산소가 적어도 현재 농도의 15퍼센트에 이르렀다는 딕의 결론은 옳을 수도 있고 틀릴 수도 있지만, 24~22억 년 전쯤에는 공기가 숨 쉴 만해졌다는 **정성적**定性的 결론은 탄탄해 보인다.

시생이언의 바다에는 황산염이 부족했다

주류는 아니지만 완강한 반대파가 있다. 그들은 대기의 변화를 나타내는 지질기록이 오해를 불러일으키기 쉽다고 주장하고 있다 — 산소가 풍부한 대기가 된 것은 22억 년 전보다 더 앞선 시대였고, 심지어는 와라우나 시대 이전이었을지도 모른다는 것이다. 펜실베이니아 주립대학의 지구화학자이자 이 반론의 주창자인 오모토 히로시大本洋는 태고의 환경에 대한 광물학 단서는 **지역적인** 환경을 기록하고 있기 때문에 지구 전체의 상태를 반영하고 있지 않을 가능성이 있다고 지적한다. 따라서 오모토는 철광층, 붉은 층, 화석 토양, 산소에 민감함 광물 같은 단서들을 시생이언과 초기 원생이언의 특별한 화산암, 해저분지의 지역적인 산소 부족 따위로 설명한다. 오모토는 특히 요헨 브룩스가 시생이언 후기의 암석에서 스테란을 발견한 것에 힘을 얻었다. 스테롤 합성은 약간의 산소가 필요하기 때문이다(아마도 현재 수준의 1퍼센트 정도. 하지만 하한선은 엄밀하게 정해져 있지 않다). 물론, 철에 대해 했던 말을 스테란에도 적용할 수 있다. 스테란도 지구 전체에서가 아니라 지역적으로 산소가 풍부했던 것을 나타내고 있을지도 모른다는 것이다. 아마도 스테롤 합성은 시아노박테리아 매트 안에 만들어진 국소적인 산소 오아시스에서 시작되어 나중에 지구 전체로 확대되었을 가능성이 높고, 이것은 광물학 증거와도 잘 들어맞는다.

이 논쟁을 어떻게 매듭지을 수 있을까? 지구 초기의 퇴적암에 남겨진 기록은 정말로 온통 오해를 불러일으키고 있을 뿐일까? 다행히, 몇 가지 **생물**지구화학 지표가 지구 전체의 환경을 알려주고 있어서, 우리는 광물이나 생물지표와 관련한 자료를 좀더 넓은 관점으로 평가할 수 있다. 이 가운데 으뜸은 퇴적암 속의 탄소와 황 동위원소 비율이다.

3장에서 설명했듯이 오늘날의 해저에 쌓이는 유기물과 석회암에는 안정한 탄소동위원소 ^{13}C와 ^{12}C의 존재비가 약 25‰쯤 차이 난다. 이 수치는 광합성을 하는 조류와 시아노박테리아에 의한 탄소동위원소의 분별효과를 나타내고 있다. 대부분의 선캄브리아 시대 지층에서, 탄산염암과 유기물의 탄소동위원소 차이는 이보다 약간 더 큰 정도다(26~30‰)—이런 작은 차이는, 비슷한 생물학적 과정이 현재보다 많은 이산화탄소를 함유하는 대기 아래서 전개되었다는 사실을 나타내고 있는 듯하다. 이렇게 변화가 거의 없는 패턴에 예외가 있는데, 그 예외들이 한결같이 22~23억 년 전보다 약간 더 오래된 암석에서 나온다는 것은 의미심장하다.

1981년, 마틴 쉘Martin Schoell과 F. M. 웰머Wellmer가 캐나다의 약 28억 년 전의 호수 밑바닥에서 ^{12}C에 대한 ^{13}C의 비율이 이례적으로 낮은 유기물을 발견했다. 이 유기물은 ^{13}C가 45‰ 적었는데, 광합성 탓으로만 돌리기에는 너무 큰 분별효과이다.

이 측정결과와 지구의 산소 역사와의 관계를 이해하기 위해서는, 2장과 3장에서 소개했던 제이콥 말리적 사실들을 떠올릴 필요가 있다(40쪽 참조). 우리는 미생물이 다양한 물질대사를 진화시켰고, 일부 대사과정—특히 광합성—이 탄소동위원소의 분별효과를 일으킨다는 사실을 알았다. 광합성(또는 화학합성)을 하는 생물은 약 30‰ 이상의 분별효과를 나타낼 수 없기 때문에, 쉘과 웰머의 측정결과를 설명하려면 다른 물질대사를 끌어들여야 한다. 가장 유력한 후보는 퇴적물 속에서 활동하는 메탄산화세균이다. 메탄산화세균은 천연가스(CH_4)에서 탄소와 에너지를 얻는데, 광합성세균과 마찬가지로 동위원소에 대한 취향이 있다. $^{13}CH_4$에 비해 $^{12}CH_4$를 좋아하는 화학적 취향 탓에, 메탄산화세균은 메탄이 풍부한 환경에서 탄소동위원소에 대해 20~25‰의 분별효과를 나타낸다.

우리는 이 사실을 바탕으로 쉘과 웰머가 호수 바닥에서 발견한 이례적인 화학흔적들을 설명할 수 있다. 우선, 시아노박테리아가 탄소동위원소에 대해 30‰의 분별효과를 일으킨다. 그 다음에 시아노박테리아가 생산한 유기물의 일부가 메탄으로 바뀌고, 마지막으로 배고픈 메탄산화세균이 이 메탄가스를 먹고 더 큰 분별효과를 만들어낸다. 여기서 중간단계가 아리송하다. 시아노박테리아가 만든 유기물이 어떻게 메탄가스로 바뀔까? 2장을 떠올려본다면 해답은 메탄생성고세균이다. 되직물 속에서 살아가는 메탄생성세균은 유기분자를 메탄과 이산화탄소로 분해해 탄소와 에너지를 얻는다. 수소가 존재할 때는 화학합성으로도 성장할 수 있는데, 이때 ^{13}C가 아주 적은 메탄을 생성한다. 따라서 광합성생물, 메탄생성고세균, 메탄산화세균을 결합하면, 시생이언 후기의 호수 바닥 퇴적물 속에서 발견된 이례적인 동위원소비를 설명할 수 있다.

메탄생성미생물은 오늘날 호수의 탄소순환에서 중요한 몫을 담당한다. 이 사실을 아는 고생물학자들은 쉘과 웰머가 발견한 45‰의 높은 분별효과를 제한된 환경에만 해당되는 몇 가지 예외로 이해해야 한다고 생각했다. 하지만 실제는 그렇게 예외적이지만은 않다는 사실이 밝혀지고 있다. 쉘과 웰머가 캐나다의 지층을 조사하던 시기에, 현재 우즈홀 해양연구소에서 일하는 저명한 지구화학자 존 헤이스John Hayes가 지구 최고령의 퇴적암에 포함된 유기물에 대한 포괄적인 연구조사를 시작했다. 헤이스는 시생이언 후기부터 원생이언 초기까지, 탄산염과 유기물의 탄소동위원소비의 차이가 크게는 60‰에 이른다는 사실을 발견했고, 호수 바닥의 지층뿐 아니라 해저의 지층에서도 이런 차이를 발견했다. 28~22억 년 전, 메탄생성고세균은 지구 전체의 탄소순환에서 그때 이후로 다시는 되찾지 못한 독보적인 지위를 누리고 있었음이 틀림없다.

초기 생태계에서 메탄생성세균이 그토록 대단한 존재였던 이유를 알고 싶다면, 먼저 오늘날에는 왜 그들이 많이 존재하지 않는지를 질문해봐야 한다. 이유는 역시 2장에서 소개했던 미생물의 다양한 물질대사와 관련이 있다. 유기물을 분해할 때 산소호흡은 에너지 생산량의 측면에서 가장 우선하는 경로다. 따라서 산소가 있는 곳에서는 산소호흡을 하는 생물들이 탄소순환을 든든하게 떠받치기 마련이다. 하지만 퇴적물 속에서 살아가는 미생물은 머리 위의 물이 공급하는 속도보다 빨리 산소를 써버린다. 그 결과 산소는 줄어들고, 수면 아래로 어느 정도 내려오면 그마저도 완전히 사라진다(호수와 바다에서, 퇴적물 표면에서 몇 밀리미터만 들어가면 산소 수치가 0으로 떨어질 수 있다). 이런 조건이 되면 다른 대사경로가 출동한다. 에너지 생산량의 측면에서 다음으로 유리한 것은 질산염호흡이지만, 질산염은 대체로 공급량이 적다. 따라서 질산염호흡을 하는 세균은 탄소순환의 주역이 아니다. 오히려 중요한 존재는 황산염환원세균이다. 황산염은 바닷물 속에 이온의 형태로 많이 들어 있기 때문에, 산소가 고갈된 해저 퇴적물에서 황산염환원세균이 대규모로 살 수 있다. 오직 해저 퇴적물의 깊숙한 곳처럼 황산염이 고갈된 곳, 다시 말해 물질대사 사다리의 맨 밑바닥에서만 우리는 발효세균과 메탄생성고세균을 발견하게 된다. 그렇지만 호수는 상황이 약간 다르다. 담수에는 황산염이 많지 않기 때문에, 이런 환경에서는 메탄생성세균이 황산염환원세균보다 우세하다.

그럼, 조금 전의 질문을 바꿔서 말해보자. 시생이언 후기에서 원생이언 초기의 바다의 탄소순환은 왜 오늘날의 산소가 고갈된 호수와 닮아 있을까? 낮은 산소농도는 분명한 설명이 된다. 아니, 적어도 일부라도 설명해준다. 초기의 지구에 산소가 희박했다면 산소호흡은 없었거나 있었다 해도 기껏해야 일부 지역에 한정된 생물지구화학적 중요성을 띠었을 테니까. 그렇지만 산소만으로는 문제를 풀 수 없다. 오늘날 황산염환원세균은 해저 퇴적물에서도 메탄생성세균보다 우월한 위치를 지키고 있다는 사실을 떠올려보라. 산소와 마찬가지로 황산염도 초기 지구의 바다에 희박했을지 모른다.

우리는 점점 해답에 가까이 다가가고 있다. 황산염은 여러 방법으로 생산된다. 광합성세균도 소량을 생산할 수 있지만, 바다에 있는 황산염의 대부분은 황을 함유한 화산가스가 산소와 결합할 때나, 황철석 결정이 풍화를 받을 때 산소와 반응하여 생성된다. 따라서 초기의 지구에 산소가 희박했다면 황산염 역시 그랬을 것이다.

우리는 3장에서 이야기했던 제이콥 말리적 사실을 다시 한번 떠올려보면서, 시생이언의 바다에 황산염이 모자랐다는 추측을 검증해볼 수 있다. 시아노박테리아기 탄소에 대한 분별효과를 일으키는 것과 마찬가지로, 황산염환원세균이 황동위원소에 대해 분별효과를 일으킨다는 사실을 떠올려보라. 현생의 황산염환원세균을 대상으로 한 실험에서, 이들이 생산한 황화수소에는 ^{34}S가 45‰ 정도 적다는 것이 밝혀지고 있다. 하지만 황산염 농도가 현재 해수의 약 3퍼센트 미만으로 떨어지는 장소에서는 동위원소 분별효과가 거의 일어나지 않는다. 덴마크 오덴세 대학의 도널드 캔필드Donald Canfield가 정리한 논문은 시생이언 퇴적물에 포함된 황의 동위원소 분별효과가 특별히 적다는 것을 보여주고 있다. 이 분별효과는 원생이언 초기의 암석에서 눈에 띄게 증가하고, 메탄생성세균과 메탄산화세균으로 증폭되었던 탄소동위원소 분별효과도 같은 시기에 서서히 줄어들기 시작한다(그림 6-5). 따라서 동위원소 측정결과는 원생이언 초기에 산소농도가 높아져서 바다에 황산염이 풍부해졌고, 그 결과 바다의 탄소순환에서 메탄생성고세균보다 황산염환원세균이 더 중요해졌다는 사실을 뒷받침한다.

대기에 산소가 고이기 시작했던 때

한 번 더 첨단조사를 이용할 수 있다. 황에는 네 가지 동위원소가 있다. ^{32}S, ^{33}S, ^{34}S, ^{36}S이다. 이 가운데 특히 ^{32}S와 ^{34}S가 주목을 받는데, 양이 풍부해서 쉽게 측정되기 때문이다. 대부분의 목적에서 우리는 굳이 희소한 두 동위원소를 측정할 필요가 없다. 동위원소 간에 차이를 만들어내는 과정들은 대부분, 동위원소의 질량 차이에 비례하는 양만큼 차이를 일으키기 때문이다. 따라서 풍부한 동위원소에 대한 분별효과를 안다면, 희소한 동위원소의 분별효과를 계산할 수 있다.

여기서 이런 화학의 비밀을 소개하는 이유는, 지구 초기의 환경역사에 대한 새롭고 흥미로운 관점을 이끌어낼 수 있기 때문이다. **대부분의** 화학적, 생화학적 과정들은 질량에 따라 동위원소를 분별하지만, 몇 가지 과정 — 특히 상층대기에서 빛이 일으키는 화학반응들 — 은 질량에 **상관없이** 동위원소를 분별한다. 태고의 암석에서 이러한 과정의 화학적 지문을 발견하려면, 모든 종류의 황동위원소를 빈틈없이 측정해야 한다. 샌프란시스코 캘리포니아 대학의 마크 티먼스Mark Thiemans와 그의 연구팀은 이것을 확실히 하는 방법을 생각해냈다. 그들은 운석으로 지구에 떨어진 화성의 표본에 포함된 황동위원소를 고감도 장치로 측정했는데, 초기의 화성에서 황순환이 질량 비의존적인 분별효과를 일으키는 대기과정의 지배를 받고 있었다는 사실이 드러났다. 이 발견에 이어, 티먼스 연구실의 박사후 과정 학생이던 제임스 파쿠아James Farquhar는 태고의 지구 암석들을 집중적으로 관찰했다. 파쿠아는 지구에서 가장 오래된 지층에 포함된 석고와 황철석에도, 질량 비의존적인 황동위원소의 흔적이 남아 있음을 증명했다. 지구화학계가 깜짝 놀랄 만한 발견이었다. 초기 지구에 나타났던 황의 화학특성은, 화성처럼 산소가 희박한 대기에서만 일어날 수 있는 광화학 과정들의 결과인 것 같다. 24억 5,000만 년 전 이후부터는 동위원소에서 이런 흔적이 사라진다(그림 6-5). 이것은 다른 증거들과 별개로, 원생이언 초기로 접어들면서부터 지구의 대기에 산소가 고이기 시작했다는 사실을 일러준다.

요컨대 모든 생물지구화학 흔적들은 한결같이 로마로 향하고 있다. 약 24~22억 년 전쯤, 지구의 대기는 변화를 겪었던 듯하다. 오모토 히로시와 그의 동료들이 주장했던 것처럼 산소가 더 일찍 고이기 시작했다면, 그것은 몇몇 장소에서였을 테고, 전체적으로는 아주 적은 양이었음이 틀림없다. 공기와 물의 산소혁명이 지구 전체의 환경과 생물에 영향을 미쳤던 것은 원생이언 초기에 접어들면서부터였다.

산소혁명을 초래한 것

프레스톤 클라우드와 딕 홀랜드처럼 원생이언 초기에 환경변화가 일어났다고 주장했던 학자들은 옳았다. 그런데 변화한 이유가 무엇이었을까? 지구의 환경은 무슨 원인으로 오랫동안 지속되던 산소가 희박한 상태에서 산소가 비교적 풍부한 상태로 옮겨갔던 것일까? 간단히 대답하면, 시아노박테리아의 광합성의 진화가 원생이언 초기의 산소혁명을 일으켰다고 말할 수 있다. 어쨌든 광합성은 우리 지구의 중요한 산소공급원이다. 하지만 화석기록에 따르면, 시아노박테리아가 다양하게 진화하기 시작했던 것은 적어도 대기가 변화하기 3~5억 년 전이었고, 어쩌면 훨씬 더 빨랐을지도 모른다.

광합성만으로는 대기의 변화를 지탱할 수 없는 이유를 이해하려면, 여러분이 이 페이지를 읽는 동안 대기의 산소를 호흡해 유기물에서 이산화탄소와 물을 만들어내고 있다는 사실을 떠올리기만 하면 된다. 산소를 방출하는 광합성과 산소를 소비하는 호흡은, 한쪽의 대사산물이 다른 쪽의 재료가 되는 단짝관계다. 광합성으로 생기는 산소와 호흡으로 소비되는 산소가 균형을 이루는 세상에서는, 광합성이 아무리 많이 일어난다 해도 산소가 대기와 바다에 고일 수 없다.

따라서 산소가 고일 수 있도록 광합성과 산소호흡을 갈라놓을 방법을 생각해내야 한다. 한 가지는, 유기물을 퇴적물 속에 매몰시켜 산소와 반응하지 못하도록 만드는 것이다. 이 경우라면 전체그림이 달라진다. 우리가 여태까지 **생물학** 과정으로 여겼던 것이 뚜렷이 **지질학** 색채를 띠게 된다. 왜냐하면 지구 전체로 볼 때, 유기탄소가 어느 정도로 매몰되느냐는 퇴적분지(계속 침강하는 동안에 퇴적물이 두껍게 메워져 쌓이는 분지 : 옮긴이)의 변동과 그곳을 채우는 퇴적물로 결정되기 때문이다. 두 번째 방법은 대륙의 풍화와 화산가스와의 반응으로 소비되는 산소의 비율을 줄이는 것이다. 이 경우에도 지구의 탄소순환과 산소순환에 지질학이 끼어든다.

실제상황에서 광합성-호흡 짝에는 빈틈이 있기 때문에, 광합성으로 만들어진 유기물의 일부는 퇴적물 속에 쌓인다. 하지만 산소도 항상 대륙의 암석 및 화산가스와 (대개 박테리아의 도움을 받아) 반응하고 있기 때문에, 그 효과는 상쇄된다. 따라서 지구의 얼굴을 바꾸기 위해서는 더 **큰** 사건을 찾아야 한다.

프레스톤 클라우드는 초기의 시아노박테리아가 만들어낸 산소를 시생이언의 바다 속에 용해되어 있던 철이 흡수해버렸던 탓에, 대기에 산소가 고이지 못했던 것이라고 생각했다. 그의 견해에 따르면, 원생이언 초기에 접어들어 시아노박테리아의 광합성 활동이 증가하면서 바다에 녹아 있던 철을 싹쓸이해버리자, 마침내 산소의 증가를 막고 있던 브레이크가 풀렸던 것이다. 앞에서 이야기했던 한 가지 신경 쓰이는 사실만 없다면 이 가설은 그럴듯하다. 철광층은 22~24억 년 전에도 사라지지 않고 있었는데, 다른 지질학 지표들은 이때 산소가 증가하고 있었음을 나타낸다. 건플린트에서 발견된 철이 풍부한 암석들은 19억 년 전으로 접어들면서 생겼고, 다른 몇 곳에서는 이보다 더 나중에 생긴 철광층도 있다. 곧, 바다 속의 녹슬기가 끝나도 산소의 브레이크는 풀리지 않았다는 뜻이다. 또한 이것은 22~24억 년 전에 생성된 산소는 깊은 바다 곳곳으로 퍼져나갈 정도로 충분하지 않았다는 사실을 이야기하기도 한다.

최근에 데이비드 캐틀링David Catling, 케빈 잔늘Kevin Zahnle, 크리스토퍼 매케이Christopher McKay — 모두 NASA의 에임스 연구센터 소속 — 는 지구 초기의 환경진화를 탐구하기 위해 하늘과 땅 양쪽을 조사했다. 그들은 시생이언 후기에서 원생이언 초기에 메탄생성고세균이 만들어낸 메탄가스의 일부가 상층대기에 도달했다고 주장한다. 이곳에서 자외선이 메탄가스를 분해했고, 그 과정에서 수소가스가 생성됐다는 것이다. 수소가스는 다른 대부분의 기체와 달리 아주 가벼워서 중력에 붙들리지 않고 우주공간으로 달아날 수 있다. 수소의 이러한 도주로, 산소가 지표면에 쉽게 정착할 수 있었다. 동시에, 지구 내부가 식으면서 화산활동이 줄어들다보니, 산소를 소비하는 가스도 대기에 점점 덜 방출되었다. 연구팀의 주장에 따르면, 이런 조건에서 산소기 대기와 바다의 표층수에 쌓이기 시작했고, 또 다른 브레이크가 걸릴 때까지 계속 증가했다는 것이다.

지구의 중년기에 환경을 크게 변화시킨 사건이 구체적으로 무엇인지는 아직까지 합의가 이루어지지 않고 있다. 캐틀링과 그의 연구팀이 제안한 것과 같은 전지구형 모델은 특히 비가역적인 과정이라는 점에서 매력이 있다. 다시 말해, 지구는 일단 수소를 놓아주기 시작하고 난 뒤에 다시는 산소가 희박한 과거로 돌아갈 수 없었다는 것이다. 그런데 한 가지 더 고려해야 할 사실이 있다. 세 번째 제이콥 말리적 사실의 등장이다.

우리가 탄소동위원소를 이야기할 때, 지금까지는 탄산염암과 유기물의 차이에 주목했다. 그런데 이들 물질의 $^{13}C/^{12}C$의 **절대값**에는 아주 다른 종류의 정보가 들어 있다. 그림 6-6에 나와 있듯이, 탄산염과 유기탄소의 $^{13}C/^{12}C$ 값이 커질수록, 퇴적물이 형성될 때 매몰된 유기물의 비율이 (탄산염과 비교하여) 높아진다. 지구 전체의 기록을 통틀어 원생이언 초기의 석회암과 백운암에서 탄소동위원소비가 가장 높은데, 이것은 퇴적물 속으로 유기물이 매몰되도록 재촉한 지질학적인 변화들이 그 시대의 산소혁명에 기여했다는 가설을 뒷받침한다.

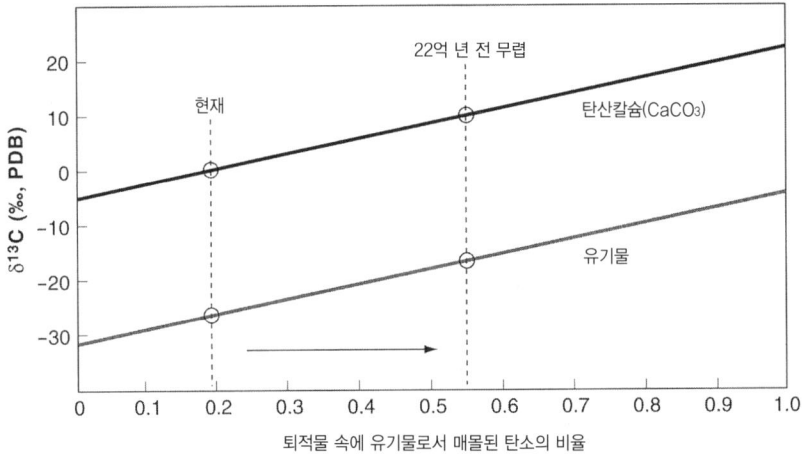

그림 6-6 퇴적물 속에 매몰된 탄소와, 탄산염/유기물의 동위원소 조성 간의 관계를 보여주는 그래프. 존 헤이스가 그린 것을 바탕으로 작성함. 맨틀에서 (화산을 경유하여) 지표계로 들어온 탄소의 $\delta^{13}C$는 약 −6‰(지질학자들이 사용하는 'δ' [델타] 표기는 해당표본의 $^{13}C/^{12}C$와 표준시료의 $^{13}C/^{12}C$ 간의 차이를 나타낸다. 천분율[‰, 퍼밀]로 표시한다). 지표계로 들어오는 모든 탄소가 탄산염으로 퇴적되었다면, 이 탄산염의 $\delta^{13}C$는 −6‰이 된다. 동위원소 값을 계산할 때, 나가는 양과 들어오는 양이 같아야 하기 때문이다. 같은 이유로, 모든 탄소가 유기물로 퇴적된 경우에도, 그 유기물의 $\delta^{13}C$가 −6‰. 하지만 현실세계에서 탄소는 탄산염과 유기물의 결합물로 퇴적물 속에 매몰되기 때문에, 계를 떠나는 탄소의 동위원소 조성과 들어오는 탄소의 동위원소 조성은 전체적으로 비교할 때 일치해야 한다. 그러려면 탄산염과 유기물의 동위원소 조성이 이 그래프의 모양처럼 사선형의 평행선을 그려야 한다. 예를 들어, 오늘날 퇴적물 속에 매몰된 탄소의 약 81퍼센트는 탄산염으로, 19퍼센트는 유기물로 매몰되고 탄산염과 유기물의 $\delta^{13}C$는 각각 약 0‰과 −28‰이다. 하지만 22억 년 전의 암석에서는, 탄산염의 $\delta^{13}C$가 약 +8‰이고 유기물의 $\delta^{13}C$는 −20‰ 근처를 맴돈다. 이 수치는 이 기간 동안 매몰된 탄소에서 유기탄소의 비율과 탄산염의 비율이 대등했음을 일러준다 (PDB는 Peedee Belemnite의 약자. 탄소동위원소를 표시하기 위한 표준시료로 사용되는 석회암. PDB의 탄소동위원소비는 0.0112372. 다른 물질의 탄소동위원소비는 이 값과 비교해 얼마나 큰지 작은지를 천분율로 표시한다. 예를 들어, 나무의 $^{13}C/^{12}C$는 PDB 표준시료보다 약 25‰ 작다. 이것을 −25‰로 표시한다: 옮긴이).

역시 NASA 아메스 연구센터 소속인 데이비드 데스 마라이스David Des Marais는 24~22억 년 전에 유기탄소의 대량매몰로 어느 정도의 산소가 축적되었을지 계산을 했는데, 어림잡아 현재 산소농도의 10배가 거뜬히 넘었다. 하지만 18억 5,000만 년 전까지 철광층이 존재했다는 사실은 실제로 그렇지 않았다는 것을 보여준다. 그렇다면 그 많은 산소들은 다 어디로 갔을까?

대부분이 황과 결합해 황산염을 형성함으로써, 바다에 현재의 특성을 가미했던 것이다.

돈 캔필드Don Canfield는 이 변화가 가져온 중요한 결과를 처음으로 지적했다. 앞에서, 바다에 황산염 농도가 높아짐에 따라 황산염환원세균의 중요성이 따라서 증가한다는 사실을 이야기했다. 황산염환원에는 부산물로 황화수소가 생긴다. 그러므로 황산염환원세균이 불어남에 따라 심해에 황화수소가 점점 더 많이 생산되었을 것이다. 황화수소는 바닷물 속에 용해된 철과 쉽게 반응해 황철석을 생성하는데, 이것이 철광층이 사라진 것에 대한 또 하나의 설명이 된다. 산소가 아니라 황화수소가 바다의 철을 싹쓸이한 것이고, 심해는 와라우나 시대부터 줄곧 무산소 상태로 머무르고 있었던 것인지도 모른다.

산소혁명은 생물에 어떤 영향을 미쳤을까? 수많은 계통의 혐기성미생물이 사라졌다는 '산소 홀로코스트'에 대해 읽은 적이 있겠지만, 이것은 흥미를 끌기 위해 부풀린 이야기다. 산소가 희박한 환경은 22억 년 전에 사라진 것이 아니었다. 단지 퇴적물 표면과 해수면과 같은 산소를 함유하는 표층 아래로 물러났을 뿐이다. 사실, 원생이언 초기를 환경이 **변화한** 시대로 보기보다는 환경이 확대된 시기 — 지구가 유례없이 다양한 생명을 부양할 수 있게 된 시기 — 로 보는 것이 훨씬 도움이 된다. 혐기성미생물은 생태계에서 중요한 구실을 계속하고 있었으며, 오늘날까지 그 소임을 잃지 않고 있다. 한편 산소를 이용하거나 적어도 산소를 견딜 수 있는 생물이 엄청나게 불어났다. 산소호흡은 세균이 주로 이용하는 물질대사가 되었고, 산소를 수소나 금속이온과 반응시켜 에너지를 얻는 화학합성세균은 산소가 풍부한 환경과 산소가 희박한 환경의 경계지대에서 다양하게 진화했다.

건플린트 시대에 지구는 전체 역사의 반을 지났지만, 여전히 낯선 장소였다. 하지만 이 시대에 앞으로 진화가 나아갈 길이 결정되었다. 이때부터 줄

곧, 산소를 이용하거나 생산하는 생물이 생물계를 지배하게 된다. 사실 지구 표면에서 산소와 이산화탄소**만이** 몇 마이크론보다 큰 세포에 필요한 양을 충족시킬 정도로 풍부해졌고, 산소는 마침내 커다란 다세포 생물을 부양할 수 있을 만한 농도에 이르렀다. 이때부터 지구는 우리의 세상이 되기 시작했던 것이다.

07

생물계의 미생물 영웅, 시아노박테리아

산소가 혁명을 일으켰다면, 시아노박테리아는 그 혁명을 이끈 영웅이었다. 시베리아의 15억 년 전 처트 속에 고이 간직된 화석들을 보면, 시아노박테리아가 일찍이 진화했으며 그 이후로 거의 변하지 않은 채 오늘에 이르고 있음을 알 수 있다. 빠르게 변화하면서도 무한히 존속할 수 있는 능력이야말로 세균 진화의 정수이다.

시베리아 북서부로

그레이트 월Great Wall(만리장성이라는 뜻: 옮긴이)을 오르기는 아주 힘들다. 춥고 축축한 데다 쉴 곳도 마땅찮고, 게다가 발까지 미끄럽다. 관광객이 없다는 게 천만다행이다.

관광객이 없다고? 베이징 관광코스 A(아침에 만리장성을 둘러보고 오후에 이화원을 방문한 후 공장견학으로 끝마치는 코스)의 가이드를 오래 맡은 사람이 들으면 이상하겠지만, 이곳은 호주의 노스 폴(북극)처럼 일반사람들이 알고 있는 그레이트 월(만리장성)이 아니다. 이곳의 그레이트 월은 그 이름에 걸맞게 높이가 100미터, 길이가 수킬로미터에 이르는 은빛 백운암 벽을 말하는 것으로, 태곳적부터 시베리아 북부를 흘러왔던 두 강줄기 사이에 서 있다(그림 7-1). 북쪽 측면에는 우리에게 낯익은 강줄기가 실트와 눈 녹은 물을 싣고 서쪽으로 흘러 북빙양으로 가고 있다. 이것은 코투이칸 강이다. 우리가 1장에서 만난 적이 있는, 캄브리아기의 절벽을 깎아놓았던 바로 그 물의 띠가 리본 모양으로 구불구불 길게 이어져 있다. 백운암도 앞에서 만난 적이 있다. 이 백운암은 코투이칸 강 하류에서 원생이언-캄브리아기 경계층 아래로 언뜻 보였던 두터운 퇴적층에 속하는 것이다. 그레이트 월에서 이 오래된 암석들은 놀랍도록 잘 드러나 있다 — 탄산염 지층이 차곡차곡 포개진 길고 가느다란 메사(꼭대기가 평평하고 주위는 절벽으로 된 사다리꼴 지형: 옮긴이)가 15억 년 전에 형성되었던 그대로 평평하게 가로놓여 있다.

6월 말 부슬비 내리는 어느 날, 군복 재킷과 레드삭스 야구모자가 잘 어울리는 볼로디야 세르기예프Volodya Sergeev가 나를 이곳으로 데려왔다. 궂은 날씨에도 불구하고 이 외딴 산등성이를 타는 것에는 특별한 즐거움이 있다. 산 아래로는 타이가(시베리아·북미 등지의 침엽수림대: 옮긴이)가 겨울의 잿빛을 떨쳐내고 짧지만 강렬한 여름을 위해 찬란한 초록 옷을 입고 있다. 어린 이파리들은 낙엽송을 연초록빛으로 물들이고 있고, 장미와 작약이 천지를 수놓은 듯하며, 여우들도 여름 맞이에 앞서 두터운 겨울코트를 벗고 있다. 머리

그림 7-1 북시베리아의 코투이칸 강을 따라 우뚝 솟은 그레이트 월. 이 벽은 약 15억 년 전에 바닷가를 따라 평평하게 퇴적된 탄산염암으로 이루어져 있다.

위에 매달린 가지에 올라앉은 올빼미들이 이따금씩 훼방을 놓을 뿐, 모기는 아직 잠잠하다. 감사하게도 모기들의 연례소집일은 아직 1주일이나 남았다. 볼로댜와 나는 절벽을 조심스레 오르며 발밑의 암석들 이야기를 소탈하게 나눈다. 우리는 지층의 한 층 한 층을 세심하게 살핀다. 이 지층이 우리의 주장을 뒷받침해주지는 않더라도, 최소한 우리 둘의 몸무게는 뒷받침해줘야 하니까.

빌랴흐 층군(Bil'yakh Group) — 그레이트 월의 백운암과 관련한 지층에 붙여진 공식 이름 — 에서 시간은 건플린트 층군으로부터 성큼 앞으로 진행한다. 건플린트의 철이 풍부한 처트와 캄브리아기의 처트 사이에는 약 13억 5,000만 년이라는 시간이 놓여 있는데, 빌랴흐 층군은 이 기간의 거의 1/3을 차지한다. 이렇게 시간을 성큼 건너뛰었을 때 세계에는 무엇이 나타날 것인가? 그것은 어디에나 존재하는 시아노박테리아다!

그레이트 월은 지금까지 지구에 나타난 생물 가운데 가장 중요하다고 말할 수 있는 시아노박테리아에 주목하기에 좋은 장소다. 앞에서 살펴보았던 스피츠베르겐 섬과 벨처 군도의 처트에서 발견된 시아노박테리아 화석들은 이 생물군을 아우르는 놀랄 만한 특징을 말해주는데, 그것은 7억 5,000만 년 전이나 10억 년 전이나 심지어 20억 년 전에 보존된 개체군들이 본질적으로 현생 시아노박테리아의 형태와 구분되지 않는다는 것이다. 절멸한 종이 산더미 같은 동식물의 화석과는 사뭇 다른 점이다. 시아노박테리아의 진화사는 동물의 진화사에 비해 긴데도 이렇게 정체되어 있는 이유가 무엇일까? 화석이 던지는 이 근본적인 의문은 대답을 찾을 만한 충분한 가치가 있다. 그레이트 월의 처트 속에 들어 있는 눈부신 보물들을 먼저 살펴본다면, 이 대답에 한 발 가까이 다가갈 수 있다.

옛 시아노박테리아와 현생종의 유사성

빌랴흐 층군의 처트 단괴에는 많은 종류의 시아노박테리아 화석이 존재한다. 많이 보이는 것은 가느다란 필라멘트인데, 암석 안에 곧추선 형태로 작은 타래를 이루어 단단하게 굳어 있다(컬러도판 4a). 하지만 더 많은 것은 구형의 세포들로서, 지층면을 따라 작은 뭉게구름처럼 빽빽한 군체를 형성하고 있다(컬러도판 4c). 에오엔토피살리스 *Eoentophysalis*도 있다. 이것은 한스 호프먼이 벨처 군도의 20억 년 전 처트에서 발견한, 현생종과 모양이 비슷한 시아노박테리아인데, 15억 년 전에 이곳 북시베리아에서도 광범위한 매트를 형성했다. 이 독특한 미화석은 현생 엔토피살리스 *Entophysalis*(컬러도판 3d)와 모습이나 분열방법이 비슷한 세포를 갖추고 있고, 현생 엔토피살리스와 마찬가지로 착색된 군체를 이루고 있으며, 현생 엔토피살리스와 같은 환경에서, 현생 엔토피살리스처럼 여럿이 연결되어 매트를 형성한다. 무슨 상황인지 파악이 되었을 것이다.

이 밖에도 짧은 필라멘트(컬러도판 4b)와 이분법으로 분열하는 아주 작은 막대 모양의 세포들이 있다. 하지만 스피츠베르겐 섬에서 많이 발견되는 대를 형성하는 폴리베수루스와 같은 화석은 아무데서도 보이지 않는다.

빌랴흐 층군의 개체군에는 특별히 눈여겨봐야 할 것이 하나 있다. 그것은 아르카이오엘립소이데스 Archaeoellipsoides다. 이것은 큰(상대적으로!) 소시지 모양의 미화석으로, 캐나다 북부에서 고故 밥 호로디스키 Bob Horodyski가 처음 발견했다(컬러도판 4c). 이 화석은 원생이언 중기의 처트에서 흔히 발견되지만, 생물학적 해석은 막연하기만 했다. 그러던 중, 그레이트 월에서 얻은 표본을 통해 그 신원이 밝혀졌다. 특히, 호로디스키가 발견한 화석들의 크기(길이가 최대 100마이크론)와 모양, 세포분열의 흔적이 없는 것, 가까운 곳에서 발아 중인 필라멘트가 존재한다는 사실을 종합해볼 때, 아르카이오엘립소이데스는 필라멘트를 형성하는 시아노박테리아의 생식포자로 보인다. 현생종 아나베나 Anabaena가 이와 비슷한 구조를 만든다.

아주 비슷한 현생종이 있는 시아노박테리아 화석의 발견이라는 점만으로도 훌륭하다. 하지만 아르카이오엘립소이데스에 관심을 가져야 할 특별한 이유는 따로 있다.

특수화된 세포의 분화는 동물에서는 일반적이지만 시아노박테리아에서는 좀처럼 드문 일이다. 오직 몇 가지 시아노박테리아만이 이런 재주를 부릴 수 있고, 그들은 모두 시아노박테리아 계통수에서 위쪽 가지를 차지한다(그림 7-2). 따라서 15억 년 전 암석에서 아르카이오엘립소이데스가 발견된다면, 분자 진화로부터 추측했을 때 시아노박테리아의 다양화는 이보다 일찍 일어났음이 틀림없다. 사실 좀더 과거로 볼 수도 있다. 프랑스 몽펠리에 대학의 자닌 베르트랑 사르파티 Janine Bertrand-Sarfati가 서아프리카의 21억 년 전 처트에서 아르카이오엘립소이데스를 찾아냈기 때문이다.

아르카이오엘립소이데스와 비슷한 현생종은 두 종류의 특수화된 세포를 분화시킨다. 화석기록에서 발견되는 생식포자 외에 이 시아노박테리아는 질

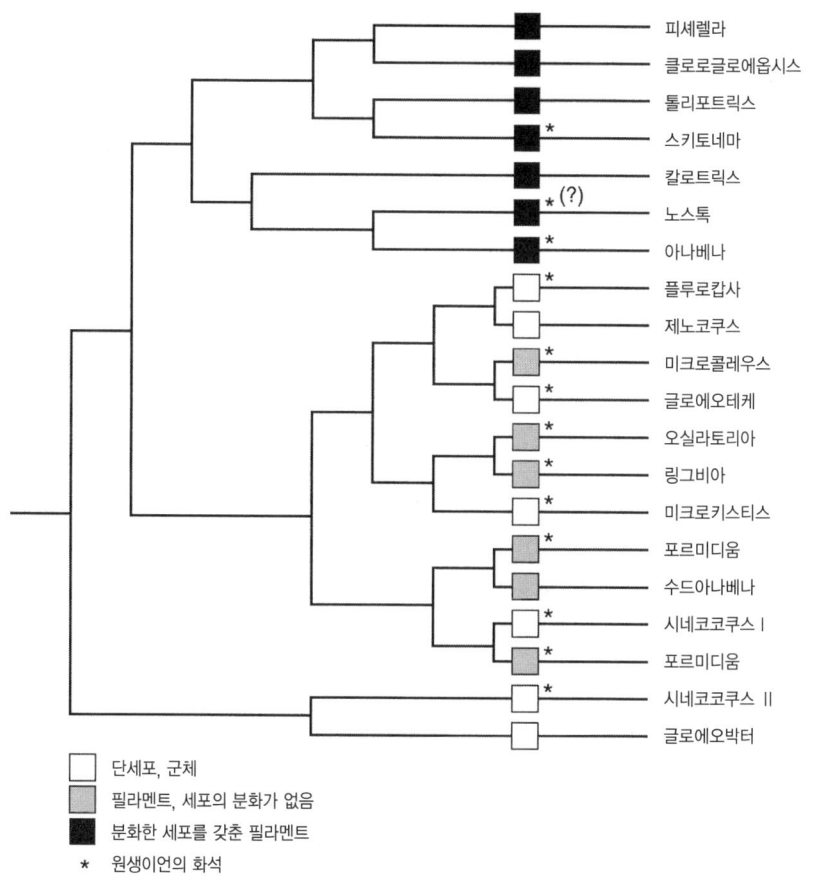

그림 7-2 현생 시아노박테리아의 진화관계를 보여주는 계통수. 특수한 세포를 갖춘 시아노박테리아는 계통수에서 꽤 나중에 생긴 가지에 있다. 이것은 세포분화를 보여주는 화석이 속하는 시기가 아무리 빨라도 계통수의 큰 가지들이 생기고 났을 때라는 뜻이다(계통사 자료는 도미타니 아키코富谷朗子 제공).

소고정을 위해 특수화된, 세포벽이 두꺼운 세포를 형성한다. 그렇지만 지층에 잘 보존되지는 않는다. 질소고정은 산소에 아주 민감하다 — 아주 적은 양의 산소에도 방해를 받는다. 아나베나류의 시아노박테리아가 갖고 있는 특수화된 세포들은 세포 안으로 산소가 침입하는 것을 막음으로써 산소가 풍부한 세계에서 질소고정을 위한 장소를 제공한다.

따라서 6장에서 다루었던 산소혁명은 시아노박테리아의 특수화된 세포를 진화시킨 환경자극이었던 것이다. 아르카이오엘립소이데스 화석이 21억 년 전의 지질기록에 나타난 것에서 우리는 시아노박테리아 계통수의 중심가지가 언제쯤 자리를 잡았는지 논리적으로 추측해볼 수 있다. 최초의 분명한 미화석이 나타날 때쯤에는 이미 시아노박테리아가 현재에 가까운 수준까지 다양하게 진화했음이 분명하다.

제자리걸음은 속임수? ― 폴크스바겐 증후군과 수렴진화

고생물학자들은 층서패턴을 진화의 역사로 해석한다. 그러면 원생이언 화석으로 해석한 진화의 역사는, 시아노박테리아가 일찍이 그리고 빨리 진화했다는 것, 또 진화한 후에는 그 자리에 주저앉아 오랜 세월 동안 거의 변하지 않았다는 것이다. 하지만 달리 생각해볼 수도 있다. 시아노박테리아의 단순한 모양만 지구 역사를 지나는 동안 변함이 없었을 뿐, 생리기능은 그렇지 않았을지도 모른다 ― 빌 쇼프는 오래전에(그러나 공감을 얻기 시작한 건 최근) 이것을 폴크스바겐 증후군이라고 이름 붙였다. 하지만 3장에서도 지적했듯이 이런 독해에 회의를 품을 만한 충분한 이유가 있다. 옛 시아노박테리아와 현생 시아노박테리아의 비슷한 점은 형태에 그치는 것이 아니라, 생활사, 행동, 환경에 대한 내성 등 생리적으로 결정되는 속성까지 아우를 정도로 폭넓기 때문이다. 또 시아노박테리아에서 발견되는 대부분의 생태적 특징은 전체 문門에서 유지되고 있는데, 이것은 시아노박테리아가 진화하기 시작했을 때 이미 이 특징들이 존재했다는 뜻이다.

더 미묘한 문제는 수렴진화(어류와 고래처럼 계통이 다르더라도 오랫동안 유사한 환경에 적응하는 과정에서 독립적으로 유사한 형질을 갖게 되는 경우: 옮긴이)에 대한 것이다. 어쩌면 특정한 생식환경에서 오랫동안 변화하지 않는 것처럼 보이는 경향은, 같은 환경이 같은 형태와 생리기능을 여러 차례 거듭해 만든 것을 의미할지도 모른다. 정말 그렇다면, (에오)엔토피살리스의 20억 년간의 기록이 우리에게 이야기해주는 것은, 척박한 개펄이 생길 때마다 거기에 정착한 시아노박테리아들이 현생의 엔토피살리스가 갖고 있는 것과 같은 특징들을 진화시켰다는 사실이다. 수렴진화에 대한 주장은 화석만으로는 탄탄해 보이지만, 비교생물학을 동원하면 흔들리기 시작한다. 진화적 유연관계가 아니라 수렴진화에 의해 형태와 환경의 짝 잇기가 설명된다면, 분자수준의 자료를 바탕으로 구성한 계통수에서 뿔뿔이 흩어진 가지에 비슷한 형태의 시아노박테리아가 나타나야 할 것이다. 실제로 단순한 단세포의 필라멘트는 시아노박테리아문에서 반복적으로 진화했기 때문에 수렴진화에 1점을 줄 수 있다. 하지만 복잡한 형태의 시아노박테리아 — 이 책에서 주목하는 형태인데, 그것이 다른 종류의 세균과 뚜렷이 구별되기 때문이다 — 는 시아노박테리아 계통수에서 한군데에 모여 존재한다. 이렇게 분류군으로 묶인다는 점으로 볼 때, 형태의 유사성은 곧 공통조상의 존재를 뜻한다.

결국 생리기능설이나 수렴진화설 같은 의문들에도 불구하고, 초기 화석기록을 가장 잘 읽어내는 방법은 가장 단순한 독해인 듯싶다. 곧, 시아노박테리아는 오래전에 생겼고, 현생의 후손에 나타나는 분자와 형태상의 특징 대부분을 일찍부터 진화시켰다는 것이다.[1]

---

[1] 그레이트 월의 시아노박테리아가 분자의 세부사항에 이르기까지 그것과 대응하는 현생종과 똑같다는 말은 아니다. 당연히, 수많은 유전자의 뉴클레오티드 서열은 시간이 흐름에 따라 약간 변했고, 현생 개체군이 가지고 있는 효소 가운데 일부는 오래전에 죽은 조상들의 효소보다 훨씬 효과적이다. 내가 전달하고자 하는 사실은, 현생 시아노박테리아가 그레이트 월의 처트에 보존된 화석들의 생물적 기능을 아주 구체적으로 일러준다는 점이다.

제자리걸음을 한 이유

'시아노박테리아 정체停滯' 문제를 제대로 짚었다는 자신감이 생겼으므로, 이제 시아노박테리아 진화의 수수께끼 한가운데로 돌아가 보자. 왜 대부분의 시아노박테리아가 그토록 오랫동안 그렇게 변화하지 않은 채 살아가고 있을까?

오랜 정체는 개체군이 멸종하지도 않고 변화하지도 않았다는 뜻이다. 너무나 뻔한 얘기일지도 모르지만, 그러므로 우리는 이 두 가지 현상을 설명해야 한다. 박테리아는 일반적으로 쉽게 멸종하지 않는다는 것은 잘 알려진 사실이다. 박테리아는 개체군 크기가 거대하며 아주 빠르게 번식한다 — 우리가 아침에 아무리 이를 철저히 닦는다 하더라도, 늦은 오후가 되면 칫솔질을 용케 피했던 세균 몇 개가 수를 불려 우리 입 안을 뒤덮는다. 박테리아는 또한 변화하는 환경에 쉽게 대응한다. 한 예로, 공기는 세균으로 가득한데, 그래서 창틀에 우유를 올려놓으면 머지않아 치즈가 되어버린다. 게다가 박테리아는 환경의 방해공작에도 끄떡하지 않는다. 대부분의 박테리아 계통은 가장 잘 번식하는 환경범위가 좁지만, 대신 이들은 훨씬 극단적인 조건에서도 적어도 단기간은 잘 견딜 수 있다.

박테리아는 특히 아무것도 안 하는 능력이 뛰어나다. 주위환경이 성장에 유리할 때 박테리아는 우리들 입속의 세균처럼 빠르게 번식한다. 그러나 주위환경이 성장에 불리할 때는 에너지 소비를 최소로 줄이기 위해 휴면상태로 들어간다. 실제로 대부분의 박테리아는 대부분의 시간 동안 대사활동을 멈춘 상태로 지내고, 이용할 수 있는 자원이 생기는 순간 활동을 시작한다.

이러한 특성들은 일반적으로 박테리아가, 특히 시아노박테리아가 끈질기게 살아남은 까닭을 잘 설명한다. 그러면 왜 변하지도 않았을까? 왜 15억 년 전의 개펄에서 유래한 화석이 오늘날 해변의 미생물 매트에서 관찰되는 세포와 똑같이 생겼을까? 시아노박테리아가 오랫동안 변화하지 않고 있다는 고생물학 관찰은 박테리아가 빠르게 진화**할 수 있다**는 사실과 같이 놓고 보면 더 이해하기 어렵다. 쌀과 밀에서 병충해에 강한 품종이 새로 개발되어도 기껏 10년 정도 버틸 수 있을 뿐이다. 몇몇 박테리아가 여기에 대응하는 법을 알아내기 때문이다. 항생제에 대한 박테리아의 내성진화는 현대 공공보건의 큰 골칫거리이다.

실험실에서, 배지에 포함된 영양분만으로는 번식하지 못하는 박테리아를 배지에 접종한다. 그러면 대부분의 세포들은 이 새로운 환경에서 번식하지 못한다. 그러나 몇몇 변이체가 생겨 새로운 영양분을 이용할 수 있게 된다. 변이체는 처음에는 잘 번식하지 못하지만, 결국에는 가장 변변치 못한 것들까지도 살아남는다. 시간이 흐르면서 돌연변이는 계속되고, 자연선택을 받아 새로운 배지에서 대사효율이 높아진다. 이런 '새 환경에 대한 적응'은 정부보조금의 지원을 받는 박사과정 연구에서 곧잘 확인된다 — 여기에 걸리는 시간은 실험실의 생물학자들한테는 물론 상당한 기간이지만, 지질학의 척도로는 순식간이다.

초고속 진화와 오랜 정체는 서로 맞서는 것처럼 보이지만, 1932년에 슈얼 라이트Sewall Wright가 도입한 진화적 비유로 살펴보면 이런 모순이 사라진다. 어떤 환경에서든 생물의 유전자에는 주인에게 상대적으로 더 유리한 조합이 있다. 시간이 흐르면서 자연선택을 받아 가장 잘 자라고 가장 잘 번식하는 유전자형이 선택될 것이다. 라이트는 유전자와 환경의 이러한 상호작용을 적응지형이라는 개념을 이용해 고찰했다. 적응지형에서 각각의 점은 각각의 유전자 조합을 나타낸다. 지형의 높낮이는 각각의 유전자 조합이 환경에서 얼마나 잘 적응하고 있는지를 나타낸다(진화학적으로 말하면, 각각의 점들은 '유전자형'이고, 언덕과 계곡은 '적응도' 지표이다). 새로 나타난 개체군은 자연선택의 추진력을 받아 더 높은 곳으로 이동, 적응도 봉우리를 향해 올라간다. 적응도 봉우리가 꼭 적응지형에서 가장 높은 곳일 필요는 없다 — 보통, 개체군의 출발점에서 가장 가까운 산일 것이다. 하지만 계곡 밑바닥에 있는 유전자 조합은 오래 살아남지 못한다.

코넬 대학의 식물학자인 칼 니클라스Karl Niklas는 단순한 수학모델을 이용해, 왜 어떤 적응지형은 높낮이의 변화가 심하고 어떤 적응지형은 완만한 흐름을 보이는지를 알아본 결과, 다음과 같은 사실을 알아냈다. 생물이 한 번에 많은 일을 해내야 할 때는 형태와 생리기능마다 차고 모자람이 있는 까닭에, 여러 유전자 조합이 똑같이 높은 적응도를 갖추게 된다 — 이때 적응지형은 코츠월즈 구릉이나 펜실베이니아 이주 독일인의 농장지대와 같은 낮은 구릉들로 이루어진다. 식물과 동물에서 대체로 이러한 적응지형이 나타난다. 반면 오직 한 가지 기능적 요구를 만족시켜야 할 때, 적응지형에는 단 하나의 봉우리가 우뚝 솟게 된다. 박테리아는 이러한 외골수 경향을 보이는 것으로 유명하다.

미시건 주립대학의 미생물학자인 리처드 렌스키Richard Lenski의 실험은 이 관점에 무게를 실어준다. 렌스키는 대장균의 개체군을 새로운 배지에 넣고, 1만 세대(5년이 약간 안 되는 시간)가 번식할 때까지 날마다 개체군을 관찰했다. 첫 2,000세대 동안은 세대를 거듭할수록 새로운 환경에 점점 더 잘 적응해 나갔다. 하지만 그 이후에는 진화의 속도가 더뎌지더니 마침내 멈추어버렸다. 개체군은 더 변이한다 해도 능력이 향상될 가능성이 거의 없는 단계에 이른 것이다.

니클라스의 모델과 렌스키의 실험은 박테리아가 빨리 진화하는 것을 보여주는 생물학 증거와, 시아노박테리아의 오랜 정체를 말하는 고생물학 관찰이 양립할 수 있도록 한다. 시아노박테리아의 적응지형은 일본 간사이關西 평야에 우뚝 솟은 후지 산을 닮은 것 같다. 초기의 지구에서 새로 등장한 시아노박테리아는 개펄을 비롯한 여러 환경으로 진출했다. 어느 환경에서든, 자연선택이 시아노박테리아의 개체군을 가파른 적응도 봉우리로 밀어 올렸다. 정상에 이른 개체군은 거기에서 움직일 수도 내려올 수도 없었다. 이런 그림이 대충이라도 맞는다면, 시아노박테리아는 새로운 환경에 (지질학의 시간척도에서) 빠르게 적응했고, 그 후에는 그 환경이 유지되는 한 변화하지 않았을 것이다. 이것이 바로 원생이언 화석기록에서 우리가 읽어낼 수 있는 사실이다.

이 관점을 더 넓은 의미에서 보면, 지구 역사의 시간척도에서 박테리아 진화의 속도가 환경변화의 속도에 따라 결정됨을 암시한다. 새로운 환경은 새로운 적응을 낳고, 그 결과 서식할 만한 환경의 범위가 넓어지면서 박테리아의 다양성이 증가하는 것이다. 여기서 작동한 진화의 과정은 다윈의 입장과 비슷하고, 결과로 나타난 패턴은 (멸종이 드물고, 따라서 다양성이 축적된다는 점을 제외하면) 엘드리지와 굴드의 단속평형설을 떠올리게 한다. 물론 환경에는 물리적 환경뿐만 아니라 생물적 환경도 있다. 박테리아의 입장에서, 진화하는 식물과 동물들은 단지 정복해야 할 새로운 환경일 것이다.

스트로마톨라이트는 환경변화의 리트머스지

그레이트 월의 화석들은 원생이언 암석에 얽힌 또 하나의 수수께끼를 풀어준다. 이 수수께끼는 원생이언의 수많은 석회암과 백운암에서 발견되는, 엽리구조를 가진 스트로마톨라이트에 대한 것이다. 1950년대에 러시아의 지질학자들이 광대한 시베리아의 선캄브리아 시대 암석들을 지도에 그리는 일, 곧 지질도를 만드는 어마어마한 일을 시작했다. 원생이언의 두터운 퇴적물 지층은 이 광대한 땅의 많은 부분에 걸쳐 존재한다. 대부분이 숲과 습지 아래 감추어져 있지만, 여기저기에 코투이칸과 같은 강에 깎여 노출된 곳이 있다. 지질도를 그리려면 여기저기 흩어져 있는 노두가 서로 어떤 관계인지 알아야 하는데, 시베리아의 원생이언 지층에는 지질 상관성을 알려주는 껍데기 화석이 잘 나오지 않는다. 반면 스트로마톨라이트는 빽빽하게 들어차 있다. 코투이칸 강을 따라 두툼한 스트로마톨라이트 초가 몇 킬로미터에 걸쳐 이어져 있고(그림 7-3), 이와 같은 구조는 온 시베리아의 원생이언 탄산염암에서 발견된다. 어떤 스트로마톨라이트는 곤봉 모양이고, 어떤 것은 고깔

그림 7-3 북시베리아에 있는 15억 년 전의 빌랴흐 층군에서 발견되는 스트로마톨라이트 초. 미샤 세미하토프(모자를 썼을 때 신장이 정확히 2미터 — 크기 비교에 참조하라)의 오른쪽에 있는 쿠페빵(양끝이 가늘고 밑이 납작한 방추형의 빵: 옮긴이) 구조가 작은 초이고, 미샤가 딛고 선 것은 그것보다 큰 초의 곡면이다. 또 그의 머리 위로 뻗어 있는 벽은 또 다른 초의 일부로서, 크기는 작은 회사건물 정도이다.

모양이다. 어떤 것은 규칙적으로 가지를 내는가 하면 어떤 것은 전혀 그렇지 않다(그림 7-4). 엽리구조의 형태와 미세조직도 각양각색이다.

    러시아 지질학자들 — 1장에서 만났던 미샤 세미하토프를 포함하여 — 은 이런 특성들을 매우 세밀하게 기록하는 과정에서, 원생이언 암석들의 상관성을 알아내는 데 스트로마톨라이트가 중요한 열쇠를 쥐고 있음을 확신하게 되었다. 그들이 옳았다. 원생이언 중기와 후기의 스트로마톨라이트는 쉽게 구별되고, 원생이언 초기의 스트로마톨라이트는 또 다르다. 더군다나 시베리아나 이웃한 우랄 산맥에서 발견되는 층서패턴은 세계 곳곳의 원생이언 암석에서 똑같이 나타난다.

    여기에, 셰익스피어가 『햄릿』에서 '걸림돌'(rub)이라고 표현한 문제가 생긴다(그 유명한 "사느냐 죽느냐 그것이 문제로다" 장면에서 나오는 말: 옮긴이). 스트로

그림 7-4 시베리아의 원생이언 중기 탄산염암 속에 들어 있는 스트로마톨라이트. 가장 큰 기둥은 폭이 약 10센티미터 정도이다.

마톨라이트는 시아노박테리아에 의해 만들어지는데, 우리가 이미 살펴보았듯이 시아노박테리아는 긴긴 원생이언 동안 진화의 길을 걸어간 흔적이 거의 없고, 그럼에도 스트로마톨라이트는 시간이 흐르면서 변한다. 이유가 뭘까?

빌랴흐 층군의 화석들이 하나의 길을 제시한다. 그레이트 월의 백운암에는 앞 장들에서 소개했던 특징적인 퇴적형태들이 나타난다. 미생물 매트에 의한 구불구불한 엽리구조, 천막구조, 우이드, 낮은 돔형의 스트로마톨라이트와 같은 것들이다. 3장에서 소개했던 스피츠베르겐 섬의 암석들처럼, 그레이트 월의 지층들도 태곳적 바닷가와 개펄, 인접한 해안환경에 축적되었다. 그런데 서식지가 비슷한데도 빌랴흐 층군의 처트에서 발견되는 화석들은 아카데미케르브린 층군의 화석과 상당히 다르다. 그레이트 월에 아주 풍부한 에오엔토피살리스는 더 나중 시대 것인 스피츠베르겐 섬의 암석에는 드물다. 반대로, 스피츠베르겐 섬의 처트에서 발견되는 대를 형성하는 폴리베수루스의 흔적은 그레이트 윌의 화석군집에 나타나지 않는다. 이 차이는 진화적 변화 탓이 아니다. 빌랴흐 층군과 아카데미케르브린 층군의 처트에 많이 존재하는 시아노박테리아는 **모두**, 저마다 비슷한 현생종이 있기 때문이다.

다른 가능성은 시간이 흐르면서 **환경**이 변했다는 것이다. 그레이트 월의 처트 속에 시아노박테리아의 필라멘트가 타래째 곤추선 채로 남아 있다는 사실은 이 가능성을 우회적이지만 든든하게 뒷받침한다. 필라멘트 타래는 오늘날의 미생물 매트에서 흔하게 발견되지만, 퇴적물 속에서는 위에 얹힌 층의 무게 때문에 납작하게 눌려서 식별 가능한 조직이 남지 않는다. 빌랴흐 층군의 필라멘트가 수직으로 보존된 것은 이들이 매몰되기 **전에** 탄산칼슘 교결물에 의해 굳어졌기 때문이다. 스피츠베르겐 섬에서는 이런 모양의 화석이 관찰되지 않는다. 그레이트 월의 개펄이 더 나중 시대의 개펄과 달리, 매트 표면이나 그 밑에 탄산염이 침전하기 쉬운 환경이었다는 뜻이다.

이 결론을 지지하는 관찰결과는 또 있다. 예를 들어 현대의 개펄 퇴적물(그리고 스피츠베르겐 섬의 처트)에는, 점점 쌓이는 퇴적물이 매몰된 세포를 파괴하고, 세포는 부패하면서 계속 눌려 으깨진다. 하지만 그레이트 월의 개펄에서, 세포는 부패하면서 입체공간을 남겼다(지금 이 공간에는 교결물이 채워져 있다) — 이 세포들이 부패할 때, 주위의 퇴적물은 이미 암석이 되어 있었기 때문이다(컬러도판 4b). 내 연구실에 있다가 지금은 웨스트 조지아 대학에 있는 줄리 바틀리Julie Bartley의 연구에 따르면, 시아노박테리아가 부패하는 데 걸리는 시간은 대개 며칠에서 몇 주 정도 걸린다 — 한마디로, 그레이트 월의 탄산염은 순식간에 굳어버렸다는 얘기다. 빌랴흐 층군의 지층 속에는 촘촘한 층을 이룬 해저 침전물도 조금 있어서, 아주 오래된 지층 속에 포함된 스트로마톨라이트의 해석을 난감하게 만든다(4장의 7장을 참고하라는 부분을 기억할 것: 옮긴이). 어쨌든 그 이후 그레이트 월의 해안선을 따라서 나타나는 탄산염은 빠삐에 마쉐(풀에 담뿍 적신 색지나 종이 소재들로 만들고자 하는 기본형틀에 차근차근 붙여 말린 뒤, 그 틀을 빼내는 공예 : 옮긴이)처럼 쌓임으로써, 미생물을 파묻으며 군체가 형성될 수 있는 단단한 해저를 제공했다. 스트로마톨라이트가 성장한 방법에는, 그 당시의 생물뿐 아니라 환경도 담겨 있다. 따라서 스트로마톨라이트의 형태가 시간이 흐르면서 변화한 데에는 분명히 바닷물의 화학조성이 변화한 탓도 있을 것이다.

1990년대 초에 나는 고故 V. A. 코마Komar가 시베리아 스트로마톨라이트를 잘라서 만든 귀한 박편들을 조사하는 행운을 누렸다. 코마는 시베리아의 원생이언 역사를 정리한 재주 많은 지질학자들 가운데 한 사람이다. 미샤 세미하토프와 함께 나는 오랜 시간 공들여, 이 암석들의 미세구조에 새겨져 있는 고생물학의 메시지를 해독해나갔다. 미생물이 고운 퇴적입자를 붙들어 묶어 형성된 스트로마톨라이트는 일반적으로 단조로운 (그리고 정보를 별로 제공하지 않는) 진흙조직—한 층 한 층 고르게 쌓여 별 특징이 없음—을 보인다는 것이 관찰되었다. 하지만 어떤 표본에는—주로 탄산칼슘 침전으로 형성된 스트로마톨라이트 속에—탄산염으로 뒤덮인 필라멘트가 엽층을 따라 뒤엉킨 채 존재한다. 필라멘트의 초에 미세한 탄산칼슘 결정이 침전한 것이다.

흥미롭게도, 탄산염 외피에 싸인 필라멘트는 10억 년 전 이후의 스트로마톨라이트에서만 나온다. 탄산염 침전으로 형성된 원생이언 중기의 스트로마톨라이트에 두드러지게 나타나는 미세구조도 있는데, 그것은 해저표층 가까이에서 형성된 수직선상의 결정들이 넓게 퍼져 있는 것이다. 원생이언 후기에서 중기로 거슬러 올라가면서, 탄산염 외피에 단정히 싸인 필라멘트의 결 고운 필적은 사라지고, 결정투성이의 성긴 조직이 매트를 형성하는 미생물의 흔적을 덮어버린다. 물론 더 옛날로 후퇴하면, 꽃잎 모양의 결정이 포개진 '거시적인' 탄산염 침전물이 눈에 띄게 증가한다(그림 7-5). 스트로마톨라이트의 구조는 앞에 나왔던 주제를 되풀이한다. 다시 말해, 오래된 탄산염

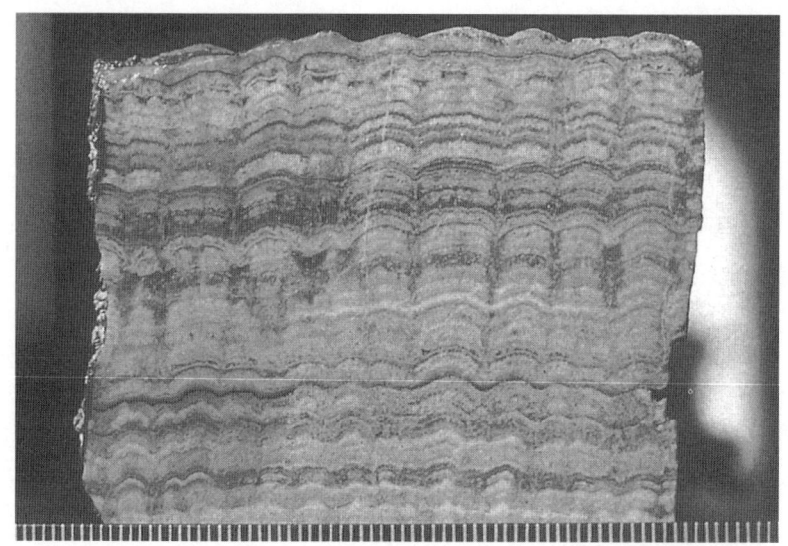

그림 7-5 손가락처럼 생긴 엽리구조. 1개의 대략적인 폭은 약 1센티미터. 탄산칼슘 침전으로 형성되었고, 미생물 매트가 확실히 관여했다는 증거는 없다. 린다 카Linda Kah가 수집한 이 표본은 캐나다 북부 바핀 섬의 12억 년 전 개펄에서 형성된 퇴적물이다.

암일수록 해저표층 근처에 교결물이 침전한 증거가 더 많이 나타나는 것이다. 원생이언 스트로마톨라이트는 환경지표로서, 대기에 이산화탄소 농도가 낮아지고 산소농도가 높아질 때 일어난 바닷물 속의 탄산염 농도변화를 기록하고 있다. 게다가 스트로마톨라이트 형태의 시간에 따른 변화는 매트를 형성하는 시아노박테리아의 진화적 정체와 전혀 모순되지 않는다.

 진화도 스트로마톨라이트의 역사에 영향을 미쳤지만, 원래와는 사뭇 다른 방식이었던 것 같다. 원생이언 후기에 다양한 바닷말이 진화하면서 한때 미생물 매트가 지배했던 곳을 뒤덮기 시작했고, 뒤이어 다양한 동물이 진화하면서 해저공간을 차지하려는 경쟁이 거세어졌으며 바닷말을 뜯어먹는 동물을 출현시켰다. 이런 진화의 결과, 최근 5억 년 동안 스트로마톨라이트의 터전은 경쟁과 포식이 거의 없는 호수와 일부 해안선으로 좁아졌다. 대멸종

직후 과거의 영광을 되찾았으나, 그것도 잠시뿐이었다.

　마지막으로 한 번 더 코투이칸 강가로 돌아가서 시아노박테리아가 걸어온 특별한 역사를 생각해보자. 이 억센 미생물은 공기를 숨 쉴 만하게 만들었던 물질대사의 위대한 개혁가로서, 끊임없이 변하는 세계에서도 박테리아가 끈질기게 살아남는다는 사실을 온몸으로 보여주고 있다. 그런데 스피츠베르겐 섬에서 얻은 교훈을 되새겨보면서 한 가지만 더 질문해보자. 빌랴흐 층군의 처트가 시아노박테리아로 가득하다면, 육지에서 멀리 떨어진 넓은 바다의 해저에서 형성된 셰일에서는 무엇이 발견될까? 스피츠베르겐 섬에서는 같은 시기의 암석에 진핵조류와 원생생물의 화석이 가득했다. 빌랴흐 층군의 셰일에도 이들이 존재할까?

　세미하토프와 세르게예프의 동료인 모스크바 대학의 알렉세이 베이스 Alexei Veis는 이 셰일들을 철저히 조사한 결과, 시아노박테리아 필라멘트와 찌부러져 작은 접시처럼 된 속이 텅 빈 공 모양의 유기물을 발견했다. 확실치는 않지만 커다란 크기(최대 500마이크론에 이름)로 볼 때 유기물 공은 진핵세포의 유해일 가능성이 높다. 호주에서 발견된 같은 시대의 암석에는 진핵생물임이 확실한 미화석들이 드물게 포함되어 있는데, 세포벽을 장식하고 있는 길게 가지를 뻗은 팔은 이것이 유기물 공과 생물학적으로 유사함을 나타낸다. 반면 이 시대의 암석에는 스피츠베르겐 섬의 셰일에서 발견되는 것 같은 가시투성이 포자껍데기, 항아리 모양의 미화석, 다세포 바닷말은 포함되어 있지 않다. 따라서 15억 년 전에 시아노박테리아의 혁명은 완결되었지만 제2의 혁명 — 진핵생물의 생태적 부상 — 은 아직 찾아오지 않은 상태였다.

08

진핵세포의 기원

박테리아가 유전자 교환으로 진화했다면, 진핵생물은 이보다 한 수 위였다. 진핵세포는 엽록체와 미토콘드리아를 세포째 몸 안으로 들여왔다. 지금까지 전자현미경과 분자생물학 덕분으로 진핵세포의 진화가 많이 밝혀졌다. 하지만 우리는 인류가 속한 진핵생물 영역이 어떻게 생겼는지 아직까지 완전하게 알지 못한다.

내부공생설의 등장

사실이라는 촛불이 줄지어 늘어서 있다. 그리고 가장 멀리 놓인 촛불 너머에 매혹적인 어둠이 깔려 있다. 과학자들은 이 어둠에 끌린다. 그 속에는 아직 불이 붙지 않은 더 많은 초들이 놓여 있음을 알기 때문이다. 우리는 새로운 심지에 불이 붙을 것이라는 기대를 품고 가설이라는 성냥을 긋는다. 가설은 이미 알고 있는 내용을 설명하기 위한 것이지만, 더 중요한 것은 가설이 우리가 아직 모르는 사실 — 아직 해보지 않은 실험, 아직 발견되지 않은 화석 — 을 예측할 수 있게 해준다는 점이다. 이런 이유로 가설에는 '다음 초에 불을 밝혀줄 수 있을까?'라는 평가기준이 늘 붙어 다닌다.

대부분의 가설은 틀린 것으로 밝혀진다. 영광스럽게 제 몸을 불사르며 사라지는 것도 있고 치욕스럽게 쫓겨나는 것도 있지만, 어느 쪽이든 이는 과학자들이 둔해서도 실험이 헛되어서도 아니다. 자연에 대한 불후의 설명을 찾기가 그만큼 어렵다는 뜻이다. 대부분의 가설은 마지막 운명이 어떻든 쓸모 있는 아이디어를 담고 있는데, 이것이 살아남아 다음 번 모델이나 가설의 일부가 된다. 또한 훌륭한 가설은 새 연구에 영감을 불어넣기 때문에 연구 후 결함이 드러날 때조차 가치를 인정받는다. 대부분의 과학자들은 보잘 것없는 성공이거나 실패로 운명 지워질 가설을 만들지만, 아주 가끔씩 자연 세계에 대한 생각을 뒤바꿔놓는 아이디어가 나오기도 한다. 콘스탄틴 세르게예비치 메레츠코프스키Konstantin Sergeevich Merezhkovsky가 그런 가설을 내놓았다.

카잔 대학의 식물학 교수인 메레츠코프스키는 1905년에 조류藻類와 식물 세포들은 원래 두 개의 독자적인 생물이 당위적이고 영구적인 협력관계를 맺은 키메라였다는 가설을 제기했다. 곧, 원생동물 속으로 들어온 시아노박테리아가 엽록체 — 진핵세포에서 광합성이 일어나는 곳 — 의 기원이라는 주장이었다. 그는 독일의 식물학자 A. F. W. 쉼퍼Schimper가 몇 년 전에 알아낸 사실을 이 가설로 설명하고자 했다. 쉼퍼는 19세기 현미경 기술을 최대한 이용해 엽록체가 주위를 둘러싼 세포들과 따로 (그러나 동시에) 성장하고 분열한다는 것을 발견했다. 파스퇴르가 모든 생명은 생명으로부터 생긴다고 주장했듯이, 쉼퍼는 엽록체를 세포에서 없애면 새로 재생되지 않는다는 사실을 밝혔다―엽록체는 언제나 엽록체로부터 생긴다는 것이다. 메레츠코프스키는 또한 산호와 같은 동물이 자기 조직 안에 조류를 받아들여 공생한다는 연구결과를 잘 알고 있었다. 통찰력이 풍부했던 그는 이 두 가지 관찰을 결합해 놀라운 결론에 이르렀다. "엽록체는 양분을 얻어 성장하고, 단백질과 탄수화물을 합성하며, 형질을 자손에게 물려준다. 이 모든 일은 세포핵과는 별개로 이루어진다. 요컨대, 엽록체는 독립된 생물처럼 행동하고, 실험결과도 그러하다. 따라서 엽록체는 기관이 아니라 공생체共生體다."

메레츠코프스키의 내부공생(두 세포가 상호이익을 위한 협력관계로 맺어져, 한 세포가 다른 세포의 내부에서 사는 상태) 가설은 한동안 격렬한 논쟁을 일으켰으나, 결국에는 무시와 반증에 타격을 입고 물러났다. 대답보다 더 빨리 의문이 쌓여갔다―공생체가 어떻게 숙주의 세포질 안에 정착했을까? 어떻게 하여 공생체는 세포핵의 유전적 지배 아래로 들어왔을까? 이에 대한 설득력 있는 설명이 나오지 않는 가운데, 생물학자들은 좀더 다루기 쉬운 문제들로 옮겨갔다. 1960년대 초에 내부공생 이론은 미국 교과서에서 '너무 오래 돌아다니는 불량주화' 취급을 받을 뿐이었고, 메레츠코프스키는 옛 소련의 백과사전에서 식물분류학에 공헌한 학자로 기록되어 있을 뿐, 그 밖의 영역에서는 거의 언급되지 않았다.

내부공생설을 부활시킨 린 마굴리스

1972년 가을에 학부생이던 나는 식물학 과목의 기말 리포트 주제를 찾고 있었다. 내가 갈피를 잡지 못하는 것을 알아챈 지도교수는 혁신적인 사고를 갖춘 젊은 세포생물학자 린 마굴리스가 (그 당시) 최근 발표한 논문 몇 편을 읽어보라고 권했다. 나중에 듣게 된 사실이지만 『이론생물학 저널*Journal of Theoretical Biology*』에 게재되기 전에 열다섯 번이나 거절당했다는 1967년 논문에서, 린(당시에는 천문학자 칼 세이건의 아내로서 린 세이건이었음)은 진핵세포의 기원을 설명하는 내부공생설을 재창조했다(린 마굴리스는 메레츠코프스키의 가설을 알고 부활시킨 것이 아니었다. 1967년에 린은 메레츠코프스키를 알지 못했다). 린 마굴리스는 엽록체의 기원이 세포 내부에 공생하는 시아노박테리아라는 사실뿐 아니라, 진핵세포의 호흡을 담당하는 장소인 미토콘드리아도 자유생활을 하는 호흡하는 박테리아에서 유래했다고 주장했다.

다윈의 뛰어난 통찰에 따르면 진화는 기본적으로 가지치기하는 과정, 그러니까 다양해지는 과정이다 — 공통조상을 가진 자손들이 서로 달라지면서 새로운 형태와 생리기능이 생긴다는 말이다. 그런데 린 마굴리스는 가지들이 서로 합쳐져 새로운 종이 생긴다고 주장했던 것이다. 린 마굴리스의 가설에 따르면, 우리 몸을 구성하는 모든 세포는 두 가지 유전적 계통이 결합한 것이다. 내 연구실에서 내다보이는 장미덤불은 미토콘드리아뿐 아니라 엽록체도 갖고 있으므로, 세 가지 계통이 모인 것이다. 나는 린 마굴리스의 논문을 읽고 마치 전기에 감전된 듯한 자극을 받았다. 마굴리스의 논문은 바로 내 기말 리포트의 주제가 되었음은 물론, 초기 생명을 내 전공으로 삼는 계기가 되었다.

오늘날 생물학자들은 엽록체와 미토콘드리아가 내부공생에서 비롯되었다는 사실을 인정하고 있고, 린 마굴리스는 미국과학훈장을 받았다. 그럼 왜 메레츠코프스키는 실패했는데 마굴리스는 성공했을까? 한마디로 20세기 후반의 생물학자들은 앞 세대가 상상조차 하지 못했던 도구를 마음껏 쓸 수 있었기 때문이다. 전자현미경은 엽록체와 시아노박테리아가 공통의 구조를 공유하고 있음을 발견하는 데 한몫했다. 또 생화학 덕분에 시아노박테리아와 엽록체에 있는 광합성의 분자 시스템이 거의 같다는 것이 밝혀졌다. 게다가 엽록체의 항생물질에 대한 반응은 세포핵이나 세포질과 같지 않고 오히

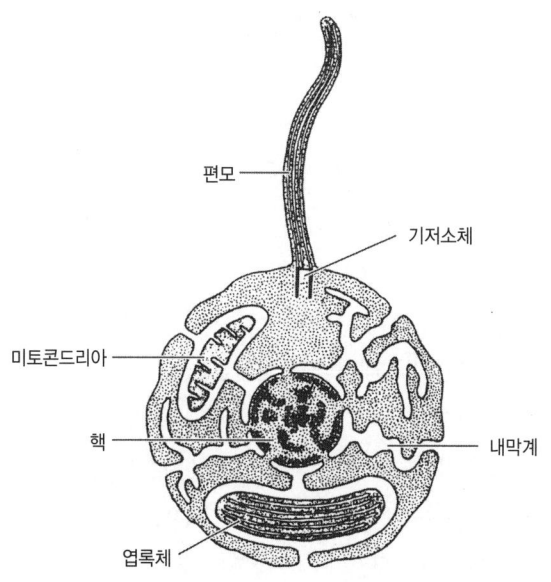

그림 8-1 진핵세포의 내부조직. 내막계를 포함한 진핵생물의 막이 핵과 세포질이 들어 있는 공간을 나눈다는 점에 주목하라. 그러나 엽록체와 미토콘드리아는 이 공간 바깥에 있다. 진핵세포 특유의 편모가 기저소체를 기점으로 뻗어 있다.

려 박테리아와 비슷하다는 사실도 드러났다. 가장 뜻밖의 결과는 엽록체에 DNA, RNA, 리보솜—세포의 성장과 복제에 최소한으로 필요한 분자기구—이 들어 있다는 사실이었다.

또한 전자현미경과 생화학은 손을 맞잡고 조류 세포의 아주 특별한 성질 하나를 밝혀냈다. 홍조류와 녹조류(그리고 그 후손인 육상식물)의 엽록체는 두 종류의 막에 둘러싸여 있다. 외막은 핵의 유전명령에 따라 세포질에서 합성되지만, 내막은 엽록체 스스로 만든다. 게다가 엽록체 외막은 세포의 경계가 되는 막, 핵막, 세포질 전체에 퍼져 있는 내막계를 아우르는 광범위한 막 시스템에 속해 있다. 이런 막들은 역동적인 연속성을 갖추고 있다. 곧, 어떤 순간에는 따로따로인 듯 보이다가도 이따금씩 서로 결합해 복잡하고 거의 연속된 면을 형성하는 것이다. 어려운 것 같지만 이것만 기억하면 된다. 핵과 세포질은 그 막 시스템 안에 속하지만 엽록체와 엽록체 내막은 **바깥**에 있다는 것이다(그림 8-1).

린 마굴리스가 이런 모든 사실이 내부공생 가설로 설명된다고 주장하자 생물학계는 오랫동안 무시했던 가설을 재평가하지 않을 수 없었다. 하지만 결정적인 증거는 분자생물학에서 나왔다. 2장에서 살펴보았듯이 유전자 염기서열 비교는 생물들 간의 진화관계를 밝히는 유력한 수단이다. 이 사실을 전제로 우리는 내부공생설을 명쾌하게 검증할 수 있다. 메레츠코프스키와 마굴리스의 가설은 기본적으로 계통관계에 대한 것이다 — 곧, 진화과정에서 별개의 두 영역에 속하는 미생물이 합쳐진다는 얘기다. 이 가설이 옳다면 엽록체 DNA의 유전자 서열은 식물이나 조류의 세포핵보다 시아노박테리아의 유전자와 더 가까워야 한다. 실제로 그랬다. 생명의 계통수에서 엽록체는 딱 시아노박테리아들 사이에 자리 잡는 것으로 밝혀졌다.

메레츠코프스키는 옳았고 반세기 후의 마굴리스도 옳았다. 하등한 시아노박테리아가 식물과 조류의 광합성의 기원으로 중요하게 대접받게 되었다. 이제 우리는 열대우림의 푸른 초록을 넋을 잃고 바라볼 때 원생동물에 편승하여 생태계에서 전례 없는 대성공을 거둔 시아노박테리아를 보는 셈이다.

엽록체 활동의 비결

한 세포가 어떻게 다른 세포의 일부가 될 수 있을까? 첫 번째 조건은 단순명쾌하다. 숙주가 공생체를 집어삼켜야 한다. 그 다음으로 시아노박테리아 공생체는 숙주가 분비하는 소화효소를 방해할 물질을 생산해야 한다. 그 물질은 당인데, 내부공생체에서 흘러나와 주위의 숙주세포에 흡수된다. 마지막으로 숙주세포는 공생체에게 이산화탄소와 양분을 꾸준히 제공해 광합성에 의한 당의 생산을 촉진한다. 이와 같은 물질대사 교환으로 숙주와 공생체의 협력관계가 생긴 것이다.

이런 협력은 사실 자연계에 아주 흔하다. 예컨대 메레츠코프스키가 1세기 전에 알았듯이 산호의 조직에는 단세포 조류가 살면서 서로 영양물질을 교환한다. 조류는 산호가 빨리 자라게 해주는데, 만일 산호가 약속한 의무를 다하지 않으면 산호를 떠나버린다. 그러면 숙주인 산호는 하얗게 탈색된다. 죽는다는 뜻이다. 요즘 카리브 해는 수온상승으로 '백화'된 산호 때문에 산호초 생태계가 큰 위험에 처해 있다.

하지만 엽록체는 자신의 숙주를 버릴 수 **없다**. 제2의 교환 — 이번에는 물질대사 교환이 아니라 유전자 교환 — 을 해야 하기 때문에 숙주에서 발을 뺄 수 없는 것이다. 엽록체에는 자유생활을 하는 시아노박테리아에 있는 DNA의 10퍼센트도 들어 있지 않다 — 세포에서 세포소기관이 되면서 내부 공생체는 대부분의 유전자를 잃었다.

이렇게 유전자가 모자란데 어떻게 엽록체가 제대로 작동할 수 있을까? 비결은 핵 유전자에 의해 암호화되고 세포질에서 합성되는 단백질을 가져다 쓰는 것이다. 그러기 위해서는 엽록체 막을 통과해 분자들을 수송하는 샤프롱chaperone이라는 단백질이 꼭 필요하다. 샤프롱 단백질은 세포기구에 오래 전부터 있던 구성요소인데, 원래는 새로 만들어진 단백질을 잘 접어서 포개는 일을 도왔지만 언젠가부터 수송에 이용되었다. 이런 체계적인 분자지원 덕분에 시아노박테리아의 몇몇 유전자는 할 일이 없어졌고 결국 없어지게 되었다. 또 잘 알려지지 않은 어떤 과정을 거쳐 엽록체의 유전자 몇 개가 세포핵으로 이사를 갔다. 그 결과 광합성 공장은 세포핵의 통제 아래로 들어가게 되었다. 그렇게 두 가지 다른 계통에서 새로운 생물이 탄생했다.

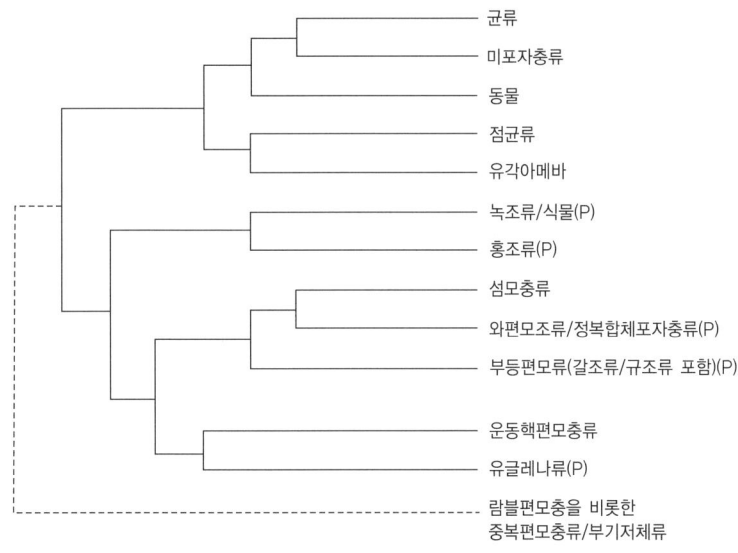

그림 8-2 진핵생물의 계통관계에 대한 현재의 가설. 10개 유전자의 분자서열을 비교한 결과에 의거함. 중복편모충류(람블편모충 포함)와 부기저체류를 나머지 가지와 묶는 점선은 계통수에서 초기의 가지가 성립한 것에 모호함이 있다는 뜻. (P)라고 표시한 것은 광합성생물의 집단이다(산드라 발다우프가 그린 그림을 다시 그린 것).

생명의 계통수의 '흩어짐'

조류는 생명의 계통수에서 한군데 뭉쳐 있지 않고 진핵생물 큰 가지의 여러 잔가지에 흩어져 있다(그림 8-2). 이론상으로 이런 흩어짐을 두 가지로 설명할 수 있다. 하나는, 진핵생물의 진화 초기에 광합성이 한 번만 생겼고, 나중에 진핵생물 영역이 여러 계통으로 갈라지면서 (우리 인류를 포함한) 몇몇 계통에서 사라졌다는 것이다. 두 번째로, 진핵생물의 공생이 **되풀이해** 일어나면서 광합성이 진핵생물 영역에 여러 번 생겼을 수도 있다. 이 두 가지 가설이 예상하는 것을 분자서열을 비교하여 검증해볼 수 있다. 모든 조류가 한 번의 공생에서 유래했다면 엽록체의 유전자를 비교하여 만든 계통수와 핵 유전자를 바탕으로 만든 계통수가 똑같은 계통관계를 나타낼 것이다. 그런

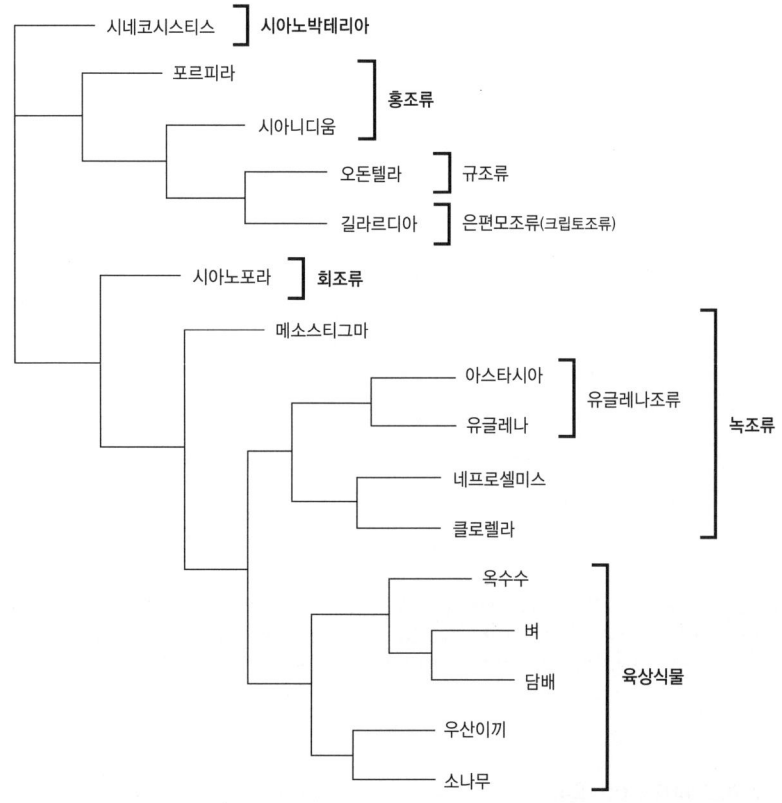

그림 8-3 분자서열의 비교로 밝혀낸 엽록체의 계통관계.
엽록체 계통수는 핵 유전자의 염기서열을 바탕으로 만든 계통수와 같지 않다는 점을 주목하라. 이것은 많은 진핵생물이 다른 진핵세포를 집어삼켜 광합성을 획득했다는 가설을 뒷받침한다. 예를 들어, 광합성생물인 유글레나조류는 녹조류와의 내부공생에서 유래했고, 크립토조류와 황록조류(그림에는 규조류라고 표시되어 있다)의 엽록체는 홍조류와의 공생에서 유래한 것 같다(계통관계 자료는 폴 팔코우스키Paul Falkowski 제공).

데 사실은 그렇지 않다. 엽록체 유전자의 분자계통관계를 나타내는 그림 8-3과 그림 8-2의 진핵생물 계통수를 비교하면, 여섯 번 정도의 내부공생이 진핵생물에 광합성을 들여왔음을 알 수 있다. 더군다나 여기에는 반전이 있다.

은편모조류는 온대지방 고위도 지역의 물에서 발견되는 단세포 조류를 묶는 작은 분류군이다. 맥길 대학의 사라 깁스Sarah Gibbs는 전자현미경을 이용한 획기적인 연구에서, 홍조류와 녹조류의 엽록체가 두 개의 막을 갖고 있는 것과 달리 은편모조류의 엽록체는 네 개의 막으로 둘러싸여 있음을 밝혀냈다. 게다가 내막 한 쌍과 외막 한 쌍 사이에 핵체라고 부르는 작고 검은 물질이 있는데, 놀랍게도 이 핵체가 DNA를 갖고 있었다. 깁스는 은편모조류가 홍조류와 녹조류처럼 내부공생을 통해 광합성을 획득한 것 같다고 짐작했다. 그렇지만 그녀는 은편모조류의 경우에는 공생체 자체가 시아노박테리아가 아니라 진핵생물 조류였다고 생각했다. 깁스는 다음과 같은 추리를 했다. 은편모조류의 엽록체를 둘러싼 두 개의 내막은 숙주 안에 공생체로서 들어온 조류의 엽록체가 갖고 있던 두 개의 막이고, 남은 두 개의 외막은 공생체의 세포막과 숙주가 합성한 포막包膜이며, 외막 쌍과 내막 쌍 사이에 놓인 핵체와 그 관련물질은 공생체의 핵과 세포질의 자투리라는 것이다. 유전자 서열의 비교는 깁스의 가설을 지지한다. 은편모조류의 엽록체 유전자들은 시아노박테리아 유전자들과 가깝고, 핵체 안에 남아 있는 유전자들은 홍조류의 핵 유전자들과 같은 계통이며, 은편모조류의 핵 유전자들은 별개의 진핵생물 계통을 나타낸다. 그러니까 은편모조류는 진핵생물 조류를 집어삼켜 광합성을 획득한 것이 맞다.

그림 8-4는 진핵생물 영역에 광합성이 어떻게 퍼져나갔는지를 정리해 보여준다. 홍조류의 엽록체는 시아노박테리아의 엽록체와 비슷한 광합성 색소를 가지고 있고, 이미 지적한 것처럼 두 개의 막으로 둘러싸여 있다. 이것은 1차 내부공생으로 시아노박테리아가 진핵세포 속으로 들어왔음을 말해준다. 녹조류의 엽록체는 홍조류와 좀 다른 색소를 가지고 있다 — 클로로필 b가 보태졌고 단백질성 색소가 사라졌다. 하지만 막이 두 개인 것은 역시 1차 내부공생의 흔적이다. 또 홍조류와 녹조류가 아주 가까운 관계라는 증거가 점점 많아지는 것을 생각할 때, 이 둘이 한 번의 공생에서 유래했을

가능성이 있다.

  핵체의 존재가 알려진 조류는 두 종류뿐이다. 그렇지만 홍조류와 녹조류를 뺀 나머지 조류는 진핵생물 공생체를 들여온 **2차** 공생으로 광합성을 획득했다는 데 많은 생물학자들이 동의한다. 엽록체 유전자 염기서열 비교와 막조직 연구는 이 결론을 뒷받침한다. **3차** 내부공생의 사례도 하나 있는데, 해양성 플랑크톤(그리고 산호의 광합성 공생체)에 많은 와편모조류에서 발견된다. 생물학의 마트로시카 인형(인형 속에 인형이, 그 속에 또 인형이 들어 있는 러시아 목각인형: 옮긴이)이라 할 만한 이 생물은 편모를 갖춘 원생생물이 착편모조류라는 이름의 조류를 삼켜서 생긴 것인데, 착편모조류 자체도 원생생물이 현생 홍조류와 가까운 단세포 조류를 삼켜서 생긴 것이며, 그 단세포 조류 역시 시아노박테리아가 진핵생물 속으로 들어오는 내부공생 덕에 진화한 것이다! 유명한 의학자인 루이스 토머스Lewis Thomas는 저서에서 이렇게 쓰고 있다. "나는 (위원회라는 것이) 우리가 알아낸 자연의 가장 기본적인 모습이라고 믿고 있다." 와편모조류는 자연은 협력하여 일한다는 생명관을 온몸으로 보여준다.

  진핵생물 영역에 광합성이 이렇게 퍼져나갔다는 것이 그토록 뜻밖의 사실일까? 처음에는 믿을 수 없을 정도로 이상해 보인다. 일어날 것 같지 않은 일련의 사건들이 먼 옛날 온갖 가능성을 허락하는 바다에서 완성된 느낌처럼. 하지만 앞서 말했듯이 공생으로 광합성을 획득하는 것은 생명의 역사에서 여러 차례 되풀이해 일어났다. 산 속의 바위에 붙어 있는 이끼는 균류가 녹조류 또는 시아노박테리아와 공생하여 생긴 것이다. 두 파트너가 어쩌다 한 번씩 함께 있을 뿐 따로 성장하는 협력관계가 있는가 하면, 관계가 너무 깊어서 숙주와 공생체의 분리가 불가능한 경우도 있다.

  열대바다에 사는 거대조개인 트리다크나Tridacna 조개도 산호초처럼 자신의 조직 안에 미생물 조류를 키운다. 조류 공생체는 편형동물, 해면동물, 무수한 원생동물(섬모충류, 방산충, 유공충)에서도 나타난다. 우리 인류의 먼 친척

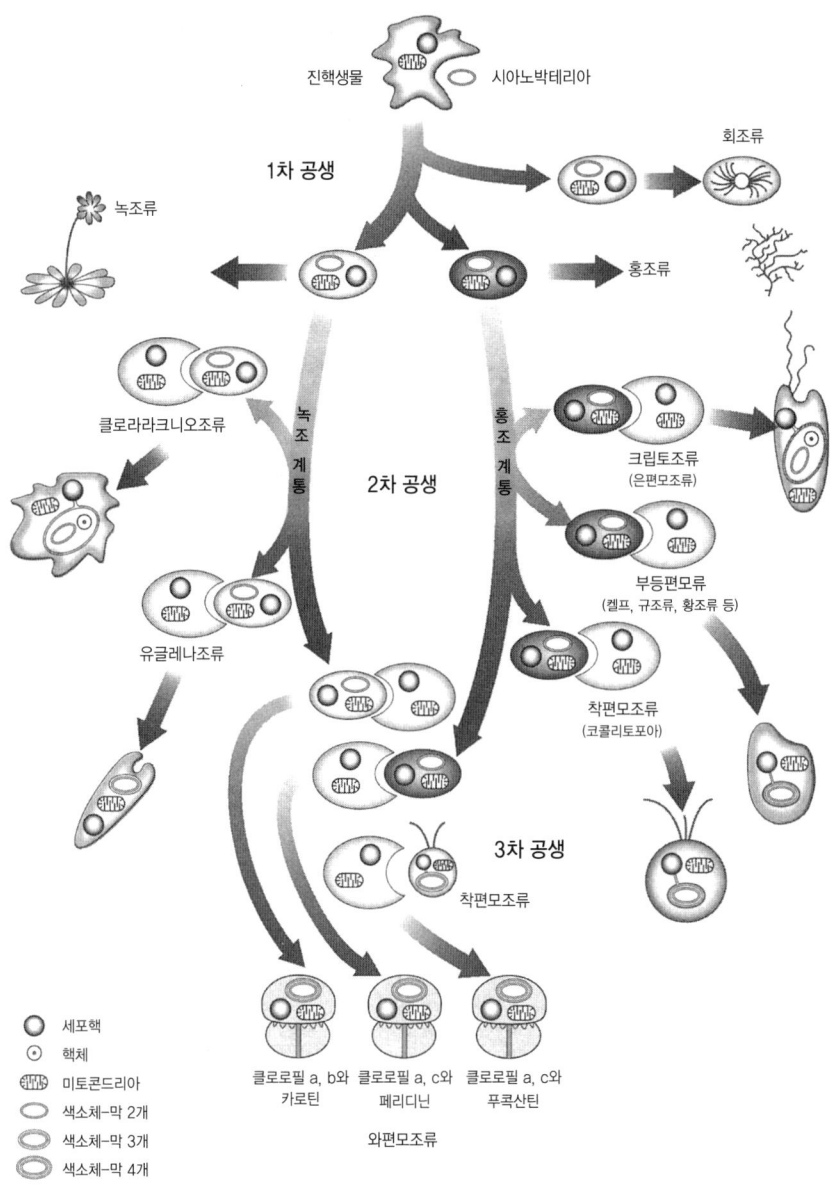

그림 8-4 진핵생물에 광합성을 퍼트린 내부공생 과정을 요약한 그림(찰스 델위치Charles Delwiche의 허가를 얻어 전재).

뻘되는 멍게 중에도 시아노박테리아 공생체를 품고 사는 것이 있다. **진정한 별종이 궁금하다면 거울 속을 들여다보라.** 척추동물은 광합성을 하는 미생물과 공생관계를 이룰 수 없는 것 같으니까.

미토콘드리아도 박테리아 세포에서 유래

린 마굴리스가 알아챘듯이 미토콘드리아의 이야기는 엽록체 이야기를 그대로 따라간다. 진핵세포의 광합성이 엽록체 안에서만 일어나듯 산소호흡 — 우리 몸의 동력이 되는 물질대사 — 은 미토콘드리아 안에서만 일어난다. 이 작은 세포소기관은 구조와 생화학이 프로테오박테리아라는 박테리아 집단과 아주 닮았다. 미토콘드리아도 엽록체와 마찬가지로 두 개의 막으로 둘러싸여 있고, DNA, RNA, 리보솜을 갖추고 있다. 일찍이 1925년에 콜로라도 대학의 해부학 교수인 이반 월린Ivan Wallin은 미토콘드리아의 본질이 박테리아라고 주장했다. 그는 한술 더 떠 미토콘드리아를 자유롭게 살아가는 생물로 배양할 수 있다고 주장하기도 했다. 하지만 어느 누구도 이것을 해내지 못했고(사실 할 수가 없다), 월린은 메레츠코프스키처럼 잊혀졌다. 하지만 또다시 분자생물학 덕분에 월린이 (적어도 전반적인 논지에서는) 틀리지 않았음이 밝혀졌다. 월린은 단지 시대를 앞서갔을 뿐이었다. 분자 진화의 계통을 더듬어 가면 미토콘드리아가 박테리아 세포에서 유래했음을 분명히 알 수 있다. 박테리아 세포가 우연히 공생을 하게 되었다가 세포에 필수적인 세포소기관으로 진화한 것이다. 이 공생관계에서 숙주가 당을 제공했으며, 앞으로 미토콘드리아가 될 공생체는 에너지를 (ATP의 형태로) 주었다.

우리는 2장에서 원핵생물의 물질대사가 엄청나게 다양한 반면 진핵생물의 능력은 한정되어 있다는 사실을 알았다. 진핵생물도 광합성을 하고 산소호흡을 하고 이따금씩 발효를 하지만 이것이 그들의 한계다. 미토콘드리아와 엽록체의 기원을 들이대면 진핵생물의 능력은 더욱 보잘것없어 보인다.

진핵세포 대부분의 동력원인 두 가지 물질대사(광합성과 호흡)가 대규모의 유전자 수평이동 — 박테리아 세포를 통째로 들여옴 — 에서 비롯된 것이기 때문이다. 나는 여기서 〈욕망이라는 이름의 전차〉에 나오는 어떤 장면이 떠오른다. 이 장면에서 블랑쉬 드보아는 "나는 늘 낯선 이의 친절에 기대어 살았다"라고 말한다. 진핵생물은 말하자면 생물의 블랑쉬 드보아인 셈이다.

진핵세포의 남은 부분은?

엽록체와 미토콘드리아가 박테리아 공생체에서 비롯되었다면, 진핵세포의 나머지 부분은 어떻게 만들어졌을까? 2장에서 진핵생물이 고세균이나 세균에는 없는 기본특징을 많이 갖추고 있다는 사실을 이야기했다. 진핵생물을 결정하는 특징은 물론 핵이다. 핵은 막으로 구분된 작은 방으로서 세포의 유전자를 담고 있다. 핵 안에는 긴 DNA 가닥이 작은 단백질 구슬에 단단히 감겨 실 모양의 염색체를 형성하고 있다. 전자현미경 아래에다 놓고 보면 진핵생물을 다른 생물과 확실히 구별 짓는 세포 내 특징들을 볼 수 있다(그림 8-1). 편모에는 미세소관이라는 독특하게 배열된 단백질 가닥들이 있고, 골지체(세포 내 수송과 분비에 관여하는 납작한 주머니)와 같은 세포소기관들이 세포기능을 확실히 나눠 맡고 있으며, 이미 살펴본 것처럼 미토콘드리아와 엽록체를 가지고 있다. 더 파헤쳐보면 진핵세포는 생화학적으로도 독특한 존재로서, 전사와 번역, 리보솜의 구조가 원핵세포에 있는 상응하는 특징들과 뚜렷이 구별된다.

진핵생물과 다른 생물들의 가장 중요한 차이는 아마 세포의 내용물을 안정되게 유지하는 방법일 것이다. 고세균과 박테리아(진정세균)는 세포질을 딱딱한 벽으로 둘러싼다. 반면 진핵생물은 세포골격이라는 내부 지지대를 진화시켰고, 로버트 프로스트가 〈가지 않은 길〉에서 말한 것처럼 그것이 운명을 바꾸었다. 세포골격은 액틴을 포함한 몇 종류의 단백질 섬유로 만들어진 매우 역동적인 조직으로서, 끊임없이 재형성되어 세포의 모양을 변화시킨다. 고등학교 생물시간에 본 적이 있는 아메바 자료화면을 떠올려보라. 먹이를 잡기 위해 위족을 쭉 뻗는 아메바의 우아한 꿈틀거림은 역동적인 세포골격과 유연한 세포막계의 협력활동인 것이다. 이런 협력은 필요한 물질을 집어삼킬 수 있게 해주었다는 점에서 진핵생물의 진화적 성공에 크게 기여했다 — 미토콘드리아와 엽록체의 획득을 가능하게 했기 때문이다.

내부공생은 미토콘드리아와 엽록체의 생물현상을 설명해주지만 그 밖의 진핵세포의 다른 많은 특징들까지 해명해주지는 않는다. 사실 정통 내부공생 이론에 따르면 미토콘드리아의 전구체를 집어삼킨 세포는 이미 다른 중요한 특성들을 갖춘 버젓한 진핵생물이었다. 진핵생물 진화에 대한 이 같은 관점에서 예측할 수 있는 계통관계는 명확하다. 엽록체와 미토콘드리아를 갖춘 진핵생물은 미토콘드리아만을 갖춘 진핵세포까지 아우르는 진핵생물 가지의 끝에 놓인다(엽록체만을 가진 세포는 없다). 그리고 진핵생물 계통수의 뿌리 근처에는 핵은 있지만 미토콘드리아가 없는 진핵세포가 있을 것이다 — 이 원시 진핵생물에서부터 내부공생이 시작되었다.

1980년대에 매사추세츠 주 우즈홀에 있는 해양생물연구소의 미첼 소긴Mitchell Sogin은 진핵생물의 계통관계를 분자적으로 탐구하는 연구를 개척했다. 칼 워스에게서 영감을 얻은 소긴은 진핵생물의 계통관계를 정리하기 위해 리보솜 RNA의 분자서열을 비교했다. 놀랍게도 소긴이 만든 계통수는 내부공생 가설이 예측한 계통관계와 멋지게 맞아떨어졌다. 꼭대기 쪽 가지에는 조류가, 중간 가지에는 아메바처럼 엽록체는 없고 미토콘드리아만 있는 세포가 존재했다.[1] 그리고 너무나 흥미롭게도, 맨 아래쪽 가지에 미토콘드

---

1) 유글레나조류 — 작은 녹색 편모충을 포함하는 생물군 — 는 예외다. 하지만 분자생물학 연구결과와 세포의 초미세구조를 보면, 유글레나조류는 녹조류의 엽록체를 집어삼킨 내부공생으로 광합성을 획득했다는 것을 알 수 있다. 따라서 태양빛을 이용하는 그들의 능력은 녹조류가 출현한 뒤에 생겼음이 틀림없다.

리아도 엽록체도 없는 진핵세포들이 포함되어 있었다. 산에서 떠 마신 물 때문에 배앓이를 해본 등산 애호가라면 잘 알 만한 장 기생충인 람블편모충 *Giardia lamblia*은 초기에 갈라진 대표적인 진핵생물이다. 람블편모충은 작은 총알 모양을 한 세포로서, 척추동물의 소화관처럼 산소가 희박한 환경에서 산다. 내부조직은 비교적 단순하고(이를테면, 골지체는 간신히 흔적만 남아 있다), 원핵생물에만 나타난다고 알려진 DNA 전사방식을 갖는다. 여러 면에서 람블편모충은 원시 진핵세포의 좋은 모델이다. 그런데 문제가 하나 있다. 단순한 생명형태를 갖는다는 점에서는 딱 원시 진핵생물로 보이지만, 람블편모충의 특이한 성질을 기생생활에 대한 적응으로 볼 수도 있다. 기생체는 살아가는 데 필요한 것의 대부분을 숙주에서 얻기 때문에, 쓸모없는 것을 없앤 단출한 형태를 한다. 그렇다면 람블편모충이 원래는 미토콘드리아를 가지고 있었지만 그것을 잃은 것일 수도 있다. 사실 람블편모충처럼 특이한 성질을 갖고 있으면서 자유생활을 하는 근연종이 발견되기 때문에, 기생생활로 모든 것을 설명하기는 어렵다. 그렇지만 자유생활을 하는 람블편모충의 사촌들 역시 산소가 희박한 환경에서 산다는 점 때문에 계속 의문이 남는다. 미토콘드리아가 없는 진핵생물은 진핵생물의 단순한 원시적 형태일까? 아니면 무산소 환경에서 사는 데 거추장스럽기만 하기 때문에 미토콘드리아를 내버린 것일까?

쉽게 해결될 문제 같아 보이지 않지만 실은 멋진 해결방법이 있다. 내부공생체가 세포소기관으로 진화하면서 자신의 유전자 일부를 숙주의 핵 게놈에 전달했다는 내용을 기억할 것이다. 이것이 사실이라면, 없어진 미토콘드리아가 어디로 갔는지 비교적 간단히 따져볼 수 있다. 미토콘드리아가 없는 진핵생물의 핵에는 옛날에 떠나버린 내부공생체에서 온 유전자가 들어 있지 않을까?

적어도 몇 가지 사례에서, 대답은 '그렇다'이다. 이질아메바 — 진핵생물 계통수에서 보통의 아메바들 사이에 있는 혐기성기생충 — 에서, 사라진 미토콘드리아의 유전자 흔적이 처음으로 발견되었다. 이질아메바의 핵 게놈에 존재하는 샤프롱 단백질 유전자 cpn60이 미토콘드리아와 자유생활을 하는 프로테오박테리아가 갖고 있는 cpn60 유전자와 아주 밀접했던 것이다. 아주 간단히 설명하면, 이질아메바가 미토콘드리아를 가지고 있다가 잃었지만 미토콘드리아 **유전자들**의 전부를 잃지는 않았다는 얘기다.

이 발견 후, 미첼 소긴을 포함한 많은 분자생물학자들이 람블편모충처럼 리보솜 RNA 유전자로 만든 계통수에서 초기에 갈라진 계통에 주목하기 시작했다. **모두가** 핵 게놈에 프로테오박테리아에서 유래한 유전자를 가지고 있었다. 따라서 지금껏 알려진 모든 진핵세포는 오랜 옛날에 박테리아 세포와 공생했던 증거를 간직하고 있는 것이다. 현생 진핵생물의 마지막 공통조상 이전에 미토콘드리아를 끌어들인 내부공생이 일어났거나, 아니면 원시 진핵생물이 갖가지 프로테오박테리아를 공생체나 기생체로서 받아들였는데 그 이후에 이들이 떠나버렸거나. 후자의 가능성도 터무니없지는 않다. 우리는 프로테오박테리아 — 대장균, 콩 뿌리에 사는 질소고정세균, 심해 열수 분출공 주변의 관벌레에 영양분을 제공하는 화학합성세균, 그리고 레지오넬라 질환, 티푸스, 록키 산 홍반열의 원인균 — 가 진핵생물이 제공하는 생태환경을 아주 잘 이용한다는 것을 경험으로 잘 알고 있다. 숙주의 핵에 샤프롱 단백질 유전자를 끼워 넣는 것은 프로테오박테리아가 새로운 삶의 터전에 정착하기 위해 널리 이용한 방법이었을 것이다.

제3의 부분이 있다?

이와 같은 유전자의 이동을 어떻게 해석하든, 비교생물학에서 진핵세포 생명형태의 기원을 속 시원히 밝혀줄 단서를 찾기는 어려운 듯하다. 어쩌면 이 단서들이 평범한 눈앞에는 모습을 드러내지 않은 채 자신들을 이해해줄 새로운 린 마굴리스를 기다리고 있는지도 모른다. 윌리엄 마틴William Martin과

미클로스 뮐러Miklos Müller는 1998년에 발표한 도발적인 논문에서, 미토콘드리아가 없는 원시 진핵생물이란 건 없었다고 주장했다. 대신 그들은 진핵생물의 세포조직이 두 원핵생물의 공생에서 비롯되었다는 가설을 내놓았다. 공생의 한쪽 파트너는 수소와 이산화탄소를 연료로 쓰는 메탄생성고세균이고, 다른 쪽은 산소가 있을 때는 산소호흡을 할 수 있지만 산소가 부족할 때도 발효를 이용해 살아갈 수 있는 프로테오박테리아다 — 이때 부산물로 수소와 이산화탄소, 아세테이트가 나온다. 상대의 물질대사가 나의 모자란 것을 채워주는 행운을 만난 두 공생 파트너는 서로 결합해 작은 탄소순환 고리를 맺었다. 메탄생성세균이 만든 유기분자는 프로테오박테리아로 수송되었고, 프로테오박테리아는 메탄생성세균이 유기물을 생산하는 데 필요한 수소와 이산화탄소를 제공했다. 원생이언의 산소혁명으로 바다와 대기에 수소가 줄어들자 메탄생성세균은 파트너에게 더욱 의존했고, 마침내 세포벽을 버리고 유연한 막을 진화시켰다. 이런 막으로 프로테오박테리아를 둘러싸면 수소를 더 많이 얻을 수 있었기 때문이다. 그러나 세포벽을 없애자 세포 내용물을 안정되게 유지할 새로운 수단이 필요했다 — 이 수단으로 세포골격이라고 하는 단백질조직이 진화했다. 곧이어 유전자들이 파트너한테로 이동하거나 사라졌고, 마침내 새로운 세포조직이 탄생했다.

　마틴과 뮐러가, 진핵세포가 원시적 공생에서 유래했을 가능성을 처음으로 제기한 것은 아니었지만, 그들의 가설은 생태학적으로 타당할 뿐 아니라 계통관계를 정확하게 예측하고 있다는 점에서 특별하다. 마틴–뮐러 가설은 왜 모든 진핵세포가 프로테오박테리아 유전자를 가지고 있는지를 설명해준다. 뿐만 아니라 진핵생물 유전자 중에 박테리아에서 유래한 것은 물질대사와 관련이 있고, 고세균 유전자와 가까운 것은 주로 전사와 번역을 담당한다는 사실을 논리적으로 뒷받침한다(이 관점에서, 계통수상의 진핵생물의 위치는 진핵세포의 RNA 유전자의 계보를 뜻한다는 점을 주의할 것. 진화의 과정에서 진핵생물이 새로운 생물군으로서 탄생하는 데는 계통들의 융합이 필요한데, 단일 유전자를 바탕으로 한 계통관계로는 이것을 완전히 파악할 수 없다).

또한 마틴-뮐러 가설은 프로테오박테리아가 진핵생물과 병리적·상호적인 파트너가 될 수 있었던 이유도 설명해준다. 아마도 프로테오박테리아는 자신에게 없는 유전자를 진핵생물 숙주가 갖고 있다는 것을 알아보고 진핵생물을 이용한 듯하다.

마틴-뮐러 가설은 진핵세포에 나타나는 또 하나의 수수께끼 같은 특징을 설명해준다. 앞서 지적했듯이, 산소 없는 환경에서 사는 진핵생물에는 미토콘드리아가 없다. 그런데 그들 가운데 일부는 수소발생소포라는, 세포 내의 혐기성 대사를 지배하는 세포소기관을 가지고 있다. 20여 년 전에 미클로스 뮐러는 수소발생소포도 미토콘드리아처럼 박테리아와의 공생에서 비롯된 에너지 생성 소기관인 것 같다고 말했다. 이것은 과감한 가설이었는데, 수소발생소포에 DNA가 들어 있지 않기 때문이다. 따라서 수소발생소포가 자유생활을 하는 박테리아에서 유래했다면, 이 세포소기관은 자신의 유전자 **모두**를 양도했다는 뜻이다. 언뜻 터무니없는 주장 같지만, 놀랍게도 이를 뒷받침하는 증거들이 점점 늘어나고 있다. 미토콘드리아가 없는 기생충인 질세모편모충 *Trichomonas*은 수소발생소포를 가지고 있는데, 연구결과 질세모편모충의 핵 게놈이 프로테오박테리아 기원의 유전자들을 여럿 가지고 있다는 사실이 밝혀졌다. 게다가 이 유전자가 암호화하는 단백질들은 수소발생소포에서 일한다. 이처럼 수소발생소포는 프로테오박테리아가 공생체가 된 후 자체 유전자를 전부 잃어버리고 물질대사의 노예로 전락한 결과로 생긴 것 같다. 뿐만 아니라, 프로테오박테리아에 기원을 둔 것으로 생각되는 유전자의 염기서열은 놀랍게도 수소발생소포가 미토콘드리아와 매우 가깝다는 것을 말해준다.

이처럼 마틴-뮐러 가설은 새겨볼 구석이 많지만, 진핵세포에 대해 알려진 모든 사실을 설명해주지 못하기는 마찬가지다. 최근 들어 과학자들은 전체 게놈─하나의 유전자가 아니라 생물의 전체 DNA─의 염기서열을 알아내는 일을 시작했다. 점점 더 많은 게놈지도가 완성되어감에 따라, 생물이 보편적으로 공유하는 유전자가 어떤 것인지, 특정 영역에서만 나타나는 유전자가 어떤 것인지 곧 찾을 수 있을 것이다. 각각 MIT와 하버드 대학의 분자생물학자인 히먼 하트먼Hyman Hartman과 알렉세이 페도로프Alexei Fodorov는 진핵생물의 유전자에서 박테리아(진정세균)와 고세균에는 나타나지 않는 (따라서 진핵생물의 분자흔적으로 짐작되는) 것을 수백 개 찾아냈다.[2] 하트먼과 페도로프는 이 유전자들이 진핵세포가 되는 과정에서 원시공생의 파트너로 선택했던 생물은 박테리아(진정세균)도 고세균도 아닌 제3자였다고 주장한다. 이 공생 파트너는 아주 이른 시기의 생명형태로, 오늘날에는 진핵세포의 형성에 기여하는 유전자로서만 흔적이 남아 있는 듯하다. 실제로 이 유전자들의 대부분이 진핵생물의 지문이나 다름없는 요소― 세포골격과 핵― 와 관련되어 있다.

　지금으로서 확실한 것은, 진핵세포의 기원에 얽힌 수수께끼를 완전히 해결하려면 아직 멀었다는 것이다. 그러나 마틴-뮐러 가설이나 하트먼-페도로프 가설 같은 설명들은 초기 진화에서 자연이 '이빨과 발톱을 곤두세웠다' 기보다는 '평화로운 인수합병을 했다'고 생각한다. 약육강식의 생존경쟁이 빅토리아 시대의 가치관과 잘 맞았다면, 평화로운 인수합병은 21세기 경제에 어울리는 관점이다. 이 가설들은 1967년에 발표된 린 마굴리스의 개념만큼이나 도발적이고 획기적이며 흥미롭다. 또한 마굴리스의 가설처럼, 생물학의 심원한 수수께끼에 신선한 통찰력을 가져다줄 연구를 촉매하기에 모자람이 없다. 이런 것이야말로 훌륭한 가설이다.

---

[2] 이 책을 쓰는 현재, 50종이 넘는 생물의 게놈지도가 완성되었고, 훨씬 많은 종에 대한 조사가 진행되고 있다.

덧붙임

요즘 진핵생물의 계통관계에 대한 분자생물학적 연구가 한창이다. 유전자 서열이 속속 밝혀지고 있으며, 분석방법도 날로 좋아지고 있다. 특히, 생물학자들은 다양한 진핵생물에서 유전자 표본을 얻는다. 진핵생물 계통발생의 결론은 아직 씌어지지 않았지만, 그림 8-2에서 보듯이 동물이 균류와 가까운 관계이고(그럼 우리의 족보가 **거기** 속하는 건가), 나아가 동물 + 균류가 아메바나 점균류와 관계가 깊다는 증거가 점점 늘어나고 있다. 별도의 가지에, 여전히 논란이 되고는 있지만 홍조류와 녹조류가 함께 놓이는데, 이것은 시아노박테리아와 원생동물의 1차 공생이 한 번만 일어났다는 설을 뒷받침한다. 또 어울릴 것 같지 않은 동거인들이 한 가지에 모여 있다. 부등편모류(황록조류라고도 함. 켈프와 규조류가 여기에 포함된다)는 균류의 일종인 난균류와 같은 가지에, 또 섬모충류와 와편모조류, 플라스모디아(말라리아를 일으키는 병원체)가 근처의 가지에 함께 모여 있다. 특히, 미첼 소긴이 오래전에 RNA를 바탕으로 만든 계통수에서 아래쪽 가지들을 차지했던 생물 가운데 일부가 유전자들이 속속 분석됨에 따라 높은 가지로 옮겨갔다는 점이 눈길을 끈다. RNA 나무에서 거의 밑바닥 쪽에 있던 작은 기생생물인 미포자충은 더 포괄적인 유전자 계통수에서 균류와 함께 위치한다. 진화가 빨리 일어나면서 미포자충의 리보솜 RNA 유전자가 다른 진핵생물의 리보솜 RNA 유전자와 크게 멀어졌기 때문에, RNA 유전자 서열의 유사성을 바탕으로 만든 계통수에서는 미포자충이 밑바닥으로 내려갔을 것이다. 몇 가지 다른 기생생물도 같은 경우에 해당하는 듯하다. 그러나 람블편모충과 수소발생소포를 가지고 있는 세모편모충류는 초기에 갈라진 원생생물의 자리에 그대로 머무르는 것 같다. 생명의 나무는 지금도 자라면서 끊임없이 변화한다. 어쨌든, 이쯤에서 다시 화석기록 이야기로 돌아가 진핵생물의 진화가 원생이언 암석에 어떻게 반영되어 있는지 살펴봐도 좋겠다.

09

초기 진핵생물의 화석

진핵생물은 다양한 세포형태를 진화시켰고, 박테리아와 고세균에는 없는 다세포성을 지녔다. 이런 특징을 간직한 화석기록을 살펴보면, 진핵생물은 일찍이 생겨났지만 원생이언 후기에 이르러서야 마침내 바다에 산소가 증가한 데 힘입어 해양생태계의 주역으로 떠올랐다는 사실을 알 수 있다.

중국 남부 구이저우貴州 성의 인산 광산에서

젊은 광부가 내 어깨를 끈질기게 톡톡 두드리더니, 큰 몸짓을 섞어가며 지시 사항임이 분명한 무슨 말을 (중국말로) 크게 외쳤다. 그는 근처에 대놓은 트럭을 가리켰다. 대여섯 명의 광부가 이미 그 아래로 몸을 숨긴 뒤였다. 나는 바보가 아니므로 그들을 따라 했다. 몇 초 후에 커다란 폭발음이 땅을 뒤흔들었고, 뒤이어 우박처럼 쏟아지는 암석 파편에 내 머리 위의 차체가 움푹 파였다.

여기는 중국 남부의 구이저우 성, 우리는 이곳의 바위투성이 지형에 곰보 자국처럼 점점이 찍힌 수많은 인 광산 가운데 한 곳에 와 있다(그림 9-1). 인산염은 비료로 쓰이기 때문에 구이저우 성의 인산염 광산은 지역경제에 중요한 몫을 한다. 그런데 광부들이 모르는 사실이 있다. 중국 윈난雲南 성의 쿤밍昆明에서 미국 미시건 주의 칼라마주에 이르기까지 폭넓게 분포하는 인산염암 가운데, 구이저우 성의 인산염암에서 이제까지 원생이언 지층에서 발견된 것 중 가장 멋진 화석들이 나온다는 것이다. 게다가 화석들의 대다수가 진핵생물 화석이다. 그레이트 월의 퇴적과 이곳의 인산염암 퇴적을 잇는 시간의 흐름 어딘가에서, 핵을 가진 생물이 장장 20억 년에 걸친 박테리아의 생태적 지배를 깨뜨렸다. 물론 원핵생물은 사라지지 않았다. 그들은 지금도 이 행성에서 돌아가는 모든 생태계의 바탕을 이루고 있다. 그러나 조류가 등장해 시아노박테리아를 밀쳐내고 해양생태계의 주요한 1차 생산자가 되었고, 미생물 먹이를 잡아먹을 수 있는 원생동물이 출현해 육식과 초식의 복잡한 관계가 먹이사슬에 덧붙었다. 이제부터 구이저우 성의 화석을 길잡이 삼아, 원생이언 진핵생물의 역사를 돌아보자.

약 6억 년 전의 암석

구이저우 성의 인산염암은 원생이언 말 중국 남부에 퇴적된 거대한 쐐기꼴

그림 9-1 중국 웡안瓮安에 있는 채석장의 노두. 더우산陡山沱 층군의 인산염암에는 화석이 많이 포함되어 있다.

퇴적암 더미의 얇은 가장자리를 따라 존재한다. 이 퇴적암들은 북쪽에서, 절경으로 꼽히는 장강삼협長江三峽(세 개의 협곡으로 서능협, 무협, 구당협으로 구성된 총 길이 193킬로미터의 계곡구간을 말한다: 옮긴이)에 노출되어 있는데, 네 개의 층으로 구분되어 포개져 있다. 맨 밑바닥 층은, 해안평야를 가로질러 구불구불 흐르는 강이 통과한 결과 불연속적으로 퇴적된 붉은 사암으로 되어 있다. 사암 속에서 얇은 층으로 발견되는 화산재로 U-Pb 연대측정을 해보니, 7억 4,800만±120만 년 전으로 나왔다. 한편, 맨 위층은 석회암과 백운암으로 된 두터운 층으로, 꼭대기에는 캄브리아기 초기의 화석이 존재한다. 특별한 관심을 끄는 것은 그 사이에 놓인 두 개의 층이다. 하나는 극단적인 기후를 기록하고 있고, 다른 하나는 원생이언 생물에 대한 인식을 뒤바꿔놓는 화려한 화석들을 담고 있다.

난퉈南沱 표석점토암이라고 부르는 아래층은 붉은 사암층 바로 위에 놓인다. 큰 자갈, 모래, 실트가 섞여 알갱이가 고르지 않은 이 지층은 중국 남부 지역에 걸쳐 폭넓게 분포한다. 흐르는 물이 운반하는 퇴적물은 입자의 크기와 밀도에 따라 분리되는 게 보통인데, 고운 실트와 축구공만한 자갈이 한데 섞여 있다는 것은 수송한 수단이 다른 것이었음을 뜻한다 ― 그것은 '얼음'이었다. 다른 퇴적특징을 보면, 이 지층이 빙하의 작용으로 생겼다는 확신을 얻을 수 있다. 예를 들어 드롭스톤(실트와 진흙의 미세한 층에 우르르 들어온 작은 돌멩이와 큰 자갈로 이루어진 것)은 빙하에 실려 바다로 간 성긴 퇴적물이 빙하가 녹으면서 아래 놓인 입자 고운 퇴적물에 떨어져 섞인 사실을 기록하고 있다. 또 표석점토암에 끼어 있는 자갈에는 가느다란 선이 깊이 패어 있는데, 이것은 암석 부스러기가 섞인 빙하가 움직일 때 남긴 자국이다. 빙하작용으로 생긴 암석은 세계 곳곳의 원생이언 후기 지층에서 발견된다. 이런 암석들은 원생이언에 생물을 위태로운 상황으로 몰아넣었던 극심한 빙하기가 몇 차례 있었다는 증거다. 여기에 대해서는 12장에서 다시 살펴볼 것이다.

빙하가 녹으면서 해수면이 상승했을 때, 흥미로운 두 개의 중간층 가운데 두 번째 것 ― 화석을 포함하고 있는 더우산퉈 층군 ― 이 퇴적되기 시작했다. 장강삼협 일대에는 해수면의 상승과 하강이 두 차례 반복되는 동안 셰일과 인산염암, 탄산염암이 3,000미터 정도로 퇴적되었다. 거기서 남서쪽으로 가면, 태곳적의 해안선 가까이로 갈수록 더우산퉈 층군은 얇아지고 성질이 변한다. 내게 광산에서 무사하게 돌아올 수 있는 기술을 가르쳐준 구이저우 성에서는 이 지층의 두께가 40~50미터밖에 되지 않으며, 구성하는 암석은 주로 연안에서 퇴적된 인산염암이다. 여기서 몇 킬로미터쯤 서쪽으로 더 가면, 이 시대를 나타내는 인산염질 사암의 두께가 고작 5미터로 줄어든다. 현재까지 이 지층에서 화산암이 전혀 발견되지 않았지만, 인산염 결정이 생성될 때 안에 갇힌 방사성 우라늄과 루테튬 원자들은 약 5억 9,000만~6억 년 전을 가리키고 있다. 든든하게도 이 연대는 더우산퉈의 퇴적암에 들어 있는 화석과 화학흔적을 연대가 확실히 알려진 지층과 비교하여 얻어낸 어림값 안(6억 년 이하, 5억 5,500만 년 이상)에 들어온다.

그러니까 더우산퉈 층군에 존재하는 진핵생물이 풍부한 암석은 그레이트 월의 백운암보다는 훨씬 나중이고, 스피츠베르겐 섬의 화석을 포함한 층보다도 나중이다. 사실 이 암석들은 코투이칸 강을 따라 늘어선 캄브리아기의 절벽보다 고작 5,000~6,000만 년쯤 오래된 것이다.[1] 따라서 더우산퉈의 화석은 진핵생물의 융성을 보여줄 뿐 아니라, 막 일어나려던 생물 대변혁의 조짐을 넌지시 비춰줄 것이다.

진핵생물 화석을 구별하는 법

어떤 화석이 진핵생물의 화석이라는 것을 어떻게 알 수 있을까? 식물이나 동물이라면 구별이 쉽다 — 박테리아(진정세균)와 고세균 가운데 이파리나 껍

---

[1] 내 친구 딕 밤바크Dick Bambach는 이 문장의 '고작'이라는 단어에 불만을 표시했다. 그러면서 내게 5,000만 년은 아주 긴 시간임을 주지시켰다. 맞다. 5,000만 년은 긴 시간이다. 5,000만 년이면 이집트의 역사를 피라미드에서부터 현대의 카이로까지, 만 번은 돌릴 수 있다. 5,000만 년이면 인류 200만 세대가 계속될 수 있는 시간이며, 아메바는 10억 세대가 지속될 수 있는 어마어마한 시간이다. 그러나 내가 여기서 '고작'이라고 표현한 것은, 그레이트 월과 두샨투오의 지층을 가르는 엄청난 시간에 비하면 '상대적으로' 5,000만 년은 눈 깜짝할 새라는 뜻을 전달하기 위해서이다. 그렇다 해도 딕의 지적은 중요하다. 우리는 이따금씩 뒤로 물러 앉아, 생명의 초기 역사가 그려진 캔버스가 얼마나 광대한지를 생각해볼 필요가 있다.

데기 따위를 만드는 것은 없기 때문이다. 그러나 미화석으로 가면 그리 단순치가 않다. 생물학자들은 세포조직이나 유전적 성질, 또는 생리기능과 관련된 수많은 특징을 바탕으로 원핵생물과 진핵생물을 쉽게 구별할 수 있다. 하지만 고생물학자들은 이 가운데 어떤 특징도 이용할 수 없다. 우리는 겉모습에 의존해야 한다.

선캄브리아 시대에 대한 연구가 막 시작되었을 때, 고생물학자들은 크기나 세포의 흔적을 바탕으로 진핵생물의 미화석을 찾을 수 있을 거라고 기대했지만, 아무 소용이 없었다. 물론 크기는 매력적인 기준인 것처럼 보인다. 평균적으로 진핵생물은 박테리아보다 크고, 직경은 간단하게 측정되기 때문이다. 최대치와 최소치만 보면 확실히 크기는 둘을 구별하는 데 도움이 된다. 1밀리미터보다 큰 박테리아 세포도, 직경이 300나노미터[2]밖에 되지 않는 진핵생물도 지금까지 알려진 바가 없다. 그렇지만 (원생이언 암석에서 흔히 만나게 되는) 그 중간의 크기에서는 박테리아와 진핵생물이 꽤 중복된다. 바다에 사는 아주 작은 녹조류는 직경이 1마이크론이 채 되지 않는다. 한편—코투이칸 강의 처트에 있던 시가 모양의 화석들을 떠올려보면—시아노박테리아의 휴면세포들은 길이가 100마이크론을 거뜬히 넘는다.[3] 세포외 초를 형성하는 시아노박테리아는 문제를 더 어렵게 만든다. 직경이 10마이크론인 세포의 군체가 직경 100마이크론의 보존 가능한 막에 싸여 있는 경우가 있기 때문이다.

크기로 확실히 구별할 수 없다면, 세포의 흔적으로는 가능할까? 원생이

---

[2] 1나노미터는 10^{-9}미터, 곧 1,000분의 1마이크론이다. 300나노미터짜리 세포는 3분의 1마이크론도 안 되는 것이다.

[3] 지금까지 알려진 가장 큰 박테리아는 남아프리카의 연안 퇴적층에서 발견된 황산화세균이다. 이 거대한 박테리아는 너비가 500마이크론이 넘지만, 어떤 면에서 눈속임이라고 말할 수 있다. 속이 텅 비어 있기 때문이다.

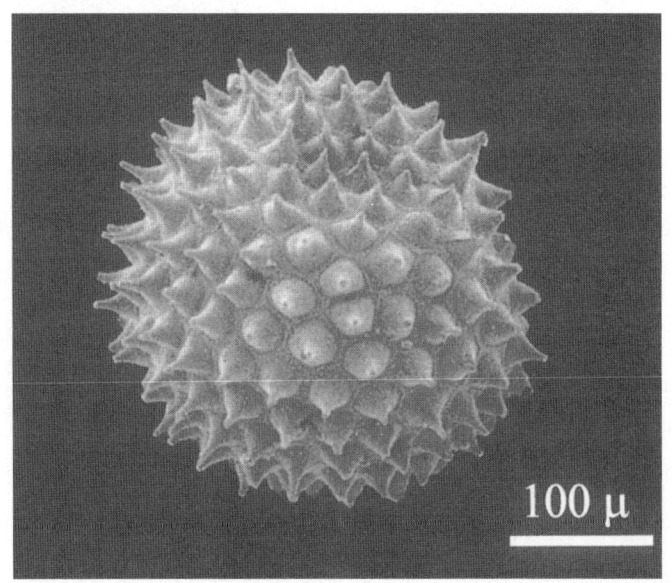

그림 9-2 더우산튀 층군의 처트와 인산염암에서 흔히 발견되는 가시 달린 미화석. 이러한 화석은 진핵생물의 생식포자인 것 같다. 직경은 250마이크론(사진은 샤오수하이肖書海 제공).

언 화석군집으로서 초기에 발견된 것 가운데 하나이며 8억 3,000만~8억 1,000만 년 전에 형성된 호주 중부의 비터 스프링스 층이 거론될 수 있다. 비터 스프링스 층은 척박한 해안평야에 일시적으로 생긴 호숫가에 퇴적한 탄산염암으로 이루어져 있는데, 화석은 탄산염암 속의 처트 단괴에서 발견된다. 이 처트에는 UCLA의 빌 쇼프가 보고한 아름다운 시아노박테리아와 직경 10마이크론 정도의 단순한 구형화석이 들어 있다. 이 가운데 일부는 속이 텅 비어 있어서 처음에 시아노박테리아로 알려졌다. 나머지 구형화석은 다른 것은 다 같은데 작고 검은 유기물 함유물이 들어 있어서, 핵이 보존된 진핵생물 조류로 알려졌다. 그렇지만 핵은 대부분이 수분이며, 나머지는 양분이 아주 많은 단백질과 핵산이다. 따라서 세포가 죽으면 곧, 빠르게, 완전히 자취를 감춘다. 핵이 보존되는 게 얼마나 어려우냐 하면, 모든 화석기록에서 세포핵으로 보이는 것을 포함하는 화석은 그저 한 줌일 뿐이다. 한편, 분해 도중인 시아노박테리아와 조류에는 세포 내용물이 오그라들면서 생긴 작은 공 모양의 유기물 덩어리가 포함되어 있다. 따라서 비터 스프링스 층을 비롯한 원생이언 지층의 미화석에서 발견되는 '검은 점박이'를 분해과정의 세포질로 설명하면 꽤 그럴듯하다. 그러나 이런 화석들 가운데 진핵생물의 화석이 있을지라도, 표범도 아닌데 점박이로 진핵생물을 구별할 수는 없다.

진핵생물을 실제로 구별하는 특징은 **형태**다. 3장에서, 일부 시아노박테리아는 다른 세균이 따라 할 수 없는 세포 모양과 군체 형태를 갖는다는 이야기를 했다. 마찬가지로 일부 진핵세포는(모든 진핵세포는 아니지만) 원핵생물에는 나타나지 않는 특징을 보인다. 이런 의미에서 더우산튀의 화석은 고생물학자들이 초기 진핵생물의 화석을 어떻게 구별하고 해석하는지를 잘 보여준다.

화려한 장식이 달린 미화석

장강삼협 일대에서 처트 단괴는 더우산튀 층군의 두 층에서 나타난다. 아래층의 단괴에는 화석이 풍부한데, 대부분은 매트를 건설하는 시아노박테리아가 빽빽하게 뒤엉켜 생긴 군집이다. 위층의 처트 단괴에도 시아노박테리아가 있지만, 그 밖에 아주 다른 미화석이 들어 있다. 후자의 미화석은 대개 구형이며, 크기가 큰 편이다(최대 600마이크론 정도). 무엇보다 두드러진 특징은 화려한 장식이 달렸다는 것이다. 어떤 것은 마치 작은 태양처럼, 둥근 원 둘레에 빛살이 방사상으로 뻗어 있다(그림 9-2). 또 어떤 것은 가시, 플랜지(레일 밭), 손잡이 같은 장식이 줄줄이 달려 있기도 하다. 박테리아는 이와 같은 구조를 만들지 못하지만, 여러 진핵생물들은 만들 수 있다. 따라서 더우산튀의 화석을 붙들고 생명의 계통수를 오르면, 우리 인류가 속한 가지에 오를 수 있을지도 모른다.

이 멋쟁이 화석들이 구체적으로 어떤 생물과 관계가 있는지는 모르지만, 대부분은 조류의 버려진 포자껍질인 것 같다. 호주, 시베리아, 스칸디나비아, 인도에서도 비슷한 화석이 발견된다는 점에서, 이 화석들은 빙하가 드넓은 지역을 뒤덮던 시대가 끝난 뒤 지구 곳곳에 다양한 해양생물이 진화한 기록이라고 볼 수 있다. 그런데 뜻밖에도 이런 다양화는 아주 잠깐 일어나고 끝났다. 원인은 지금도 논란이 분분하지만(원생이언의 대륙빙상이 마지막으로 확장했던 사건과 관계가 있는 것 같다), 갖가지 장식으로 치장한 화석의 거의 모두가 등장한 지 몇백만 년 안에 사라져버렸다 — 이들은 지구 초기에 일어났다고 알려지는 대멸종의 희생자였던 것이다.

더우산튀 암석에는 다른 보물이 또 있다. 1990년에 중국의 고생물학자인 천멍거陣孟娥가 장강삼협의 협곡을 따라 솟은 절벽 위쪽의 검은 셰일에서, 처트 단괴에 들어 있던 것과는 크게 다른 두 번째 화석군집을 발견했다. 이 화석들은 맨눈으로도 알아볼 수 있을 만큼 크고, 층리면에 눌린 유기물 막 형태로 많은 수가 존재했다(컬러도판 5a). 역시 특유의 형태로 보아, 지금까지 발견된 30여 개의 화석군집이 대부분 진핵생물 조류임을 알 수 있다. 몇몇은 세세한 특징들까지 남아 있어서 숨을 불어넣으면 곧 살아 움직일 듯하다. 실제로 내 학생이었고 지금은 툴레인 대학에 있는 샤오수하이는 먀오허피톤 *Miaohephyton*(글자 그대로 '먀오허廟河[Miaohe]에서 발견된 조류'라는 뜻)이라는 흔한 압축화석을 그 옛날 바다 밑바닥을 뒤덮었던 바닷말로 되살려냈다. 얇은 풀잎처럼 생긴 것이 뿌리 구실을 하는 부착기에 의해 진흙바닥에 고정된 채 물속에 서 있는 모습이었다. 내 마음의 눈에는 그들이 느릿느릿한 물결에 사뿐히 흔들리는 듯했다. 이 조류는 어느 정도 자랄 때마다 끄트머리가 둘로 갈라져 분지했다. 성체는 윗부분에 생긴 혹 모양의 조직에서 생식세포를 만들어 물속에 생식포자를 흩뜨리거나, 미리 형성된 절단면을 따라 가지를 분절시켜 개체를 분산했다. 이와 비슷한 특성을 갖는 생물이 현재에도 몇몇 갈조류에서 발견되기 때문에, 우리는 현재의 창을 통해 더우산튀 화석의 생물학적 기능을 엿볼 수 있고, 어쩌면 계통관계에 대한 단서까지도 얻을 수 있을지 모른다.

먀오허의 화석은 입자가 고운 퇴적물 속에 아주 빨리 매몰되었기 때문에 보존될 수 있었던 것이다. 보통은 조류가 죽으면 곧바로 박테리아에 의해 조직이 분해되지만, 먀오허에서는 박테리아의 업무를 방해한 요인이 있었다. 점토덮개가 산소를 차단한 데다가 분해효소를 흡수해버린 것이다. 그 위에 퇴적물이 차곡차곡 쌓이면서 생물의 유해가 책갈피에 꽂아둔 꽃잎처럼 눌렸다.

강의 범람원과 호수에서 형성된 더 최근 시대의 이암에서는 식물의 잎이 흔히 이처럼 눌린다. 그러나 해저에서 생긴 암석에는 이런 유기물 압축화석이 드물다. 구멍 파는 동물이 진흙과 실트를 갈아엎고 뒤집기 때문이다. 물론 흔치 않다뿐이지 아예 없지는 않다. 사실, 가장 유명한 화석군인 캄브리아기 중기의 버제스 셰일 화석군집은 탄소가 풍부한 이암에 동물주검이 눌려 형성된 것이다.[4] 버제스 화석군은 더우산퉈 층군보다 고작 5,000~8,500만 년쯤 후에 형성되었다. 따라서 우리는 더우산퉈의 압축화석에서, 있는 것뿐만 아니라 없는 게 무엇인지를 눈여겨봐야 한다. 예를 들어, 관에 플랜지 장식이 달린 개체군은 말미잘 같은 단순한 무척추동물(컬러도판 5b)의 흔적인 것 같은데, 버제스 셰일을 비롯한 캄브리아기의 기록창고에서는 유독 많이 발견되면서도, 더우산퉈에서는 이처럼 내부구조나 모양이 복잡한 동물의 흔적이 어디에도 나타나지 않는다. 분명, 더우산퉈 시대와 버제스 시대 사이에 많은 일이 있었다는 증거다.

---

4) 1909년에 찰스 둘리틀 월코트Charles Doolittle Walcott가 발견한 버제스 셰일은 캄브리아기 동물유해가 압축화석으로 남아 있는 곳으로 유명하다. 더 자세한 것은 11장 참조.

동물이라는 증거

내가 더우산퉈 화석 연구에 참여하게 된 것은 베이징 대학의 고생물학자인 장윈張昀 교수의 권유 덕분이었다. 장 교수는 마음이 넓고 교양이 넘치는 데다 통찰력이 뛰어난 학자다. 그는 1980년대에 구이저우 성의 시골마을인 웡안 근처 인산 광산에서 더우산퉈의 화석표본을 수집했다. 여러 표본에서 다세포 조류가 나왔다. 그리고 1992년에 내게 행운이 찾아왔다. 장 교수에게서 함께 연구하자는 제안을 받았던 것이다. 더불어, 다른 중국인 친구인 난징 지질학·고생물학 연구소의 인레이밍尹磊明이 우연찮게도 같은 때 나를 중국으로 초청했다. 그러니까 인 박사는 장강삼협 일대의 처트에 포함된 더우산퉈 화석을 연구하고 있었고, 장 교수는 구이저우 성의 인산 광산에서 발견된 화석군집을 조사하고 있던 상황이었다. 그래서 나는 셋이서 함께 더우산퉈 층군에 나타나는 진핵생물의 다양성을 해명해보자는 제안을 했다. 또 장 교수의 지도 아래 베이징 대학에서 박사학위를 딴 샤오수하이가 그해 때마침 하버드 대학에 대학원생으로 입학하여, 그도 우리의 공동연구팀에 합류하게 되었다.

더우산퉈 층군의 처트와 셰일이 각각 원생이언 후기의 생물을 들여다보는 두 개의 특별하고 투명한 창을 열어주었다면, 구이저우 성의 인산염암은 앞의 두 창보다 더 멋진 세 번째 창을 제공한다. 더우산퉈의 바다에서 얕은 여울이었던 곳의 어느 귀퉁이에서, 퇴적물의 표층에 들어온 생물의 유해는 곧바로 작은 인산칼슘 결정으로 덮였다. 따라서 전체 형태와 세포의 구조가 놀랍도록 세밀하고 입체적으로 보존되었다. 그 결과 더우산퉈의 인산염암에는 어느 시대의 암석에서도 좀처럼 발견되지 않는 유기물이 남아 있는 것이다.

장강삼협 일대의 처트와 마찬가지로 구이저우 성의 인산염암에도 화려한 장식이 달린 진핵세포 미화석이 빼곡히 들어차 있다. 어떤 층에 누워 있는 사암은 인산염화한 세포로 만들어졌다 해도 과언이 아닐 만큼 화석을 많이 포함하고 있다. 다세포 생물 화석도 여럿 눈에 띄는데, 여기서도 형태의 면면으로 볼 때 박테리아의 군체가 아니라 조직을 형성하는 조류로 보인다. 특히 많은 정보를 제공하는 것은 딱딱한 껍질을 형성하는 작은 구조체인데, 이를 이루는 세포들이 마치 분수가 튕겨내는 물처럼 몇 겹으로 배열되어 두꺼운 벽을 이루고 있다(컬러도판 5d, e). 생물학자들은 이와 같은 조직을 '세포 분수'라고 부르는데, 특히 홍조류에 흔하다. 독특한 생식구조라든지 안팎의 조직구조가 다르다는 점이 이 화석을 산호조류라는 홍조류와 단단히 묶어준다(더우산퉈의 화석은 산호조류라고 딱 잘라 말할 수 있는 모든 특징을 갖추고 있지는 않다. 하지만 인산염화한 이 작은 화석이 홍조류의 진화에서 과도적인 형태였다고 짐작할 만한 근거는 충분하다). 이 밖에도 구이저우 성의 화석 중에는 현생 홍조류 나무의 큰 가지 두 개의 중간 역에 해당하는 듯한 화석도 있다. 따라서 더우산퉈의 인산염암은 다양화가 막 펼쳐지기 시작하던 시기의 홍조류를 포착하고 있는 것이다.

종합해볼 때 인산염화한 더우산퉈의 압축화석에서 알 수 있는 사실은 큰 동물이 바다에 출현할 때쯤 조류에는 이미 다세포 형태가 확고히 자리 잡고 있었다는 것이다.

세포가 그대로 보존된 조류를 발견하는 것도 멋진 일이지만, 더우산퉈 층군이라는 왕관에 박힌 보석은 단연코 웡안 마을 근처의 인산염암에서 발견된 직경 400~500마이크론의 작은 공 화석이다(그림 9-3). 이 화석들은 크기가 엇비슷하다. 그런데 어떤 것은 골이 두텁게 팬 외피에 세포 하나가 달랑 들어 있고, 어떤 것은 얇은 막에 여러 개의 세포가 들어 있다—2, 4, 8 같은 2의 거듭제곱수의 세포들이 엄밀한 방향성을 갖는 세포분열에 의해 결정된 기하학적 패턴으로 배열되어 있다. 1995년에 중국 고생물학자들이 이런 분열과정의 각 단계를 보고했을 때, 군체를 형성하는 녹조류로 해석되기도 했지만, 크기나 형태, 외피를 형성한 사실과 같은 특징을 종합적으로 고려할 때 이런 해석은 신빙성이 떨어진다.

샤오수하이는 작은 공 화석들을 동물—구체적으로는 동물의 발생초기

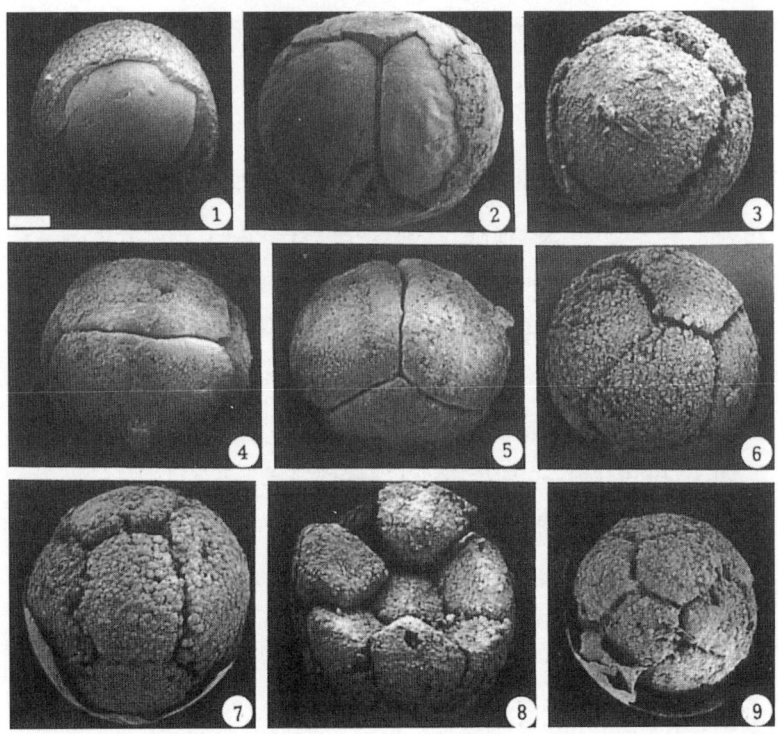

그림 9-3 초기 동물의 수정란. 더우산퉈 층군의 인산염암에 보존되어 있는 초기 동물의 수정란. 각 화석의 직경은 400~500마이크론(사진은 샤오수하이 제공).

수정란—로 판단할 만한, 더 많은 정보가 담긴 개체군을 새로 발견했다. 수정란 화석은 좀처럼 지층에 남아 있지 않지만, 캄브리아기의 암석에서는 발견된다. 사실, 스웨덴 자연사박물관의 스테판 벵트손과 그의 동료인 중국의 장웨張岳가 캄브리아기의 멋진 수정란을 1년 일찍 보고했는데, 샤오는 이것에 깊은 인상을 받은 후 눈을 부릅뜨고 더우산퉈 층군의 화석을 조사했던 것이다.

 더 나중의 발생단계는 아직 발견되지 않았기 때문에, 더우산퉈의 수정란이 어떤 성체가 될지는 알 수 없다. 난낭이나 난할 패턴은 현생동물 가운데서 절지동물과 그 친척뻘되는 몇몇 무척추동물의 것과 가장 가깝지만, 그렇다고 해서 절지동물이라고 할 만한 동물이 더우산튀 시대의 바다를 활보했다고 볼 수는 없다. 사실, 더우산튀의 셰일과 동시대에 해당하는 구이저우 성의 인산염암에는 해면동물로 짐작되는 것이라든가, 단순한 산호 모양의 생물이 만든 것으로 보이는 아주 작은 관(컬러도판 5c)은 들어 있지만, 절지동물을 비롯해 캄브리아기의 인산염암에서 발견되는 것 같은 복잡한 구조를 한 동물이 있었다는 증거는 나타나지 않는다. 따라서 5억 9,000만~6억 년 전쯤 동물의 진화는 막 시작되었으나, '동물의 시대'에는 아직 미치지 못했던 것 같다. 그러니까 더우산튀의 화석에는 진화적 폭발을 앞두고 있는 도화선에서 모락모락 피어나는 연기가 기록되어 있는 셈이다.

더우산튀 층군은 고생물학의 경이로움 가운데 하나로서, 현재로서는 선캄브리아 시대의 버제스 셰일이라는 칭호에 가장 잘 어울리는 곳이다. 이 유물의 대부분을 우리에게 건네주었던 조용한 개척자 장윈은 1999년에 세상을 떠났지만, 지금도 그의 제자들이 새로운 화석을 찾고 초기 생명의 진화를 밝히기 위해 더우산튀의 암석을 파헤치고 있다. 적어도 내 살아생전에는 이 고생물학의 주광맥이 마르는 일은 없으리라.

진화사의 빈틈 메우기

그레이트 월의 처트와 셰일에서 발견된 화석들을 살펴보면, 이 시베리아 암석이 퇴적된 15억 년 전과 더우산튀의 퇴적층이 형성된 5억 9,000만~6억 년 전 사이에 생물은 아주 큰 변화를 겪은 것이 분명하다. 게다가 중국 남부에 더우산튀의 암석이 퇴적되는 동안, 훨씬 더 놀라운 사건들이 기다리고 있었다. 앞으로 다가올 사건들은 다음 장부터 살펴보기로 하고, 이 장에서는 그레이트 월의 생물상과 더우산튀의 생물상 사이에 존재하는 진화사의 빈틈을 메워볼 것이다.

더우산퉈의 화석군집에는 다세포 홍조류와 녹조류가 많이 발견된다. 3장에서 지적했듯이, 현생 클라도포라속Cladophora과 매우 가까운 녹조류가 이미 스피츠베르겐 섬의 7~8억 년 전 셰일에서 발견된다. 사실 식물 플랑크톤의 일종인 녹조류의 생식포자로 해석되는 미화석들은 바다의 '녹화'가 적어도 10억 년 전에 시작되었음을 암시한다.

홍조류도 원생이언까지 거슬러 올라가는 기나긴 역사를 갖고 있다. 현생 진핵생물과 자신 있게 대응되는 가장 오래된 화석은 캐나다의 북극권에 있는 서머셋 섬의 12억 년 전 처트에서 닉 버터필드가 발견한 필라멘트 군집으로, 보존상태가 아주 좋다(컬러도판 6a, 6b). 닉이 발견한 화석군집에서 나온 필라멘트는 직경 50마이크론 정도의 아스피린형 세포들이 일렬로 늘어선 꼴이다. 세포는 얇고 검은 벽으로 구분되어 있고, 더 두껍고 더 밝은 외벽으로 전체가 한 덩어리로 묶여 있다. 세포들은 2개씩 또는 4개씩 쌍을 이루는 모습이 뚜렷한데, 이것은 이 생물이 필라멘트의 (말단에서가 아니라) 내부에서 세포분열을 일으켜 번식했다는 증거다. 맨 밑에 있는 세포들은 조간대의 단단한 퇴적암에 필라멘트를 고정시키는 부착기로 분화한다. 어떤 필라멘트에서는 또 다른 형태의 특이한 세포분열도 발견된다. 좀 전에 말했던 아스피린형 세포들이 이따금씩 반복적으로 분열해 쐐기꼴로 자른 파이 모양의 작은 생식세포를 형성했던 것이다(컬러도판 6b).

이와 같은 특징들을 종합하면, 서머셋 섬의 화석은 단순한 홍조류와 엮인다(컬러도판 6c, 6d). 그러니까 홍조류는 다른 진핵생물에서 갈라져 (바로 앞 장에서 설명했던 내부공생으로) 광합성을 획득, 적어도 12억 년 전에 단순한 종류의 다세포 생물로 진화했던 것이다. 따라서 홍조류도 녹조류도 최소 10억 년 전에 출현해 6억~5억 9,000만 년 전에 이르러 매우 다양하게 진화했던 것 같다. 2차 공생으로 생겨난 부등편모류(황록조류)도 일찍부터 분화했을 가능성이 있다. 시베리아 남동부의 라한다 층(Lakhanda Formation)에서 나온 화석에는 단순한 가지 모양의 필라멘트가 들어 있는데, 이것은 현생 부등편모류인 바우체리아Vaucheria(황색편모소강 바우체리아목 바우체리아과의 한 속. 몸은 실처럼 갈라져 있고 펠트 모양으로 군생한다 : 옮긴이)와 세세한 형태까지 아주 비슷하다. 라한다 층은 그 속으로 10억±700만 년 전의 화성암이 관입해 있기 때문에, 이 화성암보다는 연대가 오래되었다.

다른 화석들도 원생이언 후반기에 진핵생물이 생물계의 주역으로 떠올랐다는 관점을 뒷받침해준다. 예컨대, 진핵생물 특유의 가시장식을 갖춘 미화석은 약 12~13억 년 전의 암석에서 처음 출현해 원생이언 후기로 내려가면서 아주 흔해진다(컬러도판 6e~g). 더 구체적인 증거도 있다. 원생이언 후기의 생물지표분자와 (전자보다 더 논란의 대상이 되고 있는) 미화석에서 와편모조류— 진핵생물의 주요 분류군—가 존재했던 흔적이 나온 것이다. 그 밖에 그랜드캐니언 깊숙한 곳에서 발견된 7억 5,000만 년 전의 셰일에서 나온 생물지표는 이때 섬모충류라는 원생동물도 존재했음을 말해준다. 계통관계를 따져볼 때 섬모충류는 와편모조류의 사촌이다.

그랜드캐니언의 암석은 진핵생물 계통수에 있는 또 다른 가지의 싹을 기록하고 있다. 스피츠베르겐 섬의 처트와 셰일을 논할 때 소개했던, 독특한 꽃병 모양을 한 미화석을 기억할 것이다. 이 화석들은 원생이언 후기의 암석에 흔한데, 종종 대량으로 발견되며 그 어느 곳보다도 그랜드캐니언에 풍부하다. 하버드 대학의 학생 수잔나 포터Susannah Porter는 7억 4,200만±600만 년 전의 화산재층 바로 밑에 관입해 들어온 탄산염 단괴에서 특별히 보존상태가 좋은 화석군집을 발견해 조사한 결과, 그 꽃병 모양의 미화석이 유각아메바가 만든 것임을 알아냈다 — 유각아메바는 스스로 만든 작은 껍데기 안에서 생활하는 아메바 모양의 원생동물이다(그림 9-4).

이 발견은 원생이언 후기의 생태계에 대한 실마리를 제공한다는 점에서 내게 특히 매혹적이다. 이 장을 포함하여 지금까지 논의에 등장했던 대부분의 미화석은 시아노박테리아나 조류 같은 광합성생물을 기록하고 있다. 건플린트의 처트에서 발견된 특이한 화석도 독립영양생물이었다. 물론 이 생

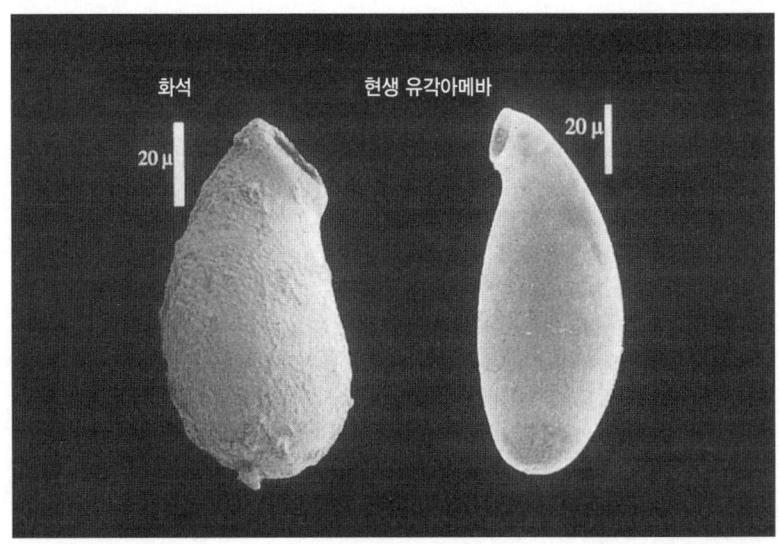

그림 9-4 그랜드캐니언의 약 7억 5,000만 년 전 암석에서 나온 꽃병 모양 화석(왼쪽)과 현생 유각아메바(오른쪽)의 비교. 사진에 표시된 크기에 주의(그림은 수잔나 포터 제공).

물들은 태양에너지가 아닌 화학에너지를 연료로 썼지만 말이다. 그런데 꽃병 모양의 생물은 원생동물, 다시 말해 다른 미생물을 잡아먹으며 살아가는 종속영양 진핵생물인 것이다! 따라서 꽃병 모양 미화석은 원생이언 후기의 바다 생태계에 복잡성이 늘어나고 있었다는 증거인 셈이다. 조류와 시아노박테리아는 먹이사슬의 밑바닥을 깔아주며 수많은 세균의 식량이 되었고, 유각아메바는 이런 조류와 세균을 먹고 살았다. 게다가 꽃병 모양 생물 가운데는 반구형의 구멍이 난 것도 있는데, 이것은 다른 원생동물이 **이 미생물들을** 잡아먹으려 했던 흔적인 것 같다. 따라서 약 7억 5,000만 년 전, 진핵생물은 본질적으로 원핵생물의 물질대사로 유지되는 생태계에 복잡하지만 없어도 그만인 꼭대기를 얹음으로써, 오늘날과 같은 복잡한 먹이그물을 엮기 시작했다.

가시가 돋은 단세포 화석, 다세포 미화석, 눈으로 볼 수 있는 압축화석, 진

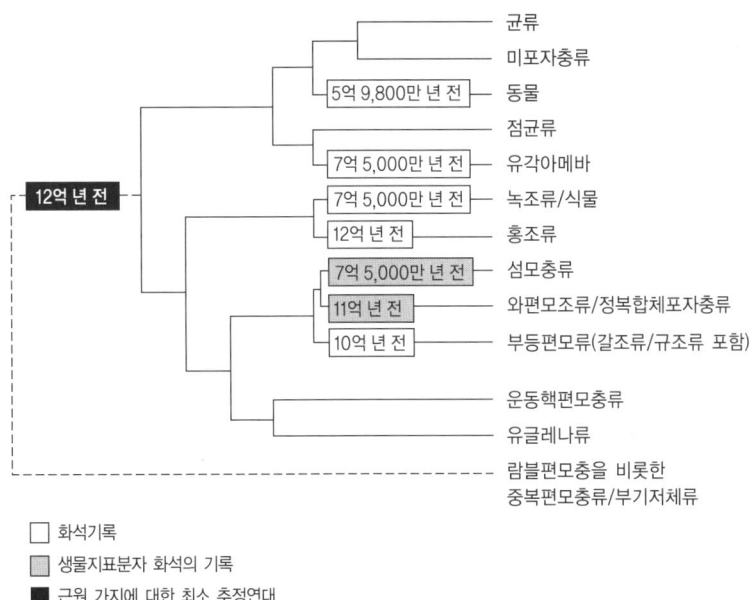

그림 9-5 그림 8-2에서 소개한 진핵생물의 계통관계에 초기 진핵생물 화석의 연대를 더한 것.

핵생물의 생물지표분자들은 모두 진핵생물의 계통수에 시간의 장식을 매다는 데 이용될 수 있다(그림 9-5). 그들은 기나긴 원생이언이 막바지에 이름에 따라 지구가 점점 진핵생물의 행성이 되어갔음을 확실히 보여준다. 앞 장들에서 논의했던 시아노박테리아와 달리, 대부분의 진핵생물의 화석은 광대한 시간을 통해 나타났던 것이 아니다. 오히려 원생이언 말의 조류와 원생동물 종은 갑작스럽게 화석기록에 출현해 제각기 다른 기간을 머무른 다음 사라져 두 번 다시 나타나지 않는다. 이른바 단속평형의 패턴을 보이는 이 진화과정은 나중 시대의 동식물의 경우와 아주 비슷하지만, 이보다는 느긋한 속도로 일어났다 — 원생이언 진핵생물들이 존재하는 지층의 폭은 현생이언 생물종의 경우보다 훨씬 넓은 것 같다. 전반적으로는 진핵생물의 다양

초기 진핵생물의 화석 219

성이 원생이언 후기에서 캄브리아기로 가면서 점점 증가했지만, 그 다양화는 몇 번의 대규모 멸종에 제동이 걸려 주춤거렸다. 이 장의 시작부분에서 지적했듯이, 적어도 몇 번의 멸종은 원생이언 최후의 기후변동과 관계가 있는 듯하다.

이와 같은 진화의 패턴에는 실용적인 측면도 있다. 원생이언 후기의 암석에 포함된 진핵생물의 미화석을 연대결정에 이용할 수 있기 때문이다. 시베리아에 있는 원생이언 암석의 지질도를 만드는 일을 했던 또 한 명의 러시아 지질학자인 보리스 티모페예프Boris Timofeev가 처음으로 이 가능성을 발견했다. 하지만 원생이언 진핵생물이 시간순서로 왔다가 사라졌다는 것을 거기에 회의적이었던 지질학자들에게 확신시킨 사람은 곤잘로 비달Gonzalo Vidal이다. 그는 사교성 좋은 스페인계 스웨덴인으로 웁살라 대학의 고생물학자이다. 비달은 스웨덴 중남부에 있는 베테른 호수의 호숫가를 따라 나타나는 사암과 셰일을 시작으로, 스칸디나비아 반도 전체의 원생이언 후기 암석에서 플랑크톤으로 생각되는 미화석을 발견했다. 그는 화석으로 이들 암석에 순서를 매겨 보임으로써, '원생이언 생물층서학'의 새 장을 열었다.

진핵생물 탄생 초기의 수수께끼

앞 장에서도 이야기했지만 진핵생물의 계통관계에 대한 논란은 지금도 계속되고 있는데, 논쟁점은 주로 진핵생물 계통수의 초기 가지에 속하는 것들이 무엇이며, 그 특징이 무엇인지에 맞춰진다. 학자들은 오늘날 발견되는 다양한 진핵생물들이 비교적 짧은 기간에 빠르게 갈라진 결과라는 데에 대체로 동의한다. 고생물학계는 진핵생물 진화의 이런 '빅뱅'이 적어도 10억 년 전에 시작되었다고 본다.

그렇다면 이 새로운 종류의 생물들이 진화의 무대에 왜 그렇게 늦게 등장했을까? 6장에서 말했듯이 27억 년 전의 셰일에서 나온 스테란 분자는 진핵생물의 분자흔적으로 여겨진다. 생명의 역사에서 진핵생물이 그토록 일찍 등장했다면, 그 영역(바로 우리 인류의 영역!)이 15억 년 동안이나 원핵생물의 지배를 받은 후에야 지구 곳곳의 바다로 퍼진 이유가 뭘까? 정확한 것은 아무도 모르지만, 네 가지 설명을 생각해볼 수 있다. 첫째로, 27억 년 전의 생물지표분자가 보여주는 것은 진핵생물의 단 한 가지 측면—스테롤 화합물을 생성하는 능력이 있다는 것—일 뿐일 수도 있다. 진핵생물에는 다른 특징이 많이 있기 때문에, 아마도 '완전한' 진핵세포, 다시 말해 특유의 유전자, 분화한 핵, 세포골격, 미토콘드리아를 갖춘 진핵생물은 아마 훨씬 나중에 나타났을지도 모른다. 두 번째와 세 번째는, 진핵생물이 빨리 출현하긴 했지만 여러 갈래로 갈라진 것은 더 나중이었다는 설명이다. 그것을 가능케 한 어떤 환경적 사건이 일어났을 가능성도 있고, 아니면 어떤 생물학적 혁신이 있었을 수도 있다—이때 가장 흔히 떠올리는 생물학적 혁신이 짝짓기(유성생식)다. 네 번째로, 원생이언 후기에 단숨에 일어난 다양화는 실제가 아닌 허울일 가능성도 있다. 생물의 다양성이 실제로 증가한 것이 아니라, 단지 암석의 양이 많고 보존상태가 좋은 화석이 많기 때문은 아닐까?

호주의 노던테리토리 주 북부에는 잡석이 많고 진드기가 버글거리는 들판이 펼쳐져 있는데, 이 들판 아래 존재하는 셰일이 네 가지 가능성 가운데 처음과 마지막 것을 일찌감치 제외시킨다. 이 셰일은 14억 9,200만±300만 년 전의 화산암을 바탕으로 연대가 결정된 원생이언 중기의 로퍼 층군(Roper Group, 로퍼는 노던테리토리 주를 흐르는 강의 이름: 옮긴이)의 일부인데, 여기에 포함된 미화석은 원생이언 후기의 암석에서 가장 보존상태가 좋은 것에 빗댈 수 있을 만큼의 양과 질을 자랑한다. 하지만 구이저우 성에서 발견된 것 같은 가시 달린 화석은 없고, 그랜드캐니언과 스피츠베르겐 섬의 화석군집에서 나온 것 같은 꽃병 모양의 화석도 없으며, 중국이나 스피츠베르겐 섬의 더 나중 시대 셰일에서 나온 가지 모양의 생물압축화석 같은 것도 없다. 요컨대, 로퍼 층군의 화석군집에는 원생이언 후기 지층에 나타나는 진핵생물의 다양성을 보여줄 만큼의 다양한 형태는 거의 나타나지 않는다. 그렇지만 진핵생물의 화석이 존재하는 것은 확실하다.

로퍼 층군에서 발견되는 미화석의 대부분은 구형을 한 비교적 큰 압축화석이다. 이것은 북시베리아의 그레이트 월에서 탄산염암에 접해 있는 대략 동시대의 셰일로부터 얻은 미화석과 별 차이가 없다. 이들은 진핵생물인 것 같지만 확실치는 않다. 그런데 내 연구실에서 박사후 과정을 밟고 있는 벨기에 출신의 엠마뉘엘 자보Emmanuelle Javaux가 발견한 작은 개체군은 원생이언 중기의 바다에 아주 발달한 세포조직을 갖춘 진핵생물이 살았다는 유력한 증거가 된다. 이 화석은 직경 30~150마이크론 정도의 약간 큰 타원체로서, 한 개에서 많게는 스무 개의 길고 가느다란 관이 벽면으로부터 나와 있다(컬러도판 6e). 화석마다 관의 개수나 위치가 다르고, 어떤 화석에서는 가지 모양의 관도 나타난다. 몇 종류의 현생 원생생물에서도 이와 비슷한 모습을 찾아볼 수 있는데, 이 경우에 관은 포자의 외벽이 늘어난 것으로서 내부에서 분화한 생식세포를 바깥으로 퍼뜨리는 데 이용된다. 이와 같은 현재의 창으로 미루어 짐작할 때, 로퍼 화석의 불규칙한 관들은 그 시대에 단세포이면서 생명주기 동안 형태를 바꿀 수 있는 미생물이 존재했다는 증거로 볼 수 있다. 박테리아는 이런 일에 서투르지만, 진핵생물은 바꿔치기의 달인이다 — 세포의 모양을 갖가지로 바꾸는 능력은 8장에서 소개했던 세포골격이라는 역동적인 세포 내 지지대 덕분이다. 이것이 사실이라면, 로퍼 층군의 화석은 진핵생물에 속하는 미생물이 15억 년쯤 전에 존재했을 뿐 아니라, 이 미생물들이 이때 이미 현생 진핵생물이 갖고 있는 정교한 내부조직과 비슷한 것을 선보였음을 말해주는 것이다.

로퍼 층군의 셰일에는 미화석 외에도 진핵생물의 존재를 증명하는 보충 증거로 쓰일 만한 스테란 등의 분자화석이 포함되어 있다. 진핵생물로 짐작되며 맨눈으로 볼 수 있을 만큼 큰 화석도 원생이언 중기 암석에서 발견된다. 호주, 중국, 인도, 미국과 같은 나라의 관찰력 예리한 고생물학자들이 원생이언 중기의 이암에서 너비 2, 3센티미터 정도의 나선형 압축화석을 발견했고, 또 사암의 표면에 남겨진 직경 1~3밀리미터 정도의 구슬들이 짧게 연결된 모양의 흔적화석도 찾아냈다. 이 화석들은 분류하기가 어려운데, 아마도 현생 진핵생물과 단지 헐겁게 연결된 절멸된 계통의 기록인 듯하다.

여러 가지 고생물학 발견을 종합해보건대, 원생이언 후기에 조류와 원생동물이 급부상한 것은 결코 진핵생물의 출발신호가 아니며, 진핵생물의 화석기록상의 급격한 다양화는 단순히 그 이전에 비해 암석의 보존상태가 좋아졌거나 표본이 많아졌기 때문만은 아니다. 무슨 사건 — 생물학적 혁신이나 환경변화 — 이 반드시 일어났고, 이것이 원생이언 말로 접어들면서 진핵생물의 다양화를 이끌었음이 틀림없다.

'짝짓기 만사형통' 론

진핵생물이 생태계에서 우위를 점하고 계통분류에서도 두각을 나타나게 된 것이 진핵세포가 탄생한 지 한참 후라면, 다양화를 초래한 까닭 — 생물적인 것이든 물리적인 것이든 — 은 무엇이었을지 생각해봐야 한다. 혹시 짝짓기 (유성생식)가 아닐까? 이 가능성은 단순한 관찰과 약간의 산수에 근거하는데, 거부할 수 없는 (단, 완전히 과학적이지는 않은) 매력이 있다. 관찰이란 다음과 같은 분류학적 관찰이다. 현재, 종의 이름을 얻은 박테리아가 약 4,000 종인 반면, 원생동물과 조류는 10만 종 이상, 균류도 10만 종, 육상식물이 약 30만 종, 동물은 100만 종 이상에 이른다. 또 수학은 유성생식이 진핵생물에게 풍부한 진화의 원재료 — 개체군 내의 유전자의 다양성 — 를 제공함으로써 진핵생물의 다양화를 촉진했다는 논거를 제공한다. 이 관점을 특히 마음에 들어했던 빌 쇼프는 단순한 사고실험으로 이것을 설명해 보인다. 이분법으로 번식하는 박테리아의 경우, 개체군 속에 10개의 돌연변이가 일어날 때 최대 11개의 유전자 조합이 생긴다. 그러나 유성생식을 하는 진핵생물 개체군에 똑같이 10개의 돌연변이가 일어나면, 가능한 유전자 조합은 수천에 이른다. 그러니까 진핵생물이 그토록 다양한 것도 놀라운 일은 아닌 것이다. 이 논거는 단순명쾌하고 직관적으로 이해되며 '중학생도 아는' 자연사 지식을 바탕으로 한다. 딱, 대학원생들이 부담 없이 도전장을 내밀 수 있을 정도의 단순한 아이디어다.

그러면 종 다양성에 대한 통계부터 검토해보자. 종명을 얻은 박테리아에는 한 가지 공통된 특징이 있다─그것은 실험실에서 배양할 수 있다는 것이다. 하지만 미생물 생태를 연구하는 학자들은 새로운 분자생물학 기술로부터, 자연환경에 존재하는 다양한 세균 가운데 현재 배양 가능한 것이 겨우 1퍼센트뿐이라는 사실을 밝혔다. 따라서 실제 세균의 다양성은 원생동물과 조류의 다양성과 어깨를 나란히 할 것이다.

유전자의 변이성이라는 문제도 좀더 따져볼 필요가 있다. 여기에는 박테리아가 두 개체에서 온 유전자를 섞는 수단을 전혀 가지고 있지 않다는 중요한 전제가 들어 있기 때문이다. 2장에서 이미 지적한 대로, 이 전제는 확실히 잘못되었다. 예를 들어 잘 알려진 미생물인 대장균은 일종의 짝짓기를 한다. 두 개의 세포가 작은 관으로 연결되어 한 세포에서 다른 세포로 유전물질을 전달할 수 있는 것이다. 또 죽은 세포가 주위환경에 흘린 DNA의 파편을 빨아들이는 박테리아도 있다. 더욱이, 바이러스가 실어온 유전물질을 자신의 유전자에 끼워 넣는 족속도 있다. 사실 박테리아는 언제나 유전물질을 교환하는데, 이런 교환은 같은 개체군에 속한 두 개체 사이에서뿐 아니라 종과 계가 다른 개체 사이에서도 일어난다. 짝짓기를 개체 사이의 유전물질의 교환으로 정의한다면, 박테리아는 단연 짝짓기의 달인이다. 원핵생물은 결코 유전자 다양성의 부족에 시달리지 않는다.

따라서 짝짓기를 진핵생물 다양화의 방아쇠로 생각하려면, 초기 진핵생물은 유성생식을 하지 않았고 박테리아에서 발견되는 것 같은 유전자 교환 메커니즘도 가지고 있지 않았다는 가정이 필요하다. 하지만 현재로서 우리는 이것을 알 수 없다. 사실, 우리는 유성생식이 진핵생물에 언제 생겼는지 모르며, 더군다나 모든 현생 원생생물의 마지막 공통조상에 유성생식이 존재했는지조차 확실치 않다. 이 문제는 다른 각도에서 접근해야 할 듯하다.

'짝짓기 만사형통'론에는, 다양성은 유전자 변이가 발생하는 비율에 어떻게든 제약을 받는다는 전제가 깔려 있는데, 다양성은 비록 더 많이는 아닐지라도 생물의 기능과 생태로부터도 비슷하게 영향을 받는다. 원핵생물의 다양성이 영양공급원과 에너지 경사(장소의 기울기처럼 에너지의 차이를 말함)를 자유자재로 이용할 수 있는 박테리아와 고세균의 특별한 능력을 반영한다면, 진핵생물은 세상에 새로운 방식으로 다가서는 것으로 다양성을 얻었다. 8장에서 이야기했듯이, 진핵생물은 세포골격과 세포막계 덕분에 박테리아가 못하는 일을 할 수 있었는데, 그것은 다른 세포와 입자를 삼키는 것이다. 따라서 그랜드캐니언에서 나온 꽃병 모양의 미화석이 입증하듯, 진핵생물은 채식採食과 포식이라는 수단을 미생물 생태계에 도입했다. 조너선 스위프트의 다음 시는 이 결과를 멋지게 담고 있다.

> 자연학자들이 관찰하기를
> 벼룩의 피를 빨아먹는 작은 벼룩한테는
> 다시 그 피를 빨아먹는 더 작은 벼룩이 있고
> 그렇게 언제까지나 계속되더라.

진핵세포는 생태계의 복잡성을 넓힘으로써 다양성을 위한 새로운 발판을 마련했던 것이다.

진핵생물은 그 밖에도 원핵생물은 꿈도 못 꾸는 묘기를 부린다. 동식물, 균류, 바닷말은 복잡한 패턴의 세포분열과 분화를 거쳐 성장하는데, 이것은 세포에서 세포로 전달되어 특정 유전자의 전원을 켜고 끄는 '분자신호'로 조종된다. 환상적으로 조율되는 이 조절 시스템은 생활주기에 따라 크기와 모양을 바꾸는 단세포 생물에 이미 존재하고 있었던 것 같은데, 이것이 결국 복잡한 다세포 생물의 진화를 가능하게 했으며 더 나아가 진핵세포의 다양성을 가속화시켰다. 오늘날 존재하는 진핵생물 종의 95퍼센트 이상이 다세포 생물이다.

요컨대, 진핵생물이 다양하게 진화한 계기를 한 가지 특징에 몰아놓을 필요는 없다(그렇게 하는 것은 현명하지 않은 듯하다). 짝짓기(유성생식), 세포골격, 유전자 조절 등 여러 특징들이 상호작용하여 오늘날 나타나는 수없이 다양한 진핵생물의 형태를 만들어냈음이 분명하다. 현대 진핵생물의 '도구상자'가 언제 완성되었는지는 모르지만, 로퍼 층군의 셰일에서 나오는 미화석들은 그 도구상자가 원생이언 후기의 암석에 기록된 다양화 시점보다 한참 전에 마련되었을 가능성을 암시한다.

기후의 변화가 원인?

마지막으로 원생이언 후기의 다양화에 대한 설명으로 환경변화를 살펴보자. 원핵생물의 세상 속에서 진핵생물의 성공확률을 높여줄 만한 환경변화가 있다면 어떤 것일까? 그런 환경변화가 있었다면, 진핵생물이 다양화한 시기에 일어났던 환경변화가 암석기록으로 남아 있을까? 두 질문에 대한 대답은 점점 더 '그렇다' 쪽으로 가고 있다.

우리는 6장에서, 22~24억 년 전 대기와 해수면의 산소농도가 증가한 증거를 찾아보았다. 내가 학생이었던 1970년대에 이 사건은 일반적으로, 지구의 두 가지 중요한 상태 사이의 전환점으로 받아들여졌다. 곧, 시생이언에서 원생이언 초기까지 산소가 희박했던 상태에서 지난 20억 년 동안처럼 대기와 바다에 산소가 풍부했던 상태로 변화하는 전환점을 말하는 것이다. 하지만 6장에서 말했듯이 오덴세 대학의 돈 캔필드에 따르면, 원생이언 초기의 산소혁명이 초래한 결과는 현대와 같은 세계가 아니라 대기와 해수면에 약

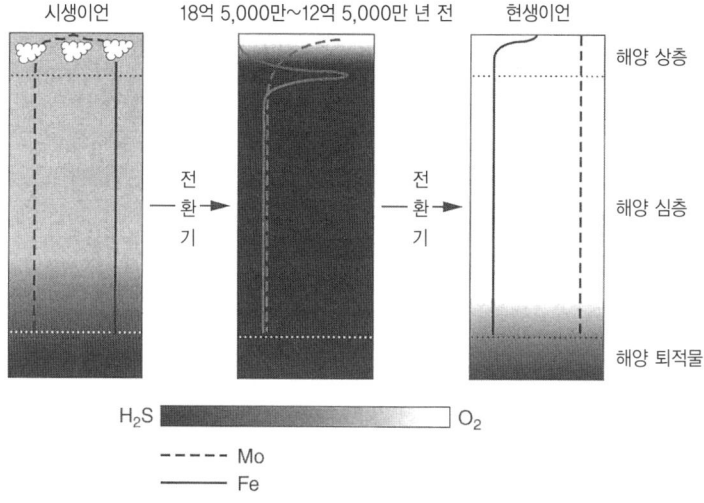

그림 9-6 바다의 3단계 진화. 초기의 바다에는 산소가 거의 없었던 반면 철이 비교적 풍부했다. 현대의 바다에는 산소가 풍부하고 철이 거의 없다. 그 사이인 18억 년 전부터 원생이언 말까지 오랫동안 지속된 상태가 있었던 것 같은데, 이때 바다는 표면 근처에 약간의 산소가 존재했지만 깊은 곳은 황화수소에 지배되었던 것 같다. 이런 바다에는 철(Fe)이나 몰리브덴(Mo)과 같은 생물에게 중요한 미량원소(각각의 농도를 세로선—세 그림에서 모두 선이 오른쪽에 놓일수록 농도가 높아진다—으로 표시했다)가 특히 적었을 것이다(A. D. Anbar and A. H. Knoll, 2002. Proterozoic ocean chemistry and evolution: a bioinorganic bridge? *Science* 297: 1137–1142 허가를 받아 전재함. 판권은 2002년 American Association for the Advancement of Science 소유).

간의 산소가 있고 심해에 황화수소가 녹아 있던, 우리에게는 아직까지 낯설기만 한 이른바 중간세계였다(그림 9-6).

호주 북부의 화석층은 캔필드의 가설을 검증해볼 좋은 수단을 제공한다(거기서 벼룩에 한 번 물리는 희생과 맞바꾸는 과학적 소득은 최대 수준!). 캔필드와 나, 그리고 박사후 과정의 중국인 연구생 선야난沈亞楠은 함께 머리를 맞대어, 로퍼 층군(그리고 이보다 오래된 두 장소)의 분지 깊은 곳에 퇴적된 셰일이 오늘날 흑해의 해저 퇴적물에서 발견되는 것과 비슷한 화학흔적을 간직하고 있다는 사실을 알아냈다. 흑해는 지구과학자들한테 유명한 곳인데, 산소가 풍부한 표층수가 황화수소가 풍부한 다량의 물을 담요처럼 덮고 있기 때문이다. 미주리 대학의 팀 라이온스Tim Lyons와 내 학생이었던 테네시 대학의 린다 카는 각자 따로 연구를 하면서, 원생이언 중기의 바다가 특별했다는 관점을 지지하고 발전시켰다.

그런데 대체 이것이 진핵생물의 진화와 무슨 관계란 말인가? 로체스터 대학의 다재다능한 지구화학자인 에어리얼 앤바Ariel Anbar는 원생이언 중기의 바다가 우리가 추측한 대로였다면 생물에게 필수적인 양분인 질소가 희소했을 것이라고 지적했다.[5] 시아노박테리아는 그래도 지장이 없다. 그들은 질소를 고정할 수 있는 데다, 생체에 이용 가능한 형태의 질소를 환경으로부터 끌어 모으는 데 탁월한 솜씨를 발휘하니까. 하지만 광합성을 하는 진핵생물에서는 이야기가 다르다. 조류는 현재, 질산이온(NO_3^-, 생체에 이용 가능한 형태의 질소로서, 오늘날의 바닷물에서 쉽게 얻을 수 있다)의 농도가 성장에 필요한 단기 요구량을 초과하는 곳에서 번성한다. 부족할 때를 대비해 비축해둘 수 있기 때문이다. 하지만 원생이언 중기의 바다에서는 그러기가 쉽지 않았을 것이다. 표층 아래의 산소가 희박하고 황화물이 웅크리고 있는 조건에서는 고농도의 질산이온이 쌓일 수 없기 때문이다. 조류는 질소를 고정할 수도 없고, 원생이언 중기의 바닷물에 존재했을 적은 양의 질소화합물을 차지하는 데서도 시아노박테리아에게 밀렸을 것이다. 게다가 존재하는 질산이온을 이용하려도, 조류는 금속원소인 몰리브덴이 필요했을 터이다.

'몰리브덴'은 질소이온을 생체에 이용 가능하도록 만드는 질소환원효소의 필수성분이다. 오늘날 몰리브덴은 해수의 미량성분으로 폭넓게 존재한다. 하지만 '캔필드'의 바다가 출렁이던 낯선 세계에서 몰리브덴은 사뭇 다

---

[5] 2장에서, 질소가스(N_2)는 대기와 바닷물에 가득하지만 대부분의 생물은 이것을 직접 이용할 수 없다고 말했다. 그러나 시아노박테리아를 포함한 많은 원핵생물은 질소를 '고정'할 수 있다. 다시 말해, 기체인 질소를 생체분자에 결합시킬 수 있는 암모늄이온(NH_4^+)으로 바꿀 수 있다는 얘기다.

르게 행동했던 것으로 짐작된다. 지금과 마찬가지로 그때도 몰리브덴은 육지의 암석에서 풍화되어 떨어져 나온 후 산소가 풍부한 강물에 실려 바다로 운반되었을 것이다. 하지만 몰리브덴의 분포는 오늘날과 달랐다. 몰리브덴은 강물이 바다로 흘러드는 **연안수역에만** 흔했을 것이다. 해안에서 멀리 떨어진 바다로 나감에 따라 표층수가 그 아래의 물과 섞이면서 몰리브덴은 황화수소와 반응하여 제거되었을 테니까. 따라서 먼 바다에 떠다니던 조류는 질소부족에 상처받고, 몰리브덴이 없는 데 다시 한번 타격을 입었을 것이다.

모든 정황들은 한결같이, 15억 년 전에 진핵생물 조류의 삶이 만만치 않았음을 말하고 있다(원생동물은 잡아먹은 세포로부터 필요한 질소를 얻을 수 있었을 테니까, 이보다 잘 살았을 것이다. 하지만 고생물학 기록에는 초기 원생동물에 대한 흔적이 거의 발견되지 않는다는 사실을 떠올릴 것. 눈에 띄는 예외가 있다면 그랜드캐니언의 암석에서 나온 꽃병 모양 화석이다. 원생이언 후기의 진핵생물의 팽창을 기록하고 있는 화석은 주로 조류의 화석이다). 우리는 로퍼 층군의 암석으로 다시 돌아가서, 이런 질문을 던져볼 수 있다. 조류로 추정되는 것이 원생이언 중기의 바다에 어떻게 분포했을까? 우리는 광합성을 하는 진핵생물은 질소이온의 농도가 특히 높고 몰리브덴도 흔하게 존재하는 태곳적의 해안을 따라 가장 풍부하고 다양하게 존재했다고 예상했으며, 눈앞의 증거들은 우리의 예상이 맞았음을 보여준다.

사실 진핵생물 조류는 지구 어디에서나 해안수역에 처음 뿌리를 내린 후 나중에 대륙붕으로 널리 퍼진 것으로 보인다. 이런 생태적 팽창은 거의 기록으로 남아 있지 않지만, 일반적으로 약 12억 년 전 '캔필드'의 바다에 질소부족이 해소되면서 시작된 듯하다. 바닷말과 플랑크톤은 이런 새로운 생태적 기회를 맞아 — 화석기록으로 알 수 있듯이 — 다양하게 진화했다. 그랜드캐니언 깊숙한 곳에 파묻힌 화석들 같은 원생동물도 다양해졌을 것이다. 종속영양생물은 조류가 제공하는 새로운 **생물적** 환경을 이용하는 법을 금방 터득했을 테니까.

이 모든 증거들은 원생이언 지질학과 고생물학에 대한 우리의 관점을 지지한다. 다시 말해, 진화패턴을 결정하는 데는 환경의 역사가 중요한 몫을 한다. 물론 생물학적 혁신이 쓸모없다는 말은 아니다. (특히 다세포가 제공하는) 새로운 기능 또한 진핵생물 다양화의 불꽃을 활활 지폈을 것이다. 중요한 것은, 유전적 가능성과 환경 기회 사이의 **상호작용**에서 진화적 설명을 찾아야 한다는 사실이다.

세계가 산소로 충만한 곳이 되기까지는 아주 오랜 세월이 걸렸다. 밑바닥부터 꼭대기까지 산소가 녹아 있는 바다는 원생이언이 거의 끝나갈 때까지 생기지 않았던 것 같다. 이 이야기는 11장에서 다시 하도록 하자. 하지만 마침내 그런 바다가 생겼을 때 지구의 환경변화는 절정에 이르렀고, 이것이 생물의 마지막 혁명, 곧 동물의 등장을 이끌었다.

10

동물의 등장

원생이언 최후의 암석에 이르러 마침내 찰스 다윈이 오래전에 예견했던 것—초기 동물의 흔적을 나타내는 화석—이 나타난다. 하지만 그 화석은 다윈이 기대했던 것과는 전혀 다르다. 현대 동물의 조상들은 원생이언 말기의 얕은 바다에 살았음이 틀림없으나, 원생이언 말기 화석의 대부분은 캄브리아기 이후의 동물상과 가까워지기는커녕 오히려 멀어지는 독특한 형태를 갖고 있다.

나미비아 사막의 밤

북극 조사에 길들여진 고생물학자들에게 나미비아의 태양은 너무 일찍 진다. 오후 6시면 벌써 배낭과 해머를 철수해야 하고, 회중전등을 들고 위태롭게 걷는 게 싫으면 반드시 장작을 모아두어야 한다. 일교차도 크다. 오후에는 38℃까지 오르지만, 아침이 되면 침낭 주변에 서리가 맺힌다. 해가 넘어가면 남서부 아프리카의 황량한 언덕과 환상적인 관목이 땅거미 속으로 숨어버리고, 저녁 하늘에 새로운 경이로움이 모습을 드러낸다. 맑은 사막의 하늘에 은하수가 나타나는 것이다. 헤아릴 수 없을 만큼 많은 별들이 남쪽 하늘에 큰 호를 그린다. 호주의 원주민들은 별자리를 만들 때 까만 공간에 드문드문 박힌 빛의 점들을 연결하는 대신, 반짝거리는 것 사이사이에 드문드문 섞인 까만 공간을 이어 별자리를 만들었다고 하는데, 나미비아 사막의 밤하늘을 올려다보노라면 자연스럽게 그런 생각이 들 정도다. 그 하늘의 차양을 가로지르며 몇 분마다 유성이 떨어진다.

온몸을 단단히 휘감는 찬 밤공기 속에서 잠자리에 들 때 별들은 좋은 벗이 되어준다. 하지만 이런 사막에서는 자주 잠을 깨기 일쑤다. 별들이 구름장막 뒤로 숨을라치면 추워질까, 비에 젖지 않을까 불안하기 마련이다. 더러 얼룩말들이 야영지를 살금살금 지나가기도 하는데, 아무리 조용한 발굽소리라지만 온종일 지친 지질학자를 깨우기에는 충분하다. 이에 비하면 예의라곤 눈곱만큼도 없는 녀석들도 있다. 나는 사그라지는 모닥불 저편에서 들려온 날카로운 비명소리에 잠을 깬 적이 한두 번이 아닌데, 그것은 인간 침입자들 때문에 짜증이 난 비비 집단의 아우성이다. 그래도 잠은 다시 찾아오고, 머지않아 동쪽 수평선을 물들이는 호박색 띠가 별과 추위의 밤에 작별을 고하고 새로운 하루의 시작을 알린다.

초기의 동물화석을 찾아서

건플린트와 스피츠베르겐 섬의 화석은 얼룩말이나 비비 같은 생물의 기원에 대해 아무것도 말해주지 않는다. 시베리아에 있는 캄브리아기 절벽보다 겨우 5,000만 년 앞에 형성된 더우샨퉈의 인산염암에조차도 동물의 진화를 추측할 만한 단서는 아주 미미하다. 하지만 원생이언 막바지에 퇴적된 이곳 나미비아의 암석(그림 10-1)과 세계 곳곳의 동시대 지층에서 마침내 우리는 캄브리아기 대폭발을 초래한 매우 뚜렷한 도화선— 큰 동물로서, 아마 우리와 친숙한 생물상의 조상도 포함되어 있을 대형동물— 을 발견한다. 캄브리아기 이전의 동물을 발견했다는 점에서 다윈의 꿈이 현실로 드러나는 순간이다. 그러나 이와 동시에 나미비아의 화석들은 다윈의 고민을 더욱 깊게 만든다. 이 독특한 형태들이 생명의 계통수에서 어디에 위치하는지 도통 알 수가 없기 때문이다. 과연 이 유물들을 따라가면 현생동물에 이르게 될까? 아니면 진화경로의 막다른 길이 나올까?

내가 나미비아에 처음 간 것은 20여 년 전이었다. 남아프리카의 지질학자인 제라드 점스Gerard Germs와 함께였다. 점스는 온화하며 철학에 조예가 깊은 사람으로, 대학원생 시절에 네덜란드에서 와서 크기가 텍사스 주만한 잘 알려지지 않은 지역에 지질학적 질서를 세우는 어려운 일을 맡았다. 그의 성공은 초기의 동물 진화에 대한 사고방식을 바꾸어놓은 이후의 여러 연구에 밑거름이 되었다. 이러한 추후연구들의 대부분을 이끈 사람은 MIT의 존 그로칭거다. 그는 이 지역의 암석과 그 안의 고생물학 자원에 대한 이해를 오늘날의 수준으로 끌어올렸다. 그 동기가 된 것은 퇴적암이—특히 생명과 환경이 현재와 달랐던 초기의 지구에서— 어떻게 형성되는지를 알고 싶은 열망이었다. 이 문제를 해결하기 위해서는 태고의 두터운 지층이 이례적으로 잘 보존되어 있는 동시에 잘 노출된 장소들을 찾아야 한다. 이 조건에 꼭 맞는 곳이 나미비아 남부다. 이곳의 원생이언 퇴적물은 지각변동이나 변성작용의 영향을 거의 받지 않은 채로 남아 있다. 그런 한편 협곡으로 잘려 있

그림 10-1 나마 층군의 퇴적암이 나미비아의 사막에 불쑥 올라와 있다. 메사(정상이 평평하고 주위가 낭떠러지로 된 지형: 옮긴이)의 왼쪽과 정상 근처에 있는 회색의 작은 산은, 석회질의 동물화석을 포함하고 있는 미생물의 초礁다. 에디아카라 동물군의 흔적은 이 언덕의 높은 곳에서 두드러지게 나타나는, 암봉(벼랑 중턱에 선반처럼 비죽 나온 바위: 옮긴이)을 이루고 있는 사암에서 발견된다.

어서 지질학자들은 층서관계를 3차원적으로 구성할 수 있다. 존은 학생들과 함께 나미비아의 원생이언 말기 지층을 세밀하게 분해하고 조립했고, 이 과정에서 지각과 해수면의 변동, 기후변화, 생물의 변이와 같은 요인들이 어떤 식으로 오늘날 발견되는 퇴적층을 형성했는지를 밝혔다. 또 조사하는 도중에 지금까지 없던 화석을 많이 발견했는데, 미생물에 의해 만들어졌지만 초기 동물의 뼈로 가득한 커다란 초礁도 있었다. 나를 다시 나미비아로 돌아가게 한 것이 바로 이런 골격 화석을 연구할 수 있는 기회였다.

나마 화석의 정체는?

넓은 분지에서 생긴 나마 층군(Nama Group)의 퇴적암은 곤드와나 대륙(남반구의 대륙들인 남아메리카·아프리카·인도·호주·남극 대륙이 전에는 대륙이었다는 가설상의 초대륙: 옮긴이)을 만든 대륙충돌의 여파로 형성되었다. 맨 아래층은 태고의 해안평야에서 퇴적된 역질사암礫質砂巖으로 되어 있다. 그 위에는 태고의 해안선을 따라 퇴적된 알갱이가 더 잔잔한 사암이 있으며, 그 위로 앞바다에 퇴적된 실트암과 셰일이 연속해서 놓여 있다. 한층 더 위에는, 실트와 점토가 도달하지 않는 해분海盆의 가운데쯤에서 맑은 물로부터 퇴적된 석회암이 있다. 사이사이에 끼어 있는 연초록 화산재층은 근처의 화산활동에서 비롯된 것으로, 연대기록을 제공한다. 이곳의 퇴적은 약 5억 5,000만 년 전에 시작되어 원생이언 최후(5억 4,300만 년 전)까지 계속되었고, 원생이언 말에 일어난 융기와 침식은 아래 놓인 층들에 깊은 협곡을 파놓았다. 이 고협곡古峽谷은 현재 더 많은 사암과 셰일로 채워져 있다. 갖가지 생흔화석(동물의 존재와 행동의 흔적을 나타내는, 기어간 흔적 등의 화석: 옮긴이)과 5억 3,900만±100만 년 전의 화산재층은 나마 층군의 퇴적이 다시 시작되었을 때 캄브리아기가 이미 궤도에 올라 있었음을 말해준다.

앞서 스피츠베르겐 섬에서 시베리아에 이르기까지 발견되었던 원생이언 생물계의 대표적인 특징들은 이곳 나미비아의 암석에 다시 한번 나타난다. 일단 스트로마톨라이트가 나마의 석회암에 많은 양은 아니지만 뚜렷하게 나타난다. 나마의 셰일에는 시아노박테리아의 필라멘트가 단세포 조류의 미화석과 함께 파묻혀 있다. 따라서 캄브리아기가 눈앞에 있음에도 이곳의 고생물은 꿋꿋이 원생이언스럽게 보인다. 그렇다 하더라도 한 가지는 차이가 난다. 나마의 사암을 주의 깊게 살펴보면(하늘에 낮게 걸린 태양에 암석 표면의 특성들이 도드라져 보이는 늦은 오후 시간을 강력 추천함), 이보다 앞선 시대의 지층에 있는 것과 전혀 다른 화석을 발견할 수 있다(컬러도판 7). 크고 복잡한 생물의 인상화석뿐 아니라 동물들이 남긴 것이라고밖에 볼 수 없는, 기어 다닌 단순한 자국이 있다. 그런데 사실 나마의 화석들은 위의 지층에서 접근해도 아래 지층에서 접근한 것만큼이나 놀랍다. 나마의 인상화석에 대응하는 것이 그 이

전의 지층에 없다는 건 그렇다 쳐도, 캄브리아기 이후의 지층에서 발견되는 대다수의 화석과도 닮은 점이 거의 없기 때문이다. 따라서 다음과 같은 두 가지 충돌하는 해석이 팽팽히 맞선다. 나마 층군을 비롯한 원생이언 최후의 암석에서 발견되는 놀라운 화석군은 현대 동물의 조상을 기록하고 있는 것인가? 아니면 동물 진화의 여명기에 살았지만 결국 실패로 끝난 진화실험의 흔적인가?

나마의 지층에서는 1908년에 처음 화석이 발견되었고, 1929년에서 1933년까지 독일의 고생물학자 귀리히Gürich가 여러 가지 종을 자세하게 기술했다. 하지만 이 발견은 별 성과를 거두지 못했다. 그 중요성을 이해하는 데 필요한 생물학적·지질학적 틀이 아직 마련되어 있지 않았던 탓이다. 당시의 과학자들은 지금의 우리처럼 생명의 계통수에서 계통관계를 알아내지도 못했고, 태곳적 지층 간의 시간관계를 충분히 이해하지도 못했다. 그러나 레그 스프리그Reg Sprigg가 호주 남부의 외딴 동네에 있는 에디아카라 언덕에서 매우 비슷한 화석군집을 발견한 1946년 무렵이 되자, 필요한 틀이 서서히 갖추어지기 시작했다. 게다가 이 호주의 화석들 앞에 위대한 고생물학자 마틴 글레스너Martin Glaessner(바곤, 클라우드, 티모페예프에 이은 캄브리아기 고생물학의 제4대 창시자)라는 훌륭한 후원자가 나타났다. 나중에 '에디아카라' 화석군이라고 이름 붙여진 이 화석군을 글레스너―그리고 그 뒤의 많은 학자들―는 후생동물後生動物(다세포 동물을 가리키는 대분류군 : 옮긴이) 계통수의 뿌리 쪽에 있는 것으로 해석했다. 곧 시작되는 캄브리아기에 다양성을 꽃피웠던 동물문의 대표적인 선발주자로 생각되었던 것이다. 글레스너는 나미비아의 에디아카라 화석군에 적극적인 관심을 보였지만, 나마 층군에 대한 고생물학적 관심에 다시 불을 지핀 것은 1970년대에 제라드 점스와 독일 기센 대학의 한스 플루크Hans Pflug가 이룬 발견이었다. 그리고 독일의 또 다른 과학자가 나타나 펄펄 끓는 냄비를 휘저어놓았다. 1984년, 세계에서 가장 저명한 고생물학자로 손꼽히는 아돌프 자일라허Adolf Seilacher가 글레스너의 해석은 완전히 틀렸다고 발표했던 것이다.

'양말 속의 돌멩이'와 '돌멩이 속의 양말'

이쯤에서 고생물학자들이 화석을 어떻게 해석하는지 다시 한번 생각해볼 필요가 있다. 특히, 에디아카라의 인상화석이나 캐스트cast, 몰드mold(생물체는 없어지지만 그들의 연질부나 골격이 퇴적물에 도장 찍히듯이 찍혀 보존되는 것을 인상이라 한다. 생물이 분해된 후 생물체의 겉모양과 똑같은 형태가 지층 속에 남게 되는데 이를 몰드라 하고, 다른 퇴적물이 고생물의 형태로 채워져 있는 것을 캐스트라 한다 : 옮긴이)에서 생물의 실체를 어떻게 밝혀낼까? 구조와 생리기능은 주검이 주위의 지층에 인상을 남긴 후 곧바로 없어지기 때문에, 해석의 길잡이로 삼을 만한 것은 형태밖에 남지 않는다. 물론 **대개의 경우** 고생물학자가 탐구할 재료로 남겨지는 것은 형태뿐이다. 공룡은 뼈(그리고 드물게, 피부의 흔적)만을 남겼지만 우리는 공룡에 대해 많은 것을 알 수 있다. 공룡의 등뼈, 갈비뼈, 이빨이 그들을 현생 척추동물과 확실히 관련지어주는 형태지표가 되기 때문이다. 삼엽충도 마찬가지다. 삼엽충은 오래전에 멸종했지만, 체절로 나뉜 몸과 관절이 있는 다리가 그들을 투구게나 새우 같은 현생 절지동물들과 끈끈하게 묶어준다. 그런데 여기에는 문제가 있다. 나미비아의 사암에 포함되어 있는 인상화석은 특이한 형태를 하고 있어서, 이 특징을 현생동물의 형태와 대응시키는 것이 불가능하다고까지 말할 수는 없어도 매우 어렵다는 것이다.

나마 층군의 암석에서 발견된 인상화석 가운데 가장 단순한 것은 직경 몇 인치 정도의 원반이다 — 마치 폭풍이 불 때 파묻힌 해파리가 이런 자국을 남겼을 것 같다 싶게 생겼다(컬러도판 7b). 사실 오랫동안 이 원반화석에 대응하는 것은 해파리에 가까운 동물이라고 여겨졌지만, 이 해석에는 중대한 결함이 있다. 원반화석은 에디아카라 시대의 사암에 흔하고, 거의 대부분이 사암층의 **밑바닥**에서부터 아래쪽으로 볼록하게 눌린 캐스트다. 곧, 얕은 바다 밑바닥에 팬 자국을 만들던 생물의 캐스트인 것이다. 해파리가 그런 모양의 화석을 만들려면 퇴적물의 표면에 자국을 남길 때 거꾸로 뒤집힌 채 (상당한 충격을 가하면서) 부딪쳐야 한다. 폭풍이 지나간 뒤 해변을 산책해보면 해파리가 이렇게 내려앉지 않는다는 것을 금세 알 수 있다. 오히려 원반화석은 바다 밑바닥에 거주했던 생물로서, 해파리와 가까운 저서底棲생물인 현생 말미잘처럼 퇴적물에 몸을 정착시키고 살았을 가능성이 높다. 다른 종류의 원반화석은 볼록한 모양 또는 원뿔 모양의 부착기로서, 더 복잡한 구조의 몸체를 닻처럼 바다 밑바닥에 붙들어 매는 기능을 했다. 또 전혀 동물이 아닌 것도 있는 듯하다 — 벨타넬리포르미스 Beltanelliformis라는 이름의 공 모양 화석은 수액으로 꽉 찬 해초였던 것 같은데(컬러도판 7d), 크기와 구조가 현생 녹조류 데르베시아 Derbesia에 가깝다.

나미비아에서는 비교적 적은 양의 원반화석이 발견되었지만, 다른 곳 — 호주 에디아카라의 암석과 러시아의 백해白海에 있는 놀랍도록 화석이 풍부한 지층 — 에서는 이 둥그런 화석이 에디아카라 동물군 속에 유난히 많이 포함되어 있다. 예컨대, 키클로메두사 Cyclomedusa는 직경이 최대 12~13센티미터이고, 동심원상의 주름과 방사상의 홈이 특징이다. 마치 줄무늬가 있는 고깔을 축을 따라 찌그러뜨린 것 같이 생겼다. 또 마우소니테스 Mawsonites도 있다(컬러도판 7b). 이것도 크기는 비슷하지만, 방사상으로 배열된 꽃잎 모양 구조 또는 혹을 갖고 있다. 메두시니테스 Medusinites는 더 작고(직경 5센티미터 미만) 더 매끈하지만, 한가운데에 둥그런 홈이 선명하게 파여 있다. 반면, 오바토스쿠툼 Ovatoscutum은 코르덴바지의 골진 장식처럼 평행선상의 홈이 촘촘하게 그어져 있다. 히에말로라 Hiemalora라는 원반은 촉수와 비슷한 가느다란 돌기가 나 있다. 그리고 꽃잎 모양 구조가 있는 원반화석인 이나리아 Inaria는 마늘을 바다 밑바닥에 납작하게 누른 것처럼 생겼다.

대부분의 고생물학자들은 이러한 원반들을 단순한 구조를 한 저서동물로 보고 있고, 현생 자포동물刺胞動物(말미잘과 해파리를 포함하는 동물문)에 가깝다고 생각한다. 군체동물(산호처럼 군체를 형성하는 동물 : 옮긴이)을 붙들어 매는 부착기처럼 보이는 원반조차도 계통적으로 자포동물이거나 또는 이와 가까울 가능성이 있다(원반 모양의 부착기에 대해서는 다시 나올 것이다). 에디아카라의 원반들에 대한 가장 특이한 해석은 아무래도, 글레스너에게 도전장을 내민 독일인 학자 아돌프 자일라허의 주장이 아닐까 싶다. 자일라허는 이들 원반화석 가운데 적어도 일부는 특이한 '모래 산호'였다고 말한다. 한 장소에 눌러앉기 위해 퇴적물을 빨아들이는 일종의 모래주머니였다는 얘기다. 자일라허의 기발한 표현에 따르면 '양말 속의 돌멩이'인 셈이다. 하지만 나를 포함한 다른 학자들은 이 화석이 단지 '돌멩이 속의 양말'— 모래 속에 캐스트를 남긴 보편적인 생물 — 이라고 생각한다.

에디아카라의 원반에 가장 가까운 현생의 생물은 자포동물인 것 같지만, 원생이언에 이 원반을 형성한 장본인들이 오늘날 살고 있는 종과 정확히 같았다고 말할 수는 없다. 이것은 절멸한 분류군으로서, 단순한 구조를 한 동물이 초기에 진화했던 기록인 것이다.

자일라허의 대담한 도전

에디아카라 화석의 두 번째 집단은 나뭇잎 모양의 화석으로, 관 모양의 단위체가 여러 개 맞붙은 복잡한 형태를 보인다(컬러도판 7a, c, e). 이들을 벤도비온트Vendobiont라고 부르는데, 나미비아에서 여러 종이 발견된다. 그중에 랑게아Rangea라는 가늘고 긴 화석은 전체 길이가 최대 15센티미터 정도에 이르며, 중심축에서부터 좌우로 한 줄씩 가지가 나와 있다. 그리고 각각의 가지 안에는 지름 몇 밀리미터 정도의 관이 여러 개 맞붙어 연결되어 있다. 이런 독특한 형태에서 많은 고생물학자들은 바다조름을 떠올린다. 바다조름은 해파리와 말미잘의 친척으로, 단순한 개체들이 모여 나뭇잎 모양의 복잡한 군체를 이룬다. 만일 랑게아가 군체를 형성하는 동물이라면, 수많은 관들

하나하나는 군체를 이루는 개체로 볼 수 있다.

하지만 그 밖의 벤도비온트는 바다조름과 연결짓기 어렵다. 프테리디니움 Pteridinium은 나마 층군의 중간쯤에 있는 폭풍 퇴적물층에 많이 나타나는 두 번째 나뭇잎 모양 구조인데, 얼핏 바다조름과 비슷해 보이지만 '날개'가 둘이 아니라 셋이고, 각각의 날개에는 중심축에 대해 수직으로 뻗은 관이 일렬로 배열되어 있다(컬러도판 7e). 현대의 바다조름에 이와 같은 것은 없다! 존 그로칭거가 원생이언 지층의 꼭대기에서 발견한 스와르트푼티아 Swartpuntia 역시, 넓적한 세 개의 날개가 튼튼한 중심축에 붙어 있고, 날개에는 관이 배열되어 있다 — 마치 피카소가 상상한 부채처럼 생겼다(컬러도판 7a). 에르니에타 Ernietta는 더욱 바다조름과 거리가 먼데, 길고 가는 여러 개의 관이 복잡한 컵 모양을 이루고 있고, 아마 꼭대기는 열려 있었던 것 같다.

벤도비온트는 고생물학자들한테 로르샤흐 검사(피험자에게 검정색, 회색 또는 다양한 색상으로 이루어진 10장의 잉크 무늬를 제시하고, 그것이 무엇으로 보이는지를 묘사하게 하여 검사자의 심리상태를 판단하는 검사: 옮긴이)나 마찬가지인 듯하다. 어떤 것은 군체를 이루는 자포동물로 보이고, 어떤 것은 많은 체절로 나뉜 발 없는 벌레로 보이며, 또 어떤 것은 원시 절지동물이나 바닷말이나 지의류로 보이는 등, 가지각색으로 해석되기 때문이다. 한편 "벤도비온트는 어떤 공통의 구조를 갖추고 있기 때문에 공통의 조상이 있다"라고 주장하는 고생물학자도 있다. 이런 분위기 속에서 아돌프 자일라허가 아주 대담한 도전을 하고 나섰다. 벤도비온트는 모두가 같은 옷감에서 잘라낸 것일 뿐 아니라 그 옷감은 지금 존재하지 않는다고 주장한 것이다. 에디아카라 화석은 현생동물의 문에서 이른 시기에 갈라진 곁가지라는 글레스너의 해석이 마뜩치 않았던 자일라허는, 벤도비온트가 많은 관으로 구성된 퀼트 같은 생물이며 관 속에는 세포조직이 아닌 '액상의 원형질'이 가득 차 있다고 단언했다. 이렇게 해석하면 벤도비온트는 — 동물과 아주 거리가 먼 — 완전히 생소한 생물로 보이는데, 그게 바로 자일라허의 의도였다. 1992년에 그는 정식으로 벤도비온트가 동물과는 다른 절멸한 계라고 발표했다. 이들은 대형 다세포 생물을 만드는 실험에서 생긴 것으로, (지질학의 시간척도에서) 한 순간 꽃피었다가 결국 실패로 끝난 생물이라는 것이다. 그 이전의 벤도비온트에 대한 해석이 우리를 살짝 놀라게 했을 뿐이라면, 자일라허의 해석은 우리를 깜짝 놀라게 했고, 새로운 연구에 영감을 불러일으키는 촉매가 되었다.

나마 층군의 화석이 벤도비온트의 갖가지 기묘한 형태를 소개했다면, 다른 장소들은 이들의 진정한 다양성을 보여준다. 카르니오디스쿠스 Charniodiscus는 호주에서 처음 발견된 아주 멋진 화석이다. 모양은 랑게아처럼 나뭇잎과 비슷하며, 7~8센티미터에 이르는 커다란 원반 모양의 부착기를 가지고 있다. 원래는 꼿꼿이 서 있는 축을 이 부착기를 이용해 바다 밑바닥에 고정시켰다. 중심축에서 양쪽으로 30~50개의 가지가 열을 지어 수평으로 뻗어 있다. 각각의 가지에는, 평행선상의 홈이 몇 개쯤 파여 있는 면에 플랩(팔랑거리는 것)이 달려 있다. 화석의 전체 길이는 때때로 30센티미터가 넘기도 한다. 자일라허의 관점에서 카르니오디스쿠스는 전형적인 벤도비온트에 속하는 생소한 생물이다. 그러나 애들레이드 대학의 존경받는 고생물학자인 리처드 젠킨스 Richard Jenkins는 카르니오디스쿠스를 더 보편적인 생물로 본다. 현생의 바다조름처럼 군체를 형성하는 자포동물로 해석하는 것이다(그러나 현생의 바다조름과 달리 카르니오디스쿠스의 가지들은 서로 붙어서 연결된 면을 이룬다).

영국의 찬우드 Charnwood 숲에서 처음 발견되었고, 지금은 뉴펀들랜드, 호주, 러시아에서도 발굴되고 있는 카르니아 Charnia는 겉보기는 카르니오디스쿠스와 닮았지만 중심축이 없다. 가지를 구성하는 관 모양의 단위체는 평행하고 촘촘하게 배열되어 복잡한 퀼트 모양의 면을 이룬다. 필로준 Phyllozoon도 퀼트 모양으로 짜여져 있지만, 카르니아와 달리 작은 융단처럼 바다 밑바닥에 펼쳐져 있었던 것 같다.

벤도비온트 중에서 아마도 가장 철저한 조사가 이루어지고 있고, 그래서 가장 뜨거운 논란의 대상이 되는 것은 호주와 백해에서 거대한 군집으로 발견되면서 알려진 디킨소니아*Dickinsonia*일 것이다. 디킨소니아(컬러도판 7c)는 원통형의 관이 긴 축을 따라 붙어서 연속된 표면을 이루는 타원형의 화석이다. 표본은 작은 것은 동전만하고 큰 것은 커다란 접시만하지만, 두께가 몇 밀리미터를 넘지 않는다. 긴 축의 가운데에는 가늘지만 뚜렷한 용마루가 흐르고 있다. 글레스너의 동료로 남호주 박물관에 있는 메리 웨이드Mary Wade는 처음에 디킨소니아를 환형동물로 설명하면서, 축에서부터 가로로 뻗은 관을 체절로, 중심의 용마루를 소화강으로 해석했다. 웨이드는 이것과 대응하는 현생동물로서 환형동물인 스핀크테르*Sphincter*를 지목했지만, 이 벌레가 갖는 납작한 모양은 환형동물문에서 매우 희귀하며, 전혀 원시적인 형태가 아니다. 한편 백해의 화석에 학계의 관심을 불러 모았던 러시아 학자 미샤 페돈킨Misha Fedonkin은 디킨소니아의 관 모양 체절들이 중심축을 따라 만나긴 하지만 중심축을 가로지르지는 않는다고 말했다. 페돈킨의 주장이 옳다면 ─ 글레스너의 신봉자 몇몇은 이 해석에 반대하고 있지만 ─ 디킨소니아는 환형동물일 수 없다. 물론 아돌프 자일라허는 디킨소니아를 또 하나의 절멸한 벤도비온트로 본다.

디킨소니아가 환형동물일까? 아니면 실패로 끝난 실험의 결과일까? 우리에게 친숙한 동물의 먼 조상일까? 아니면 현생 무척추동물과 아주 거리가 먼 멸종한 생물형태일까? 해석은 쉽지 않다. 그리고 지금까지 소개한 견해들 외에 다른 주장을 제기하는 학자들을 얼마든지 찾을 수 있다. 그럼에도 문제해결에 도움이 될 단서가 몇 가지 있다. UCLA의 브루스 러네거Bruce Runnegar와 남호주 박물관의 짐 게링Jim Gehling은 주름이 잡힌 표본들을 발견했는데, 이것은 디킨소니아가 유연한 몸을 가지고 있었다는 뜻이다. 또 몇 가지 화석은 관이 수축 가능하다는 증거를 제공한다. 이것은 근육세포를 갖추고 있었다는 뜻이다. 뿐만 아니라, 아주 드물게는 관이 찢어져 열려 있었는데도 원통형 모양을 유지하는 표본도 있는데, 이것은 이 구조 안에 무엇이 채워져 있었건 '액상의 원형질'은 아니었다는 뜻이다. 이 대목은 자일라허의 벤도비온트 가설에 타격을 준다. 또 한편 디킨소니아에는 환형동물이라면 있어야 할 기관계의 증거가 전혀 나타나지 않는다. 중심의 용마루 끝에 입이 없고, 머리카락 같은 강모도 없으며, 측족(바다에 사는 환형동물의 체절에 붙어 있는 혹처럼 생긴 부속지)도 없다. 처음에는 이런 특징들이 없는 것을 보존상태가 부실한 탓으로 여기기도 했으나, 이제 그런 변명은 통하지 않는다. 대부분의 화석은 옛날에 거기에 존재했던 그대로 우리 눈에 띄기 때문이다.

에디아카라 화석이 들어 있는 암석에는 작은 디킨소니아가 이동했던 흔적인 듯한 도랑이 있지만, 이론상으로 큰 표본의 것으로 볼 수 있는 기어간 자국은 거의 나오지 않는다. 따라서 분명히 디킨소니아는 퇴적물의 표면에 가로누워 있었지만 이동은 하지 못하는 종류로서, 연충류(몸이 가늘고 길며 부드럽고 다리가 없는 다세포 동물의 총칭. 동물분류학상 명칭이 아니라 편형동물·선형동물·환형동물 등에 속하는 동물군을 말함: 옮긴이)와는 다른 것이었다. 그리고 디킨소니아가 벤도비온트라는 해석을 뒷받침하는 관찰결과가 하나 있다. 관이 배열된 방향이 나마 화석인 스와르트푼티아의 세 갈래로 갈라진 넓적한 날개에서 발견되는 것과 비슷하다는 사실이다.

이런 아리송한 화석들을 해석하는 데는 어느 정도의 불확실성이 있다는 것을 인정한다. 벤도비온트는 현대의 조류처럼 자란 것 같지도 않고, 오늘날의 연충류처럼 보이지도 않는다. 그렇지만 나는 이들이 퍼시 비시 셸리가 쓴 시에 나오는 오시만디아스 왕의 거상처럼 옛날에 있었지만 지금은 사라진 '킹덤kingdom'(셸리의 시에서는 '왕국', 벤도비온트의 경우에는 생물분류의 '계'를 의미한다)에 대한 기록이라는 확신 역시 들지 않는다. 그렇다면 다른 안이 있을까? 나는 랑게아와 카르니오디스쿠스에서 실마리를 얻는다. 그러니까 대부분의 벤도비온트는 — 적어도 대략적으로는 — 현생의 자포동물과 유연관계가 있는 군체동물이었을 거라고 본다. 오늘날 군체의 형성은 해수면에 둥둥 떠다니는 애기백관해파리류(기포체[가스가 가득 차 있어서 띄우는 기능을 하는 주머니 모양의 부위: 옮긴이], 쩌르는 기능을 갖춘 촉수, 생식구조는 모두 구조적으로 완성된 개체들이다)

부터 바다 밑바닥에서 번식하는 거대한 산호초와 연약한 부채산호류에 이르기까지 자포동물에서 폭넓게 나타나는 특징이다. 발달된 기관계를 갖추고 있지 않은 자포동물은 군체 내에서 **개체들을** 분화시킴으로써 복잡성을 얻는데, 벤도비온트의 경우에도 마찬가지였을 것이다.

벤도비온트에서 군체를 형성하는 관 모양의 개체는 단순한 구조를 하고 있었음이 틀림없지만, 그들은 현생 자포동물처럼 이미 신경망뿐 아니라 기능적으로 서로 협동하는 근육세포들도 갖추고 있었을 가능성이 있다. 게다가 관의 구조를 떠받치는 물질은 해파리의 '젤리'와 비슷한 불활성물질이었을 것이다. 또 마운트 홀리오크 대학의 마크 맥메나민Mark McMennamin이 처음으로 추측했듯이, 벤도비온트는 공생하는 조류나 박테리아로부터 영양분을 얻었던 것 같다. 이것 역시 현생 자포동물과 비슷한 특징이다. "그럴지도 모른다", "그랬을 것이다"……. 모든 게 잡힐 듯 말 듯 우리를 애타게 한다. 하지만 벤도비온트의 복잡한 모양을 개별적으로는 단순한 동물들이 모인 군체로 생각한다면, 이 화석들의 대부분을 (전부는 아니더라도) 아득히 먼 옛날에 사라진 단일계통으로 묶을 수 있다. 나는 벤도비온트가 동물계와 어깨를 나란히 하는 절멸한 계를 이루고 있었다고 생각하지 않는다. 그보다는 현생 자포동물에서 발견되는 특징들을 비록 전부는 아니더라도 일부 갖고 있었던 초기 동물의 기록이라고 본다(자포동물의 특징 가운데 벤도비온트에서 발견되지 **않는 것**이 있는데, 촉수가 테두리를 두르고 있는 입이 그 예다). 사실 아돌프 자일라허와 예일 대학의 레오 버스Leo Buss 역시, 절멸한 계 가설에서 한 걸음 물러나 그와 같은 가능성을 제시하기도 했다.

부재의 중요성

셜록 홈스는 부재不在—단서가 없는 것과 사건이 일어나지 않은 것—의 중요성을 잘 알고 있다.

"제가 주목해야 할 점이 또 있습니까?"

"그렇습니다. 그날 밤의 개의 이상한 행동을 놓치지 마시오."

"그날 밤 개는 아무 짓도 하지 않았습니다."

"그게 바로 이상한 행동이오."

셜록 홈스는 말했다.

(아서 코난 도일의 『셜록 홈스의 회상』 중 〈실버 블레이즈〉 편에서 : 옮긴이)

나마 층군과 같은 원생이언 말의 암석에서도 '부재'를 눈여겨봐야 한다. 가장 명백하게 부재하는 화석은 겨우 1,000~2,000만 년 후에 퇴적된 캄브리아기 암석에는 아주 두드러지게 나타나는 바로 그것들이다. 에디아카라의 원반과 벤도비온트는 원생이언 최후의 생태계에 자포동물과 비슷한 동물이 많이 존재했음을 알려준다. 하지만 삼엽충, 연체동물, 완족류의 조상은 어디 갔을까? 또 **우리**의 조상들은?

'증거의 부재'는 의미심장하다. 그런데 우리는 언제 그것을 '부재의 증거'로 봐도 되는 걸까? 대답은 늘 그렇듯이 표본 속에 있다. 캄브리아기의 암석은 복잡한 동물이 어디에서 어떤 조건에 의해 화석이 되었는지를 가르쳐준다. 이것을 참고로 하여 동물이 나올 만한 원생이언 암석을 모두 조사했을 때, 우리는 화석의 부재에 대한 진화상의 판단을 자신있게 내릴 수 있을 것이다.

캄브리아기의 암석에는 얕은 바다에 살았던 구조와 행동이 복잡한 동물들의 것으로 보이는 발자국, 기어간 자국, 생물이 뚫은 구멍이 발견된다. 실제로 코투이칸 강가에 늘어선 절벽에서, 이런 흔적들은 캄브리아기의 지층 위로 점점 높이 올라갈수록 그 양과 다양성이 급격히 증가했다. 나마 층군의 사암에도, 초기의 동물이 해저면 바로 아래 박테리아로 버글거리는 퇴적물 속을 기어 움직인 자국이 존재한다. 이 자국은 작고 단순하다 — 모양이나 크기가 마치 실수로 바닥에 떨어뜨린 스파게티 가닥을 연상시킨다(그림 10-

그림 10-2 원생이언 최후의 바다에 살았던 좌우대칭동물이 기어 다닌 자국의 생흔화석. 표본은 남호주에서 나온 것으로, 흔적의 폭은 약 1밀리미터 정도.

2). 지나다닌 자국은 퇴적면과 나란하고, 얕게라도 파고 들어간 경우는 드물다. 하지만 현생생물의 기어 다닌 자국과 비교해볼 때, 이러한 흔적의 대부분은 말미잘이나 해파리보다는 복잡한 생물이 남긴 것 같다. 또 이런 종류의 기어 다닌 자국을 남기는 동물들에는 한 가지 공통된 특징이 있다. 바로, 머리부터 발끝까지 하나의 대칭면을 갖는 좌우대칭의 몸을 하고 있다는 것이다. 삼엽충에서 척추동물에 이르기까지 복잡한 구조를 갖춘 후생동물이 모조리 **좌우대칭동물**에 포함된다(좌우대칭동물에 대해서는 11장에서 더 논의할 것이다). 생흔화석들은 원생이언 최후의 바다에 그런 생물이 존재했다는 사실을 알려준다. 그렇다면 에디아카라의 인상화석에도 좌우대칭동물이 숨어 있지 않을까?

호주와 백해에서 발견된 화석 중에는 원반도 아니고 벤도비온트도 아닌 종류가 있는데, 이들은 더 복잡한 동물을 탐구할 여지를 준다. 예를 들어 트리브라키디움 Tribrachidium은 원형의 캐스트로서 에디아카라의 원반과 한데 묶이는 듯하지만, 세 개의 큰 홈에서 갈라져 나오는 많은 가지들이 중심에서 바깥을 향해 나선형으로 퍼져 있는 점이 다르다. 백해에서 나오는 몇 점의 비슷한 화석과 함께, 트리브라키디움은 해면동물, 자포동물, 극피동물로 다양하게 해석된다. 그러나 이런 유연관계에 대해서는 여전히 의문이 남는다—3중 대칭구조는 현대의 동물에 극히 드물기 때문이다. 기능의 측면에서는 굴처럼 생긴 내부구조가 눈에 띄는데, 이것은 현대의 해면동물처럼 대량의 바닷물을 체내로 통과시켰다는 뜻이다.

그 밖에 얼마쯤 절지동물과 닮은 작은 화석도 있는데, 이들은 좀더 기대를 해볼 만하다. 파르반코리나 Parvancorina는 방패처럼 생긴 몰드로서, 대체로 길이가 1인치(2.54센티미터)의 반이 채 못 된다(그림 10-3). 바깥쪽 테두리가 뚜렷하고, 안쪽에는 T자형의 용마루가 솟아 있는데, 꼭대기에서 둥근 쪽(앞쪽?)을 따라 굽어 있다. 방패 모양의 이 화석 밑으로는 희미한 선들이 보이는데, 이것은 다리로 해석되기도 한다. 파르반코리나는 확실히 좌우대칭이다. 그리고 가만히 들여다보면 삼엽충 같다는 생각을 떨쳐버리기가 어렵다. 물론, 파르반코리나는 삼엽충이 아니다. 비록 삼엽충을 연상시키는 특성들을 갖고 있다 해도 삼엽충, 갯가재, 게 같은 절지동물에서 공통으로 발견되는 그 밖의 다른 특징들이 없다.

이와 똑같은 사실들이 프라이캄브리디움 Praecambridium과 벤디아 Vendia 같은 다른 에디아카라 화석들을 분류할 때도 해당된다. 이런 관점에서 볼 때 스프리기나 Spriggina는 특별한 흥미를 불러일으킨다. 에디아카라 화석을 발견한 레그 스프리그의 이름을 딴 스프리기나는 5센티미터가량의 몸에 여러 개의 체절과 방패형의 둥그런 머리처럼 보이는 형태를 갖추고 있는데, 이는 절지동물과 아주 비슷한 특징이다. 아돌프 자일라허는 이것도 관으로 연결된 벤도비온트로 해석하고 싶어했지만, 많은 고생물학자는 스프리기나를 여러 개의 체절로 나누어진 좌우대칭동물이라 보고, 이것이 비록 진정한 절지

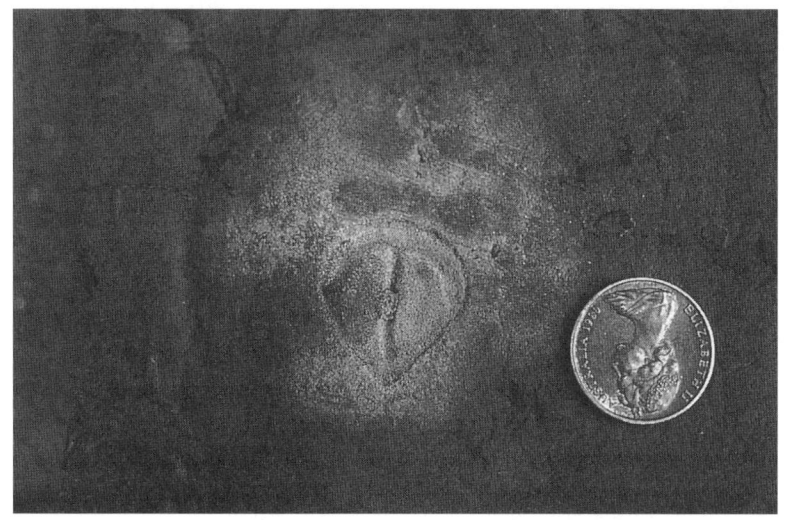

그림 10-3 파르반코리나. 겉보기는(나는 겉보기만 그렇다고 생각한다) 삼엽충과 비슷한 의문의 화석.

동물은 아니라 해도 최소한 절지동물형 생물일 거라고 생각한다.

마지막으로 킴베렐라Kimberella가 있다. 이 작은 생물은 암석 안에 마치 훈제된 홍합류처럼 보존되어 있다. 미샤 페돈킨과 센트럴 알칸소 대학의 벤 와고너Ben Waggoner에 따르면, 홍합류 같은 모습은 단지 우연이 아니다. 페돈킨과 와고너는 킴베렐라를 좌우대칭동물로 보았고, 이 생물이 근육이 있는 다리로 걷고, 내장을 담은 배낭 모양의 몸을 갖추고 있으며, 등에 질긴 외투막을 얹고 다녔을 거라고 생각한다. 이 특징들 모두는 홍합과 조개, 고둥과 오징어를 포함하는 동물문인 연체동물에서 나타나는 것이다. 하지만 스프리기나처럼 킴베렐라도 대응하는 현생동물이 갖춘 그 밖의 다른 특징을 가지고 있지 않다.

이러한 화석들은 흥미를 돋우는 동시에 좌절감을 안겨준다. 친숙한 생물들이 이 속에 깜박거리고 있기 때문에 흥미롭지만, 하나씩 볼 때 친숙한 특

동물의 등장 249

징들이 낯선 조합을 이루어 나타난다는 점에서 참으로 난감하다. 하지만 원생이언의 화석에 현대의 동물을 겹쳐놓으려는 조급함을 버리고 에디아카라 화석의 형태를 있는 그대로 받아들인다면, 마음의 추는 흥미로움 쪽으로 움직인다. 내가 킴베렐라와 스프리기나 같은 에디아카라 화석에서 얻어낸 확실한 사실은, 캄브리아기의 동물을 '현생동물의 조상'으로 낙인찍는 종합적인 특징의 초기 단계가 에디아카라 화석에 남겨져 있다는 것이다. 에디아카라의 생물종은 캄브리아기에 이르러 모습을 감추지만, 적어도 일부는 진화의 길을 계속 헤쳐가고 있었던 것이다.

캄브리아기 대폭발 때와 다른 원생이언 말기의 동물군

원생이언과 캄브리아기 경계 아래쪽에 놓인 단순한 생흔화석을 이 경계의 위쪽에서 양도 종류도 풍부하게 발견되는 복잡한 발자국이나 생물이 뚫은 구멍과 대조해보면, 캄브리아기가 시작될 때 뭔가 큰 사건이 일어났다는 생각을 지울 수 없다. 하지만 사실 캄브리아기에 다양한 생물이 진화했다는 우리의 짐작은 주로 탄산염암에 남겨진 껍데기 화석에서 비롯된 것이다. 나마 층군에는 탄산염암의 일종인 석회암이 아주 많기 때문에, 이것을 이용해 진화패턴을 다시 한번 검증해볼 수 있다. 나마 층군의 탄산염암에 태곳적 생물의 골격이 들어 있을까? 만일 그렇다면, 그 화석들은 원생이언 동물과 캄브리아기 동물 사이의 생물학적인 연속성을 보여줄 것인가? 아니면 둘 사이의 차이를 부각시킬까?

고생물학자들은 예로부터 무기질 골격의 기원이 캄브리아기 대폭발과 일치한다고 생각했다. 하지만 1972년에 제라드 점스는 이 견해가 잘못되었음을 밝혔다. 그는 나미비아에서 야외조사를 할 때, 나마의 석회암층에서 탄산칼슘으로 이루어진 작은 관을 발견했다(그림 10-4a). 점스는 프레스톤 클라우드에 대한 경의의 표현으로 이 화석에 클라우디나 *Cloudina*라는 이름을 붙이고, 이들을 두 개의 종으로 구별했다. 그런 다음, 하나는 그의 어머니의 이름을 따서 클라우디나 하르트마나이 *Cloudina hartmannae*, 나머지 하나는 클라우디나 레임케아이 *C. reimkeae*라고 이름 붙였다. 둘은 크기가 다른데, 앞의 것은 길이가 2.5~5센티미터에 폭이 6밀리미터쯤이고, 뒤의 것은 그 절반 정도의 크기다 — 하지만 둘은 같은 조직구조를 갖고 있다. 이 화석들은 약간 휜 원통 모양을 하고 있는데, 간격이 불규칙한 플랜지 장식이 빼곡이 배열되어 있다. 전체적으로는, 작은 깔때기 몇 개가 포개져 있는 모습이다. 유수동물有鬚動物문에 속하는 연충류(지렁이의 먼 친척)가 이와 같이 지어진 관 속에서 살지만, 더 단순한 동물 가운데도 무기질 관을 형성하는 것이 있다. 사실, 중국에서 발견된 희귀한 표본은 가지가 갈라져 있는데, 이것으로 볼 때 클라우디나는 에디아카라의 원반과 마찬가지로 말미잘이나 해파리와 가까운 관계일 가능성이 있다. 클라우디나를 둘러싼 골격은 얇고, 살아 있을 때는 유연하게 구부러졌던 것 같다. 따라서 그 탄산칼슘 코트는 분명히 아주 얄팍한 것이었음이 틀림없다.

클라우디나가 중요한 이유는 캄브리아기가 시작되기 한참 전에 동물이 무기질 골격을 형성했음을 보여주는 증거이기 때문이다. 하지만 우리는 이것을 어떻게 받아들여야 하는가? 클라우디나는 어디까지나 특이한 생물에 지나지 않는 것일까? 다시 말해, '생미네랄화(생물이 무기질을 형성하는 작용: 옮긴이)는 캄브리아기에 생겼다'라는 원칙을 입증하는 예외일까?(예외는 원칙을 입증할 뿐이라는 견해: 옮긴이) 아니면 캄브리아기의 골격의 다양화를 예고하는 원생이언 말기 동물에 속하는 것일까?

이제 이 장의 시작부분에서 잠시 소개했던, 존 그로칭거가 조사한 나마 층군의 초礁에 대한 이야기로 돌아가자. 그 초는 시야를 압도한다 — 사막의 표면에서부터 무려 60미터의 혹 덩어리가 솟아 있는데, 지난 수천 년 동안의 침식으로 초를 둘러싼 셰일이 떨어져 나와 노출된 것이다(그림 10-1). 초를 만든 건축가는 미생물인데, 틀림없이 조류와 시아노박테리아는 참여했을 테

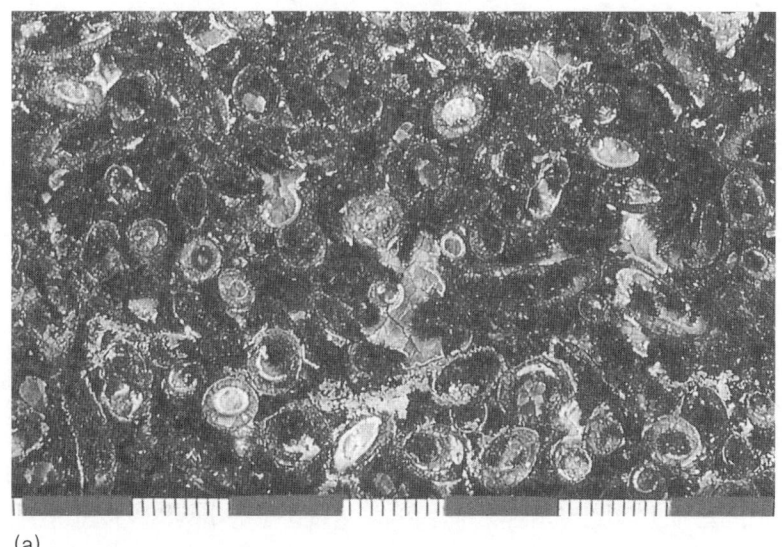

(a)

(b)

그림 10-4 나마 층군의 미생물 초에서 발견된 석회질 화석.
(a) 클라우디나. 탄산칼슘으로 가볍게 무기질화되어 있는 관 모양의 화석. (b) 나마 층군의 석회암 표면에 나타나는 갖가지 모양의 나마칼라투스 군집. 위쪽 사진에는 1센티미터 눈금의 자를 넣었다.

지만, 그 밖에 골격을 형성하는 동물도 평평한 해저에서 쑥 올라간 작은 생태환경에 포근한 집을 마련했을 것이다. 이 나마 층군의 초에는 동물의 화석이 아주 많은데, 풍화로 깨진 암석의 단면에서 갖가지 형태와 크기의 화석이 엿보인다(그림 10-4b). 관 모양의 화석도 흔하지만, 클라우디나로 판단할 만한 플랜지 장식은 별로 눈에 띄지 않는다. 더 많은 것은 둥그런 컵 모양 화석으로, 크기가 최대 2~3센티미터다. 그 밖에, 컵 아래 관이 연결된 받침 달린 잔 모양의 화석과 육각대칭을 이루는 화석도 있다.

존과 나는 몇 시간 동안 이 초의 여기저기를 조사하면서, 어떤 종류의 동물이 존재했고 얼마나 많은 종이 있었는지를 알아보았다. 하지만 그것은 야외조사에서는 좀처럼 다루기 어려운 문제다. 암석에서 화석을 떼어내 확인할 수 없기 때문이다. 대답을 찾기 위해 우리는 큰 암석의 슬래브(암석을 판으로 자른 것: 옮긴이)를 몇 장 케임브리지로 실어 와야 했다. 존은 케임브리지로 돌아와 화석을 3차원 디지털 영상으로 복원하는 장치를 설계했다. 슬래브의 표면을 매끈하게 다듬어 한 번에 25마이크론씩 천천히 갈아내면서, 한 조각이 떨어져 나올 때마다 이에 대한 디지털 영상을 얻는 것이다. 그런 후 원래 의학연구용으로 개발된 소프트웨어를 이용해 각 단면에 대한 디지털 영상들을 합쳐서 화석의 3차원 가상 이미지를 재현했다(그림 10-5). 물리학적인 머리를 가진 데다 고생물학적인 가슴까지 지닌 똑똑한 MIT 학생 웨스 워터스 Wes Watters가 대부분의 일을 맡아서 해주었다.

컴퓨터가 만들어낸 모델은 소름끼칠 만큼 생생해서 마치 그 속에 있는 가상의 물이 흐르는 듯 보인다. 재구성된 화석은 흐물흐물한 포도주잔처럼 생겼는데, 원통형 줄기가 꼭대기에서 열려 직경 2~3센티미터의 둥그런 컵처럼 되어 있다. 같은 간격으로 뚫린 6개(드물게는 7개)의 구멍이 컵에 육각대칭성을 부여한다. 클라우디나처럼 이 컵의 벽도 얇고 유연한 것으로 봐서, 아주 가볍게만 무기질화되어 있었던 것 같다. 아무래도 초기의 동물은 포식자로부터 자손을 보호하기 위한 단단한 무기질 골격을 가질 필요가 별로 없었

그림 10-5 나마칼라투스 화석의 모델. 본문에 씌어 있듯이, 디지털 영상을 바탕으로 재구성한 것이다 (영상은 웨스 워터스 제작).

기 때문이리라.

이런 가상모델을 이용하면, 어떤 암석판에서 잘라낸 단면도 시뮬레이션 해볼 수 있다. 게다가 접고 구부려볼 수 있다면, 초의 표면에서 발견되는 관, 컵, 잔들이 전부 하나의 형태가 조각난 것으로도 밝혀질지 모른다. 단지폴립(자포동물문의 해파리강에서 발견되는 폴립: 옮긴이)은 (역시) 해파리의 친척뻘로서 현재의 바다에서 잔 모양의 몸을 바닷말에 부착시키는데, 나마의 화석을 이해하는 데 적어도 일반적인 길잡이가 되어준다.

나마의 얕은 바다에 살았던 골격형성 생물이 클라우디나만은 아닐 것이다. '나마의 술잔'이라는 뜻의 나마칼라투스 Namacalathus는 미생물 군집이 뒤덮고 있던 해저 어디에서나 번성했다. 또 연구가 계속됨에 따라, 초의 틈바

구니에 군체를 형성한 산호 모양의 동물을 비롯한, 무기질을 만드는 다른 종들의 존재가 밝혀지고 있다. 이렇게 다양성은 확실히 존재했지만, 한계가 있었다. 나마 층군의 초에서 새로운 화석이 많이 발견되긴 했어도, 이매패류二枚貝類나 절지동물, 완족류, 극피동물은 나타나지 않는다. 따라서 찾아볼 수 있는 모든 곳을 뒤져봐도, 원생이언 말기의 생명은 여전히 캄브리아기의 생명과 아주 달라 보인다.

작열하는 태양이 내리쬐는 어느 날 오후, 존 그로칭거와 나는 나미비아의 외딴 언덕 위를 걸으면서 여기저기에 노출된 원생이언 말기의 암석들을 살펴본다. 암석들은 화석으로 가득하다. 벤도비온트인 스와르트푼티아와 프테리디니움, 석회질의 클라우디나와 나마칼라투스, 게다가 그다지 종류는 많지 않은 생흔화석들……. 이들은 동물의 기록을 간직하고 있다. 그러나 명백하게 원생이언의 특징을 갖춘 동물일 뿐, 코투이칸의 절벽에서 발견되는 다양하고 복잡한 무척추동물들과는 많이 다르다. 나마 층군에서 가장 독보적인 화석과 캄브리아기 동물의 관계는 공룡과 우리 발밑의 평원에서 풀을 뜯는 포유류의 관계만큼이나 멀다. 먼저 살다 간 생물이지만, 직접적인 조상은 아니라는 것이다.

캄브리아기의 복잡한 생태계가 원생이언의 기나긴 세월에 걸쳐 서서히 형성되었다고 생각한 다윈에게, 나마 층군은 전혀 위로가 되지 못하는 것 같다. 이제, 캄브리아기의 바다에 출현했던 친숙한 생물군은 오직 캄브리아기가 시작되었을 때 나타난 것처럼 보인다. 우리들이 코투이칸 강에서 고찰했던 다윈의 대답은 무엇이 틀렸을까? 원생이언의 끄트머리에 이르러 동물의 진화는 얼마만큼이나 진행되었고, 무엇이 캄브리아기의 도래를 알렸을까?

11

마침내 캄브리아기로

현생동물의 복잡한 형태는 캄브리아기에 이르러서야 비로소 나타났고, 적어도 1,000~3,000만 년의 시간을 거치며 형성되었다. 오늘날 발생과 관련한 유전학 지식이 생기면서 캄브리아기에 일어난 진화의 속도와 방식을 밝혀낼 수 있게 되었지만, 생태학적인 조건도 반드시 고려해야 한다. 생태학적인 조건이란, 초기의 변이체가 바다에 발판을 마련할 수 있도록 배려한 너그러운 생태환경과 그 후의 진화를 이끌어낸 생물종 간의 생태적인 상호작용을 말한다.

> 우리는 결코 탐험을 멈출 수 없다
> 그리고 모든 탐험의 목적은 바로
> 우리가 출발했던 지점에 다시 도착하는 것
> 그리하여 그 장소를 처음으로 발견하게 되는 것이다.
> —T. S. 엘리엇의 〈리틀 기딩 Little Gidding〉에서

마지막으로, 우리는 뗏목을 해안으로 돌린다. 헬리콥터가 둔탁한 소리를 내며 다가와 발굴을 끝마쳐야 할 시간임을 알리기 전에, 한 번 더 노두를 살펴볼 생각이다. 배를 시냇가 자갈 위로 안전하게 끌어올려 놓고, 우리는 앞에 치솟은 베이지색의 절벽을 뜯어본다. 어디서 본 듯한 암석들이다. 그렇다. 우리는 지구 곳곳을 다니며 30억 년의 자연사 여행을 한 후, 마침내 코투이칸 강변의 캄브리아기 절벽에 다시 도착한 것이다. 하지만 이제는 엘리엇이 깨달았듯이 이 암석들을 새로운 눈으로 볼 수 있고, 이에 따라 이들을 새로운 방식으로 이해할 수 있다. 사실 이미 지금까지 해온 여행에서 우리는 캄브리아기 진화의 본질을 알아냈다. 그 본질이란, 생명은 선캄브리아 시대에 깊은 뿌리를 두고 있지만 캄브리아기 동물의 복잡한 형태는 그다지 뿌리가 깊지 않다는 사실이다. 캄브리아기에 이르기 전에는 아무것도 캄브리아기 같지 않았다.

캄브리아기 대폭발은 선캄브리아 시대의 진화를 매듭짓는 사건이면서 동시에 그것과 결별하는 사건이기도 하다. 캄브리아기 생물의 연속성과 혁신성을 둘 다 메워주는 해석은 과연 가능할 것인가?

동물의 계통수는?

원생이언이 끝났을 때 생명은 어떤 상태였을까? 이어지는 캄브리아기에 생

명은 어떻게 변했을까? 이를 이해하려면 우선 지도 한 장이 필요하다. 진화생물학에서 언제나 그렇듯이, 이 지도를 제공하는 것은 계통학이다. 2장에서 초기 생명의 조직구조와 형태가 일부 동물군의 계통관계를 밝혀줄 수 있다는 이야기를 했지만, 새, 조개, 촌충처럼 제각각인 생물이 서로 어떤 관계냐는 문제는 오랫동안 동물학자들을 괴롭혀왔다. 거기에 도움이 된 것이 발생학이다. 조개와 다모류多毛類의 예에서, 성체는 공통된 특징이 거의 없지만 유생단계는 많은 특징을 공유한다. 그러나 동물의 계통관계에 대한 가장 어려운 문제들을 해결하기 위한 실마리는 분자생물학의 시대가 오면서 풀리기 시작했다. 그림 11-1은 현재 통용되는 동물의 계통수를 보여준다. 우리는 조직, 기능, 발생을 디딤돌로 삼고 화석을 참고하며 이 계통수를 타고 올라갈 수 있을 것이다.

동물은 단지 원생동물이 크기만 커진 것이 아니다. 그랬더라면 현재와 같은 성공을 거두지 못했을 것이다. 과연 후생동물은 다양한 생물이 북적이는 이 행성에서 번영을 누리기 위해 어떤 변화를 꾀했던 것일까? 계통수의 뿌리 근처의 가지에는 다세포화의 결실이 뚜렷이 반영되어 있다.

동물에 가장 가까운 친척으로 알려진 것은 입금立襟 편모충류다. 이것은 군체를 형성하는 특이한 원생동물 집단이다. 입금편모충류의 세포는 편모 주위에 독특한 깃을 달고 있는데, 마치 렘브란트의 그림에 나오는 네덜란드 시민이 쓰고 다니는 것과 비슷하게 생겼다. 비슷한 깃이 해면동물의 먹이수집 세포에 존재한다는 데서, 오래전부터 입금편모충류는 동물의 기원으로 관심을 모았다. 하지만 해면동물이 모두 깃 장식을 가지고 있는 것은 아니라는 데서, 입금편모충류와 동물 사이에 뚜렷한 금이 생긴다. 후생동물이 원생동물은 감히 꿈꾸지 못하는 '멀티플레이어'가 될 수 있는 것은, 하나의 수정란에서 형태와 기능이 천차만별인 수많은 세포를 분화시킬 수 있기 때문이다.

해면동물은 다른 종류의 세포를 만들지 못한다. 대신 그들은 분화한 세포

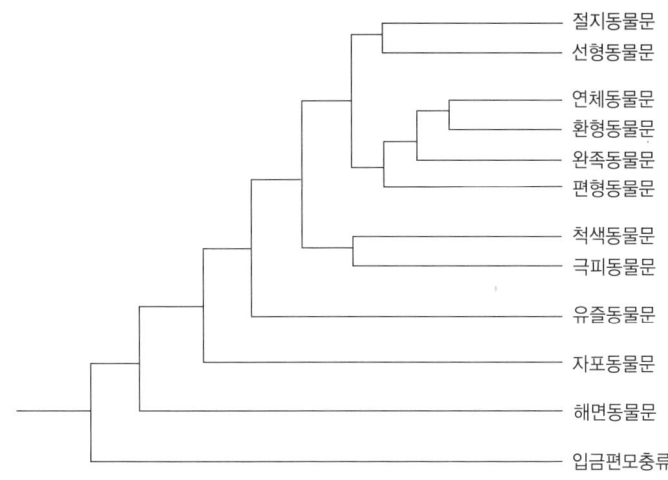

그림 11-1 분자계통관계를 바탕으로 그려본 동물문의 진화관계.

들을 배열해 더 큰 구조를 이룸으로써 먹이수집과 가스교환을 한다. 대부분의 해면동물은 꽃병 모양으로 자라는데, 가운데는 텅 비어 있고, 외벽은 구멍이 숭숭 뚫려 있으며, 꼭대기는 열려 있다. 안쪽 표면에 옷깃 모양으로 늘어선 동정세포들은 일제히 같은 방향으로 편모를 퍼덕여 물결을 일으키는데, 이때 먹이입자를 받아들이고 찌꺼기를 털어낸다. 바깥 표면에는 납작한 세포들이 모자이크 타일처럼 붙어 있다. 한편 아메바 같은 세포들이 타일 사이사이에 존재하는 젤라틴상의 구역을 돌아다니며 섬유상 단백질을 분비하고, 때때로 골편을 맞붙여 무기질 골격을 만든다.

해면동물은 틀림없이 원생이언 후기에 계통수에서 갈라졌지만, 에디아카라 화석군집에서는 많이 발견되지 않는다. 해면동물은 원생이언-캄브리아기 경계선 근처에서 무기질 골격이 진화한 후에 비로소 고생물학 무대의 주역으로 떠올랐다. 껍데기 화석은 캄브리아기에 해면동물문에 급격한 다양화가 일어났다는 증거이다. 초기 해면동물의 일부는 분비물로 규질골편을 만들었다 ─ 오늘날 발견된 해면동물 5,000종 가운데 90퍼센트 이상이 규질이나 단백질(콜라겐 성분의 단백질로 구성된 유연한 골격은 목욕용 스펀지로 이용된다), 또는 둘 다로 된 골격을 형성한다. 현재까지 남아 있는 또 다른 해면동물 집단은 탄산칼슘으로 된 골편을 형성했고, 때때로 거대한 골격도 형성했다. 캄브리아기 초기의 바다에는 탄산염을 분비하는 아르카이오키아탄스 *archaeocyathans*라는 종의 해면동물이 두드러지게 진화했지만, 캄브리아기 중반기에 일어난 대멸종으로 급격히 줄었고, 이 집단은 알 수 없는 이유로 캄브리아기 말에 완전히 사라졌다. 생태계의 지배자에서 진화의 패배자에 이르기까지 2,000만 년……. "*sic transit gloria mundi.*"─ 세상의 영광은 이와 같이 덧없도다!

복잡한 다세포 조직의 세 가지 요건

동물의 계통수를 계속 오르기 전에, 한 가지 근본적인 문제를 다룰 필요가 있다. 다세포 생물이 성장하는 동안 체조직을 그렇게 복잡하게 분화시키는 비결이 무엇이냐는 것이다. 복잡한 다세포 조직을 갖추기 위해서는, 세포끼리의 접착, 커뮤니케이션, 발생과정에서 세포분화를 조절하는 유전 프로그램이 필요하다. 접착은 새로 분열하는 세포들이 흩어지지 않게 해준다. 그래야 세포들이 정확한 공간적 조직을 확립할 수 있는데, 이것은 다세포의 기능을 실현하기 위한 밑바탕이다. 바닷말과 식물의 경우, 셀룰로오스 같은 다당류로 된 세포벽이 인접한 세포들을 서로 붙인다. 그런데 동물세포에는 세포벽이 없다. 따라서 세포들을 붙이는 데 세포 외의 분자들을 이용해야 한다. 좋은 예가 바로, 인간의 연골을 구성하는 단백질인 콜라겐이다. 해면동물도 갖가지 세포 외 단백질을 만들어 세포들을 꽃병 모양으로 붙인다. 더 복잡한 동물들도 엇비슷한 단백질을 생산하지만, 종류가 훨씬 다양하다.

복잡한 조류와 육상식물에서는, 실 모양의 세포질이 세포벽에 뚫린 작은 구멍을 통해 이웃한 세포들을 결합하는데, 이것은 세포 간 커뮤니케이션의 직접적인 통로가 된다. 동물에서는 '갭 결합'(세포결합 양식의 하나로서, 결합부 사이에 2~4나노미터의 세포간극이 존재하기 때문에 갭 결합이라고 함 : 옮긴이)이라는 분자 채널(분자통로)이 거의 같은 구실을 한다. 이 채널에는, 세포막에 폭 파묻힌 단백질 분자들이 화학신호를 주고받으며 연쇄반응을 일으킴으로써 분자 메시지를 세포핵으로 전달한다. 이와 같이 세포 표면의 단백질은 세포의 접착뿐 아니라 커뮤니케이션에도 관여하기 때문에, 많은 세포들이 서로 협력하며 일할 수 있다.

세포 간 커뮤니케이션은 동물의 '발생'에 대한 열쇠도 쥐고 있다. 발생이란 수정란이 복잡한 구조를 갖춘 성체로 되는 놀라운 과정이다. 대부분의 단세포 진핵생물은 스트레스를 받으면 보호벽 안에 몸을 숨긴 채, 꼭 필요한 활동을 제외한 대부분의 세포활동을 일시 중단한다. 요컨대, 환경의 신호에 반응하여 다른 형태의 세포로 분화(특수화)하는 것이다. 동물에서도 외부의 신호가 세포의 분화를 촉진하는데, 이 경우에 신호는 환경이 아니라 이웃한 세포로부터 온다. '발생의 도구상자'라고 불리기도 하는 비교적 규모가 작은 유전자 집단이 세포분열, 세포분화, 세포예정사에 이르는 과정 — 생명을 불어넣는 과정 — 을 한 치의 오차도 없도록 조율한다. 이러한 유전자의 대부분은 하나하나의 세포구조를 짓는 임무를 맡는 '분자목수'가 아니다. 오히려, 한 유전자에서 지시를 받아 다른 유전자로 전달하는 '중간관리자'라고 볼 수 있다. 그러므로 발생 프로그램은 복잡한 유전자 상호작용에 따라 집합적으로 성장을 조절한다. 해면동물의 유전자 도구상자는 비교적 단순하지만, 파리나 포유류처럼 복잡한 동물의 도구상자는 훨씬 정교하다. 식물과 조류에서도, 참여하는 유전자는 동물과 다르지만 비슷한 조절 네트워크가 세포의 발생을 안내한다.

자포동물

해면동물은 동물의 계통수에서 하나의 큰 가지를 이루고, 나머지 모든 동물은 별개의 가지에 속한다.[1] 또 해면동물보다 복잡한 동물은 두 개의 큰 가지인 자포동물과 좌우대칭동물로 나눌 수 있다(그림 11-1). 이 두 동물군은 10장에서 이미 소개했다. 자포동물에는 해파리, 산호, 바다조름, 그 밖에 에디아카라의 여러 화석과 비슷한 구조를 한 분류군이 포함된다. 좌우대칭동물은 주로 에디아카라의 퇴적물에 기어 다닌 자국의 형태로 남아 있는데, 오늘날에는 편형동물에서 고래에 이르기까지 엄청난 범위의 종을 포함한다.

일반적으로 자포동물은 분명히 해면동물보다 복잡하다. 이들은 근육세포나 단순한 신경망을 포함해 훨씬 많은 종류의 세포를 갖추고 있다. 게다가 자포동물(그리고 좌우대칭동물)의 경우, 세포 외 단백질이 세포들을 연결해 '상피'라는 막을 만드는데, 이것이 동물의 몸을 여러 구획으로 나눈다. 따라서 자포동물은 해면동물과 달리 별개로 분화되는 조직을 형성할 수 있다.

모든 자포동물은 단순한 몸 설계(생물체 구조의 기본형식. 몸체 각 부분의 분화상태와 상호관계를 말함: 옮긴이) — 속이 텅 빈 사발 또는 원통형에, 개구부(입)를 팔 같은 촉수가 에워싸고 있음 — 를 따른다. 발생 초기에 분화하는 두 개의 조직층은 몸 안팎을 감싸며, 그 사이에 샌드위치의 내용물처럼 끈적끈적한 물질(해파리의 영어명인 jellyfish의 jelly가 그것이다)이 끼어 있다. 두 조직층 가운데 바깥쪽 조직은 외배엽이라고 하는데, 그 속에는 근육세포와 신경, 자세포가 있다. 자세포는 나선상으로 돌돌 말린 작은 침을 갖추고 있는데, 이것이 자

---

[1] 일부 분자계통관계에서는 자포동물과 좌우대칭동물이 탄산염을 침전시키는 해면동물(석회해면강)의 친척이며, 규질골편을 만드는 해면동물만이 최초로 갈라진 가지에 뚝 떨어져 있다고 본다. 세포의 초미세구조에서 나타나는 여러 가지 특징도 이 관점을 뒷받침하고 있지만, 아직 논란이 분분하다. 이 사실이 옳다면, 초기에 진화한 해면동물 **안에서** 더 복잡한 동물이 생겼다는 얘기다(해면동물문은 석회질 골편을 만드는 석회해면강, 규질골편을 갖는 육방해면강, 규질 또는 단백질로 된 골편을 갖는 보통해면강으로 나뉜다. 해면동물의 90퍼센트 이상이 보통해면강이다: 옮긴이).

극에 반응하여 바깥쪽으로 재빨리 뻗어나가며 끝부분에서 독을 내보낸다(해파리에 쏘인 적이 있다면 경험을 통해 자세포를 알 것이다). 안쪽 조직은 내배엽이라고 하는데, 여기에는 소화효소를 분비하는 세포가 빼곡히 늘어서 있다. 자포동물은 포유류의 심장이나 위처럼 여러 조직을 통합해야 하는 복잡한 기관까지는 만들지 못한다. 그러나 10장에서 설명한 대로 그들은 다른 방법으로 비슷한 정도의 복잡성을 얻는다. 그것은 군체 내에서 기능을 특화한 개체로 분화하는 것이다.

근육세포, 신경, 자세포는 힘을 합해 동물에 새로운 기능을 가져다주었다. 해면동물은 바닷물을 걸러 먹이를 모으지만, 자포동물은 독침이 박힌 촉수로 사냥감을 붙들고 내부의 소화강으로 집어넣어 소화시키는 포식동물이다(앞에서 이야기했듯이, 산호초 같은 자포동물은 자신의 조직에 조류藻類공생체를 끌어들여 '농사'를 짓기도 하지만, 자포동물은 기본적으로 사냥으로 먹이를 얻는다). 해파리와 해파리의 친척들은 한 발 더 나아가 이동을 할 수 있어서, 더욱 쉽게 사냥을 할 수 있다.

원생동물 가운데서도 다른 세포를 붙잡아 먹는 것이 있지만, 동물에 이르러 포식행위는 전혀 새로운 차원으로 발전했다. 원생동물은 세포를 하나씩 또는 몇 개씩 집어삼켰지만, 동물은 빗처럼 생긴 기관으로 바닷물을 걸러 수천 개 또는 수만 개의 먹이를 통째로 잡아먹을 수 있었다. 따라서 몸집이 큰 생물도 포식자로부터 안전할 수 없었다. 미생물뿐 아니라 동물도 포식자에게 잡아먹히지 않도록 피해야 했으며, 바닷말은 동물에게 뜯어 먹히는 것(채식)에 대처해야 했다. 사실 포식동물은 환경에 대단히 중요한 영향을 미치는 인자가 되었다. 뒤이어 일어난 포식자와 먹잇감 사이의 이른바 군비경쟁이 지난 5억 년 이상 동안의 진화를 이끌었기 때문이다.

에디아카라 화석의 상당수는 아마도 계통적으로 자포동물에 가까운 것 같다. 대부분이 그 계통에서 일찍 분화해 이미 절멸한 것이겠지만. 오늘날 바다에 사는 자포동물은 약 1만 종이다.

자포동물과 좌우대칭동물의 차이

자포동물 이외의 동물종 — 인간을 포함해 모두 1,000만 종에 이름[2] — 은 모두 좌우대칭동물에 속한다. 좌우대칭동물은 기본적으로 세 가지 점에서 자포동물과 다르다. 우선 10장에서 설명했듯이, 좌우대칭동물의 몸은 하나의 대칭면에 의해 머리 부분(좌우대칭동물에서는 대체로 머리가 분화되어 있다)부터 꼬리 부분까지 좌우로 나누어진다. 그리고 발생 초기에 두 개의 배엽이 아니라 세 개의 세포층(배엽)이 분화한다. 피부와 신경세포가 되는 외배엽, 소화계를 만드는 내배엽, 근육과 생식계로 분화하는 중배엽이라고 부르는 중간층이 생기는 것이다. 또 좌우대칭동물은 조직을 형성하는 점에서는 자포동물과 같지만, 조직을 결합해 복잡한 기관을 만드는 점이 다르다. 이것은 다양한 기능이 새로 생길 수 있는 가능성을 열었다.

자포동물이 동물의 포식을 발명했다면, 이것을 완성한 것은 좌우대칭동물이다. 우선, 기관계의 등장으로 빠르게 헤엄칠 수 있었다. 또 근육을 갖춘 부속지 덕분에 먹이를 잡아채고 꼭 붙들 수 있었다. 입에는 아래턱과 이빨 또는 갈아내는 기관이 생겼다. 초점이 잘 맞는 눈을 포함해 섬세한 감각기관도 생겼다. 무엇보다도 뇌가 생겨서 이 모든 계의 복잡한 상호작용을 조율할 수 있었다.

포식성 동물이 증가함에 따라 몸을 보호할 필요도 커졌다. 어떤 동물은 숨어서 포식자를 피한다. 독을 분비하는 동물도 있다. 세 번째 야심작은, 여러 동물이 저마다 따로따로 발명한 갑옷이다 — 무기질 성분의 골격으로 이빨과 발톱 같은 무기로부터 몸을 방어하는 것이다. 클라우디나와 나마칼라투스의 존재는 원생이언 후기에 적어도 몇 종류의 동물이 가볍게 석회화된 덮

---

2) 현존하는 동물종의 수치는 정확히 알려져 있지 않다. 지금까지 약 1,500만 종이 기록되어 있지만 (이 가운데 절반 이상이 곤충이다), 실제로 존재하는 종의 수는 훨씬 많을 것이다. 현재 추측되는 종 수의 평균은 1,000만 종이다.

개를 가지고 있었다는 사실을 보여주지만, 제대로 된 골격이 나타나기 시작한 것은 캄브리아기에 들어서였다. 이것이 생물에 끼친 영향은 어마어마했다. 진화적 군비경쟁이 차츰 치열해졌고, 포식자는 먹이 동물의 방패를 뚫을 수 있는 구조를 진화시켜야 했던 것이다. 또한 무기질 골격은 새로운 기능이 생길 수 있는 가능성을 열었다 — 예를 들어, 구멍 뚫는 조개는 자신의 껍데기를 이용해 퇴적물에 구멍을 뚫을 수 있다. 말할 나위 없이, 고생물학에 끼친 영향도 크다. 골격은 퇴적암 속에 잘 보존되기 때문에 골격의 주인이 화석기록으로 남을 가능성이 높은 것이다. 그래서 어떤 지질학자는 캄브리아기 대폭발이라는 진화적 사건은 허울이라고 주장하기도 한다. 화석의 폭발일 뿐 생물종의 폭발이 아니라는 것이다. 하지만 이러한 생각은 꼼꼼한 관찰 앞에서 금방 허물어진다. 석회질 화석은 원생이언 말기의 초礁에 많이 존재하지만, 캄브리아기 이후의 암석에서 발견되는 것과 같은 다양하고 복잡한 모양을 보이지는 않는다(컬러도판 8). 또한 인산칼슘에 형태가 복사되어 있거나 셰일 속에 눌려 찌그러진 원생이언 후기의 화석을 보면, 다양화의 조짐조차 드러나지 않는다. 게다가 골격과는 별개로 생흔화석이 캄브리아기에 동물의 행동에도 극적인 다양화가 일어났다는 사실을 말해준다(그림 11-2). 스웨덴 자연사박물관의 스테판 벵트손이 주장했듯이, 골격의 진화는 캄브리아기에 일어난 동물 다양성의 폭발 가운데 중요한 일부로 이해되어야 한다. 동물은 탄산칼슘이나 인산칼슘, 또는 규질로, 아니면 퇴적입자들을 모아서 골격을 형성했다. 이것은 진화한 포식자의 등장으로 촉진된 구조적·생화학적 혁신이었다(물론, 빠른 이동이나 위장술, 독과 같은 대안전략이 있는 것으로 보건대, 모든 동물이 무기질 골격에 투자했던 것은 아니다. 현대의 바다에 존재하는 동물상 가운데도 죽은 뒤에 남는 골격을 만드는 것은 오직 1/3뿐이므로, 캄브리아기의 바다에서는 그 비율이 더욱 낮았을 것이다).

여러 가지 좌우대칭동물

좌우대칭동물에는 이루 헤아릴 수 없을 만큼 많은 형태가 있지만, 발생학적·분자생물학적 자료를 바탕으로 이 동물군을 세 개의 큰 계통으로 분류할 수 있다(그림 11-1). 19세기 동물학자들은 발생과정에서 공통의 특징을 갖는다는 점을 근거로, 우리 인간이 속한 동물 집단인 척색동물문, 극피동물문(불가사리, 성게, 해삼), 반색동물이라는 작은 문을 대그룹으로 묶고 후구동물이라는 이름을 붙였다. 유전자 서열 비교는 이 세 가지 동물문의 진화적 결합을 뒷받침하고 있고, 나머지 좌우대칭동물(선구동물)은 다시 두 가지 대그룹으로 나뉜다. 우선, 절지동물과 선형동물을 비롯한 몇 가지 작은 동물문을 탈피동물로 묶을 수 있다 — 이 계통의 동물들은 모두 큐티클(몸의 표면을 덮는 비교적 딱딱한 질의 막상구조: 옮긴이)을 형성하고 자라면서 탈피를 한다. 또 하나의 계통은 적절치 않게도, 다들 제각각인 연체동물, 환형동물, 완족동물, 편형동물을 묶어 촉수담륜동물 觸手擔輪動物이라는 이름으로 부른다(원어 Lophotrochozoa는 Lophophorata[촉수동물]와 Trocho-phore[트로코포라 유생]라는 두 가지 형태적인 특징을 결합한 말인데, 이들 특징을 하나로 묶는 것에 대해서는 논란이 있다 : 옮긴이). 모두는 아니지만 대부분이 담륜자 擔輪子(또는 트로코포라)라는, 팽이처럼 생긴 유생을 거친다.

하나의 동물문에 속한 모든 현생동물은 공통의 조상으로부터 내려왔음(단, 부분적인 변경이 더하여짐)을 반영하는 일련의 분자적·형태적 특성을 공유한다. 예를 들어, 곤충, 갑각류, 지네류는 서로 아주 다르게 생겼지만, 알고 보면 하나의 건축주제 — 체절로 나누어진 몸, 관절이 있는 부속지, 딱딱한 키틴질의 외골격 — 에 대한 여러 가지 변주다. 게다가 이들 절지동물(문)은 선형동물(문) — 선형동물은 십이지장충병, 상피병, 선모충병을 일으키는 기생충을 포함하는, 어디에나 존재하는 작은 동물이다 — 과 가까운 관계이다. 절지동물문과 선형동물문은 발생 초기의 특이한 상태, 큐티클의 탈피, 유전자 염기서열 등, 마지막 공통조상이 갖고 있던 특징을 공유한다. 그런데 절지동

그림 11-2 캄브리아기의 해안 모래에 무척추동물이 파놓은 U자형 구멍. 오늘날에도 다모류가 이와 비슷한 구멍을 판다.

물과 선형동물의 겉모습은 이보다 다를 수 없다. 선형동물은 양쪽 끝이 점점 가늘어지는 작은 원통처럼 생긴 아주 단순한 모습이다. 따라서 두 동물문의 공통조상은 선형동물과 세세한 면모들이 다르고 현생의 어떤 절지동물과도 **확실히** 다른 아주 단순한 생물이었음이 틀림없다. 하나의 동물문에 속한 현생종의 마지막 공통조상과, 근연관계에 있는 두 가지 동물문의 최후의 공통조상 사이에 나타나는 명백한 차이는 몸 설계의 진화와 관련된 중요한 점을 강조하고 있다. 계통의 분기와 계통 **내부**에서의 복잡한 몸 설계 진화는 별개의 현상이다. 절지동물로 향하는 계통이 하나의 가지로 뚝 떨어져 나왔을 때부터 현생 절지동물의 마지막 공통조상이 생길 때까지는 무수히 많은 생물학적인 변화가 일어난 것이다.

절지동물과 선형동물의 마지막 공통조상부터 절지동물의 몸 설계를 확실히 드러내는 동물에 이르는 행로의 중간 중간에 절멸한 형태가 가득 널려 있

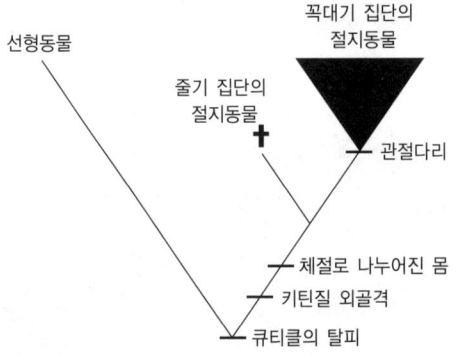

그림 11-3 절지동물의 진화를 예로 들어, 줄기 생물군과 꼭대기 생물군의 개념을 보여주는 그림. 자세한 내용은 본문 참조.

다. 체절로 나누어져 있지만 키틴질 골격이나 관절다리가 없는 것, 또는 그 이후에 체절로 나누어지고 키틴질 골격도 생겼지만 관절다리는 없는 형태가 있었을 것이다. 생물학에는 이런 진화의 중간형태를 다루는 특별한 방식이 있다. 이때 다루어지는 두 가지 생물군의 개념은 또 하나의 제이콥 말리적 사실이 되기에 손색이 없을 만큼 매우 중요하다.

생물의 문(또는 강綱 등 어떤 계통상의 분류군이라도 좋다)에서 꼭대기 집단에 위치하는 집단은 그 문에 포함되는 현생생물의 마지막 공통조상과 그 후손들 모두를 포함한다(그림 11-3). 그러니까 원생이언 후기나 캄브리아기 초기의 어떤 시점에 절지동물의 전구체가 살았고, 이것이 둘로 나누어졌다. 머지않아 하나는 거미, 전갈 종류의 동물이 되었고, 나머지는 갑각류, 곤충 종류의 동물로 진화했다. 이들의 후손들 가운데는 멸종하고 만 것도 있다―예컨대 고생대의 얕은 바다를 헤엄쳐 다녔던 전갈처럼 생긴 광익류廣翼類가 그렇다. 이렇듯 공통조상의 탄생과 그 이후의 분기로 오늘날과 같은 다양한 절지동물에 이르는 길이 난 것이다.

꼭대기 집단의 절지동물과 절지동물/선형동물 분기점 사이에 있는 절멸한 중간형태를 줄기 집단의 절지동물이라고 부른다(그림 11-3). 현생동물의 세세한 면면에 얽매이는 비교생물학자들에게는 줄기 집단과 마지막 공통조상이 계통수에서 추측한 가공의 생물일 뿐이다. 그러나 고생물학자들한테는 그렇지 않다. 유구한 시간과 화석을 품은 우리 고생물학자들의 세계에서, 현생동물의 조상은 지금은 사라져버린 먼 옛날의 바다에서 헤엄치고 기어 다니고 걸어 다니던 실제 생물인 것이다. 상상할 수고조차 필요 없다. 살과 피는 사라져버렸지만, 암석에서 골격과 압축된 흔적으로 남아 있는 그들을 직접 볼 수 있기 때문이다. 고생물학만으로도 과학자들은 줄기 집단의 생물종에 접근할 수 있고, 이것으로부터 복잡한 몸 설계의 진화를 밝힐 수 있다. 따라서 캄브리아기의 기록을 해석하려면 줄기 집단과 꼭대기 집단의 생물군을 **반드시** 이해해야만 한다.

킴베렐라와 스프리기나 같은 에디아카라 화석은 현생동물과 닮은 것 같으면서도 어딘지 모르게 다른데, 아마도 원생이언 말기의 바다에 살았던 줄기 집단의 좌우대칭동물이었을 것이다. 그렇지만 꼭대기 집단의 좌우대칭동물은 캄브리아기가 오기 전에는 아직 나타나지 않았다.

캄브리아기 '대폭발'을 이해하는 열쇠

그러면 캄브리아기가 갑자기 좌우대칭동물의 세계가 된 것을 어떻게 이해해야 할까? 이것을 설명하는 데 도움이 되는 것이, 발생을 지휘하는 유전자 네트워크에 내재된 진화 가능성 — 캘리포니아 대학 버클리 캠퍼스의 발생생물학자 존 거하트John Gerhart와 하버드 대학의 세포생물학자 마크 커슈너Marc Kirschner가 '진화성'이라고 불렀던 것 — 이다. 생태계의 증폭효과나 어쩌면 환경의 변동도 관계가 있을지 모른다. 그런데 이들을 본격적으로 살펴보기 전에 우선 캄브리아기 다양화에서 가장 기본이 되는 요소를 이해할 필요가 있다 — 그것은 바로 시간이다!

좌우대칭동물문의 꼭대기 집단은 캄브리아기의 1월 1일에 짠! 하고 나타났던 게 아니다. 코투이칸 강변의 절벽에서 보았듯이, 캄브리아기의 가장 오래된 지층에는 정체불명의 생물유해가 아주 소수 발견된다. 대부분은 연충류나 어쩌면 자포동물일 수도 있는 동물이 남긴 작은 관 모양 화석이다. 그 뒤에 절지동물이나 연체동물, 또는 완족동물과 관련된 줄기 생물군이 나타나고, 꼭대기 집단은 더 나중에 등장했다. 얼마나 나중일까? 이에 대한 대답은 최근 10년 동안 조금씩 윤곽을 드러냈다. MIT의 샘 보우링Sam Bowring이 이끄는 지질연대학자들이 캄브리아기 암석층 사이에 낀 화산재층의 연대를 밝힌 것이다. 발자국과 기어 다닌 자국을 볼 때 관절다리를 갖춘 동물은 캄브리아기의 첫 1,000만 년 동안 출현했지만, 삼엽충(컬러도판 8)은 캄브리아기가 2,000만 년이 흐를 때까지도 지구에 등장하지 않았다. 또 갑각류와 협각류(거미와 전갈을 포함하는 동물군)의 꼭대기 집단은 캄브리아기가 3,000만 년 이상 지나갔던 약 5억 1,100만 년 전까지도 모습을 드러내지 않는다.

고생물학계의 두 이단아로 일컬어지는 그레이엄 버드Graham Budd와 죄렌 옌젠Sören Jensen은 조금 전 대략적으로 이야기한 절지동물의 등장패턴이 다른 좌우대칭동물의 문에도 잘 들어맞는다고 주장한다. 예컨대, 인산칼슘으로 이루어진 야구모자 모양의 작은 껍데기는 캄브리아기가 약 1,300만 년쯤 흘렀을 때 형성된 시베리아의 지층에서 발견된다. 이 화석은 완족동물로 인정될 수 있지만, 껍데기의 구조가 상세하게 보존된 것으로부터 근육계와 외투막 조직이 현생의 완족동물과는 다르다는 것이 밝혀진다(그림 11-4a). 완족동물의 두 가지 큰 계통의 꼭대기 집단으로 보이는 것은 700~1,000만 년이 더 흐른 뒤의 기록에서도 포착되지 않는다. 그 다음에 나판강螺板綱이라는, 나선상으로 배열된 탄산칼슘 판으로 뒤덮인 자루 모양의 생물 화석이 5억 2,000만~5억 2,500만 년 전의 암석에서 발견된다(그림 11-4b). 섭식용 조직과 골격의 미세구조로 볼 때 나판강은 분명히 극피동물문과 연결되지만, 이 특이한 화석은 현재의 어떤 극피동물과도 닮지 않았다. 극피동물의 꼭대기

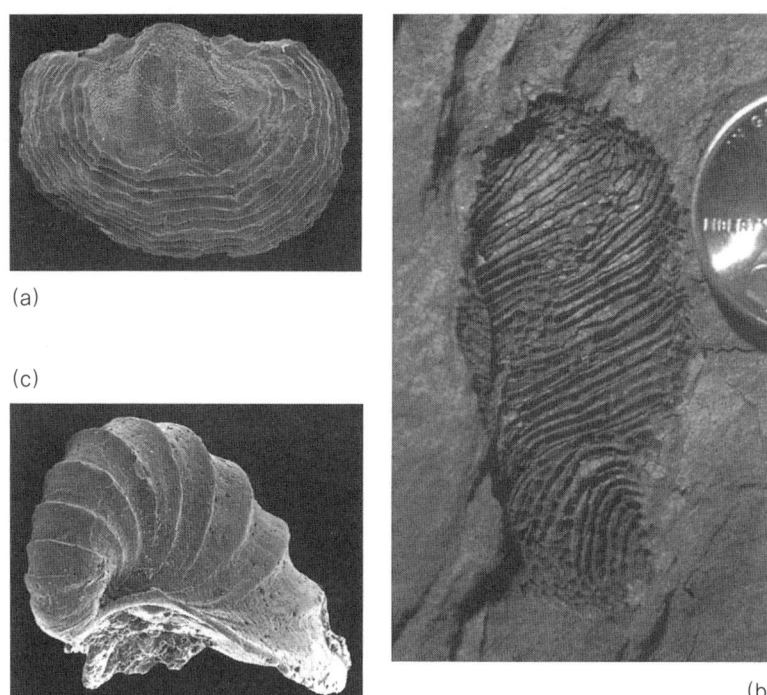

그림 11-4 좌우대칭동물의 문 또는 강의 줄기 생물군으로 해석되는 캄브리아기 화석.
(a) 캄브리아기 초기의 완족동물. (b) 나판강 극피동물. (c) 캄브리아기의 가장 오래된 지층에서 발견된, 나선형으로 말린 연체동물. 더 자세한 내용은 본문 참조(사진 (a)는 레오니드 포포프Leonid Popov 제공, (b)는 데이비드 보트저 David Bottjer와 스티븐 돈보스Stephen Dornbos 제공, (c)는 스테판 벵트손 제공).

집단은 캄브리아기의 더 나중에 이르러, 또는 캄브리아기 중기의 화석 몇 점을 어떻게 해석하느냐에 따라서는 심지어 오르도비스기에 이르러서야 등장한다. 마지막 예로, 연체동물이라는 거대한 동물문을 살펴보자. 에디아카라 화석인 킴베렐라는 연체동물의 진화에서 초기에 나타났던 중간형태인 것 같고, 원시 연체동물이 만든 아주 작은 나선상의 껍데기는 캄브리아기가 시작된 지 몇백만 년 후에 형성된 암석에서 많이 나온다(그림 11-4c). 뒤이어 조개와 복족류의 소형 줄기 생물군이 캄브리아기가 약 1,500만 년쯤 흘렀을 때 나타났지만, 고생물학자들에게 아주 친숙한 대형조개와 고둥, 두족류의 껍질은 훨씬 나중인 오르도비스기가 올 때까지 퇴적암에 뚜렷이 나타나지 않는다.

캄브리아기 대폭발을 부각시키는 고생물학에서 가장 유명한 화석군이 있다. 그것은 버제스 셰일로서, 캄브리아기 동물의 보물창고로 통한다. 해면동물, 유즐동물(빗해파리), 다모류, 새예동물(바다 밑의 진흙 속에 살고 체절로 나뉘지 않았으며 확실히 분류하기가 어려운 포식성 생물: 옮긴이), 완족동물, 절지동물, 게다가 창고기와 비슷한 척색동물의 놀랍도록 세밀한 압축화석은 버제스 시대에 좌우대칭동물 내에 갖가지 몸 설계가 진화했다는 사실을 말해준다. 하지만 이들이 남아 있는 지층에는 고생물학자의 이해를 가로막는 괘씸한 골칫덩어리도 많이 존재한다. 길이 5센티미터의 오파비니아 $Opabinia$ (그림 11-5a)는 절지동물처럼 키틴질의 껍질에 싸여 있는 체절과 깃털 모양의 아가미를 갖추고 있지만, 다리가 없고 거추장스럽게도 다섯 개의 눈과 움켜잡는 주둥이(입 부분에서 나오는 노즐 모양의 구조: 옮긴이)를 달고 있다. 그리고 키틴질 비늘을 쇠사슬갑옷인 양 걸치고 출격하는 듯한, 민달팽이처럼 생긴 위왁시아 $Wiwaxia$ (그림 11-5b)도 특이하다. 아노말로카리스 $Anomalocaris$ 는 또 어떤가(그림 11-5c). 이 거대한(아주 큰 것은 60센티미터에 이른다) 포식자는 체절로 나누어진 몸에 다리 대신 부채 모양의 엽상구조가 있는 게 특징이지만, 머리 아래쪽에 한 쌍의 관절다리가 붙어 있어서 이것으로 음식을 집어 카메라 조리개처럼 생긴 괴상한 입으로 집어넣는다.

스티븐 제이 굴드는 『생명, 그 경이로움에 대하여 $Wonderful\ Life$ 』[3]에서 특히 오파비니아에 주목했다. 그는 이것이 버제스 화석을 생물학적으로 해석

---

[3] 굴드는 원래 그 저서에 『오파비니아에게 바치는 경의 $Homage\ to\ Opabinia$ 』라는 제목을 붙였지만, 편집자가 — 현명하게도 — 『 $Wonderful\ Life$ 』라고 바꾸었다. 'Wonderful life'는 프랭크 카프라 감독의 동명 영화(1946년) 제목을 딴 것이다.

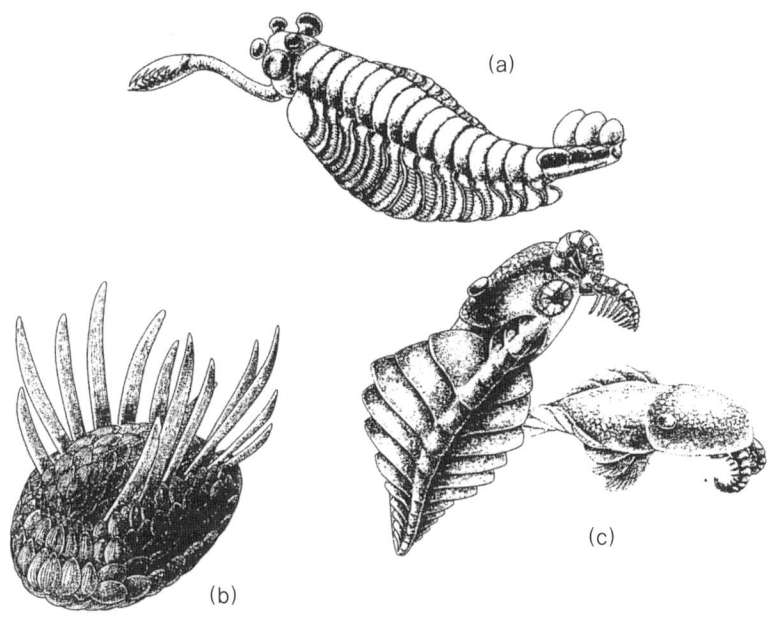

그림 11-5 캄브리아기 중기의 버제스 셰일에서 발견된 '기상천외한 생물'.
(a) 오파비니아 (b) 위왁시아 (c) 아노말로카리스(S. J. 굴드의 『생명, 그 경이로움에 대하여』, W. W. Norton and Company, Inc.의 허가를 받아 전재).

하는 데 중요한 열쇠가 될 거라고 생각했다. 굴드는 현생동물과 구별되는 오파비니아의 특징 — 괴상한 입과 공상과학소설에나 나올 법한 눈 — 을 세심하게 살핀 후, 이 화석은 자일라허의 벤도비온트보다는 나중에 나타났고 좌우대칭동물에 포함되는 것으로, 벤도비온트와 마찬가지로 지금은 절멸한 문이라는 결론을 내렸다. 굴드는 위왁시아와 아노말로카리스 같은 '기상천외한 생물'도 오늘날의 바다에서는 종적을 감춘 절멸한 몸 설계로 해석했다.

버제스 동물군 가운데 **확실히** 괴상한 생물이 있다고 치자. 그러나 이들이 딴 세계 동물은 아니다. 우선, 오파비니아의 체절로 나누어진 몸과 키틴질 외골격은 절지동물과 진화상의 관련이 있음을 나타낸다. 아노말로카리스에 이르러는, 체절로 나누어진 몸통과 키틴질 외골격에 **더하여** 적어도 머리만이라도 관절다리를 갖춘다. 괴상하든 어떻든 이 화석들은 현대의 절지동물에 이르는 과정을 살짝 보여주는 줄기 생물군 — 앞에서 절지동물 진화에서 있었다고 가정한 가설상의 중간형태를 구체적으로 보여주는 흔적 — 인 것이다.[4] 또 닉 버터필드가 보여주었듯이, 위왁시아의 비늘에는 다모류와 (어쩌면 그것과 진화적 유연관계에 있는 연체동물과도) 관련 있는 미세구조가 있다. 한편 좌우대칭동물 가운데 어떤 문의 꼭대기 생물로 여겨졌던 버제스 화석에도, 자세히 조사해본 결과 줄기 생물군이 포함되어 있는 것으로 밝혀졌다. 예컨대 아이쉐아이아 페둔쿨라타Aysheaia pedunculata는 오랫동안 벨벳벌레(유조동물에 속함)의 초기 형태로 여겨졌던 작은 화석이지만, 오늘날 이와 가까운 완보동물문에서 발견되는 것 같은 입과 말단부속지도 갖고 있다.

그렇다면 이처럼 줄기 생물군으로 가득한 버제스 화석은 어느 때의 흔적일까? 버제스의 노두에서는 화산재층이 발견되지 않았지만, 연대가 잘 밝혀진 다른 지층과의 생물층서학적 관계를 통해, 이 멋진 동물들이 지금부터 약 5억 500만 년 전, 캄브리아기가 거의 4,000만 년쯤 흘렀을 때 살았던 것으로 밝혀졌다.[5] 따라서 버제스 셰일은 좌우대칭동물문의 꼭대기 생물군의 등장뿐 아니라, 줄기 생물군의 존속도 상징한다. 캄브리아기가 시작된 지 4,000만 년이 흘렀을 때도, 진화의 중간형태들이 아직 해양 생태계의 큰 부분을 차지하고 있었던 것이다. 좌우대칭동물의 많은 문에서 꼭대기 생물군

---

4) 이 관점은 영국의 고생물학자 데렉 브릭스Derek Briggs, 리처드 포티Richard Fortey, 매튜 윌스 Matthew Wills가 처음으로 발표했는데, 사이먼 콘웨이 모리스Simon Conway Morris의 저서 『Crucible of Creation : The Burgess Shale and the Rise of Animals』에서 상세하게 다루어지고 있다.

5) 중국의 청장澄江과 그린란드 북부의 시리우스 파셋에서도, 버제스 셰일의 화석들과 비슷한 멋진 화석이 발견되었는데, 이들이 버제스 화석보다 약간 더 오래되었다. 초기 물고기처럼 생긴 동물도 포함된 이 화석들은 5억 2,000만 년 전에 형성된 것으로 보인다. 역시, 캄브리아기가 시작된 지 2,000만 년 이상이 흘렀을 때다.

이 바다를 지배하기 시작한 것은 약 1,500~2,000만 년이 더 흐른 뒤 오르도비스기에 다시 극적인 다양화가 일어났을 때였다.

요컨대, 절지동물과 완족동물, 연체동물에 척색동물까지, 그 동물문으로 인정해줄 만한 몸 설계는 캄브리아기 전반의 1,000~3,000만 년 동안 형성되었다(그림 11-6). 그 이후 캄브리아기의 남은 기간에 진행된 계속된 진화로, 좌우대칭동물의 문과 강을 이루는 꼭대기 생물군에 오늘날과 같은 특징의 조합들이 생겼다. 여기까지 모두 약 5,000만 년이 걸린 셈이다. 이 기간은 초초할 만큼 짧은가? 아니면 지루할 정도로 긴가? 캄브리아기 대폭발이라는 것이 있긴 있었을까?

이 문제를 언어의 의미에서 접근하는 사람도 있다 — 수천만 년에 걸쳐 전개된 사건이라면 '폭발'이라고 할 수 없고, 캄브리아기의 동물이 '폭발적으로 증가하지' 않았다면, 그들은 평범함을 벗어난 일을 했다고 볼 수 없다는 것이다. 캄브리아기의 진화는 분명 만화에서처럼 순식간에 일어나지 않았다 — 깜짝파티는 없었던 것이다. 하지만 셰일이나 석회암이 포개진 원생이언의 두터운 지층을 본 적이 있는 사람이라면, 캄브리아기의 사건이 지구를 뒤바꾸었다는 사실에 의문을 품을 수 없다. 캄브리아기의 몸 설계 진화에 5,000만 년이라는 엄청난 세월이 걸렸다고는 하지만, 이 5,000만 년이 생물의 30억 년 역사를 다시 썼던 것이다.

캄브리아기의 진화가 너무 천천히 전개되어 특이할 게 없다는 관점을 물리쳤다면, 반대로 5,000만 년도 너무 순식간이라는 생각이 들지는 않는가? 현생동물의 출현을 설명하기 위해서는, 아직 우리가 잘 모르는 뭔가 특별한 진화의 과정을 상정해야 하는 게 아닐까? 나는 그렇게 생각하지 않는다. 캄브리아기에는 원생이언에 하지 못했던 일을 — 집단유전학(오랜 시간에 걸쳐 집단이 어떻게 유전적으로 변하는지에 대한 연구 : 옮긴이)자가 모르는 과정에 의지하지 않고도 — 완수할 수 있을 만큼의 충분한 시간이 있었다. 2,000만 년은 1~2년마다 새로운 세대를 생산하는 생물에게는 기나긴 시간이다. 캄브리아기

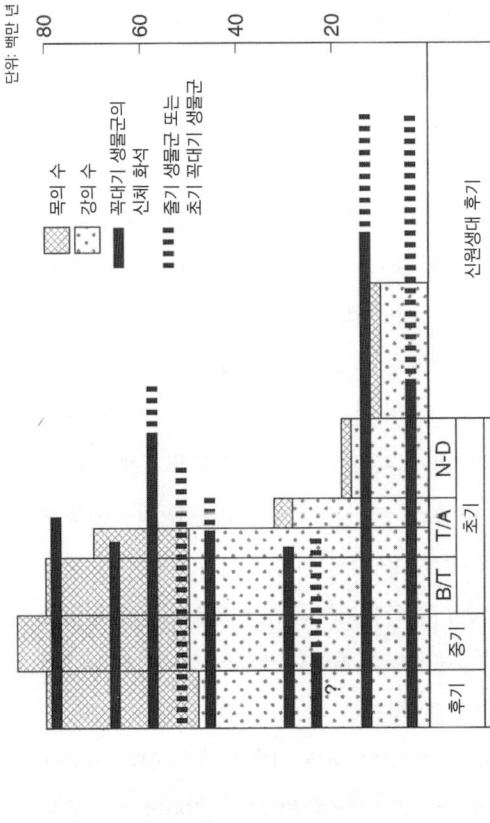
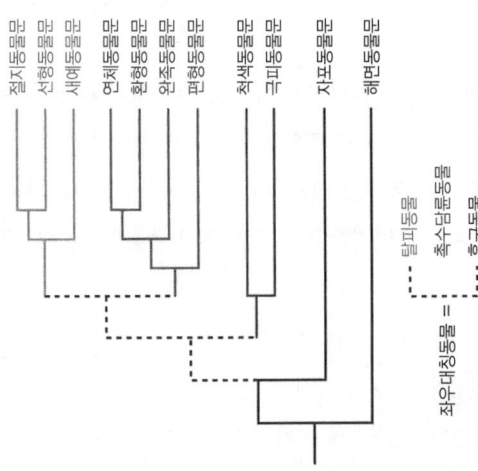
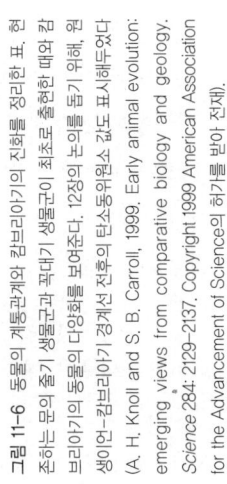

그림 11-6 동물의 계통관계와 캄브리아기의 진화를 정리한 표. 현존하는 문의 중기 생물군과 최대기 꼭대기 생물군이 최초로 출현한 때와 캄브리아기의 동물의 다양화를 보여준다. 12장의 논의를 돕기 위해, 인 생이언-캄브리아기 경계선 전후의 탄소동위원소 값도 표시해두었다 (A. H. Knoll and S. B. Carroll, 1999. Early animal evolution: emerging views from comparative biology and geology. *Science* 284: 2129–2137. Copyright 1999 American Association for the Advancement of Science의 허가를 받아 전재).

에 일어난 진화에 대한 설명은 발생과 생태의 접점 어딘가에서 찾아야 한다.

혹스 유전자

역사에서나 접근방식에서나 고생물학과 분자생물학은 생명과학의 양극단에 놓인다. 하지만 최근 10년 동안 생명과학의 두 축이 둥그렇게 굽어 하나의 원을 만들면서, 고생물학자와 분자생물학자는 서로의 정보를 주고받는 가까운 사이가 되었다. 분자계통관계와 지구 역사 사이에 벌써부터 일어나고 있는 활발한 상호작용이 이 증거를 잘 보여준다. 이 관계를 더욱 돈독하게 하는 것은 고생물학자와 발생생물학자가 몸 설계 진화에 대해 갖고 있는 공통의 관심이다. 화석이 초기 동물의 진화에 대한 층서학적 패턴을 찾아내면, 발생유전학은 이 진화가 어떻게 완성될 수 있었는지를 밝혀내기 때문이다.

그럼, 앞에서 소개했던 발생의 도구상자로 돌아가 보자. 생물학자들은 실험유전학의 든든한 일꾼인 초파리를 연구함으로써, 발생에 대한 많은 사실들을 알아냈다. 모든 동물이 그렇지만, 초파리의 발생은 세포증식(세포가 분열되어 불어나는 것 : 옮긴이)과 세포분화(세포의 기능이 결정되는 것 : 옮긴이)로 진행된다. 세포분화의 마지막 단계로, 세포골격 등 세포질의 여러 요소를 변화시키는 단백질을 만들어내는 유전자를 발현시켜, 뉴런과 근육처럼 개별기능을 갖춘 세포를 형성한다. 그런데 이런 단백질들이 '분자목수'로서 실무를 담당하고는 있지만, 이 목수들을 어떤 세포를 만드는 데 배치할 것인지를 결정하는 것은 발생의 전체패턴을 조절하는 '상류' 유전자들이다.

개별세포의 정체성을 결정하는 유전자 개입은 사실 수정란이 분열을 시작하기도 전인, 발생의 초기 단계에서 시작된다. 수정란의 어머니에서 온 RNA 메시지를 바탕으로 만들어진 단백질 집단은 수정란의 한쪽 끝에서 다른 끝으로 농도 기울기를 생기게 한다. 이 단백질 집단은 다른 RNA 메시지의 번역을 선택적으로 촉진 또는 저해함으로써, 발생기에 있는 신체축의 앞쪽 끝과 뒤쪽 끝을 결정한다 — 이 패턴은 속속 분열한 세포가 그들의 핵 유전자를 전사하기 시작하면서 더 분명해지고 정교해진다. 그 이후에도 유전자의 상호작용이 계속되면서 배의 축을 따라 더 세밀한 구역이 정해지고, 그 결과 몸은 개별체절 — 절지동물 신체조직의 정수! — 로 나누어지는 것이다. 이렇게 초파리의 체절을 만든 다음, 유전자는 다리, 날개, 더듬이, 눈을 붙인다. 이 '혹스Hox 유전자군'은 신체축을 따라 (중복이 있긴 하지만) 정해진 구역에서 발현되고, 각 체절이 무엇으로 발달하는지는 그 안의 세포에서 활동하는 혹스 단백질(혹스 유전자가 만들어낸 단백질 : 옮긴이)의 조합에 따라 결정된다. 초파리가 갖고 있는 8개의 혹스 유전자는 한 염색체의 두 부위에 쏠려 있다. 놀랍게도, 염색체상의 유전자 배열순서는 발현의 공간적 순서와 일치한다(곧, 첫 번째 유전자는 머리 부분을, 그 다음 유전자는 가슴 부분을, 마지막에 놓인 유전자는 몸 뒤쪽을 조절한다 : 옮긴이).

 체절의 운명이 정해지면, 다른 유전자군이 각 체절의 세부적인 구조를 다듬기 시작한다. 디스털리스distal-less라는 이름의 유전자는 각각의 체절에 1쌍씩 다리를 발생시킨다. 혹스 유전자 발현에 따라 조절되고 다른 유전자 산물의 유도를 받아, 머리 부분의 체절에서 나온 부속지는 더듬이가 되고 가슴 부분의 체절에 생긴 부속지는 다리로 성장한다. 복부에서는 다리의 형성이 완전히 억제된다. 연구가 잘 되어 있는 또 다른 유전자 아이리스eyeless(눈 없는)는 눈 발달을 개시하며, 틴맨tinman(양철 인간)은 심장공사를 명한다(발생을 위해 배치된 유전자들 가운데는 재미있는 이름이 많다. 틴맨은 『오즈의 마법사』에 나오는 도로시의 양철 친구에게 바치는 깜찍한 이름이다. 내가 제일 좋아하는 이름은 소닉 헤지호그 sonic hedgehog[음향 고슴도치]이다. 이 유전자는 척추동물의 팔다리, 이빨, 모공 같은 부위를 형성하는 데 배치된다).

 초파리 발생은 실제로 이것(기관형성)보다 훨씬 복잡하지만, 여기서 논의한 점들은 핵심을 잘 짚어준다. 초파리의 신체패턴 형성은 수정란일 때 시작되고, 그 이후의 유전자 상호작용으로 배의 점점 더 세밀한 부분이 정해진다. 개별세포의 형태를 만드는 유전자에 돌연변이가 일어나면, 눈의 색이나 강모의 개수 같은 소소한 부분에 영향을 미칠 뿐이다. 그러나 발생 초기에 발현되는 조절유전자에 돌연변이가 생기면, 엄청난 변화가 일어날 수 있다. 예컨대 혹스 유전자에 돌연변이가 일어나면 치명적으로 괴상한 형태가 탄생한다. 더듬이가 생길 자리에 다리가 돋아난다든가, 날개가 몸의 한 구역이 아니라 두 구역에서 생기기도 한다. 이러한 변이는 혹스 유전자가 초파리의 기본적인 모습을 얼마나 강력히 제어하는지를 잘 보여준다.

절지동물은 모두가 똑같은 혹스 유전자 세트를 갖지만, 눈부시게 다양한 형태를 선보인다. 이 다양성은 체절의 수, 구조, 세부특징(예컨대, 부속지의 종류)에서 나타나는 다양한 변형과 적지 않은 관련이 있다. 케임브리지 대학의 미칼리스 아베로프Michalis Averof와 마이클 에이캄Michael Akam의 연구를 시작으로, 발생생물학자들은 혹스 유전자의 발현패턴과 체절형태의 다양한 변형 사이에 강력한 상관관계가 있다는 것을 밝혀내고 있다(그림 11-7). 이런 대응관계는 혹스와 같은 조절유전자가 절지동물의 발생을 이끌고 있으며, 조절유전자의 **변이**가 오늘날과 같은 절지동물의 다양한 형태를 만들었음을 뜻한다. 실제로 캘리포니아 대학 샌디에이고 캠퍼스의 윌리엄 맥기니스William McGinnis와 위스콘신 대학의 숀 캐롤Sean Carroll은 최근의 연구에서, Ubx라는 혹스 유전자의 작은 변화로 발이 많은 갑각류에서 다리가 여섯 달린 곤충이 진화했다는 사실을 밝혀냈다. 실험실 초파리의 혹스 유전자가 캄브리아기 대폭발의 분자적 면모를 폭로하기 시작한 것이다.

비단 절지동물만이 아니다. 쥐는 실험실 연구에서 또 하나의 성실한 일꾼인데, 생물학자들은 초파리 발생에 관한 유전자 지도를 손에 넣었듯이, 쥐의 발생에 대해서도 많은 것을 이해하게 되었다. 그런데 초파리와 쥐의 유전자를 비교해봤더니, 뜻밖에도 예사롭지 않은 유사점이 있었다. 쥐와 초파리 모두, 수는 적지만 융통성이 높은 발생의 도구상자를 갖추고 있을 뿐 아니라,

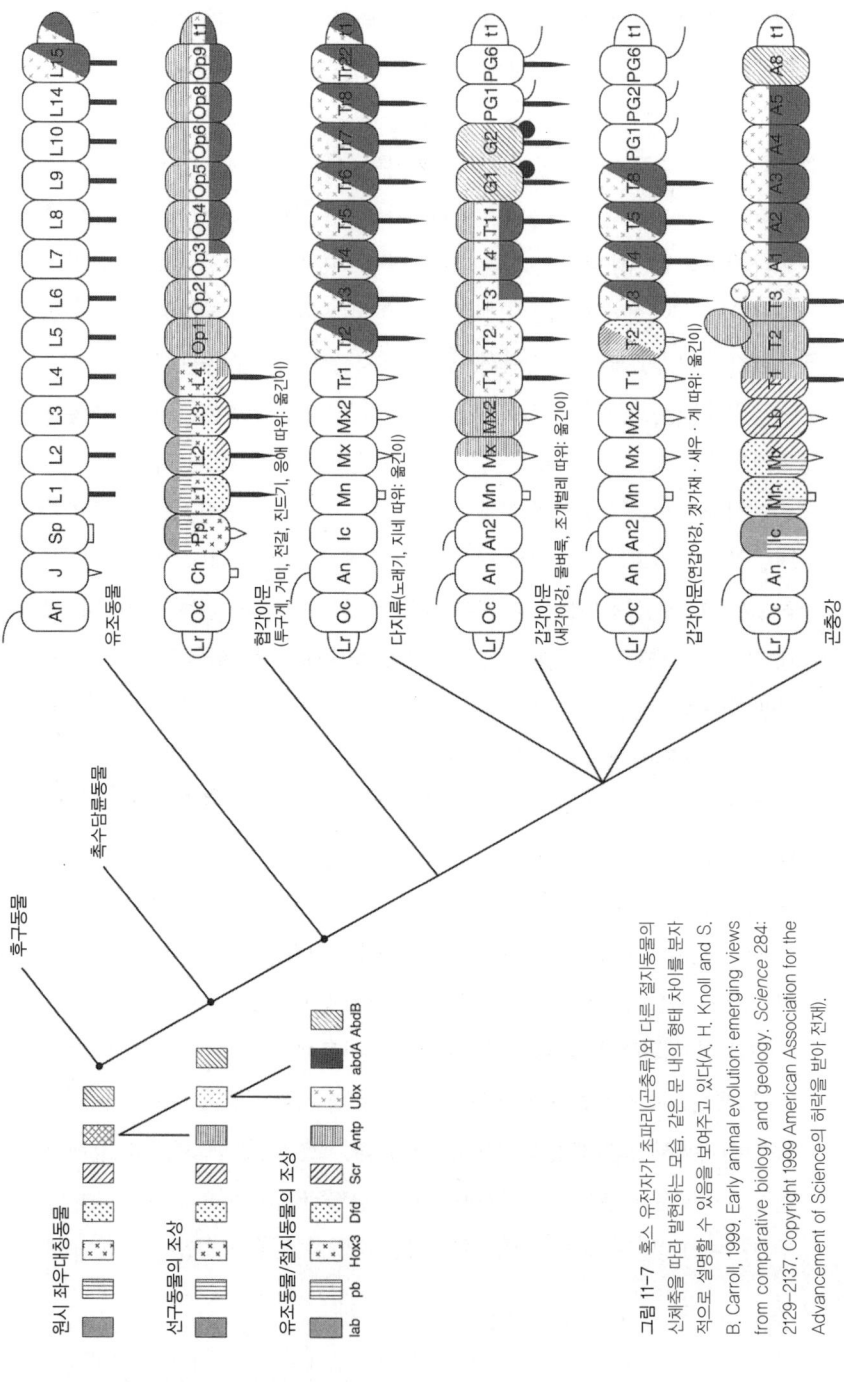

그림 11-7 혹스 유전자가 초파리(곤충류)와 다른 절지동물의 신체축을 따라 발현하는 모습. 같은 문 내의 형태 차이를 보자 작으로 설명할 수 있음을 보여주고 있다(A. H. Knoll and S. B. Carroll, 1999. Early animal evolution: emerging views from comparative biology and geology. *Science* 284: 2129–2137. Copyright 1999 American Association for the Advancement of Science의 허락을 받아 전재).

두 도구상자에는 같은 도구가 상당수 들어 있었던 것이다. 혹스 유전자군은 초파리와 마찬가지로 쥐에서도 머리 끝부터 꼬리까지 발생의 운명을 정한다. 다만 척추동물에는 유전자 중복으로 혹스 유전자가 네 세트 존재하는데, 각각의 세트는 절지동물에서 발견되는 한 세트에 해당한다. 아이리스 및 디스털리스와 가까운 유전자는 초파리에서처럼 쥐에서도 눈과 팔다리 발생을 유도한다. 쥐의 심장공사는 틴맨의 닮은꼴 유전자로 시작된다. 둘은 놀라우리만큼 비슷하다. 쥐에서 잘라낸 아이리스의 닮은꼴 유전자를 초파리에 넣으면, 초파리에서 정상적인 눈이 발생한다. 물론 발생의 도구상자가 비슷해도, 쥐의 수정란은 털로 뒤덮인 쥐로 발생하고 초파리의 수정란은 급강하 폭격기가 된다. 유전자는 비슷하지만 완성된 모양은 다른 것이다. 이렇듯 절지동물문 **내에서** 발견되는 패턴은 여러 동물문 **사이에도** 해당된다.

생물학자들은 초파리와 쥐뿐 아니라 선충류인 예쁜꼬마선충*Caenorhabdites elegans*(실험에 애용되는 또 하나의 생물)에도 아주 비슷한 유전자가 발견된 사실에 들떠, 동물계 전체에 보편적으로 존재하는 발생의 도구상자를 찾아 나서고 있다. 해면동물과 자포동물은 비교적 적은 규모의 조절유전자를 갖추고 있지만, 좌우대칭동물은 모두가 쥐와 초파리에서 최초로 발견된 좀더 큰 도구상자를 공유한다. 그러니까 좌우대칭동물의 다양화에 필요한 유전자는 현생 좌우대칭동물의 마지막 공통조상에 마련되어 있었던 것이다. 좌우대칭동물의 생흔화석이 러시아의 백해에서 나온 에디아카라 시대의 암석에서 발견된 사실로 보아, 이 조상은 적어도 5억 5,500만 년 전에는 살고 있었음이 틀림없다. 캄브리아기가 시작되었을 때, 몸 설계의 진화를 추진하기 위한 유전자 엔진이 이미 존재하고 있었다는 뜻이다.

'너그러운' 생태계

캄브리아기의 동물이 어떻게 다윈의 예상보다 빨리 진화할 수 있었는지, 우리는 이제 그 실마리를 찾았다. 바로 조절유전자의 변이가 빠른 다양화를 가능하게 했던 것이다.

조절유전자의 변이가 캄브리아기의 다양화를 추진했다면, 변이가 다른 시대보다 캄브리아기에 더 많이 일어났다는 뜻일까? 그런 것 같지는 않다. 유전자 변이는 오늘날의 동물 개체군에서도 일어나고 있고, 그 비율은 캄브리아기 때와 크게 다르지 않을 것이다. 그런데 이런 변이의 대부분은 치명적이다. 곧, 제 기능을 하지 못하는 동물들을 만들어낸다. 실험실의 인큐베이터에서 잘 사는 변이체도 있지만, 그들을 자연계에서 발견할 수 있을 것 같지는 않다. 제 기능을 하지 못하는 동물은 정교한 기능의 소유자로 가득한 세계에서 살아남기 어렵기 때문이다.

이 사실은 우리를 캄브리아기 진화의 핵심으로 이끈다. 생물의 혁명을 추진하는 데는 돌연변이로 부족하다. 변이체가 반드시 살아남아 번식을 하고, 그 결과 더 다양한 변이가 생겨서 자연선택을 받아야 하는 것이다. 진화에서 다양화는 완성도 높은 변이들이 세상에 돌풍을 일으키듯 등장하면서 시작된다고 생각하기 쉽지만, 사실은 그렇지 않다. 생물학적 혁신은 오랜 시간 동안 자연선택을 받으며 갈고 닦이는 것이다. 생물의 다양화는 너그러운 생태계가 서투른 새 종을 배려할 때 **시작된다**.

'너그럽다'는 것은 자원경쟁이 드물거나 약한 생태환경을 뜻한다(다시 말해, 진화의 게임에서 이기는 데는 절대적으로 훌륭할 필요는 없다. 그저 남들보다 조금만 잘하면 되는 것이다). 너그러운 생태환경이 생기는 것은 환경변화로 새로운 생리기능이 유용해졌거나, 진화의 과정에서 새로운 뭔가가 생겨서 생물이 자원을 —좀 서툴더라도— 지금까지와는 다른 형태로 이용할 수 있게 되었기 때문일 수 있다. 환경 대재난도 또 하나의 여지를 제공한다. 대멸종에서 살아남은 개체군이 공룡이 사라진 후의 포유류처럼 텅 빈 생태계에서 다양화를 이룰 수 있는 것이다. 12장에서 다시 살펴보겠지만, 원생이언 말기와 캄브리아기의 역사는 이런 세 가지 가능성 모두가 지구 초기의 동물의 다양화에 기여한 것 같다고 말한다.

레이 연구팀의 충격적 논문 — 분자시계는 잘 맞을까?

1996년에 듀크 대학의 생물학자 그레그 레이Greg Wray와 그 동료들은 고생물학계에 충격을 가져다준 논문을 발표했다. 저자들은 이 논문에서, 화석은 과거 6억 년 이내의 동물만을 남기는 것 같지만, 사실 좌우대칭동물의 큰 분류군은 이보다 더 오래전에 갈라진 게 틀림없다고 쓰고 있다. 아마도 10억 년 전, 아니면 더 빨랐을 수도 있다. 레이 연구팀의 결론은 지질학에서 나온 것이 아니라, 분자생물학 자료의 해독에 따른 것이다. '분자시계'라는 것으로 진화적으로 갈라진 시각을 추측하는 것인데, 이것은 유전자 염기서열의 변화가 대체로 시계처럼 정확히 축적된다는 가정에 바탕을 둔다. 곧, 분자시계는 때에 따라 늦어지거나 빨라지지 않으며, 모든 분류군에 적용되는 표준시계라는 것이다. 만일 이 가정을 받아들인다면, 두 종의 유전자 차이를 측정할 수 있고, 이것을 바탕으로 두 종의 계통이 마지막 공통조상에서 언제 갈라졌는지를 어림짐작할 수가 있다. 사실, 이 가정에는 논란도 있다 — 이 가정을 배반하는 많은 유전자들이 있기 때문이다. 하지만 분자시계의 지지자들은 위반사례를 골라내 계산에서 빼면 된다고 주장한다.

그레그 레이의 연구팀은 여러 척추동물 종에서 특정 유전자들을 뽑아내 그들의 염기서열을 조사했다. 그 다음에 여러 가지 조합에서 두 종의 염기서열 차이를 구하고, 두 종이 계통적으로 갈라진 시점을 화석에서 추측하여 그 시간을 가로축으로 한 그래프에 염기서열의 차이를 나타냈다(척추동물이 선택된 것은, 뼈가 아주 훌륭한 화석기록으로 남기 때문이다). 놀랍게도(적어도 내게는), 여러 유전자의 자료가 거의 일직선을 그렸다(그림 11-8). 이것은 염기서열의 변화

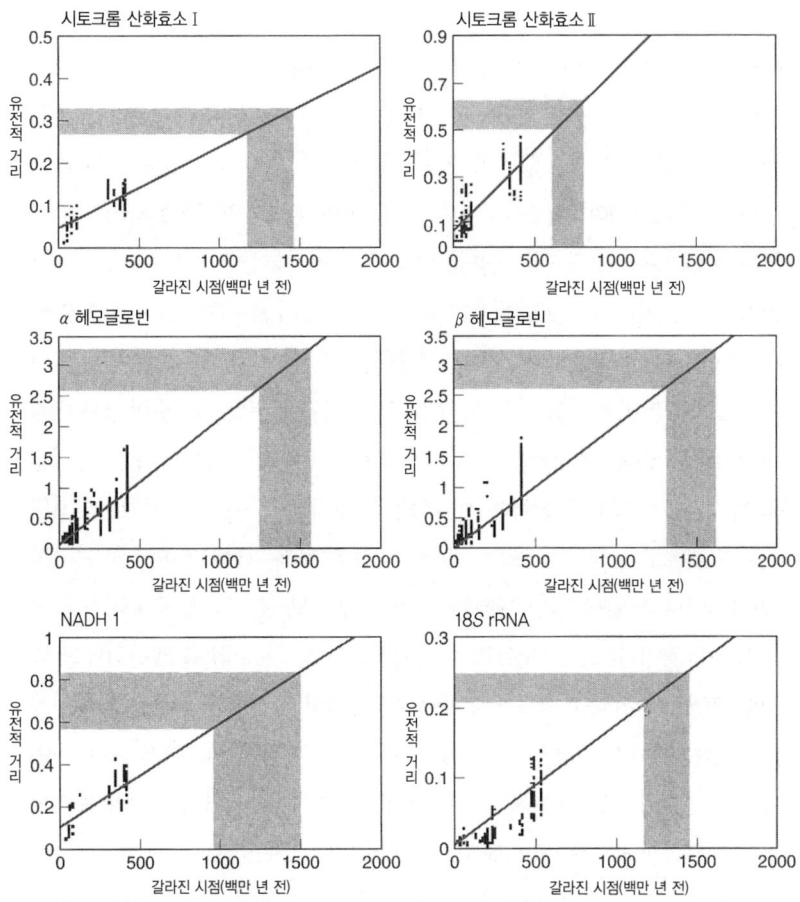

그림 11-8 레이 연구팀(1996)의 자료를 바탕으로 표시한 분자시계. 어두운 부분은 후구동물과 탈피동물/촉수담륜 동물의 유전적 거리를 나타낸다. 가로축의 값을 읽으면 그 종이 마지막 공통조상에서 갈라진 시점을 추측할 수 있다 (G. A. Wray, J. S. Levinton, L. H. Shaprio, 1996. Molecular evidence for deep Precambrian divergences among metazoan phyla. *Science* 274: 568-573. Copyright 1996 American Association for the Advancement of Science의 허락을 받아 전재).

가 시계가 째깍째깍 가듯이 정확하게 쌓여갔음을 뜻한다.

지금까지 우리는 이미 알려진 유전자 차이와 이미 알려진 진화적 분기점을 비교했을 뿐이다. 그러나 척추동물에서 조사한 분자 진화의 속도가 동물의 계통수에서 뿌리 근처에 있는 가지에도 해당된다는 가정에는 논란이 있다. 레이의 연구팀은 그렇다는 가정을 바탕으로 선구동물과 후구동물에 속하는 종 사이에 나타나는 유전자 서열의 차이를 측정하고, 이 자료를 이용해 좌우대칭동물을 구성하는 이 두 개의 큰 가지가 언제 갈라졌는지를 계산했다(그림 11-8). 헤모글로빈 유전자의 분자시계는 16억 년 전을 분기시점으로 가리켰고, 시토크롬 산화효소 II를 암호화하는 유전자는 더 나중 — 아마도 8억 년쯤 전 — 을 가리켰다. 단, 더 나중이라고는 하지만 가장 오래된 에디아카라 화석보다는 오래된 것이다.

레이의 연구결과는 많은 논란을 불러일으켰지만, 다른 연구팀들도 여기에 자극을 받아 분자시계와 동물의 기원을 연구하기 시작했다. 좌우대칭동물이 둘로 갈라진 시점에 대해서는 지금까지 측정값이 16억 년 전에서 6억 5,000만 년 전까지 매우 폭넓은데, 이것은 연구에 이용된 유전자와 계산법의 차이에 따른 것이다.

많은 생물학자들은 척추동물에서 추측한 분자 진화의 속도가 동물 전체에 해당한다는 생각에 의문을 품는다. 이런 의문에 더하여 연대 측정값의 큰 편차까지 고려하면, 분자시계는 시간이 잘 안 맞는다는 결론을 내리고 싶어진다. 그렇게 생각하고 말면 고생물학자들의 마음이야 편할 테지만, 중요한 점을 놓치게 된다. 바로, 아무리 들쭉날쭉할지라도 지금까지 측정된 **모든** 분자시계의 눈금은 동물의 다양화가 화석증거보다 훨씬 일찍 시작했음을 나타낸다는 것이다.

최근 다트머스 대학의 케빈 피터슨Kevin Peterson과 카터 타카스Carter Takacs는 새로운 각도에서 분자시계에 접근했다. 척추동물 대신 극피동물의 유전자와 화석에 시계의 눈금을 맞춘 것이다. 그들은 쥐(후구동물: 옮긴이)와 초파리(선구동물: 옮긴이)의 마지막 공통조상이 5억 4,000만~6억 년 전에 살았다는 계산을 얻었다. 화석기록과 거의 일치하는 값이다. 많은 고생물학자들이 이 측정값을 좋아하는데, 좌우대칭동물에 속하는 큰 분류군의 역사를 더 연장할 필요가 없기 때문이다(곧, 우리가 지금까지 옳았다고 말해주기 때문이다). 그렇다 해도, 고생물학자들은 찜찜함을 털어버릴 수가 없다. 좌우대칭동물에서 선구동물과 후구동물은 5억 4,000만~6억 년 전에 갈라졌다고 쳐도, 생명의 계통수에 따르면 좌우대칭동물과 자포동물은 더 옛날에 갈라졌고, 좌우대칭동물과 자포동물의 공통조상들은 그보다 더 일찍 해면동물로부터 갈라질 것이기 때문이다. 피터슨과 타칵스는 동물의 계통수의 초기 가지가 7억~7억 5,000만 년 전에 생겼다고 추측했지만, 해면동물의 화석으로 6억 년 전보다 더 앞선 것은 아직까지 발견되지 않았다. 따라서 분자시계를 아무리 소심하게 읽어도, 암석에서 미처 확인되지 않은 동물의 역사가 1억 5,000만 년쯤 더 생기는 것이다.

분자시계는 동물이 더 이른 시기에 갈라졌다고 말하고, 화석기록은 후생동물이 비교적 최근에 등장했다고 말하는데, 그러면 이 둘을 어떻게 끼워 맞출 수 있을까? 분자생물학과 고생물학을 적절하게 섞어 쓰는 데 뛰어난 앤드루 스미스Andrew Smith가 세 가지 안을 제시했다.

첫 번째는, 동물 진화의 초기에 유전자 서열이 특별히 빠른 속도로 진화했기 때문에, 분자에서 시간을 읽어봐야 소용없다는 설명이다. 초기의 생물이 다양화할 때 유전자가 아주 빠르게 진화했다고 보는 것은 터무니없지도 않고, 임기응변용 해결책은 더더욱 아니다 — 그 이후에 등장한 일부 생물군에서, 폭발적으로 다양화했던 시기에는 유전자가 급속히 변화했다는 증거가 발견되기 때문이다. 따라서 가령 원생이언 척추동물의 유전자 염기서열이 5,000만 년마다 1퍼센트씩 분기했고 초기 동물에서는 1,000만 년에 1퍼센트씩 갈라졌다면, 척추동물이 갈라진 속도를 바탕으로 동물의 계통수의 초기 가지들이 갈라진 시기를 계산했을 때 실제보다 더 오래전으로 나올 수가 있다. 그렇지만 초기에는 진화의 속도가 빨랐다가 그 이후에 늦춰진 경우, 유전자 메시지가 적힌 염기 네 종류의 상대적인 양에 속도가 변화했다는 표시가 남는다. 스미스는 동물의 유전자 분기에 대해 구할 수 있는 자료들을 샅샅이 조사했지만, 진화의 속도가 변화했다는 증거를 찾지 못했다.

두 번째로 스미스는 유전자가 말하는 것이 옳고, 고생물학이 우리를 헷갈리게 하고 있을 가능성도 생각했다. 곧, 지층에 남겨진 기록을 전부 조사하지는 못했기 때문에 원생이언 후기의 암석에 동물의 화석이 있지만 아직 찾지 못했을 뿐이라는 얘기다. 스미스는 이 가능성에 약간의 기대를 거는 듯하지만, 지금까지 20년 세월을 원생이언 후기의 암석을 살피며 돌아다닌 나로서는 더 열심히 찾아보면 더 오래된 지층에서 캄브리아기의 것과 비슷한 화석이 나올 거라는 생각에 회의적이다. 생흔화석이 이 문제를 확실하게 해준다. 동물의 발자국과 기어 다닌 자국이 원생이언 후기에 단지 처음으로 지층에 나타난 것이 아니라, 일단 나타났을 때 **모든 곳**에 출현한다. 그러나 더 오래된 암석에는 아무리 찾아도 아무것도 나타나지 않는다.[6] 또한 더우산퉈와 나마 층군처럼 먼 과거를 향해 열린 예외적인 창문도, 우리가 원생이언 후기의 암석에서 혹시 놓친 것이 있다 하더라도 그것이 캄브리아기에 나타난 것과 같은 크고 복잡한 동물은 아닐 거라는 관점을 뒷받침한다.

스미스가 내놓은 세 번째 가능성은, 분자생물학과 고생물학이 둘 다 옳지만 각각은 서로 다른 것을 이야기하고 있다는 점이다. 이것은 앞서 지적한 "한 집단 내의 몸 설계 진화는 집단 간의 계통적 분기와 다르다"(전자가 시간

---

[6] 더 오래된 동물화석이 있다는 주장은 한 해 걸러 한 번씩은 꼭 나온다. 가장 유명한 후보는 16억 년 전의 것으로 알려진 암석에서 나온 구불구불한 인상화석으로, 아돌프 자일라허가 보고했다. 그러나 분지패턴 같은 특징들을 보건대, 나는 이것이 동물이라기보다는 조류藻類일 가능성이 높다고 생각한다. 더 솔직하게 말하면, 이와 같은 구조를 5억 5,500만 년 전부터 풍부하게 나타나는 생흔화석과 충서학적으로 연결지을 증거도, 이런 기어 다닌 흔적을 남긴 동물과 계통적으로 연관지을 증거도 발견되지 않는다.

적으로 더 나중이다)라는 사실을 상기시킨다. 정확하든 아니든 분자시계는 진화적으로 갈라진 시점을 가리키고, 화석은 동물문 내의 몸 설계 진화를 기록하고 있는 것이다.

진핵생물의 주요 집단이 빠르게 갈라졌다는 계통적 추론과 다세포 홍조류가 10억 년 전보다 더 오래전에 존재했다는 화석증거를 고려하면, 동물의 줄기 집단도 이른 시기에 출현했다고 생각하는 것이 아주 터무니없지는 않다. 자포동물과 좌우대칭동물의 초기 줄기 생물군이 드물고 얇고 작아서 화석기록으로 남을 가능성이 거의 없거나, 남더라도 눈에 띄기 힘들다는 것은 인정하지 않을 수 없으니까. 그러나 유전자와 형태학적 특징의 공통분모를 고려하면 이런 추측에도 한계가 있다. 초기의 자포동물은 현생 히드라 *Hydra* 와 비슷했을 가능성이 있다. 히드라는 매우 작은(길이가 최대 1센티미터 정도, 폭도 1밀리미터가 넘는 것은 드물다) 폴립이라는 형태를 취하는데, 분비물로 뼈를 만들지도 않고 퇴적물의 표면에 자국을 남기는 일도 거의 없다. 그런 동물의 화석은 있다 하더라도 발견되지 않는다. 반면, 후구동물과 선구동물이 갈라지기 직전의 마지막 공통조상은 크고 복잡한 몸을 갖고 있어서, 최소한 이들이 바다 밑바닥을 이동했고 유기물로 남는 큐티클을 형성했다고 가정한다면, 퇴적물에 자국을 남겼다고 봐야 한다. 물론 아주 큰 가정이지만—예컨대 선형동물(선구동물: 옮긴이)은 원생이언에 걸쳐 풍부하게 존재했던 것 같지만, 알아볼 수 있는 화석을 거의 남기지 않았다(그림 11-9).

어쨌든 분자시계 가설의 (수치적 측면은 아니더라도) 질적인 측면이라도 받아들이기 위해서는, 에디아카라 시대의 사건을 바라보는 다음과 같은 특별한 관점이 필요하다. 동물의 계통수의 굵직굵직한 가지들은 일찌감치 갈라져 나왔지만, 대형생물은 그 속에서 나중에 따로 진화했다는 관점이다. 그렇다면 자연히 따라 나오는 질문이 있다. 복잡한 몸 설계를 갖춘 대형동물이 왜, 몸집이 작은 그들의 조상이 다양하게 진화하기 시작한 지 한참 후에 나타났을까?

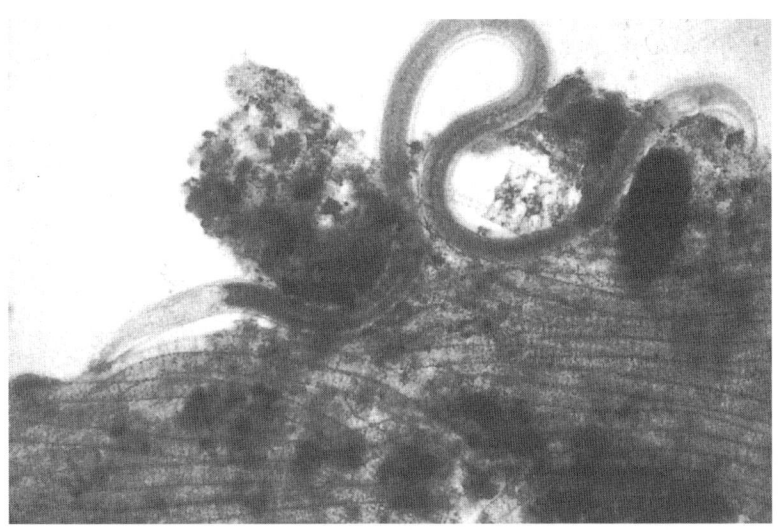

그림 11-9 양끝이 점점 가늘어지는 이 구불구불한 관은 선형동물이다. 오늘날의 환경에서 거의 아무 곳에서나 발견되는 작은(길이가 1밀리미터도 채 되지 않는다) 동물. 선형동물은 복잡한 조직과 기관을 가지고 있지만, 거의 화석으로 남지 않는다. 그림의 아랫부분에 보이는 필라멘트는 황산화세균이다(사진은 안드레아스 테스케 제공).

현재로서 이 문제는 해결되지 않은 채로 남아 있다. 분자시계 가설을 고생물학적으로 검증하기 위해서는 더우산퉈의 암석에서 발견된 것 같은 작지만 분명한 인산염 화석을 찾아 원생이언 후기의 퇴적암을 샅샅이 뒤져야 할 것이다. 많은 고생물학자들이 나서고 있지만, 아직까지는 확실한 증거를 발견하지 못했다. 한편 우리는 동물의 진화 — 더 정확하게 말하면 6억~5억 8,000만 년 전의, 화석에 남겨진 큰 동물의 진화 — 를 촉진했던 환경사건을 더 생각해볼 필요가 있다. 또 이 시대에 다양한 바닷말, 플랑크톤성 조류, 큰 원생동물, 큰 동물이 **동시에** 나타난 사실도 설명해야 한다. 우리는 원생이언 후기의 세계를 뒤흔들었던 중요한 물리적 변동에 주목할 필요가 있다.

12

역동적인 지구, 너그러운 생태계

원생이언에서 캄브리아기로 넘어갈 때 지구에 짧은 환경변동이 있었다. 초대륙이 분열하고 지구가 빙하로 뒤덮이고 산소농도가 높아졌던 것이다. 이런 큰 사건들은 지구에 너그러운 생태환경을 잇달아 출현시키면서 다양한 후생동물의 진화를 이끌고 초기 동물이 진화하는 기틀을 다졌다.

빙하가 지구를 뒤덮었을 적에

고생물학자들은 1세기가 넘게 초기의 동물을 찾아 바위 표면을 기어올랐다. 하지만 최근까지 그것은 외로운 작업이었다. 다른 분야의 과학자들은 그들의 문제와 과제로 바빴기 때문이다. 그렇지만 앞에서도 말했듯이, 이제 고생물학과 분자생물학은 동료가 되었다. 게다가 분자생물학만큼이나 중요한 또 다른 동료가 우리 고생물학의 본거지인 지질학에서 나오고 있다. 최근에 지구과학자들은 암석, 생명, 공기, 물이 어떻게 상호작용하여 우리를 둘러싼 환경을 형성하는지를 이해하는 데 점점 더 큰 노력을 기울인다. 지구시스템 과학이라는 이 연구는 우리 환경의 미래에 대한 관심과 걱정에서 출발한다. 하지만 지구화학자와 기후학자들은 지구환경의 과거도 연구하기 시작했다. 이로써 마침내, 초기의 동물 진화를 원생이언 후기에서 캄브리아기까지의 환경역사와 연결해볼 수 있게 되었다. 그러면 이 역사는 어떠한 것으로 밝혀지고 있을까?

스피츠베르겐 섬에서, 아카데미케르브린 층군의 화석을 포함한 처트와 이보다 나중 시대의 캄브리아기 암석 사이에는 두터운 표석점토암 지층이 끼어 있다. 표석점토암은 빙하로 생긴 성기고 알갱이가 고르지 않은 퇴적암이다. 9장에서 보았듯이 표석점토암은 중국 남부의 특이한 더우산퉈 화석군 바로 아래에서도 발견된다. 또 호주에서도, 꼭대기 근처에서 에디아카라 화석이 나오는 두터운 지층 바로 아래에 빙하로 생긴 암석이 있다. 똑같은 층서패턴이 인도의 히말라야 산맥, 러시아의 유럽 쪽, 노르웨이, 나미비아, 뉴펀들랜드, 데스밸리에서 캐나다 북부에 이르는 로키산맥, 게다가 보스턴 만에서도 발견된다(그림 12-1). 빙하는 동물의 시대를 예고했던 것이다.

스피츠베르겐 섬에서 함께 일하자고 나를 초청했던 브라이언 할랜드는 표석점토암의 이러한 폭넓은 분포가 갖는 함의를 알아차린 최초의 학자였다. 그는 1964년에, 원생이언 말경 전 지구적인 빙하시대가 있었다는 의견을 발표했다. 우리는 1만 8,000년 전에 보스턴과 시카고가 빙하로 뒤덮였다는 사

그림 12-1 나미비아의 '누메스 표석점토암'이라 불리는, 성기고 알갱이가 고르지 않은 퇴적암. 같은 모양의 암석이 전 세계에서 발견되는 것은 원생이언 후기의 빙하작용이 폭넓었다는 뜻이다.

실에 깊은 인상을 받지만(당연히 그럴 만하다), 플라이스토세의 대륙빙하는 사실 빙하의 절정기에도 롱아일랜드보다 남쪽으로 내려간 적이 없었다. 그러니까 북아메리카의 대부분은 빙하의 손아귀에 들지도 않았다. 그러나 만일 할랜드가 옳다면, 원생이언 후기에는 지구 땅덩어리의 **대부분이** 빙하로 뒤덮였다는 얘기다.

수십 년 동안의 면밀한 연구들은 할랜드의 가설을 뒷받침한다. 사실, 대륙빙하가 지구를 뒤덮었던 것이 한 번은 아니었다. 원생이언 후기에 찾아온 빙하기가 정확히 몇 번이었는지에 대해서는 논란이 계속되고 있지만 말이다. 어떤 층서학자들은 대부분의 지역에서 표석점토암 지층이 두 층 발견된다는 점을 들어, 지구가 얼음으로 뒤덮였던 것은 두 번이었다고 생각한다. 하지만 같은 접근법을 현생이언의 암석에 적용할 때 지난 5억 년 동안 지구는 두 번의 빙하기를 겪었지만, 실제로는 세 번이었다.[1] 이 문제는 오직 정밀한 방사성 연대결정으로만 해결될 수 있을 것이다. 나는 원생이언 후기에 지구가 적어도 네 번 얼어붙었다고 생각한다. 7억 6,500만 년 전보다 조금 앞에 첫 번째 빙하기가 아마도 아프리카에만 있었고, 지구 전체를 뒤덮은 두 차례의 진정한 의미의 빙하기가 7억 1,000만 년±2,000만 년 전에 한 번, 6억 년보다 조금 전에 한 번 있었고, 그리고 마지막 빙하기(비교적 작은 규모의 빙하기)가 캄브리아기가 시작되기 전에 일어났던 것 같다.

'눈덩이 지구'의 생물들

일반적으로 퇴적지질학자들은 빙하작용으로 생긴 암석을 찬 기후와 연결시키고 탄산염의 축적은 온난한 기후와 연결시킨다. 하지만 스피츠베르겐 섬에서 보았듯이 원생이언 후기의 표석점토암은 탄산염이 풍부한 지층 사이에 샌드위치처럼 끼어 있는 경우가 흔하다. 특히 원생이언 후기의 빙하퇴적물 위에는 거의 언제나 특이한 퇴적특징을 갖는 독특한 탄산염암 지층이 얹혀 있다. 그런 특징들 가운데 하나는 시생이언에서 원생이언 초기의 석회암에서 발견되는 것 같은, 가늘고 긴 결정들의 뭉치다(그림 12-2). 많은 장소에서 빙하퇴적물과 그 위에 쌓인 '캡cap' 탄산염암의 날카로운 경계면은 칼날처럼 보일 정도로 분명하게 나누어져 있다.

우리는 스피츠베르겐 섬에서 캡 탄산염암의 또 하나의 특이한 특징을 발견했다. 이것은 화학적 특징이다. 3장과 6장에서, 퇴적암의 탄소동위원소로부터 두 가지 정보를 얻어낼 수 있다는 것을 이야기했다. 석회암과 유기물의

---

1) 북아프리카를 중심으로 하는 비교적 짧은 빙하기가 약 4억 4,000만 년 전 오르도비스기 말에 있었다. 그 후 고생대 후기에 대륙빙하가 다시 확장하여, 약 3억 5,500만 년~2억 8,000만 년 전 사이에 곤드와나 대륙의 대부분을 뒤덮었다. 3억 3,000만 년 전 남극대륙에 빙하가 세 번째로 확장하기 시작했지만, 대륙빙하가 북반구 대륙까지 확장한 것은 최근 200만 년의 일이다. 어떤 지역에도 이 세 번의 빙하기 모두를 기록하는 퇴적암은 남아 있지 않다.

그림 12-2 나미비아의 누메스 표석점토암 위에 놓인 캡 탄산염. 캡 탄산염은 이 사진에 보이는 것처럼 여러 겹의 구불구불한 엽리구조와 해저면에 직접 퇴적된 꽃잎 모양의 결정 같은 특이한 층리구조를 나타낸다.

탄소동위원소 조성의 **차이는** 그 지역의 생태계에서 일어났던 생물의 물질대사를 반영한다. 반면, 석회암과 백운암에 포함된 ^{12}C에 대한 ^{13}C의 절대적인 비에서는, 그 암석들이 형성될 당시 매몰된 탄소에 대한 탄산염과 유기물의 상대적인 기여를 추정할 수 있다 — 탄소동위원소비가 높을수록 유기물의 기여도가 높다는 뜻이다(그림 6-6). 원생이언 후기의 빙하퇴적물 아래 놓인 두터운 탄산염암층에서는 일반적으로 탄소동위원소비(절대비)가 이례적으로 높다. 이 값은 22~24억 년 전의 암석에서 발견되는 최대수치와 거의 맞먹으며, 지질기록에 나타난 그 어떤 값보다 높다. 그러나 캡 탄산염암의 탄소동위원소비는 극단적으로 낮은 값으로 떨어진다. 이런 화학적 패턴은 스피츠베르겐 섬에서뿐 아니라 (약간의 차이는 있지만) 세계 곳곳에서 나타난다. 게다가 이것은 큰 빙하기 각각의 경우에 적용된다.

따라서 원생이언 후기의 빙하기는 지구 전체적인 탄소순환의 특이한 행동패턴과 관련이 있는 것 같다. 우리는 이런 화학적 변동을 어떻게 설명할 수 있을까? 그리고 이들은 원생이언 후기의 세계에 대해 어떤 이야기를 해줄까?

동위원소 자료를 설명하는 데는 지질학이 도움이 된다. 이례적으로 높은 탄소동위원소비가 나타나기 시작한 때는 원생이언 후기에 하나 이상의 대륙이 갈라져 떨어진 때와 일치한다. 거대한 대륙들이 갈라질 때 좁은 바다가 열렸고, 빠르게 쌓이는 퇴적물 속에 유기물이 쉽게 매몰되었을 것이다. 요컨대, **지질구조**의 변화가 높은 탄소동위원소비라는 **화학적** 기록을 설명해준다는 것이다. 유기탄소가 매몰되는 비율이 높아지자, 대기 중의 이산화탄소는 비교적 낮은 수준에 머물렀다. 그 결과 기후가 전반적으로 한랭해졌고, 지구는 빙하에 뒤덮이기 쉬운 상태가 되었다. 지구시스템과학은 바로, 이와 같은 관계가 보여주는 지구와 환경의 복잡한 연결고리를 연구한다.

캡 탄산염암의 낮은 탄소동위원소비는 여러 가지로 해석될 수 있다. 첫 번째 가능성은, 빙하기 이후의 바다에 조류와 시아노박테리아가 별로 없었기 때문에 유기물이 매몰되는 비율이 낮았다는 것이다. 두 번째는, 캡 탄산염암이 너무 빠른 속도로 쌓여서 유기탄소의 매몰이 탄소동위원소비에 끼친 영향을 압도했다는 것이다. 또 빙하가 후퇴하면서 따뜻해진 대륙의 가장자리에서 메탄(이것은 탄소동위원소비가 매우 낮다)이 쏟아져 들어왔을 가능성도 있다.

이것만이 아니다. 원생이언 후기의 빙하작용과 관련되어 되풀이되는 원시퇴적물의 특징은 특이한 탄산염의 침전 말고도 또 있다. 철광층도 돌아왔다. 웨스트 온타리오 대학의 지질학자인 그랜트 영Grant Young이 밝혀낸 바에 따르면, 철광층은 세계 곳곳의 원생이언 후기 표석점토암 속에 존재하고, 특히 약 7억 1,000만 년 전의 대빙하시대에 형성된 표석점토암에서 아주 잘 나타난다. 우리는 앞에서, 철광층은 산소나 황화물이 결핍된 깊은 바다에 용해된 철이 침전되어 생긴 것이라고 설명했다. 그러한 바다가 어떻게 돌아올 수 있었을까? 그것도 마치 영원히 종적을 감춘 듯했던 때로부터 10억 년도 더 지나서.

이쯤에서 빙하와 철에 대한 의문을 잠시 접어두고, 원생이언 후기의 빙하작용이 가지고 있는 또 한 가지 특징을 더 살펴볼 필요가 있다. 어쩌면 이것이 모든 의문에 대한 열쇠를 쥐고 있을지도 모르기 때문이다. 그것은 적어도 일부의 표석점토암은 원생이언 후기에 적도 근처의 해면에서 형성되었다는 것이다. 우리 조상인 크로마뇽인이 경험했던 빙하기에는 이런 일이 일어나지 않았다.

도대체 우리가 이 사실을 어떻게 알까? 대륙이 오랫동안 지각판에 실려 이동했다는 사실을 고려할 때, 지구 역사의 머나먼 옛날에 형성된 바위가 열대지역에서 퇴적된 것임을 대체 어떻게 아느냐는 말이다. 해답은 퇴적암과 화산암의 자기성질에서 찾을 수 있다. 암석이 형성될 때 철을 함유한 광물은 지구의 자기장과 나란히 배열되어 결정된다. 이 자기방향은 오랜 지질시간을 거치는 동안 그대로 보존될 수 있기 때문에, 지질학자들은 어떤 원시암석이 처음 생긴 위도—경도까지는 아니더라도—를 알아낼 수 있다(자기장의 방향은 나중에 일어난 사건으로 다시 설정될 수도 있다. 따라서 지질학자들은 고지자기자료를 신중하게 해석해야 한다). 세밀한 연구 끝에, 호주 남부와 북아메리카 서부의 빙하퇴적물은 원생이언 후기의 적도로부터 남북 10°이내에서 형성된 것임이 밝혀졌다. 중국의 난퉈 표석점토암은 고古 위도로 40° 정도 되는 지역에서 생긴 것으로 보이는데, 이것은 높은 신뢰도로 자기흔적이 측정된 몇 안 되는 표석점토암 가운데서 가장 **극** 쪽에 있는 것이다.

1992년에 캘리포니아 공과대학 지질학과의 재주 많은 괴짜 조 커슈빈크 Joe Kirschvink가 원생이언 후기의 빙하시대에 대한 아주 특별한 그림을 그려 보였다. 커슈빈크에 따르면, 보통 빙하작용은 고위도 또는 고지대에서 시작되었지만, 대륙빙하(빙상)가 적도 쪽으로 확장함에 따라 지구의 기후시스템이 임계점에 가까워졌고, 마침내 그것을 넘었다. 빙하는 햇빛을 우주로 반사시키기 때문에(기후학 용어로 반사계수가 높다고 함), 확장할수록 점점 더 지구를 식혔다. 차가운 기온은 다시 빙하의 성장을 촉진한다. 따라서 빙상의 확장에 양성 피드백 고리가 생겼다. 커슈빈크의 견해에 따르면, 빙하가 적도에서 약 30° 이내의 범위에 들어왔을 때 빙하시대를 향한 고삐 풀린 질주가 시작되었고, 결국 지구는 몇천 년 만에 얼음으로 뒤덮였다. 빙상은 북극에서 남극까지 뻗어 있었고, 해빙이 해수면을 뒤덮었다. 그리하여 지구는, 커슈빈크의 상상력이 돋보이는 표현대로, '눈덩이 지구'가 되었던 것이다.

처음에는 커슈빈크의 가설을 진지하게 받아들이는 사람이 거의 없었다. 우선 그의 급진적인 안을 선택하려면 플라이스토세 기후에 바탕을 둔 널리 인정받는 모델을 버려야 하는데, 원래 보수주의적인 족속들인 과학자들이 선뜻 그렇게 할 리가 없었다. 게다가 눈덩이 지구는 근본적인 문제를 불러일으키고 있었다. 지구가 이와 같은 상태에 들어서면 다시 빠져나오기가 쉽지 않다는 것이다.

하지만 1998년에 눈덩이 지구 가설의 주가가 치솟았다. 지질학자 폴 호프먼Paul Hoffman과 지구과학자 댄 슈래그Dan Schrag가 하버드 대학의 지구과학동에서 열린 여러 차례의 한밤중 토론을 통해, 원생이언 후기의 빙하작용에 관련한 지질학적 관찰과 커슈빈크의 눈덩이 지구 가설을 끼워 맞출 방법을 생각해낸 것이다. 특히 그들은 캡 탄산염암의 지질학적·화학적 특징을, 커슈빈크가 눈덩이의 얼음 손아귀에서 벗어나는 탈출구로 제안한 과정이 실제로 존재했다는 증거로 해석했다.

호프먼과 슈래그가 손을 본 눈덩이 지구 가설에 따르면, 원생이언 후기의 빙하기는 커슈빈크가 말한 대로 평범한 빙하가 위도의 임계점을 넘어 빠르게 지구를 뒤덮으면서 시작되었다. 빙하가 지구 전체를 뒤덮자, 1차 생산이 거의 정지되었다. 이것은 탄소동위원소비가 오랫동안 낮은 상태로 머물렀다고 추정되는 기간을 해명해준다 — 호프먼과 그 동료들은 적어도 한 번의 빙하기에 이 기간이 표석점토암 바로 **아래에서** 시작한다는 것을 발견했다. 게다가 두꺼운 얼음은 대기 중의 산소가 바다로 확산하는 것을 막아, 바다를 무산소 환경으로 만들었다. 1차 생산이 정지한 여파로 황산염환원균의 속도도 떨어져 황화수소의 생산량이 떨어졌고, 따라서—18억 년 전 이후 처음으로—깊은 바다 속에 철광층이 형성되었다.

또한 추위와 빙하는 대륙의 풍화를 차단했다. 이렇게 빙하는 대기에서 이산화탄소를 제거하는 두 가지 중요한 과정을 거의 막아버렸다. 하지만 빙하는 이산화탄소를 대기에 **첨가하는** 원동력인 화산활동까지 멈추지는 못했다. 그 결과, 얼음 황무지 위의 대기에서는 이산화탄소의 농도가 점점 높아져갔다. 이산화탄소는 대표적인 온실가스다. 하지만 호프먼과 슈래그는 지구 전체를 뒤덮은 빙하를 녹이려면 대기 중의 이산화탄소가 오늘날의 양보다 300~400배는 많아져야만 한다고 추정한다. 이산화탄소가 그렇게 엄청난 양으로 쌓이는 데는 시간이 걸린다—호프먼과 슈래그는 빙하가 존속한 기간에 비춰볼 때 수백만 년에서 수천만 년이 걸릴 것이라고 말한다. 하지만 일단 (역시) 임계점을 넘었을 때, 거의 즉시 융빙이 시작되어 거대한 얼음판을 녹이고(그래서 해수면의 급격한 상승을 일으키고), 바다의 온도를 40℃ 이상으로 뛰어오르게 했을 것이다. 이것은 오늘날 가장 따뜻한 바다보다 훨씬 높은 온도다. 빙하기가 끝난 뜨거운 지구에서는 화학적 풍화작용이 엄청난 속도로 진행되어 대량의 칼슘을 바다에 쏟아 부었을 것이다. 캡 탄산염암은 이것으로부터 쌓였다. 또한 이와 같은 풍화는 대기에서 이산화탄소를 끌어와 지구가 일상으로 되돌아가도록 재촉했으리라.

눈덩이 지구의 생물은 어떻게 되었을까? 호프먼과 슈래그의 종말론적 시나리오가 현실 가능성이 있는 것이라면, 빙하기 이전에 활발한 생산활동을 했던 서식지가 얼음이 확장함에 따라 사라졌을 테고, 대부분의 해양생물은 오늘날의 아이슬란드에 있는 것과 같은 열수분출공 주변의 작은 피난처에 갇혔을 것이다. 그러나 엎친 데 덮친 격으로, 빙하의 손아귀를 가까스로 모면했던 생물들의 세계가 이제 '불'의 재앙에 휩싸였다. 진핵생물들은 오랜 기간 버틸 수 없는 온도로 바다가 뜨거워졌다. 호프먼과 슈래그는 그럼에도 눈덩이 지구와 그 이후의 환경이 동물을 빚어내는 도가니가 되었던 것이 아닐까라고 생각한다. 이 생각은 주로 원생이언 후기의 표석점토암 위에 에디아카라 동물군이 출현하는 층서학적인 사실에 바탕을 둔 것이지만, 극단적인 환경 스트레스가 생물의 혁신을 추동하는 변이를 유도해낼 수 있다는, 유전학계의 뜨거운 이슈인 가설 또한 그들의 생각을 지지한다.

눈덩이 지구 가설의 시시비비

눈덩이 지구 가설은 기후역사, 지구화학, 생물학을 휩쓸어 담는 '빅 아이디어'의 자격을 갖추었다. 따라서 빅 아이디어들이 늘 그렇듯 왕성한 논쟁을 불러일으켰다. 논란이 되는 점 모두를 여기서 말할 필요는 없지만, 고생물학자로서 나는 다음 두 가지 질문은 꼭 살펴봐야 한다고 본다. 하나는 "지구가 어떤 형태로든 눈덩이가 되었던 것이 사실일까?"라는 질문이고, 두 번째는 "만일 그랬다면 그것이 생물 진화에 어떤 영향을 미쳤다고 결론내릴 수 있을까?"이다.

이 논쟁의 본질을 잘 보여주는(완전히 포용하지는 못하지만) 두 가지 쟁점이 있다. 첫째는, 원생이언 후기 빙하기의 물의 순환에 대한 것이다. 처음의 눈덩이 가설 시나리오에서는, 두께 800미터에 이르는 해빙海氷 때문에 수증기가 바다에서 대기로 증발하는 것이 제한되어 지구의 물의 순환이 거의 정지했다고 본다. 하지만 원생이언 후기의 적도 근처에서 형성된 호주의 표석점토암은 두께가 900미터 이상에 이른다. 다시 말해, 빙하가 열대지방까지 도달한 후에도 오랫동안 빙상이 성장을 계속했다는 얘기다. 눈덩이 지구 가설에서는 저위도의 해빙이 빠르게 시작되고 빠르게 끝났다고 하는데, 그렇다면 표석점토암의 두께와 물의 순환의 정지라는 두 상황이 아귀가 맞지 않는다. 해빙의 두께를 조금 누그러뜨려, 얇은 (1미터 정도) 얼음막으로 덮인 바다를 상상해보자. 이러한 빙하는 쉽게 금이 가고 깨질 것이므로, 물의 순환이 계속될 수 있다. 하지만 이 가능성을 인정하면 대기와 바다 사이의 이산화탄소 교환도 허용하는 건데, 그러면 대기의 이산화탄소 농도가 원래의 가설만큼 증가할 수 없다는 결론이 나온다.

두 번째 쟁점은 앞에서 대략 설명했던 탄소동위원소 기록에 대한 것이다. 탄소동위원소비는 빙하기 전과 후 모두 낮았는데도, 현재 발전하고 있는 눈덩이 가설에서는 낮은 이유가 각각 다르다. 호프먼과 슈래그는 같은 하버드 대학의 대학원생 피파 할버슨Pippa Halverson, 예일 대학의 지구화학자인 로버트 버너Robert Berner와 함께, 유기물이 풍부한 퇴적물에서 새어나온 메탄이 빙하기 직전의 기후를 지배했다는 가설을 세웠다. 생물기원의 메탄에는 ^{12}C가 풍부하게 포함되어 있고(6장 참고), 분자 대 분자로 비교할 때 메탄은 이산화탄소보다도 온실효과가 훨씬 높다. 그래서 호프먼, 슈래그, 그 동료들은 "지구는 온난함을 유지하기 위해 메탄에 의존했는데, 어떤 이유로 메탄의 공급이 끊기자 온도가 급격하게 떨어져 빙하가 팽창했다"라고 생각했다(이 가설은 원생이언 후기의 지구에 산소농도가 낮게 유지되었을 경우에만 성립한다. 오늘날 해저 퇴적물에서 솔솔 빠져나간 메탄은 물기둥을 타고 위로 올라가 산소와 반응하고, 이때 생성된 이산화탄소를 대기에 공급한다. 산소의 문제는 나중에 다시 논의할 것이다). 한편 호프먼과 슈래그는 빙하기 이후의 탄소동위원소비에 대해서는 탄산염이 엄청나게 빨리 퇴적된 결과로 본다.

이 가설은 빙하기 전과 후의 탄소동위원소비를 다르게 설명하기 때문에, 빙하기 **동안의** 탄소 상태에 관해서는 아무것도 예측하지 않는다. 많은 연구자들은 탄소동위원소비가 빙하기 내내 줄곧 낮았다 — 따라서 1차 생산은 매우 낮은 수준으로 떨어졌다 — 고 생각하지만, 표석점토암 **속에** 존재하는 비교적 희귀한 탄산염층에 대한 최근의 분석은 이 가정에 의문을 던진다. 눈덩이 가설에 회의적인 3인방인 캘리포니아 대학 리버사이드 캠퍼스의 마틴 케네디Martin Kennedy, 스코틀랜드 에버딘 대학의 토니 프레이브Tony Prave, 컬럼비아 대학의 닉 크리스티-블릭Nick Christie-Blick(그는 MIT에서 '신원생대의 허풍'이라는 제목으로 강연을 하면서, 자신의 생각을 솔직하게 말했다)은 여러 대륙에서 빙하기 탄산염암의 표본을 채취했다. 이 암석들의 탄소동위원소비는 석회암과 백운암에서 지극히 일반적으로 나타나는 값을 갖고 있었다. 물론 빙하기의 탄산염암은 빙하기 이전의 암석이 다시 퇴적되어 생겼다고 주장할 수도 있지만, 이 지층에는 빙하기의 해수에서 침전되었음이 분명한 어란석(앞에 나왔던 우이드를 주성분으로 하는 석회암 : 옮긴이)이 포함되어 있다. 또 탄산염암의 탄소동위원소 조성이 매몰된 탄소에 대한 유기물과 탄산염의 상대적인 비율을 나타낸다는 것을 기억할 때, 결론은 둘 중 하나다. 탄산염의 퇴적이 지구 전체가 빙하에 뒤덮였던 기간에 1차 생산과 함께 감소했던 것이거나, 아니면 1차 생산이 그다지 많이 줄지 않았던 것이거나.[2]

사실 원생이언 후기의 빙하기록에 대해서는, 비단 빙하가 뒤덮은 범위가 아니라 하더라도 어느 측면으로나 여러 가지 해석이 있을 수 있다. 현재 듀크 대학에 있는 톰 크롤리 Tom Crowley는 21세기의 지구온난화를 연구하기 위해 고안된 기후모델을 이용하여 원생이언 후기의 빙하작용을 조사했다. 이 모델에서, 빙상은 고古 위도로 30~40°에 이를 때 급속히 퍼져나가고, 이때 해빙은 지구의 바다 대부분을 덮을 정도로 확장한다 ― 눈덩이 지구에 1점! 하지만 완전한 눈덩이 시나리오와 달리, 크롤리의 모델을 몇 번 반복했을 때 적도 근처의 바다에는 빙하에 뒤덮이지 않은 영역이 제법 남았다. 게다가 또 하나의 차이가 있다. 크롤리의 모델에서는, 대기 중의 이산화탄소

---

2) 이와 같은 자료는 눈덩이 시나리오가 제시하는 다른 논거도 위태롭게 한다. 캡 탄산염암의 탄소동위원소비가 낮은 것에 대해, 빙하기가 끝난 후 메탄이 대대적으로 흘러나왔다거나, ^{12}C가 풍부한 해수가 솟아올랐다는 설명도 있다. 그러나 이런 설명들은 기껏해야 몇십만 년 동안 해수의 탄소동위원소비에 영향을 미칠 수 있는 메커니즘일 뿐이다. 만일 해수의 탄소동위원소비가 지구 전체 규모의 방하작용이 시작될 때부터 빙하기 직후까지 수백만 년 동안 유지되었다면, 해수의 용승이나 메탄의 분출을 끌어들이는 가설은 퇴출되어야만 한다. 반면 낮은 탄소동위원소비가 융빙 시점에 이르러서야 나타났다가 곧 자취를 감추었다면, 어떤 설명을 가져오더라도 별 차이가 없다.

농도가 빙하기 이전의 고작 4~5배 수준에 이르렀을 때 빙하가 후퇴하기 시작했다는 것이다.

누가 옳을까? 그건 모른다. 무엇보다 대립하는 가능성 가운데에서 답을 골라내는 데 도움이 되는 관찰결과와 측정결과가 아직은 부족하다. 나는 눈덩이 가설의 여러 대목들이 마음에 든다. 그렇지만 솔직히 털어놓자면, 나는 원생이언 후기의 기후역사를 좀더 온화한 쪽으로 보는 '질퍽질퍽한 눈덩이' 가설 편이다. 눈덩이 가설의 변종인 이것은 눈덩이만큼 시작과 끝이 파괴적이지 않으며, 바다에는 빙하 없이 열린 곳이 약간 남아 있었다고 본다. 이쪽이 현장에서 내 눈으로 본 것과 더 잘 맞고, 빙하기 이후에 다양한 진핵생물이 살아남은 사실을 납득시켜주는 또 다른 설명을 짜내지 않아도 되기 때문이다(박테리아와 고세균은 여기서 잘 이용되지 않는다. 7장에서 대략 설명했듯이, 원핵생물은 거의 어떤 환경에서도 절멸시키기 어렵기 때문이다).

눈덩이 가설의 결론은 아직 나오지 않았다. 그러나 알맹이를 파악할 수 있을 만큼은 밝혀져 있다. 곧, 허용 가능한 수준에서 가장 온화한 쪽인 시나리오에서조차도 빙하는 지구의 바다 대부분과 대륙붕의 대부분을 뒤덮어버린다는 것이다. 현재의 논쟁이 어떻게 결론 나더라도, 원생이언 후기의 빙하기가 플라이스토세의 빙하기와 비슷한 상태로 단지 더 오래전에 일어났을 뿐이라는 안이한 생각으로 끝나지는 않을 것이다. 원생이언 후기의 빙하작용은 특별했고, 그 흔적을 현대의 생물계에 남겨놓았음이 틀림없다.

대멸종과 생존자

9장에서 우리는 진핵생물의 초기 화석기록을 논의했다. 홍조류는 원생이언 후기의 빙하기가 시작되기 한참 전에 출현했고, 따라서 빙하의 확대나 소멸과 같은 환경의 난관을 딛고 살아남은 게 분명하다. 녹조류도 마찬가지였고, 더불어 갈조류의 친척들, 와편모조류, 섬모충류, 유각아메바도 살아남았다.

분자시계가 잘 맞는다고 치면, 아주 작은 동물들조차도 이런 험난한 기후의 적어도 일부를 견뎌낸 게 된다.

생명의 계통수를 바탕으로 추측할 때, 생존자 목록은 더욱 길어진다. 예컨대, 7억 5,000만 년 전의 암석에서 유각아메바의 화석이 발견되었다는 점을 고려하면, 적어도 균류와 동물의 공통조상도 살아 있었을 것이다. 유각아메바임을 확인시켜주는 특징이 진화한 것은 이론상, 그 집단이 동물+균류와 계통적으로 갈라진 이후일 것이기 때문이다. 사실, 현생 진핵생물의 주요 집단 **대부분이** 원생이언 후기의 빙하기가 시작되기 전에 존재하고 있었다—다시 말해, 많은 계통이 기후의 격변을 이겨낸 것이다.

빙하기 생물의 실태를 이와 같이 파악하면, 최악의 빙하기 동안에도 여기저기에 피난처가 존재하고 있었다는 뜻이 된다—그래서 내가 비교적 온화한 고古기후 시나리오 쪽에 애착을 느끼는 것이다. 한편 빙하기의 생존자들을 열거하는 것이 빙하기의 절멸에 관한 의문을 해소해주지는 않는다. 완족동물문은 2억 5,100만 년 전 페름기-트라이아스기 경계의 대멸종을 이겨냈지만, 완족동물문에 속하는 **종**의 90퍼센트 이상이 그때 사라졌다. 대부분의 아주 작은 진핵생물은 식별 가능한 화석을 남기지 않기 때문에, 빙하기로 비롯된 절멸의 규모가 어느 정도였는지 어림잡기가 어렵다. 그래도 나는 곤잘로 비달과 함께 화석으로 남겨지는 진핵생물의 기록을 추적해본 끝에 몇 년 전, 많은 원생생물이 원생이언 후기의 빙하기를 이겨내지 못했다는 사실을 알아냈다—기후의 변동이 진핵생물 계통수의 가지를 쳐내버렸던 것이다. 그런 한편, 원생이언에 가장 뚜렷한 기록으로 남은 플랑크톤의 절멸은 더우산퉈 층군(9장)이 퇴적된 직후에 일어났다. 따라서 그것은 급속한 한랭화와 관계가 있는 듯하고, 지구 전체 규모의 빙하작용에 따른 것은 **아니다**. '눈덩이'만이 원생이언 후기의 생명에 영향을 준 것은 아니었다.

다양한 빙하기 시나리오를 생물의 절멸/생존패턴과 연결해서 이해했다면, 원생이언 후기의 빙하를 생명의 혁신과는 어떻게 연결할 수 있을까?

빙하기는 '마법 지팡이'?

스트레스가 돌연변이를 유발할 수 있는지에 대한 연구는 현재 이런저런 추측만이 가득한 출발단계이다. 따라서 아직까지는 스트레스가 일상적인 유전과정을 벗어나는 돌연변이를 일으킨다는 증거도 없고, 이와 같은 돌연변이로 동물들이 스트레스 요인을 능가하는 심각한 조건에서 잘 적응한다는 증거도 없다. 그런데 원생이언 후기의 환경변화를 '질퍽질퍽한 눈덩이' 시나리오로 설명하면, 살아남은 개체군이 빙하기와 그 직후에 꼭 지독히 가혹한 조건에 처했다는 가정이 필요 없다. 물론 생존자들의 숫자가 적었다는 가정도 필요 없다. 생물이 작으면, 많은 개체군이 작은 공간에 들어갈 수 있다 — 예를 들어, 해변의 모래 1제곱미터에는 수백만 마리의 선충이 살 수 있다.

지구 전체 규모의 빙하작용은 어느 시나리오를 채택하더라도 생태계에 가장 큰 영향을 미쳤다. 앞 장에서 소개했던, 너그러운 생태계가 생물의 혁명을 유발한다는 논거를 떠올려보라. 빙상이 온 지구를 뒤덮을 만큼 성장함에 따라 지표면의 대부분에서 생물이 쫓겨났을 테고, 그 후에 빙하가 물러났을 때는 '재점령'을 기다리는 주인 없는 땅이 엄청나게 많아졌다. 빙하기를 이겨낸 생물은 경쟁할 필요도 없었고, 기능이 좀 떨어지는 새로운 변이체들도 쉽게 살아갈 수 있었다. 유전자 변이는 생물의 다양화에 꼭 필요한 조건이긴 하지만 충분조건은 아니다. 개체군을 형성하는 데는 새로 생긴 종이 생존하고 번식할 수 있는 생활권이 필요하다. 바로 이것을 원생이언 후기의 빙하기가 물러가면서 제공했던 것이다.

하지만 문제가 하나 있다. 이 장을 시작하면서 나는 원생이언 후기의 지구에는 적어도 네 번의 빙하기가 찾아왔고, 그 가운데 두 번은 지구 전체 규모였다고 말했다. 그러나 에디아카라 동물군과 다양한 조류는 오직 마지막 빙하기 이후에야 출현했다 — 이보다 일찍이 찾아왔던 원생이언의 빙하기는 눈에 띌 만한 진화적 혁신을 낳지 못했던 것이다. 그렇다면 빙하기는 진화의 마법 지팡이가 아니라는 얘기다.

우리는 나중의 빙하기와 앞선 빙하기의 여파에 어떤 차이가 있었는지 질문해봐야 한다. 나는 산소가 이 모든 차이를 만들어냈다고 생각한다.

차이를 만든 건 산소의 증가

앨버타 대학의 동물학자 너설J. R. Nursall이 1959년에, 동물은 진화의 무대에 꽤 늦게 등장했다는 설을 주장했다. 지구의 대기는 원생이언 말기에 이르러서야 후생동물의 생리기능을 받쳐줄 만큼의 산소농도에 이르렀기 때문이라는 것이 그 이유다. 너설의 가설은 전적으로 비교생물학에 입각한 것—나는 그가 원생이언 암석을 확실히 본 적이 있는지 어떤지 잘 알지 못한다—이지만, 고생물학자들 사이에서 한때 인기를 누렸다. 하지만 너설의 생각이 지질학에서 경험적인 지지를 얻은 것은 최근 10년의 일이다.

동물한테 산소가 필요하다는 데는 의문의 여지가 없다. 오늘날의 해분에서도 산소가 희박해지면 동물의 수와 종류가 곤두박질친다. 작은 동물은 큰 동물보다 강인하게 살아간다—선형동물처럼, 해저의 모래 알갱이 틈에 사는 작은 동물들은 극히 적은 산소만을 필요로 한다. 육중한 골격을 갖춘 종이 가장 못 견디기 때문에, 갑각류는 산소가 희박한 환경에서는 거의 살지 않는다.

일찍이 1919년에, 덴마크의 생리학자 아우구스트 크로그August Krogh는 체내조직에 산소를 공급하는 방편으로 확산을 이용하는 해양동물에서, 주위의 물에 용해된 산소농도가 몸 크기를 제한한다는 것을 밝혀냈다. 크로그가 주장한 이 생물물리학 법칙에는 여러 가지 허점이 있다—자포동물 같은 동물은 (그리고 어쩌면, 에디아카라 화석에 포함된 벤도비온트도) 불활성인 '젤리'나 액체 주위를, 대사활성을 갖춘 조직으로 이루어진 얇은 막으로 둘러싸는 방법으로 큰 몸을 감당한다. 체액의 순환과 특수하게 발달한 호흡기

관(아가미와 폐)도 멀리 있는 조직에 산소를 효율적으로 전달하는 데 도움이 된다. 그렇다 하더라도, 원생이언의 지구에서 동물들은 아직 정교한 순환계를 갖추기 전이었기 때문에, 산소농도가 실질적으로 동물의 크기를 결정했을 것이다.3)

이것으로부터 원생이언 후기의 생물사도 쉽게 추리할 수 있다. 산소가 조금만 필요한 몸집이 아주 작은 동물들이 에디아카라 화석의 시대가 오기 한참 전에 원생이언의 바다를 누볐던 것으로 추측되지만, 원생이언 말기에 이르러 산소가 증가하기 시작하자 몸집이 큰 (따라서 화석으로 남기 쉬운) 동물들이 살 수 있게 되었다.

산소 가설은 고생물학과 분자시계를 화해시키고, 원생이언 말기의 바다에 동물과 조류가 동시에 다양해진 사실도 잘 설명해준다 — 9장에서, 바다에 충분한 산소가 쌓이면서부터 다세포 조류가 대륙붕에 두각을 나타냈다고 이야기했던 것을 떠올려보라. 앞에서 간단히 설명했듯이 원생이언 말기가 되어서야 산소가 증가했다면, 메탄의 공급이 멈춘 것을 계기로 빙하기가 시작되었다고 한 호프먼과 슈래그의 가설도 성립하고, 그들의 모델이 옳다면 동물의 시대가 온 이후에 전 지구적인 빙하기가 다시는 찾아오지 않은 것도 잘 설명된다.

그러한 사건들은 지구화학적인 기록으로 흔적을 남겼을까? 대답은 '그렇다'이다. 일찍이 내가 존 헤이스, 제이 카우프먼Jay Kaufman을 포함한 연구실 동료들과 함께 원생이언 후기의 탄산염암에 탄소동위원소비가 높다는 것을 처음 입증했을 때, 우리는 이 사실이 산소의 증가를 보여주는 결정적인 증거임을 눈치 챘다. 6장에서 논의했듯이, 광합성을 하는 시아노박테리아와 조

---

3) 산소의 농도는 동물에게 생물물리학적인 제약뿐만 아니라 생물화학적인 제약도 가한다. 예컨대 스미소니언 연구소의 케네스 토우Kenneth Towe는 몇 년 전에, 콜라겐(세포 외 기질을 구성하는 뛰어난 단백질)의 생합성에 꽤 고농도의 산소가 필요하다는 사실을 지적했다.

류는 이산화탄소와 물을 이용해 유기분자와 산소를 생산한다. 그리고 호흡을 하는 생물은 유기물과 산소를 반응시켜 다시 이산화탄소와 물을 만든다. 따라서 광합성과 호흡이 균형을 유지하는 한 환경은 바뀌지 않는다. 그런데 유기물이 퇴적물 속에 파묻히면서 두 물질대사의 균형이 깨져 대기와 바다에 산소가 축적될 수 있었던 것이다. 탄소동위원소비가 높다는 것은 원생이언 후기의 바다에 유기물이 이례적으로 빨리 파묻혔음을 뜻한다. 그리고 루데리Lou Derry, 제이 카우프먼, 스타인 제이콥슨Stein Jacobsen이 탄소동위원소와 다른 지구화학적 자료를 바탕으로 만든 원생이언 후기의 대기변화 모델에서, 산소는 마지막으로 있었던 전 지구적인 빙하기가 끝난 직후에 급증했다. 여기서 우리는 원생이언 후기의 지구에서 앞의 빙하기와 뒤의 빙하기에 생명이 다르게 반응한 이유를 짐작할 수 있다.

원생이언 후기에 산소가 증가했다는 증거는 황동위원소 기록에서도 나온다. 6장에서, 원생이언 중기의 바다는 표층에 약간의 산소가 있고 깊은 곳에는 황화수소가 있었다는 돈 캔필드의 가설을 알아보았다. 돈 캔필드의 관찰에서 가장 중요한 점은 황동위원소의 분별효과가 원생이언 말까지 현재의 수준에 미치지 못했다는 사실이다. 바다는 역시 황화물로 흘러넘쳤고(빙하에 갇히기 직전이지만), 원생이언 최후에 이르러서야 황을 포함한 광물이 산소로 가득한 바다에서 기대할 수 있는 만큼의 분별효과를 기록하기 시작했던 것이다. 황동위원소는 또한 황산염의 농도도 이때 현대의 수준에 가깝게 올라갔음을 알려주는데, 이것은 지표면의 산화 수준이 전체적으로 올라가고 있었다는 사실과 잘 맞아떨어진다.

지구화학은 이렇게, 동물의 진화가 산소 덕에 힘을 받았다는 너셀의 직감적인 견해에 점점 더 큰 지지를 보낸다. 그리고 마침내 산소의 증가와 더불어 신세계가 모습을 드러내기 시작했다. 바닷말과 플랑크톤성 조류는 대륙붕에서 다양하게 진화했다. 동물에서도, 큰 몸집을 초래하는 변이가 치명적이기는커녕 오히려 유리하게 되면서, 새로운 기능이 등장할 여지를 주었다.

5억 5,500만 년 경, 군체를 형성하는 원생동물, 해면동물, 자포동물(그리고 벤도비온트), 나아가 좌우대칭동물의 줄기 생물군에 이르기까지 큰 몸집이 진화하고 있었다.

이제 더 설명할 게 없는 듯하다. 유전자 도구상자도 준비되었고 산소장벽도 치워졌으니, 동물들은 이제 쭉쭉 뻗어나가기만 하면 될 것 같다. 하지만 아직 탐구해야 할 사건이 하나 더 남았다.

지구의 탄소순환의 단기적인 대변동

나미비아의 화석은 에디아카라 생물군이 원생이언 막바지까지 바다를 지배했다는 사실을 보여준다. 한편 코투이칸 절벽은 그 이후 캄브리아기가 시작되었을 때, 다양한 좌우대칭동물이 (말 그대로) 모양을 갖추어 출현했다는 사실을 드러낸다. 흥미롭게도, 두 동물상의 경계선에서 탄소동위원소비가 밑바닥으로 추락한다. 이는 지구의 탄소순환에 짧지만 큰 변동이 있었음을 알려준다.

세계 곳곳에서 원생이언-캄브리아기 경계선 근처에 있는 탄산염암의 탄소동위원소비는 원생이언 후기의 빙하퇴적물 위에 얹힌 캡 탄산염과 같거나 그보다 낮게 나타난다(그림 11-6). 그렇지만 이 경계선에서는 표석점토암의 흔적이 거의 발견되지 않을뿐더러, 빙하기 이후의 캡 탄산염임을 나타내는 특이한 퇴적특징도 나타나지 않는다. 방사성 연대결정으로, 이런 이례적인 동위원소비를 보이는 기간이 100만 년에 지나지 않는다는 사실이 밝혀졌다. 게다가 일본의 지구화학자 기무라 히로토木村浩人와 와타나베 요시오渡部芳夫가 실시한 미량원소에 대한 연구(특히 우라늄 농축을 다룬 것)는 연안수역이 일시적으로 산소에 굶주린 상태가 되었음을 보여준다.

무엇이 그런 변동을 일으켰을까? 확실히는 모르지만 후보에 올릴 수 있는 원인은 몇 안 되며, 그럴듯한 설명들은 한결같이 생물에게 좋지 않은 시절이었음을 암시한다. 게다가 지구 역사에서 더 나중에도, 똑같은 화학적 흔적이 큰 사건—페름기-트라이아스기 경계선에서 일어난 대멸종—을 알려준다. 페름기-트라이아스기 경계에 대재앙이 일어난 것은 대륙 사면에 있던 빙하에서 메탄이 대대적으로 방출되었거나, 또는 지구 반쪽을 덮고 있던 태고의 바다에 표층과 심층이 뒤집혀 산소가 적고 이산화탄소가 풍부한 물이 표층으로 올라왔기 때문인 것으로 생각된다. 운석이나 혜성의 충돌도 입맛 당기는 원인이지만, 페름기 말의 대멸종에 외계의 영향이 개입되었다는 증거는 논란이 분분한 상태이다. 원생이언 말에 일어난 환경변동을 논할 때도 이와 똑같은 의심들이 용의선상에 오르지만, 그중에 범인이 있다 하더라도 그게 누구인지 아직은 알 길이 없다.

대멸종이 에디아카라 동물군과 캄브리아기 동물 사이의 층서적 단절과 형태적 차이를 설명할 수 있을까? 나는 그렇다고 생각한다.[4] 사실, 원생이언-캄브리아기 경계에 걸친 해양생물의 천이는 또 다른 대멸종이 일어났던 시대인 백악기-고제3기의 경계에 살아남은 육상동물들의 사례를 떠올리게 한다. 트라이아스기 말경에 등장한 공룡은 거의 1억 5,000만 년 동안 육상 생태계를 지배했다. 포유류도 거의 같은 기간 동안 공룡과 함께 육지를 공유했지만, 아직은 작고 단순한 처지였다. 그러다 백악기-고제3기의 경계인 6,500만 년 전에 거대한 운석이 지구에 충돌했고, 그 결과 공룡은 (그 계통이지만 생태적으로 다른 조류鳥類를 빼고) 절멸했지만 포유류는 일부 살아남았다. 이후에 펼쳐진 생태적으로 너그러운 세상에서, 포유류 생존자들은 아주 빠른 속도로 진화해 여러 큰 집단을 이루었고, 그때부터 줄곧 지구의

---

[4] 에디아카라 동물군의 시대에 대멸종이 일어났을 거라고 생각한 것은 내가 처음이 아니다. 1984년에 아돌프 자일라허는 에디아카라 생물군이 캄브리아기가 시작되기 한참 전에 사라졌다고 주장했다. 하지만 존 그로칭거가 밝혔듯이 이것은 사실이 아니다. 내가 캄브리아기 다양화를 이끈 것이 멸종이었다고 생각하게 된 것은 원생이언과 캄브리아기 경계의 퇴적물에서 발견되는 지구화학적 특징 때문이었다.

들판과 숲을 수놓았다. 나는 에디아카라 동물군이 원생이언 후기의 생태계에서 일종의 '공룡'이었다는 관점이 마음에 든다. 에디아카라 동물군은 단순하지만 생태면에서 효율이 큰 생물로서, 좌우대칭동물의 줄기 생물군을 견제하고 있었을 것이다. 따라서 에디아카라 동물군이 사라졌을 때, 좌우대칭동물 생존자들에게는 어마어마한 생태공간이 주어졌다. 좌우대칭동물들은 예전에 비하면 텅 비어버리다시피 한 세상에서 다양하게 진화해, 지금도 여전히 바다를 지배하는 다양한 동물상을 꽃피웠다 — 너그러운 생태계가 여기서도 큰 몫을 한 것이다(그림 12-3).

이 주장은 검증하기 어렵다는 이유로 곧잘 비판을 받는다. 에디아카라 시대의 다양성이 원생이언-캄브리아기 경계선에서 곤두박질친 건 맞지만,[5] 구멍 파는 동물들이 증가하여 캄브리아기의 퇴적물을 휘젓기 시작함에 따라, 에디아카라 생물군을 들여다볼 수 있는 보존의 창 역시 닫혀버린 것도 사실이다. 이것이 100퍼센트 옳다고는 말할 수 없지만, 에디아카라 화석이 지층에서 사라진 현상을 해석할 때 신경이 쓰이긴 한다(버제스 셰일과 그 전의 캄브리아기 셰일에서 몸이 단단하지 않은 동물도 찾아볼 수 있다. 실제로, 하나둘쯤 에디아카라 생물의 잔재로 지목되는 것이 있다. 하지만 캄브리아기가 중반에 접어들 때쯤에는 에디아카라 생물이 해양생태계에서 큰 비중을 차지하지 못했던 것이 분명하다).

하지만 아직 검증해볼 기록이 하나 더 있다. 나마 층군을 비롯한 원생이언 후기의 지층에서 발견되는 미생물 초에 초기 동물의 골격이 어느 정도 다양하고도 풍부하게 포함되어 있다는 사실을 떠올려보라. 존 그로칭거는 오만에서 야외조사 — 오만의 광대한 퇴적분지는 조사가 잘 되어 있는데(거대한 유전이 있기 때문이다!), 도처에 탄소동위원소비의 변화가 기록되어 있다 — 를 한 결과, 동위원소비가 급변하는 층에 닿기 전까지는 어느 초에서나 클라

---

5) 한둘의 에디아카라 생물이 캄브리아기 초기의 사암에서 확실히 발견되지만, 이 화석들과 원생이언 말의 멸종관계는 페름기 말의 대멸종과 쥐라기의 완족동물의 관계와 다르지 않다.

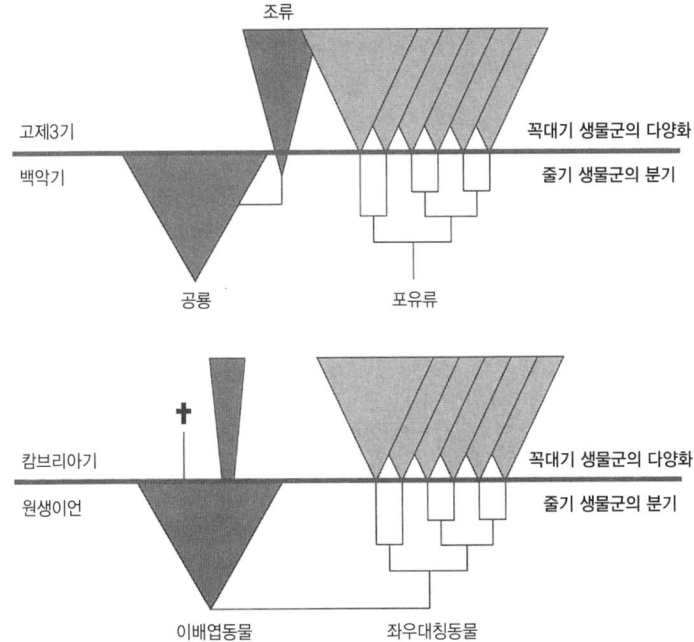

그림 12-3 백악기-고제3기의 경계 시점에 육상동물에서 일어난 진화와 원생이언-캄브리아기 경계 시점에 바다동물에서 일어난 진화가 닮은꼴임을 보여주는 도표. 이배엽동물에는 해면동물과 자포동물이 속하며, 대부분의 에디아카라 동물군도 포함되는 것 같다(A. H. Knoll and S. Carroll, 1999. Early animal evolution: emerging views from comparative biology and geology. *Science* 284: 2129-2137. Copyright 1999 American Association for the Advancement of Science의 허가를 받아 전재).

우디나, 나마칼라투스 등의 골격 화석이 넘칠 정도로 많이 포함되어 있음을 발견했다. 그 층보다 위에 놓인 층에서도 미생물 초가 계속 발견되지만, 거기에 골격은 포함되어 있지 않다. 으스스하리만큼 썰렁한 것이, 꼭 페름기-트라이아스기 경계의 바로 위에 놓인 퇴적층과 아주 비슷하다. 이렇게 존 그로칭거 덕분에, 우리는 원생이언 말에 환경 대변동이 일어난 동시에 생물의 '교대식'이 있었다는 결정적 증거를 얻게 된다.

캄브리아기가 밝아올 때 동물의 진화에 온갖 가능성이 열린 순간—대멸종으로 세상에 생물이 크게 감소했고, 유전자가 발생과 성장의 패턴 속에 동물들을 가두기 전—이 있었을 것이다. 그와 같은 시기는 짧았음이 틀림없지만, 동물들은 진화하는 발생 유전자의 안내에 따라, 우리가 오늘날 절지동물, 완족동물, 극피동물, 척색동물과 연결시키는 생물학적 특징을 차곡차곡 쌓아갔다. 또 새로운 몸 설계와 더불어 여러 가지 기능이 생기면서, 후생동물에 구획을 나누고 종들 간의 관계를 규정했다. 조류藻類 또한 생물계 전체에 영향을 미친 캄브리아기 대폭발 때 다양하게 진화했다.

물리적 사건들은 이와 같이 캄브리아기의 생물에게 다양한 진화의 기회를 제공한 것으로 여겨진다. 하지만 캄브리아기 동물들이 걸어갔던 진화의 길에는 발생과 생태환경의 상호작용이 반영되어 있다. 포식동물과 먹이동물은 이른바 진화적 군비경쟁 속에 갇혔고, 조류와 조류를 뜯어 먹는 동물은 서로의 존재에 제약을 가했다. 이제까지보다 한층 더, 물리적 환경뿐 아니라 생물적 상호작용이 생물의 형태를 결정하게 되었던 것이다. 따라서 세계에 여러 가지 생물이 가득해졌을 때, 더 이상 새로운 몸 설계를 만들어내는 진화는 좀처럼 일어나지 않게 되었다. 앞으로 5억 년에 걸쳐 동물의 진화가 펼쳐나갈 게임의 패가 이미 바다에 돌려졌던 것이다.

물론 이런 새로운 생태계 아래에서, 예전의 생물대사 역시 변함없이 계속 돌아갔다. 30억 년 전과 다름없이 박테리아는 생물에 필요한 원소를 생태계에 순환시키면서, 동물들이 살아갈 수 있도록 생물권을 떠받치고 있었다.

생명 진화는 지구의 환경역사와 함께

솔직히 말하면, 어떤 고생물학자들은 환경의 영향을 전혀 불러내지 않고도 동물의 진화를 이야기한다는 사실을 인정하지 않을 수 없다. 그들의 이야기에서 동물은 원생이언 말기의 바다에 처음으로 등장했고, 금세 진화를 이루어 에디아카라 동물군의 모습을 갖추었다 — 그리고 캄브리아기의 약육강식의 세계에서, 더 정교한 꼭대기 생물군의 좌우대칭동물과 자포동물에게 자리를 내주었다. 이런 관점에서 보면, 유전자와 생태계는 캄브리아기 진화의 중요한 원동력에 그치는 것이 아니라 유일한 원동력이다.

원생이언 후기의 진화가 환경변화와 무관하다는 견해는 확실한 지지자들을 거느리고 있지만, 나는 그것이 원생이언 후기의 지구와 그 이후의 진화에 대해 지질학이 가르쳐준 사실들과 모순된다고 생각한다. 생물역사에 대한 고증 외에 고생물학이 진화생물학에 전하는 한 가지 교훈이 있다면, 그것은 "생명에게 찾아오는 기회도 위기도, 지구의 환경역사와 떼려야 뗄 수 없는 관계를 맺고 있다는 것"이다. 유전학자들이 연구하는 소진화 과정(생물종의 개체군 사이의 차이를 일으키는 진화적 변화: 옮긴이)과 지구의 역동적인 환경역사를 결합해야만, 비로소 대진화 — 종 이상의 분류군에서 일어나는 시간에 따른 변화 — 를 이해할 수 있는 것이다. 지구 전체에 걸친 빙하작용, 산소로 충만한 바다의 출현, 탄소순환의 갑작스런 변동처럼 초기의 동물 진화를 위한 기틀을 다진 거대한 물리적 사건들은 지구의 환경을 변화시킨 가장 중요한 사건들이다. 이들을 무시하는 것은 너무나도 위험한 도박이다.

현생생물의 씨앗이 뿌려진 이곳에서 나의 역사 이야기는 막을 내린다. 오랜 선캄브리아 시대 생명사의 절정인 동시에 그것과의 결별이라고 할 수 있는 캄브리아기 대폭발은 생명의 과정과 물리적인 과정이 주고받은 특별한 상호작용의 결과로 일어난 것이다. 유전자의 중복, 변이, 재배열에 의해 마련된 '발생의 도구상자'는 다양한 동물의 진화에 필수적이었지만, 이 도구상자가 늦어도 6억 년 전에 마련되었을 가능성이 높다. 따라서 그것만으로는 생물의 혁명을 완수할 수 없었다. 새로운 생물계에는, 특이한 유전자 변이가 살아남을 수 있는 너그러운 생태계와 형태의 혁신에 쓰일 원재료를 제공하는 변이가 꼭 필요하다. 원생이언 말의 거대한 물리적 격변 속에서, 유전자의 가능성과 환경의 기회는 손을 맞잡고 이 지구의 바다에 새롭고 다양한 생태계를 일구었던 것이다.

더 넓게 보면, 지구의 오랜 선캄브리아 시대 역사는 21세기 지구과학에도 일깨움을 준다. 복잡한 상호작용을 하는 지표라는 거대한 계에서, 생물은 지질구조, 기후, 대기, 바다와 단단하게 엮여 있다는 것이다. 캄브리아기 진화의 대서사는 생명이 수동적인 행성을 무대로 진화한 것이 아님을 보여주는 결정적이고 극적인 증거이다. 그렇기는커녕 생명과 환경은 함께 진화했고, 서로 영향을 주고받으며 오늘날 우리가 살아가는 생물권을 건설했다.

이 역사의 마지막 줄은 한동안 씌어지지 않을 것이다. 현재 우리는 어떤 과정이 대기와 바다의 산소를 점차 증가시켰는지 모르며, 원생이언의 시작과 끝에 기후가 왜, 그리고 어떻게 그도록 급격하게 변했는지도 알지 못한다. 우리가 할 수 있는 것은, 그와 같은 사건들이 어떤 식으로 생물에 영향을 주었고 또 생물의 영향을 받았는지를 추측하는 것뿐이다. 현재 우리는 많은 단서, 훌륭한 가설들, 10년 전보다 많은 자료를 가지고 있기는 하지만, 아직 해답은 얻지 못하고 있다. '결정적 한마디'가 없다는 데 실망하는 독자들도 있겠지만, 고생물학자인 나에게는 이것이 매일 아침 눈을 뜨는 이유가 된다. 과학자에게 대답을 찾지 못한 질문은 오르지 못한 에베레스트 산이요, 억누를 수 없는 유혹이기 때문이다.

13

우주로 향하는 고생물학

화성에서 날아온 작은 운석에 대한 논쟁은 "우주에 우리뿐일까?"라는 인류의 가장 오랜 의문에 과학계의 관심을 불러오는 촉매가 되었다. 현재 우리는 무엇을 알고 있을까? 우주 생명탐사가 시작된 이 시대에, 우리는 얼마나 더 많은 것을 알 수 있을까? 우리가 알 수 있는 것에는 사실상 한계가 있을까?

생물은 초기 지구의 지표면에서 일어난 물리적 과정의 결과로 탄생했고, 기후를 조절하고 생물에 필요한 물질을 순환시키는 지각변동, 해양, 대기의 과정에 힘입어 40억 년 가까이 존속했다. 아마도 가장 중요한 사실은 생물이 점점 증가하고 다양해지면서 행성 규모의 중요한 과정을 스스로 만들어내게 되었다는 점일 것이다. 지구의 생명을 이처럼 행성 차원에서 파악할 때, 당연히 생각은 더 원대해진다. 저 우주에는 지구 말고도 수많은 행성이 있으니까.

우주는 우리가 아니면 그저 넓고 넓은 불모지일 뿐일까? 아니면 우리가 속한 우주의 한 모퉁이는 우주에 있는 흔하디흔한 장소 가운데 하나일까? 인간이라면 누구나 그러한 질문을 던진다. 우리의 할아버지 할머니가 그랬고, 그들의 할아버지 할머니도 그랬다. 하지만 대답을 찾는 일은 우리 세대만의 특권일지도 모른다.

물론 여기서 중요한 것은 '우리'가 가리키는 의미다. '우리'가 생명을 뜻한다면, '우리'는 우주에 얼마든지 있을 수 있다. 하지만 더 좁은 의미로 우리 자신(내적 성찰과 기술발전을 이룰 수 있는 생물의 형태)을 가리킨다면, '우리'는 희소한 존재, 아니 유일한 존재일지도 모른다. 수많은 추측이 나돌지만, 우리는 외계 생명의 가능성을 어떻게 계산해야 할지 알지 못한다 — 자료는 단 하나, 바로 우리다. 하지만 생각이 탐험으로 이어지기 시작했다. 나는 미래의 어느 날 아침, 은퇴 후의 여유로운 나날을 보내며 커피를 마시고 신문을 펴들 때, 다음과 같은 충격적인 머리기사를 만나게 되리란 것을 믿어 의심치 않는다. 우주에서 생명체 발견. 마치 그날처럼 말이다.

화성에서 날아온 운석

1996년 8월 7일, 나는 베이징의 호텔방에서 잠을 깼다. 국제지질학회의에 참석차 그곳에 갔을 때였다. 잠을 푹 못 잔 탓에 여전히 비몽사몽이던 나는 회의장으로 가기 전에 뉴스를 좀 들으려고 텔레비전을 켰다. 화면이 흔들거리다 영상이 나타났을 때, 바그다드에서 CNN 특파원이 카메라를 향해 이렇게 말했다. (그때의 기억을 더듬어보면) "저는 제 보도가 특종인 줄 알았지만, 화성에서 생명체가 발견되었다는데 더 이상 어떤 특종이 있을 수 있겠습니까." 나는 그 순간 잠이 확 깼다.

아침을 먹으러 식당에 갔을 때, 그 보도에 대한 온갖 의견들로 시끌벅적했다. 대부분이 부정적이었다. "화석이 너무 작다", "운석의 역사를 완전히 잘못 이해했다"와 같은 종류였다. 텔레비전에서 들은 몇 마디뿐 아무도 자세한 내용을 몰랐지만, 저마다 한마디씩들을 했다. 물론 우리는 몰랐지만, 그날 베이징의 아침 식탁은 이미 과학계를 휩쓸기 시작했던 불꽃 튀는 논쟁의 축소판이었다.

논쟁의 불씨를 제공한 사람은 텍사스 주 휴스턴에 있는 NASA 존슨우주센터(JSC) 소속의 점잖은 지질학자 데이비드 매케이David McKay였다. 그는 JSC와 스탠퍼드 대학의 동료들과 함께, ALH-84001이라고 명명된 작은 암석조각에서 생물의 지문을 발견했다고 보고했다. 이 암석조각은 크기가 포도송이만한 화성의 파편으로, 소천체의 충돌 때문에 우주로 튕겨져 나와 지구에 떨어진 특이한 운석이다(그림 13-1). 곧이곧대로 믿을 준비가 된 기자들 앞에 이 사실이 의기양양하게 발표되었을 때, 인류의 가장 오랜 의문에 대한 대답은 가까이에 있었을 뿐 아니라, 수천 년 동안 남극의 얼음 위에 조용히 놓여 있었던 게 되었다. 적어도 NASA 쪽의 이야기는 그랬다.

ALH-84001을 둘러싼 논쟁은 수많은 신문기사와 10여 권의 책에 오르내렸다. 미지의 영역으로 뛰어든 용감한 도약이라는 평도 있고, 지나친 기대가 판단을 흐렸다는 조심스러운 평가도 있다. 전자는 분명한 사실이지만, 후자는 논란의 여지가 있다. 설사 데이비드 매케이의 연구팀이 흥미로운 가설에 혹했던 것이라 하더라도, 그들의 이야기가 반향을 일으켰던 것은 특이한 이야기라서가 아니라 누구나 믿을 만한 이야기였기 때문이다. 그리고 과학

그림 13-1 ALH-84001. 화성에서 날아온 포도송이만한 이 운석은 화성의 생물을 둘러싼 논쟁을 불러일으켰다(사진은 NASA/JPL/캘리포니아 공과대학 제공).

자란 자들은, 옳을 가능성이 있는 위대한 가설에 든든한 지지자들까지 얻은 상황이라면 가망이 별로 없어도 과감하게 돌진하는 족속들이다. 그러나 우리 과학자들의 날개는 폐쇄적인 학술지와 학회에서 뜯겨 나가기 일쑤다. 그런데 이례적인 대중의 관심을 모은 덕분에, 화성 운석의 논문은 때로 신랄한 비판을 뒤집어 쓴 채로 『뉴스위크』나 『뉴욕타임스』에까지 실렸다.

매케이의 보고에 대한 나의 첫 반응은 술렁거림도 신랄한 공격도 아니었다—정말 나는 그것을 어떻게 이해해야 할지 몰랐고, 중국에 온 덕분으로 그해 8월에 터져 나온 대논쟁에 휘말리지 않을 수 있었기 때문에 택일을 담당하는 신에게 감사했을 정도다. 사실 발표 직후의 논평과 뒤이은 대중의 반응은 일회적인 것으로 곱씹어볼 가치는 없다. 훨씬 중요한 것은 지금까지 이어지고 있는 꼼꼼한 분석들로, 이것은 안개 속에 휩싸인 과학의 회색지대에 조심스럽게 색깔을 입혀가고 있다. 질문에 대한 대답은 아직 분명치 않지만, 다른 행성으로 자리를 옮기면 생명 찾기라는 익숙한 질문을 새로운 방식으로 던져야 한다는 것은 확실해졌다. ALH-84001 연구는 불완전하긴 해도 화성 고생물학을 향한 첫걸음으로서, 내게 너무나 소중한 선캄브리아 시대 연구가 다른 행성에서도 응용될 수 있음을 보여주었다. 또한 그 연구는 우주생물학 시대를 열어젖힌 산파로서, 우리에게 많은 것을 가져다주었다.

매케이 가설의 전제

ALH-84001을 둘러싼 설전의 현장을 둘러보기 전에, 아직까지 도마 위에 오른 적이 **없는** 몇 가지 쟁점들을 적어도 간단하게나마 짚어볼 필요가 있다. 우선, ALH-84001이 화성에서 왔다는 게 잘못 확인된 사실이라고 주장하는 사람은 아무도 없다. 그것 자체가 놀라운 일이다. 얼음판 위에서 가져온 작은 암석조각이 어느 행성 출신인지를 어떻게 입증할까? 다른 운석들과 마찬가지로 ALH-84001은 광물이 녹아서 엉겨 붙은 겉껍질을 가지고 있는데, 이것은 대기를 통과할 때 가열된 흔적이다. 1970년대에, 에드 스톨퍼Ed Stolper와 햅 맥스윈Hap McSween이라는 두 대학원생이 '셔고타이트'라고 불리는 특이한 운석들이 화성에서 왔다고 주장했다(이 운석 가운데 첫 번째 것이 1865년에 인도 '셔고티' 마을에서 발견되었다). 선배 과학자들의 반응은 곱게 표현해도 회의적이었다. 그때부터 20여 년이 흐른 지금, 맥스윈과 스톨퍼는 둘 다 뛰어난 과학자가 되었고, 적어도 18개의 운석이 화성에서 온 것으로 인정되고 있다. 가장 유력한 증거는 이들 암석에 포함된 유리에서 나왔다. 이것은 소천체 충돌로 우주로 튕겨 나올 때 형성된 것이다. 유리에는 약간의 기체가 들어 있다. 바로, 운석의 모행성에 있던 대기의 견본인 것이다. 이 기체 혼합물은 현재의 지구나 원시지구의 대기와 비슷하지 않지만, 바이킹 화성탐사선이 측정한 화성의 대기와 흡사하다. ALH-84001은 대기의 성분을 포착한 유리를 가지고 있지 않았지만, 이 운석을 구성하는 광물 속에 산소가 갇혀 있다는 점을 근거로 화성에서 온 것으로 판단되었다. ALH-84001에서 발견된 산소는 지구 암석에 있는 것과 동위원소 조성이 다르지만, 화성 기원의 다른 운석에서 나타나는 패턴과 일치한다.

매케이의 가설은, 증거를 검증하기 전에 두 가지 기본전제를 받아들일 것을 요구한다. 첫째는, 원시 화성생명체는 화성의 지각 속에 생긴 작은 틈에서 살았다는 점이다. 둘째는, 이 작은 외계생명체는 해석이 가능한 생물학적 기록을 남겼고, 이것이 거의 40억 년에 가까운 세월 동안 손상 없이 보존되고 있을 거라는 사실이다. 물론 이 두 가지 전제에는 지구의 경험이 깔려 있다. 우리는 이 전제들을 무난히 받아들이는데, 둘 다 지구에서는 잘 만족되기 때문이다. 박테리아는 오늘날 지표면 수백 미터 아래에서도, 땅속에 그물처럼 얽힌 지하수 길을 따라 화학합성 독립영양을 통해 잘 살아간다. 또 앞에서 여러 차례 확인했듯이, 지구의 암석에는 초기 생물의 흔적이 뚜렷이 남아 있다—가장 오래된 암석표본에서는 모호한 것이 사실이지만, 그것은 세월 탓이 아니라 변성작용 때문이다. 따라서 만일 화성에 생명이 탄생했다면, 화성의 원시퇴적물에 그 자국이 남아 있을 거라고 전제하는 것이다.

네 가지 '증거'의 검증

ALH-84001은 주로 화산암으로 이루어져 있다. 이 화산암은 약 45억 년 전에 화성이 단단하게 굳은 직후에 형성된 것이다. 약 39억 년 전—지구에서는 생명이 첫 발판을 마련했던 때—에, 그 화산암에 생긴 틈 안에 탄산염 광물이 작은 퇴적물을 형성했다. 이 탄산염이 운석충돌과 관계있는 높은 온도에서 형성되었는지, 아니면 평화로운 시절에 암석 틈 속으로 스며든 차가운 지하수에서 침전된 것인지는 의견이 엇갈린다. 어떻게 형성되었든 그 이후 탄산염 광물은 화성의 표면을 연신 두들겨댄 운석충돌 때문에 일시적인 고온고압의 환경에 처하면서 변화를 겪었다. 그리고 ALH-84001은 그보다 훨씬 더 나중에(지금부터 1,600만 년 전에) 또 한 차례의 운석충돌이 있었을 때 우주로 튕겨져 나왔다. 그런 다음 지구의 중력장에 포착되어 1만 3,000년 전에 남극의 앨런 힐스Allan Hills — 그래서 ALH라는 이름이 붙은 것 — 에 안착했다.

데이비드 매케이의 연구팀은 이 운석에서, 화성에 한때 미생물의 생태계가 있었다는 것을 종합적으로 뒷받침하는 네 가지 증거를 얻었다. 첫째, ALH-84001에 들어 있는 탄산염 광물은 박테리아가 활동하는 곳에서 형성된 지구의 퇴적물과 닮았다. 둘째, 이 탄산염 광물에 산화철 광물인 자철석 특유의 알갱이가 들어 있는데, 이것이 박테리아 세포 안에서 만들어지는 자철석 결정과 아주 흡사하다. 셋째, 탄산염 광물에 보존되어 있는 복잡한 유기분자는 생물분자에서 온 것으로 보인다. 넷째, 탄산염 광물에 들어 있는 둥글거나 막대기 모양인 작은 구조는 미화석으로 판단된다.

탄산염 광물이 자발적으로 털어놓은 정보란, ALH 운석 안에 생긴 틈이 한때 탄산염을 비롯한 이온들이 용해된 액체가 통과하는 물길 구실을 했다는 사실뿐이다. 시생이언의 석회암 속에 들어 있는 해저 침전물에서도 그랬듯이, 여기에 생물이 관여했는지는 의심스럽다. 그렇지만 이 광물에는 형성될 당시의 물리적 조건을 추측할 수 있는 단서가 들어 있을 가능성이 있고, 지구의 경험을 통해 우리는 환경조건이 고생물학 해석의 열쇠임을 알고 있다. 특히 흥미로운 정보는 온도다. 우리가 아는 생물들은 물이 액체상태로 유지되는 곳에서만 살 수 있다. 곧, 남극의 빙하 아래를 흐르는 짠 바닷물처럼 0℃에 약간 못 미치는 온도에서부터, 바다 밑 2,000미터 아래에 있는 열수분출공에서처럼 113℃에 이르는 온도까지다. 탄산염 결정에 포착된 산소의 동위원소 조성을 조사하면 기온을 추측해낼 수 있지만, 이것은 이 광물이 형성될 당시의 조건과 그때 일어난 과정을 알아야만 가능하다. 지구화학자들이 ALH-84001의 동위원소 조성을 신중히 측정해봤지만, 초기 화성에 대한 추측은 컴퓨터 모델마다 천차만별이라서 탄산염이 퇴적된 시점의 온도는 미궁으로 빠졌다. 만일 이 광물이 물의 끓는점보다 훨씬 높은 온도에서 형성되었다면, 생물은 존재하지 않았다는 얘기다. 하지만 화성을 편드는 많은 연구자들이 생각하는 것처럼 탄산염 광물이 그보다 낮은 온도에서 형성되었다면, 생물이 ALH-84001의 틈에서 살 수 있었을 것이다. 그러나 어떤 경우든 탄산염 결정이 형성되는 데 생물이 **꼭** 필요한 것은 아니다.

매케이의 연구팀이 찾아낸 유기분자들도 모호하긴 마찬가지다. 다환방향족탄화수소(줄여서 PAHs)라 불리는 이 분자들은 지구에서 잘 알려져 있다. 이들은 석탄과 석유에서 발견되는데, 원래 생화합물이던 것이 지층 속에서 변질되어 생긴다. PAHs는 또한 공업 용광로와 자동차 엔진에서도 형성되는데, 이 경우는 석탄과 가솔린에 포함된 유기분자가 고온에서 분해되어 재결합하는 것이다. 결과적으로, 이 특이한 화합물은 거의 어디에서나 조금씩 발견된다. 사실, PAHs는 지구뿐만 아니라 우주에 널리 분포하고 있다. 이들은 외부 태양계(목성, 토성, 천왕성, 해왕성, 명왕성: 옮긴이)에서 물리적 과정으로 형성된 탄소질 운석에서도 발견되고, 행성 사이의 성운에도 존재한다. 따라서 PAHs는 탄산염 광물과 마찬가지로, 꼭 생명의 흔적이라고 보기는 어렵다.

스탠퍼드 대학의 사이먼 클레메트Simon Clemett와 그 동료들은 ALH-84001에 들어 있는 미량의 PAHs가 원래부터 그 운석에 있던 것이지 지구에서 오염된 것이 아님을 설득력 있게 증명했다. 그렇다고 그들이 PAHs가 생물에서 유래했다고 주장한 것은 아니다. 생물이 아니더라도 PAHs는 탄소질 운석들에 실려 화성으로 얼마든지 올 수 있다. 그렇다 하더라도 그들은 40억 년 전의 유기분자가 화성에 그대로 남아 있었다는 것을 증명함으로써, 미래의 화성탐사에 매우 중요한 정보를 제공했다. 바로, 화성에서 생명이 탄생했다면 화성 지표면 아래의 암석과 퇴적물에 분자지문이 남아 있을 가능성이 있다는 것이다! 지구의 암석에서는 그만큼 오래된 유기화합물이 발견되지 않았다.

미화석으로 해석된 미세구조는 어떤가? 매케이의 사진(그림 13-2)에서 보

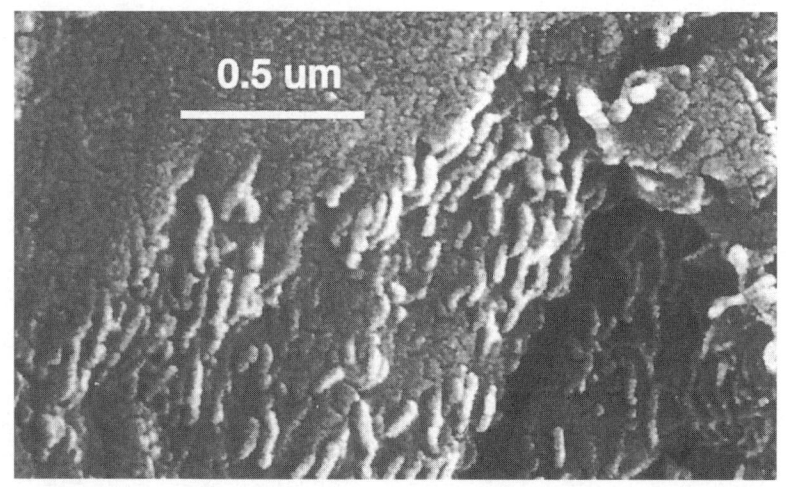

그림 13-2 데이비드 매케이와 그 동료들이 나노화석으로 해석한, ALH-84001의 미세구조. 가장 긴 것도 100나노미터 정도로, 살아 있는 세포에서 발견되는 리보솜만한 크기이다(사진은 NASA/JPL/캘리포니아 공과대학 제공).

이는 것은 박테리아 세포처럼 생겼지만, 확실한 건 그들이 작고 단순하다는 것뿐이다. 실제로 그들은 **매우** 작다. 길이가 100나노미터 미만이고, 폭이 20~30나노미터밖에는 되지 않는다.[1] 박테리아는 다 작지만, 화성에서 온 미세구조가 쥐라면 지구의 박테리아는 코끼리라 할 만큼 차이가 난다. 대장균에 들어 있는 분자들로 따져도, ALH-84001에서 발견된 미세구조는 너무 좁아서 몇 개밖에 들어가지 않는다. 그렇다면 이것이 생물에서 유래했을 가능성은 접어야 할까? 그렇지는 않다.

1998년 가을에, 미국학술연구회(NRC)는 작은 생물이 얼마나 작을 수 있는지를 토론하는 세미나를 열었다. 화성운석 논쟁이 발단이었다. 저명한 세포생물학자들로 구성된 패널은 이 문제를 여러 각도에서 점검해본 후 다음

---

[1] 1나노미터가 100만 분의 1밀리미터, 1천분의 1마이크론임을 기억할 것. 핀 머리의 길이는 약 150만 나노미터다.

과 같은 결론을 내렸다. 지름이 200~300나노미터(0.2~0.3마이크론)인 구보다 작은 공간에는 자유생활을 하는 현생세포의 생화학적 기능을 다 넣을 수 없다는 것이다. 미생물생태학자들로 이루어진 두 번째 패널의 토론에서도 놀랍도록 똑같은 결론이 나왔다. 그들은 자연상태에서 자유생활을 하는 세포 가운데, 그들이 예상한 최소 크기와 비슷한 것은 있으나 그보다 작은 것은 없다고 보고했다(바이러스는 이보다 작지만, 숙주의 생화학적 메커니즘에 완전히 의존한다).

 이 결과는 화성운석 논쟁의 양쪽 편 모두에서 잘못 해석되었다. 이것을 제대로 해석하면, 200~300나노미터보다 작은 세포는 불가능하다는 얘기가 아니라, 만일 자유생활을 하는 나노박테리아가 있다면, 우리가 한 번도 본 적이 없는 단순한 세포구조를 하고 있을 거라는 뜻이다. 사실 세 번째 패널의 토론에서, 분자생물학자 스티브 베너Steve Benner는 만일 원시생물에 단백질이나 핵산 **둘 중 하나**가 없었거나 둘 다 없었다면(둘을 연결하는 비교적 부피가 큰 리보솜이 필요 없기 때문에—5장에서 다루었던 RNA 세계를 떠올려보라), 이 생물은 지름이 50나노미터인 구 안에 쏙 들어갈 수 있는 크기였을 거라고 주장했다. 실제로 믿기 어려울 정도로 작은 박테리아가 인간의 혈관을 비롯해 지구의 많은 환경에서 발견된다. 화성의 나노화석(그리고 지구의 나노화석)을 옹호하는 쪽은 마치 구명부표라도 발견한 듯 스티브 베너의 발표를 붙들지만, 미생물학 전문가들은 이것을 한층 신중하게 받아들인다. 보수적인 미생물학자들(나노박테리아의 존재를 열렬히 옹호하는 사람들은 이런 학자들을, 갈릴레오를 박해하는 보수적인 추기경단으로 생각한다)은 그런 미세구조가 자유생활을 하는 완벽한 세포임을 입증하는 증거를 원한다.[2] 또 그들은 당연히도, 세포가 그렇게 작을 수

---

2) 세포가 '자유생활을 할 것'이라는 조건은 공생이나 기생을 고려대상에서 **빼는** 것이다. 필요한 것의 대부분을 다른 세포에서 얻는 생물은 갖고 있던 유전자들을 미련 없이 버릴 수 있다. 따라서 기생충이 자유생활을 하는 세포보다 크기가 더 작다는 사실은 그리 놀랍지 않다.

있다는 것을 납득할 만한 분자적 설명을 원한다. 조만간 지구에서 나노박테리아의 존재가 입증되어, 현재의 세포생물학을 재고해야 할 때가 올지도 모른다. 하지만 그런 일이 일어나더라도, 화성의 미세구조에 대한 논쟁은 끝나지 않을 것이다 — 세포가 작을 수 있다고 해서, 작은 물질이 전부 세포는 아니니까.

마찬가지로 나노박테리아가 아니라고 밝혀지더라도 이 문제가 반대방향으로 매듭지어지는 건 아니다. 어쩌면 ALH-84001에 포함된 미세구조는 아주 초기단계의 생명 — 복잡한 분자구조로 진화하기 전으로, 지구의 현생생물과는 다른 형태 — 을 보존하고 있는 것일지도 모른다. 혹은 사후 부패가 일어나면서 쪼그라든 세포일지도 모르고. 아니면 생물의 일부분일 수도 있다. 크기만으로는 결론을 내릴 수 없다.

이제 우주고생물학 해석의 핵심에 가까이 왔다. 암석에 나타나는 형태와 화학적 패턴이 생물 때문에 생긴 것임을 인정하기 위해서는, 이미 알려진 생물과정에 비추어 알맞아야 하고, 순수하게 물리적인 과정으로는 일어날 수 없어야 한다. 이 두 가지 기준은 지구에서의 법칙 — 공룡은 두 가지 기준을 만족시키고, 와라우나 층군의 처트에 포함된 필라멘트 미세구조는 그렇지 않다 — 이고, 태양계 다른 곳에서도 성립하는 법칙이다.

두 번째 기준은 행성탐사에서 특히 중요하다. 지구의 생명이 생명의 모든 가능성을 다 보여주었다는 보장을 할 수 없기 때문에, 우리가 알지 못하는 생물의 흔적을 어떻게 구별할 것인지를 진지하게 생각해봐야 한다. 지구 밖에서 온 구조나 분자는 물리적 과정으로 형성되었을 가능성을 배제할 수 있는 경우에 **한해** 생물의 존재를 추정하는 증거로 인정받을 수 있다. 생물은 행성에 따라 다를 수 있지만 물리와 화학은 변하지 않기 때문에, 생물을 판단하는 일관된 잣대가 된다.

지금으로서 우리는 어디까지가 비생물적으로 형성된 패턴의 한계인지를 알지 못한다. 사람이나 인공지능 로봇을 화성에 보내 알맞은 표본을 가져오도록 지시하기 위해서는, 먼저 이것을 알아야 한다. 하지만 아는 것도 주의해서 다시 볼 필요가 있다. 스페인의 지구화학자 후안 가르시아–루이스Juan Garcia-Ruiz는 장난삼아 화학물질 수프를 조제했는데, 이 과정에서 생물이라고 해도 깜빡 속을 만한 구형, 필라멘트 꼴, 나선형의 미세구조들이 저절로 생겼다. 그러나 가르시아–루이스의 창조물에, 지금까지 앞의 장들에서 소개했던 대가 연결된 세포, 가시투성이 포자껍질, 다세포 필라멘트, 매트를 형성하는 미생물 군체와 비슷한 유기조직은 (아직까지는!) 없었는데, 나는 이것이 천만다행이라고 생각한다. 하지만 그러한 유기조직은 ALH-84001에도 없었다. 화성에서 온 미세구조의 문제는 생물이라고 보기에는 너무 작은 게 아니라, 생물이 아니라는 판단을 내릴 수밖에 없을 만큼 너무 단순하다는 것이다. 사실, 이 운석 속의 미세구조를 본 많은 사람들은 이것이 광물에서 유래했음을 인정한다. 따라서 여기서 일부러 올려 잡은 엄격한 기준에 비추어볼 때, 데이비드 매케이가 발표한 도발적인 사진들은 화성의 생물을 입증하는 증거로서 미흡하다.

덧붙여, 카네기 지구물리연구소의 앤드루 스틸Andrew Steele이 ALH-84001 속에서 미생물임이 틀림없는 것을 발견했지만, 이것은 지구의 박테리아다. 이 검은 운석은 남극에 놓여 있던 오랜 세월 동안 햇빛을 흡수해, 마치 사막의 오아시스처럼 추운 극지의 난로 구실을 했다. 따라서 박테리아가, 한때 화성의 물이 흘렀던 암석 틈 속에 삶의 보금자리를 틀었던 것이다 ─ 이것은 지구의 생명이 온갖 장소에서 강인하게 살아갈 수 있음을 증명하는 사례이지만, **화성의** 생물흔적을 찾는 데는 또 하나의 걸림돌로 작용한다.

자성을 띤 화석

매케이의 연구팀이 제시한 네 가지 증거 가운데 21세기까지 살아남은 것은 한 개뿐이다. 그것은 ALH-84001의 탄산염 알갱이에서 발견된 특이한 자철석 결정이다. 자철석의 자성이야 잘 알려져 있지만, 생물과의 연관성은 그렇지 않다. 사실, 자철석 결정이 생물의 증거가 될 수 있는 것은 자성 **때문**이다. 어떤 종류의 박테리아는 세포 내에서 합성된 자철석 결정의 긴 사슬을 이용해 방향을 감지한다. 세포에서 합성된 자철석 알갱이는 화성암과 변성암 속의 자철석에서는 볼 수 없는 결정형과 화학적 순도를 지닌다. 세포가 죽은 후 박테리아가 만든 자철석은 지층에 퇴적될 수 있기 때문에, 자성을 띤 화석은 20억 년 전의 암석에서 발견된다. 그러니까 야외에서 정말 순도가 높은 자철석을 발견한다면, 그것은 생명의 흔적인 것이다.

ALH-84001의 자철석 알갱이는 여러 가지 모양과 크기를 지니고 있다. 어떤 것은 생물기원의 가능성을 제외시키는 구조적 결함을 나타낸다. 하지만 몇 개는 지구에서 생물과 관계가 있는 광물학적 특징을 보인다. 앞에서 눈덩이 지구 가설의 아버지로 소개했던 조 커슈빈크는 비슷한 광물 알갱이라면 비슷하게 해석해야 한다고 말한다. 조와 매케이의 연구팀에게, ALH-84001 속에 든 자철석 알갱이는 화성 생물의 존재를 알리는 명백한 증거이다. 그들은 화학적 순도가 높은 작은 자철석 결정은 산업적 가치가 아주 높다는 사실을 고려할 때(자기테이프를 생각해보라), 만일 물리적 합성이 가능했다면 사업마인드를 지닌 화학자들이 벌써 그 방법을 발견하고도 남았을 거라고 주장한다. 그럴 것이다. 그런데 거꾸로 이렇게도 주장할 수 있다. 화성에서 온 자철석의 비밀을 캐내라. 그러면 엄청난 상업적 가치를 지닌 특허를 딸 수 있다!

사실 가능한 이야기다. 앞에서, ALH-84001의 탄산염이 비교적 온화한 온도에서 형성되었다 해도 나중에 일어난 운석의 충돌로 일시적인 고온고압의 환경을 겪었을 것이라는 이야기를 했다. 존슨우주센터와 근처의 토목기업에서 모인 광물학자 팀은 이 사실을 참고로 한 가지 실험을 고안했는데, 여기서 중요한 사실이 드러났다. 연구팀은 탄산수소나트륨, 철, 칼슘, 마그네슘염을 이산화탄소가 용해된 물에서 섞어(ALH-84001에서 발견된 침전물 알갱이의 대략적인 화학적 조성), 비교적 낮은 온도(150℃)에서 광물의 침전을 유도했다. 그런 후 침전된 광물에 가상의 운석충돌 효과를 주기 위해, 반응 용기의 압력과 온도를 순간적으로 급격하게 올렸다(온도는 470℃까지). 혼합물이 식었을 때, 반응용기에는 순도가 높고 구조적 결함이 없는 자철석 결정이 생겨 있었다. 이것은 ALH-84001에서 발견된 것과 아주 비슷했다. 게다가 새롭게 합성된 자철석은 지구에서 생물이 만들어내는 것과 같은 특이한 결정형을 나타냈다.

20세기의 위대한 철학자 칼 포퍼Karl Popper는 "과학의 가설은 증명이 불가능하고, 오직 반증할 수 있을 뿐이다"라는 유명한 말을 남겼다. 천 마리의 검은 백조는 모든 백조가 검다는 가설을 증명할 수 없지만, 단 한 마리의 흰 백조는 이 가설이 틀렸음을 반증할 수 있다. 칼 포퍼의 말은 단순명쾌한 듯하다. 하지만 「뉴요커」의 아담 고프니크Adam Gopnik가 말했듯이, 실제의 과학논증은 그렇게 깔끔하지만은 않다. 검은 백조 가설의 옹호자들은 흰 백조를 보았을 때, 흔히 그 증거를 의심한다. 고프니크의 익살스러운 표현을 그대로 옮기면, "저게 백조라고요?"라고 대꾸하는 것이다. 화성의 자철석의 경우도 마찬가지다. 화성의 자철석을 생물의 흔적으로 생각하는 사람들은 ALH-84001의 자철석 결정과 비슷한 뭔가를 만들어냈다는 반대쪽 주장을 인정하려 들지 않는다.

이 논쟁의 결론이 어떻게 나든 간에, 생명이 화성의 자철석 결정이 형성되는 데 일조했다는 주장을 반박하는 또 하나의 증거가 나타났다. 영국의 과학자 데이비드 바버David Barber와 에드워드 스코트Edward Scott는 전자현미경과 X선을 이용한 신중한 연구를 토대로, 앨런 힐스 운석에 포함된 자철석 알갱이의 결정구조와 배열방향이 주위를 둘러싼 탄산염의 결정특성을 반영한다는 사실을 재확인했다. 이것은 그 자철석이 운석충돌이 일어나는 동안 형성되었을 때는 가능하지만, 생물이 그 결정을 만들었다면 불가능한 일이다.

화성의 자철석을 둘러싼 논쟁은 계속되고 있지만, 생물기원설은 갈수록 수그러든다. 그리고 이에 따라 외계생명체에 대한 의문이 쉽게 풀릴지도 모른다는 희망도 사라져간다. 스피츠베르겐 섬, 건플린트, 그레이트 월의 원생이언 지층을 떠올려보면, 그런 암석에서 발견된 부인할 수 없는 생물흔적들이 ALH-84001에서는 단 하나도 나오지 않았다는 사실을 인정할 수밖에 없다. 사람들이 화성에서 온 자철석의 결정구조를 놓고 논쟁을 벌이는 이유는 ALH-84001을 비롯한 화성에서 온 운석에서 뚜렷한 미화석이나 스테란 분자, 또는 미생물이 형성한 매트구조가 전혀 발견되지 않기 때문이다.

그러면 이제 우리가 할 수 있는 일은 무엇일까? 냉소주의자들은 화석이 없는데 어디서 원시생명을 찾느냐고 대답할 것이고, 미래지향적인 사람들은 화성이 생물이 살았거나 살고 있는 행성인지 알고 싶으면 우리가 화성으로 가면 된다고 대답할 것이다. 그런데 화성으로 가기 전에 해야 할 숙제가 있다.

화성의 생명탐사를 위한 과제

ALH-84001이 갓 태어난 우주생물학을 키웠다면, 완연히 성장한 우주생물학의 모습은 어떤 것일까? 우주생물학의 사고방식이 가져다준 한 가지 혜택은, 벌써 드러나고 있듯이 지구생물학의 시야를 행성 규모로 넓힌 것이다. 오늘날 미생물생태학자, 생물물리화학자, 고생물학자들은 지구라는 시스템 전체를 이해하는 일에 자기 분야의 새로운 발견이 어떤 영향을 미치는지를 일상적으로 생각할 수 있게 되었다. 하지만 이름에 걸맞은 우주생물학은 지구에 머물러서는 안 된다. 거기에는 우주탐사가 꼭 필요하며, 온 우주가 손짓을 하고 있다.

화성운석 논쟁의 결론이 무엇이든, 화성이 가장 중요한 우주생물학 연구 대상이라는 사실은 달라지지 않는다. 단지 화성이 가깝기 때문에 그런 것은 아니다. 현재 화성의 환경은 상상을 초월할 정도로 황량해서, 생명을 찾을 만한 장소로 적당해 보이지 않는다. 그렇지만 물길로 보이는 지형을 비롯해 40억 년이 넘게 보존된 지표특징들은 초기의 화성이 지구와 많이 비슷했다는 사실을 말해준다(그림 13-3). 두 행성에는 비교적 두터운 대기, 활발한 화산활동, 적어도 일시적으로는 흘렀던 물이 있었다. 지구에서는 이런 조건들이 생명을 탄생시켰다. 따라서 같은 조건들이 화성에서도 똑같은 일을 했다는 생각은 일리가 있다.

우주물리학자 폴 데이비스Paul Davies가 적극적으로 지원하는 한 학파는 화성이 실은 지구보다 앞선 행성이었다고 주장한다. 데이비스는 생명이 화성에서 탄생했고, 운석 '우주선'을 타고 지구로 이주했다고 생각한다. ALH-84001과 비슷한 종류의 화성운석들은 그 비행길이 실제로 존재한다는 증거이고, 따라서 운석 안에 탑승한 단순한 생물들은 발사 순간의 충격, 우주공간에서 오랫동안 노출된 방사능, 지구에서 이루어진 착륙을 견딜 수 있었을지도 모른다. 가장 큰 걸림돌은 틀림없이 생태환경이었을 것이다. 안에 든 미생물이 물질대사를 할 수 있는 곳에 운석이 착륙할 확률은 얼마나 될까? '우리는 화성인' 가설은 기발한 생각이지만, 조금 위험하기도 하다. 이 가설은 지구와 비슷한 행성이라면 어디에서든 생명이 탄생할 수 있다는 생각을 은연중에 뒤흔들고 있다. 화성인 가설이 옳다면, 생명은 지구에서 탄생하지 않은 게 되기 때문이다. 하지만 이런 지나친 가설에 대해 걱정하기 전에, 화성에 한때 생물이 살았는지를 아는 게 먼저일 것이다.

예전에 나는 콜로라도 대학의 행성과학자 브루스 자코스키Bruce Jakosky와 함께 심심풀이로 화성 우주생물을 다룬 짧은 논문의 제목을 생각해본 적이 있었다. (쓸데없이?) 많은 논의를 한 후, 우리는 세 가지 제목을 골랐다. "화성에서 생명 찾기— 누워서 떡먹기?/잔디밭에서 바늘 찾기?/찾고 나니 가짜?" 우리는 아무리 봐도 잘 지었다며 일주일 내내 키득거렸지만, (현명하게도) 그런 논문을 발표하지는 않았다. 제목 외에 더 할 말이 없었던 것

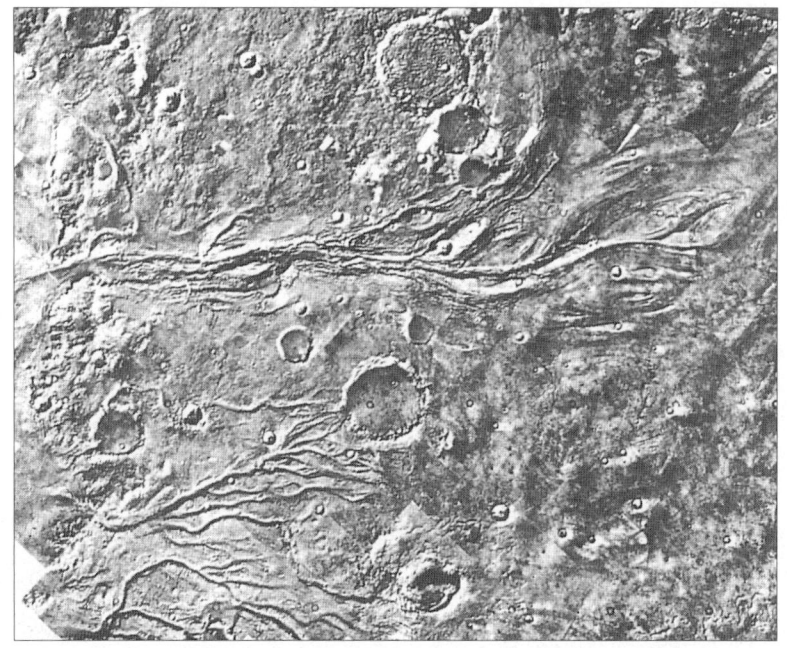

그림 13-3 물의 침식작용으로 화성의 표면에 생긴 그물망 같은 물길. 이 물길들은 주로, 화성의 역사 초기에 지하수가 땅을 서서히 침식해가다가 마침내 지표가 갑자기 무너져 내려 생긴 것이다. 액체상태 물의 양이 어느 정도였는지—초기의 화성에 오래 존재했던 바다나 강이나 호수가 있었는지—에 대해서는 논란이 분분하다(화성탐사선 바이킹 호가 촬영한 사진-NASA/JPL/캘리포니아 공과대학 제공).

이다.

우리가 재미삼아 지은 세 가지 제목 가운데 하나는 바로 탈락이다. 화성에서 생명 찾기가 누워서 떡 먹기는 절대 아닐 테니까. 가장 낙관적인 전망으로 쳐도, 앞으로 20년 내에 화성에 탐사선을 착륙시키는 것은 여섯 차례 정도일 것이다. NASA가 현재 원자력 엔진을 탑재한 물체의 발사를 금지하는 것을 고려할 때, 착륙 후 임무를 수행하는 시간은 비교적 짧을 것이고, 탐사반경도 좁을 수밖에 없다(2003년에 라스베이거스에서 멀지 않은 황량한 계곡에서 화성탐사로봇의 초기 현장시험이 실시되었다. 그때 나는 근처에 있는 노두에서 관찰을 하고, 해머로 암석편을 떼어내어 확대경으로 살펴보았다. 그리고 조사를 끝낸 나는 암석편을 버리고 돌아갔다. 이 프로젝트의 수석연구원 스티브 스퀴어스Steve Squyres는 "딱 3분이 걸렸군. 하지만 화성에서 탐사로봇이 같은 일을 하려면 온종일이 걸릴 거야"라고 말했다).

화성의 역사에 관심이 있는 지질학자들은 탐사로봇의 착륙지점을 그랜드 캐니언과 닮은 곳으로 정하고 싶어한다. 반면 안전한 착륙을 책임진 공학자들은 캔자스 같은 평원을 선호한다. 탐사로봇으로는 화성 환경의 아주 일부분만을 탐사할 수 있다는 점을 고려할 때, 과학발견의 기회와 기술성공의 가능성을 한꺼번에 높이는 최적의 착륙지점을 선택하기 위해서는, 궤도탐사로 가능한 한 많은 정보를 알아내는 것이 중요하다. 우리는 선캄브리아 시대 고생물학에서 얻은 경험으로부터, 어디서 어떻게 찾아야 하는지를 잘 알고 있다 — 유망한 장소는 한때 물이 솟아오르던 곳에 쌓인 침전물과 옛날에 물이 있던 곳 아래에서 형성된 이암이다. 그러나 앞에서도 말했듯이, 지구의 경험으로 찾을 대상까지 정할 수는 없다. 지구의 생명에 대한 생물학과 고생물학 지식은 안내노릇도 하지만, 눈가리개가 되기도 하기 때문이다. 오판할 가능성도 많기에, 우리에게 주어진 몇 안 되는 귀중한 기회를 제대로 활용하기란 힘든 일이다.

화성에 생명이 존재했다는 보장이 없고, 현재의 화성 표면은 심한 산화가 일어나고 있어서 탐사로봇의 활동반경 안에 증거가 있었다 하더라도 지워졌을 가능성이 크다. 퇴적암을 뚫어 오래전 셰일의 변하지 않은 표본을 얻는 데 성공한다 하더라도, 우주고생물학 조사는 결국 그 노력이 헛되었음을 증명하게 될지도 모른다. 지구에서 생명의 지문이 어디에나 존재하는 것은 광합성이 생명을 지구 표면에 널리 퍼뜨렸기 때문이다. 광합성 생물이 없는 한, 화성에서 생명의 흔적은 (혹시 존재한다 하더라도) 열수분출공 바로 옆에서만 발견될 것이다.

물론 한 가지 가능성이 더 있긴 하다. 생물의 화석이 아니라 살아 있는 생물을 찾는 것이다. 지난 몇 년 동안 낙관적인 소수의 과학자들은 화학합성 미생물이 지금도 화성 표면 아래 깊은 곳에 있는 열수 오아시스에서 살고 있을 것이라고 추측했다. 물론 짐작일 뿐이지만, 자료가 없는 곳에서는 모든 것이 가능하고 모든 것이 조사해볼 가치가 있다. 하지만 궤도탐사선에서 마이크로파 영상장치로 화성 땅속의 물을 탐사할 수 있을지는 몰라도, 화성에서 직접 굴착작업을 하는 것은 현재로서 우리의 능력 밖이다. 따라서 액체상태의 물이 지난 몇백만 년 이내에 화성 표면에 존재했고 현재도 존재할 가능성이 있다는 최근의 보고는 우주생물학자들의 기운을 북돋워줄 만했다. 그 증거는 행성과학자 마이클 멀린Michael Malin과 케네스 에지트Kenneth Edgett가, 화성탐사선 글로벌 서베이어 호에서 보내온 사진 속에서 발견한 걸리(작은 협곡: 옮긴이)이다. 걸리는 분화구와 계곡의 벽에서 시작되어 부채꼴로 퍼진 너덜(풍화된 돌이 중력의 작용으로 급사면에서 떨어져 내려 퇴적된 반원추형의 지형으로, 애추崖錐라고도 함: 옮긴이)을 파고들고 있다(그림 13-4). 너덜경(너덜의 비탈면: 옮긴이)에는 분화구가 거의 없는 것으로 보아, 이 지형이 화성의 다른 지형들보다 비교적 나중에 형성되었음을 알 수 있다. 또 몇몇 걸리는 모래언덕을 가로지르지만, 모래언덕이 걸리를 덮어 가리는 경우는 없다는 점도 걸리가 겨우 몇백만 년 전에 형성되었다는 의견을 뒷받침한다. 지구에서도 물이 침식되면 이와 비슷한 지형이 생긴다. 따라서 멀린과 에지트는 걸리를, 땅속에서 스며 나온 지하수가 지표면에 흘렀던 흔적이라고 생각한다. 이러한 해석을 받아들이는 행성과학자도 있긴 하지만, 화성의 물에 관한 최고권위자인 마이클 카Michael Carr는 다른 설명도 가능하다고 충고한다. 그는 걸리가 중간 이상의 높은 고도에서 나타난다는 사실을 눈여겨보라고 했다. 높은 곳에서는 화성의 표면이 너무 차가워서 액체상태의 물이 도저히 존재할 수 없다. 한 가지 가능성은, 화성의 자전축이 요동을 친다는 것이다. 정말 그렇다면, 현재 꽁꽁 얼어 있는 지형들이 몇백만 년마다 한 번씩 녹을 것이다. 이것은 흥미롭긴 하지만, 우주생물학자들에게는 별로 달갑지 않은 가정이다. 액체상태의 물이 백만 년 동안 존재했다가 다음 백만 년 동안 사라지는 환경에서는 생물이 지속적으로 살 수 없기 때문이다.

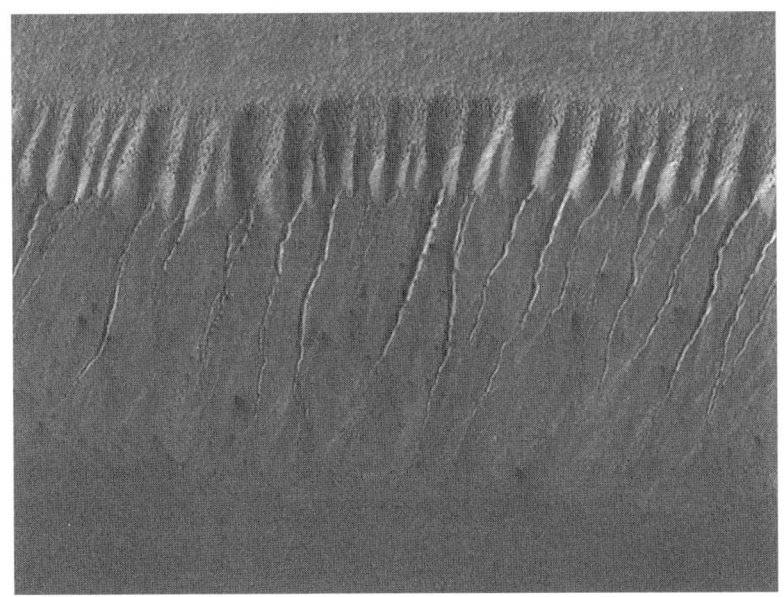

그림 13-4 화성의 걸리. 분화구의 벽 아래쪽에 쌓인 너덜겅을 비교적 최근에 파들어간 것. 이러한 지형은, 화성의 표면에 액체상태의 물이 지금도 흐르고 있을 가능성을 내비치는 것이다. 물이 얼마나 연속해서 또 얼마나 오랫동안 흘렀는지는 확실치 않다(글로벌 서베이어 호가 촬영한 사진-NASA/JPL/Malin Space Systems 제공).

새로 발견된 화성의 걸리는 흥미로운 연구과제로서, 생명이 살 수 있느냐 없느냐의 문제를 떠나 화성이라는 행성에 관해 많은 이야기를 들려줄 것이다. 그런데 걸리에 착륙하는 일이 문제다. '그랜드캐니언에 착륙하기'라는 난관을 해결해야 할 테니까.

우주에서 지적인 생명체는?

내가 생각하는 화성 우주생물학에서 무게중심은 기회보다 문제 쪽에 놓인다. 나는 화성에서 생명 찾기는 '잔디밭에서 바늘 찾기'가 될 것 같다고 생각한다. 내가 너무 회의적일까? 그럴 수도 있지만, 그동안 화성논쟁은 순진한 열정에 푹 빠져 있었기 때문에 조금은 바로잡아줄 필요가 있다. 우주생물학 탐사가 쉬울 거라는 생각도, 확실한 답이 곧 나올 거라는 예상도 금물이다. 화성에서 생명을 찾는 일은 어려우며, 결국 찾지 못할 수도 있다. 그러나 균형 잡힌 시각으로 이웃 행성을 이해하려는 노력이라면 할 만한 가치가 있는 일이며, 한 번 제대로 해볼 만하다. 탐사의 부정적인 결론도 긍정적인 대답만큼이나 중요하다는 사실을 기억하라. 만일 두터운 대기, 화산활동, 액체 상태의 물이 생명 탄생의 확실한 레시피가 **아니라면**, 우리는 지금까지 생각하고 있던 생명발생 모델을 재고하게 될 것이다—아니면, 정말 우주에 우리뿐일지도 모른다고 생각하게 되든지.

화성탐사의 새 시대가 막 시작되고 있으며, 화성 우주생물학은 내가 죽고 난 한참 후에도 계속될 것이다. 우리가 무엇을 발견하게 될지는 아무도 모른다. 그러므로 적어도 당분간은, 결론을 시인의 몫으로 남겨두는 게 좋겠다. 헤르만 헤세Hermann Hesse는 그의 위대한 작품 『유리알 유희 The Glass Bead Game』에서, 화성 우주생물학의 신조로 삼으면 좋을 만한 아름다운 두 문장을 남겼다.

> 존재할 확률도 희박하고 존재하는지 증명할 수도 없는 것을 말하는 것은 무엇보다 어려운 일이지만, 그럼에도 꼭 필요한 일이다. 진지하고 양심적인 사람들이 그러한 사물을 존재하는 것으로 취급한다는 사실이야말로, 존재에, 또 탄생의 가능성에 한 발 가까이 다가서는 것이다.

화성은 우주생물학 탐사의 대상으로서 특히 매력적이지만, 유일한 대상은 아니다. 태양계에는 목성의 위성 유로파가 있다. 유로파의 꽁꽁 언 표면 아래에는 액체상태의 물이 흐르는 바다가 있을지도 모른다. 그리고 토성의 위성 타이탄도 있다. 타이탄은 메탄과 탄화수소 스모그로 이루어진 대기로 뒤덮여 있다. 더 멀리 나가면 대상이 무궁무진하지만, 우리의 태양계를 벗어나면 게임의 법칙이 바뀐다. 언젠가 우리 후손들이 물리학 법칙의 허점을 발견할지도 모르지만, 그때까지는 태양계를 벗어난 우주생물학 탐사는 간접적으로 이루어질 수밖에 없다.

최근에 가장 흥미로운 천문학 사건은 태양 외의 항성을 도는 외계행성의 발견이다. 지금까지는 항성에 가깝고 몸집이 큰 행성(토성의 크기 이상)만이 관찰되었다. 물론 우주에 이런 행성밖에 없어서가 아니라, 현재 우리의 기술로 찾을 수 있는 것이 여기까지이기 때문이다. 하지만 앞으로 10년 후면, '지구형행성탐사계획'이라는 야심 찬 프로젝트가 우리 태양계에서 가까운 다른 태양계를 도는 지구형 행성을 찾아낼 수 있을 것이다. 뿐만 아니라 분광사진을 이용해 그 행성들의 대기조성을 밝혀낼 수 있을지도 모른다.

1970년대 초에 가이아 가설의 창시자인 제임스 러브록James Lovelock*은 행성의 대기는 생물활동을 감지하는 민감한 지표라고 주장했다. 왜 그런지

---

* 지구를 하나의 살아 있는 생물체로 정의한 가이아 이론을 발표하여 20세기 후반의 과학계에 커다란 파문을 일으킨 영국의 대기과학자. 가이아란 그리스 신화에 등장하는 대지의 여신이다. 러브록에 따르면, 가이아는 지구의 생물, 대기권, 대양, 토양까지를 포함하는 하나의 범지구적인 실체이다. 지구를 생물과 그것의 환경, 곧 생물과 무생물로 구성된 하나의 초유기체로 보는 것이다. 따라서 가이아 이론에 따르면 지구는 자기조절기능을 갖고 있으며, 마치 자동온도조절기처럼 능동적으로 주위환경을 조절하는 것은 이 지구상의 모든 생물이라는 것이다. 가이아 이론의 주창자 러브록이 가이아의 존재를 증명하기 위해 제시하는 가장 중요한 단서는 대기권의 화학조성이다. 지구 대기권의 경우, 그 화학적 조성이 매우 미묘하고 대부분 화학의 일반원리에 들어맞지 않음에도, 이러한 무질서 속에서 생물계에 유리한 조건이 유지되고 있는 까닭은 생물이 대기조성을 능동적으로 조절하고 유지했기 때문이라는 것이다. 예컨대 산소와 메탄가스는 대기권에서 항상 일정한 농도를 유지한다. 두 기체는 서로 반응하여 이산화탄소와 물을 만든다. 그러나 메탄가스의 농도는 지표면 어느 곳에서든지 1.5ppm으로 일정하다. 이 농도가 지속적으로 유지되려면 해마다 약 10억 톤의 메탄가스가 대기권으로 유입되어야 한다. 아울러 메탄가스의 산화로 소진되는 산소를 보상하기 위해서는 매년 약 20억 톤의 산소가 필요하다. 러브록은 이와 같이 불안정하기 이를 데 없는 대기권의 조성이 오랫동안 일정하게 유지될 수 있었던 것은 범지구적인 규모의 자기조절체계, 곧 가이아가 존재하기 때문이라고 주장한다. 산소와 메탄가스는 생물에 의해 대기권에 재충전된다. 산소의 공급원은 녹색식물이다. 메탄가스는 늪지나 해저처럼 산소가 희박한 조건에서 사는 혐기성박테리아로 생산된다. 결국 대기권의 조성이 생물체에 의해 생물체의 생존에 적합하도록 조절된다는 것이 가이아 이론의 핵심이다(옮긴이).

이해하려면 지구를 보면 된다. 지구의 대기에는 질소가스와 이산화탄소뿐 아니라 수증기, 산소, 적은 양이지만 측정 가능한 수준의 메탄이 존재한다. 산소와 메탄이 대기에서 어떻게 화학평형을 유지하며 공존할 수 있는지를 이해하기는 쉽지 않은데, 시아노박테리아(또는 그들의 후손인 엽록체)와 메탄생성세균이 활동하게 되면, 산소와 메탄의 조화는 영원히 유지될 수 있다(물론 이와 같은 방법론에서는, 지구 역사의 전반기가 생물들의 시대였다고 장담할 수 없다).

외계행성의 생물은 DNA와 단백질을 합성할까? 그들은 단세포 생물일까, 다세포 생물일까? 물속에 살까, 땅 위에 살까? 이 문제들은 하루 이틀 사이에 알 수 있는 일이 아니다. 하지만 머나먼 행성에 만일 생물이 많고 적당한 물질대사가 존재한다면, 우리는 그것이 환경에 끼친 영향을 통해 생명의 존재를 확인할 수 있을 것이다.

하지만 수십 광년 너머에 존재하는 행성에 이르면, '지구형행성탐사계획'조차 소용이 없을지도 모른다. 먼 은하에 있는 행성은 너무 희미하고 멀어서 이런 방법으로는 찾을 수 없기 때문이다. 광대한 우주에서 생명을 찾을 때, 방법은 오직 하나다. 혹시 기술을 이용할 줄 아는 외계생명체가 우리가 보내는 신호에 부응해 대화를 시도해오지 않는지 귀 기울여 듣는 것이다. 지구도 이런 신호를 듣는 것은 최근에 이르러서야 가능해졌지만.

피터 워드Peter Ward와 도널드 브라운리Donald Brownlee는 그들의 저서 『진귀한 지구Rare Earth』에서 우주에 지적 생명체는 아주아주 드물다고 주장하면서, 지구에서 우리와 같은 복잡한 신경이 진화하기까지 얼마나 많은 천체 환경과 지질구조상의 조건들이 기여했는지를 나열했다. 더 일찍이 햅 맥스원은 그의 멋진 저서 『지구에 보내는 찬가Fanfare for Earth』에서 비슷한 주장을 펼쳤다. 지능이 진화하려면 모든 것이 '안성맞춤'이어야 한다고 해서 종종 '골디락스' 가설이라고 풍자되는 그의 주장에 따르면, 우리의 진화를 일으킨 조건이 특별하기 때문에 우리는 드문 것이 틀림없다. 하지만 우리는 이것이 사실인지 아닌지 알 길이 없다. 다른 태양계에 지구와 똑같은 행성이 꼭 있다는 보장은 없지만, 10퍼센트도 없을까? 혹시 1퍼센트는? 아니면 백만분의 1은? 우주의 규모를 생각할 때, 백만분의 1의 확률이라도 지적 생명체를 잉태할 가능성이 있는 행성은 수백만 개에 이른다. 달리 말하면, 지적 생명체가 살고 있는 지구형 행성은 비율로는 드물더라도 절대적 수는 아주 많다는 뜻이다. 우리는 이 확률을 어떻게 측정해야 하는지 알지 못한다. 그리고 뜻밖의 문제점도 하나 있다. 우리 인간이 지능을 얻은 길이, 지능을 얻을 수 있는 유일한 길이냐는 문제이다. 나는 그렇지 않다는 의심이 강하게 들지만, 내 삐딱한 시선을 신빙성 있는 이론으로 정리하지는 못하고 있다. 이 문제는 실제조사를 통해 경험적으로 풀 수밖에 없다.

　광대한 우주에서 유일하게 찾을 수 있는 생명체가 우주에서 가장 출현할 가능성이 없는 생명형태라는 것은 운명의 장난이요, 안타깝기 그지없는 일이다. 우주생물학의 가장 근본적인 문제에 속하는 "지구 생물의 어떤 점이 생명의 보편적인 특징이며, 어떤 점이 우리의 역사를 만든 우리만의 특징일까"를 해결하는 일을 가로막고, 어쩌면 영원히 불가능하게 만들지도 모르기 때문이다. 화성에서 생명체를 발견하지 못한다면, 그리고 유로파의 얼음이나 바다에서 생물을 찾아내는 데 실패한다면, 우리는 그 대답을 결코 알지 못할 수도 있다. 외계인이 교신을 해오지 않는 한은……

에필로그

과거는 국회 의사록을 가장한 자전소설이다.
— 줄리언 반스의 『플로베르의 앵무새 *Flaubert's Parrot*』에서

"우리는 과거를 어떻게 이해할까?" 『플로베르의 앵무새』의 서술자는 생각에 잠긴다. "우리는 읽고, 배우고, 묻고, 기억하며, 조심스럽게 파악한다. 그다음에 우연히 부딪히는 사소한 일이 모든 것을 바꾸어버린다." 정말 그런 것 같다. 초기 지구의 생물 역사를 파악할 때도, 사소한 사실이 뜻밖의 진실을 폭로한다. 10억 년 전의 처트에서 발견된 묘한 시아노박테리아가 그랬고, 원시토양 속에 보존된 철의 감소가 그랬으며, 바다 밑바닥에 침전된 탄산염 광물의 조직 — 바로, 모래 알갱이 속의 세계 — 에 생긴 변화가 그랬다. 하나하나의 사실은 사소해 보이지만, 이들을 모아놓으면 다윈의 따뜻한 작은 연못(다윈이 첫 생명이 탄생했다고 생각했던 곳 : 옮긴이)부터 캄브리아기의 다양화에 대한 다윈의 딜레마에 이르기까지, 대서사가 새로운 시각으로 펼쳐진다. 그러나 여기부터 물고기까지, 고생대의 늪을 가로질러 어기적거리며 다녔던 못생긴 양서류까지, 공룡의 걸음을 피해 다니던 작은 포유류까지, 그리고 자신의 진화적 과거를 재구성할 수 있을 뿐 아니라 외계에도 비슷한 역사가 있을 가능성까지 견주어볼 수 있는 능력을 지닌 인류까지는 한달음이다.

따라서 생명의 초기 진화는 **우리 자신의** 이야기인 것이다. 우리는 40억 년이 넘는 행성 역사의 산물이요, 시리즈물의 아직 완성되지 않은 최종회이다. 햅 맥스윈이 『지구에 보내는 찬가』에서 쓴 "우리는 별이다"라는 말은 단지 〈우드스톡〉(록 가수 조니 미첼이 우드스톡 록 페스티벌의 주제가로 작곡한 노래 : 옮긴이)의 가사에 나오는 자기미화의 말이 아니라, 글자 그대로의 뜻이기도 하다. 내 몸속의 탄소는 우주에서 별이 만들어진 도가니에서 형성된 뒤 초신성이 되어 우주로 흩어지고, 지구가 생길 때 먼지나 바위와 함께 뭉쳐진 다음, 공기와 바다와 생물의 몸속을 거듭 돌아서 — 시아노박테리아와 공룡을 통과하고, 어쩌면 다윈의 몸도 통과했을지 모른다 — 마침내 한 고생물학자의 뇌 속에, 적어도 잠시나마 안착한 것이다.

그런데 중요한 사실은, 진화 이야기는 물론 인간을 포함하지만 우리에 **대한** 이야기는 아니라는 것이다. 생명의 긴 역사는 우리의 존재를 설명하는 데 도움이 되지만, 이것을 인간에 이르는 여정으로 해석할 수는 없다. 인간에 이르는 길은 생명의 계통수의 수많은 갈림길 가운데 하나일 뿐이다. 다른 갈림길로 들어서면 또 다른 생물의 역사가 펼쳐진다. 세상에 살아남은 시아노박테리아의 흥미진진한 무용담이 있고, 멸종하고 만 삼엽충의 충고 어린 메시지가 있으며, 썩어가는 과일에서 살아가는 방법을 발견한 효모의 감동 스토리도 있다. 현존하는 1,000만 종쯤 되는 종들은 **똑같이** 지구의 40억 년 진화사의 산물이다. 이들은 진화에서 수많은 형태로 갈라져 다양해졌지만, 같은 생태환경을 나누며 공존한다. 지구를 **우리의** 세계로 보는 것에 어떤 가치가 있을지라도, 우리는 박테리아와 조류, 식물과 동물 없이는 살아갈 수 없다. 우리는 진화의 후발주자로서, 지구 초기부터 짜여지기 시작한 생태계라는 태피스트리 속에 얽히고설킨 실 가운데에서 가장 나중에 끼워진 실이다.

사실 인간에게 특별한 지위를 부여한 것은 환경이지 진화가 아니다. 우리를 앞서간 수백만 종들은 환경에 그저 적응해 살았지만, 인간은 아니다. 우리는 우리의 입맛에 맞게 환경을 바꾼다. 우리는 시베리아에 뜨끈뜨끈한 스팀이 나오는 오두막을 짓고, 휴스턴에 에어컨이 펑펑 나오는 콘도를 건설해 편안하게 살아간다. 기술로 무장한 인류는 놀랄 만한 수로 불어나 지구 곳곳을 채웠다. 그 과정에서 지구의 거의 모든 풍경을 바꾸었고, 지구의 광합성 산물의 많은 양을 가져다 썼으며, 생물지구화학적 순환에 박테리아 못지않은 영향을 미치게 되었다. 우리가 이 특별한 지위를 가지고 무엇을 하느냐에 따라, 지구 역사의 다음 장의 플롯이 결정될 것이다. 이것은 단지 우리만의 일이 아니라 생물권 전체의 일임을 잊지 말아야 한다.

물론, 전혀 다른 버전의 이야기도 있다. 내가 말하는 '다른' 버전의 이야기란, 똑같은 관찰을 다른 경험의 렌즈를 통해 굴절시킨 다른 고생물학자의 '자전소설'이 아니라, 나의 역사 이야기에 길을 제시하고 걸림돌을 놓았던 엄연한 '사실들'로부터 자유로운 이야기이다. 이 이야기는 환경보다는 고집으로 우리 인간에게 특별한 지위를 부여하며, 이 책에서 주장된 거의 모든 것을 거부한다. 과학을 송두리째 빼고서 지구와 생명을 설명하는 것에 대해 우리는 어떻게 생각해야 할까?

성경, 우파니샤드, 호주 원주민들의 '꿈의 시대' 같은 천지창조 이야기들은 코페르니쿠스, 뉴턴, 다윈, 아인슈타인이 새로운 설명방식을 가져다주기 수천 년 전에 인간이 우주를 이해하는 틀이었다. 천지창조 이야기들은 사람들을 **정신적** 우주로 안내하는 설득력 있는 길잡이로서, 여러 세대를 전해오며 되풀이되어 이야기되었다. 사실, 이러한 이야기의 커다란 영향력은 시간을 초월하는 성격에서 생긴다. 철기시대 레반트 지방(지중해, 에게 해 동해안의 지방: 옮긴이)에 살던 어느 목동에게 영감을 불어넣었던 말은 오늘날 디트로이트에서 일하는 컴퓨터 분석가의 마음에도 똑같은 파문을 일으킬 수 있다. 이와 달리 과학의 이야기들은 시간에 묶여 있다. 오늘의 첨단과학은 어제는 도통 이해할 수 없는 것이다가, 내일이면 구식이 되고 만다. 이러한 두 방식의 이해가 상대의 방식이나 목적에서 비추어볼 때 혼란으로 다가온다는 것은 불합리한 동시에 안타까운 일이라고 생각한다.

현대 세계는 신앙과 신학을 끊임없이 시험한다 — 홀로코스트, 유아돌연사, 알츠하이머병이 금방 떠오른다. 그러나 전통적인 진리와 과학의 화해는 별 의미가 없다. 신이 존재한다면, 신이 갓 태어난 우주에 자신을 내재시키고 오랜 세월에 걸쳐 우주를 발전시켜 특수상대성이론과 핵화학과 집단유전학의 법칙에 종속시킬 수 있을 정도로 위대한 존재였다고 말하면 그만이니까. 과학의 창조 이야기는 의도에 대한 서술이 아니라 과정과 역사에 대한 서술이다. 따라서 고대의 천지창조 이야기를 우화로 인정한다면, 갈등이 사라질 것이다(성 아우구스티누스도 4세기에 같은 얘기를 했다). 하지만 분명히 해둘 것이 있다. 과학이 관여하는 대답은 언제나 단 하나뿐이라는 것이다.

창조론자들은 진화생물학을 과학의 악마로 공격하곤 한다. 하지만 앞의 장들에서 소개했던 초기 진화에 대한 설명을 거부할 경우, 성서를 문자 그대로 해석하는 사람들은 과학적인 이해를 모조리 부정할 수밖에 없다. 일단 지질학은 그 패턴과 과정이 성서에 나오는 시간표와 맞지 않기 때문에 인정할 수가 없다. 물리학과 화학도 지르콘의 연대를 수백만 년 또는 수십억 년 전으로 결정하는 방사성 붕괴를 설명하는 것이므로 받아들일 수 없다. 천문학과 천체물리학은 어떤가? 생각조차 할 수 없다. 사실, 성경 원리원칙론자들은 그랜드캐니언을 걸으며 페름기의 완족동물, 캄브리아기의 삼엽충, 17억 년 전의 편암 앞을 지나칠 때, 지층에 연대와 순서가 있는 **것처럼** 보이는 것은 교묘한 계략이라고 생각할 것이다. 믿음이 부족한 사람을 속이기 위해 마련한 신의 장난이라고. 대체 어떤 신이 그런 짓을 할 것인가? 옹졸하고 복수심에 불타는, 자신의 창조물을 사랑하지만 믿지 못하는 신이라면, 고작 우리들과 비슷한 수준의 신이라면 그럴지도 모르겠다. 창조론자들은 신의 마음을 알고 싶은 마음에 몸 달아, 신의 이미지에 겨우 우리 인간의 모습을 겹쳐 놓는 것이다.

말할 나위 없이 성서에는 신이 자신의 모습을 담아 인간을 만들었다고 나와 있지, 그 반대가 아니다. 중동의 사막에서 오아시스를 찾는 유목민이나 중세 유럽의 재봉사에게, 이것은 신의 생김새에 대한 설명으로서 곧이곧대로 받아들여졌을 것이다. 13세기의 아퀴나스에서 17세기의 데카르트에 이르는 철학자들은 인간의 마음속에 신이 반영되어 있다고 생각했다. 하지만 20세기의 과학기술혁명은 훨씬 구체적이고 좀더 불온한 듯한 시각을 내비친다. 우리 인간은 놀랄 정도로 우리가 사는 세계를 이해하게 됐고, 사실 점령했다고 해도 과언이 아니다. 이제 우리는 물리학과 공학에 힘입어 발전소나 대량살상무기에 원자의 힘을 이용할 수 있다. 의학은 다리가 불편한 사람을 걷게 만든다. 우리는 탄생의 기적과 죽음의 수수께끼를 헤아릴 수 있고, 사람뿐 아니라 다른 종의 생사여탈권을 쥐고 있다. 정말 우리는 신의 이미지를 본떠 만들어졌는지도 모른다.

결국 종교와 과학의 대화가 중요한 것은 그것이 우리의 과거에 대한 합일점을 찾을 수 있기 때문이 아니라, 우리의 미래에 동의할 필요가 있기 때문이다. 21세기가 밝아오면서 우리는 지구 역사의 교차로에 서 있다. 인간에게 생태계의 지배권을 넘겨준 기술의 똑똑함은 지구가 일생을 걸고 이루어놓은 성과를 위협하기에 이르렀다. 우리의 손자손녀들은 코뿔소를 사진에서만, 열대우림을 공원에서만, 산호초를 역사책에서만 보게 될지도 모를 일이다. 심지어 화성에서도 생물을 찾는 이 시대에, 우리는 지구의 생명을 잃을지도 모르는 위기에 처해 있다.

이와 같은 생각을 하면 기운이 빠지지만, 미래가 진화의 종말일 필요는 없지 않은가. 우리 앞에는 얼마든지 다른 가능성이 열려 있다. 생태계의 지배와 행성의 역사를 함께 생각할 때, 진화의 윤리가 생길 수 있다. 진화의 유산이 얼마나 광대한지 이해한다면 우리는 그것을 보존하게 될 것이다. 또 우리가 행성의 지배인으로서 전례 없는 소임을 맡았음을 안다면, 우리는 지혜와 자존심을 걸고 책임을 다할 수 있을 것이다. 이 문제에 관한 한은, 최소한 종교와 과학이 동의하리라. 신이 나그네비둘기(1914년에 멸종된 북미산 비둘기 : 옮긴이)를 만들었는지 어떤지는 모르지만, 만일 신의 뜻이라면 우리더러 그것을 멸종시키라고 만든 것은 아닐 터이기에.

코페르니쿠스와 다윈은 인간의 자아인식을 크게 바꾸어놓았다. 우리는 우주의 중심이 아니며, 처음부터 특별한 존재로서 창조된 것도 아니다. 앞으로 행성탐사는 우리가 특별하지 않다는 것을, 아니 적어도 우리가 혼자가 아니라는 것을 가르쳐줄지도 모른다. 하지만 천문학과 진화론이 얼마만큼 이러한 자아인식을 빼앗아가더라도, 생태계는 이것을 되돌려놓는다. 지금 이 지구는 인간이 지배하고 있다. 누구, 또는 무엇이 생명 역사의 앞 장들을 썼는지는 몰라도, 다음 장을 쓰는 것은 바로 우리 인간이다. 우리가 행동을 하고 하지 않음은 우리의 손자손녀들과 그들의 손자손녀들이 살아갈 세상을 결정할 것이다. 부디 관용과 겸손으로 최선의 선택을 하게 되기를……

참고문헌

프롤로그

Whitman, W. 1993. When I heard the learn'd astronomer, p. 340 in *Leaves of Grass*. Reprint of the "Deathbed Edition," originally published in 1892. Modern Library, New York.

1장

코투이칸의 지질과 고생물에 관한 주요 문헌

Bowing, S. A., J. P. Grotzinger, C. E. Isachsen, A. H. Knoll, S. M. Pelechaty, and P. Kolosov. 1993. Calibrating rates of Early Cambrian evolution. *Science* 261 : 1293-1298.

Kaufman, A. J., A. H. Knoll, M. A. Semikhatov, J. P. Grotzinger, S. B. Jacobsen, and W. Adams. 1996. Integrated chronostratigraphy of Proterozoic-Cambrian boundary beds in the western Anabar region, northern Siberia. *Geological Magazine* 133 : 509-533.

Khomentovsky, V. V., and G. A. Karlova. 1993. Biostratigraphy of the Vendian-Cambrian beds and the lower Cambrian boundary in Siberia. *Geological Magazine* 130 : 29-45.

Rozanov, A. Yu. 1984. The Precambrian/Cambrian boundary in Siberia. *Episodes* 7 : 20-24.

일반 문헌

Barnes, J. 1986. *Staring at the Sun*. Jonathan Cape, London(도입부 인용의 출처. 허가를 받아 전재).

Conway Morris, S. 1998. *The Crucible of Creation : The Burgess Shale and the Rise of Animals*. Oxford University Press, Oxford(캄브리아기 대폭발에 관한 개성 있고도 믿을 만한 기술).

Darwin, C. 1859. *On the Origin of Species by Means of Natural Selection*. J. Murray,

London(여기저기 인용된 다윈의 이 걸작은 근대생물학의 토대이다).

Fortey, R. 1996. Life : *A Natural History of the First Four Billion Years of Life on Earth*. Alfred Knopf, New York(고생물학과 그 연구자들에 관한 훌륭한 입문서이지만, 초기 동물의 진화에 대한 많은 내용이 빠져 있다).

Gould, S. J., and N. Eldredge. 1993. Punctuated equilibrium comes of age. *Nature* 366 : 223-227(단속평형설, 층서패턴과 진화과정의 관련성에 대한 논문).

2장

Bult, C. L., and 40 others. 1996. Complete genome sequence of the methanogenic archaeon *Methanococcus janaschii*. Science 273 : 1058-1073(미생물 게놈을 발표한 초기 문헌들 가운데서, 이 논문은 고세균 특유의 생물학적 성질을 확실히 밝혔다고 할 만하다).

Doolittle, W. F. 1994. Tempo, mode, the progenote, and the universal ancestor. *Proceedings of the National Academy of Sciences, USA* 91 : 6721-6728(분자생물학자들이 중복유전자를 이용해 생명의 계통수의 뿌리를 탐구한 경위를 생생하게 보여주는 논문).

Doolittle, W. F. 2000. Uprooting the Tree of Life. *Scientific American* 282 (2) : 90-95(유전자에 바탕을 둔 계통수와 생물의 계통사, 미생물의 진화연구에서 이 둘의 차이에 대해 기술한 논문).

Fitz-Gibbon, S. T., and C. H. House. 1999. Whole genome-based phylogenetic analysis of free-living microorganism. *Nucleic Acids Research* 27 : 4218-4222(전체 게놈 분석에 바탕을 둔 계통사와 리보솜 RNA 서열에 바탕을 둔 계통수를 꼼꼼히 비교한 결과를 보여준다).

Madigan, M. T., J. M. Martinko, and J. Parker. 1999. *Brock Biology of Microorganisms*, eighth edition. Prentice Hall, New York(박테리아와 고세균의 생물학과 그들의 다양성에 대해 알 수 있는 좋은 교과서).

Miller, R. V. 1998. Bacterial gene swapping in nature. *Scientific American* 278 (1) : 67-71(박테리아에 의한 유전자 수평이동에 대한 초보자 수준의 해설).

Nealson, K. H. 1997. Sediment bacteria : Who's there, what are they doing, and what's new? *Annual Review of Earth and Planetary Science* 25 : 403-434(미생물의 물질대사와 생태에 대한 뛰어난 안내).

Ochman, H., J. G. Lawrence, and E. A. Grossman. 2000. Lateral gene transfer and the nature of bacterial innovation. *Nature* 405 : 299-304(박테리아 진화에서 유전자 수평이

동이 담당한 몫을 논하는 최신저술. 위에 열거한 밀러의 1998년 논문에서 더 나아간 논의).

Pace, N. R. 1997. A molecular view of microbial diversity and the biosphere. *Science* 276 : 734-740(분자생물학이 미생물의 진화와 생태에 대한 우리의 이해를 어떻게 바꿔놓았는 지를 잘 정리해놓은 저술).

Stetter, K. O. 1996. Hyperthermophiles in the history of life. *Ciba Foundation Symposium* 202 : 1-18(고세균 연구의 개척자들 가운데 한 사람이 쓴 저술로서, 고세균의 다양성과 생태에 대한 서술).

Woese, C. R. 1987. Bacterial evolution. *Microbiological Reviews* 51 : 221-271(박테리아의 계통사에 대한 워스의 선구적인 견해를 포괄적으로 요약·정리한 저술. 리보솜 RNA 서브유닛의 유전자 염기서열 비교에 의거했음).

3장

스피츠베르겐 섬을 대상으로 한 선캄브리아 시대 고생물학에 관한 주요 문헌

Butterfield, N. J., A. H. Knoll, and K. Swett. 1994. Paleobiology of the Neoproterozoic Svanbergfjellet Formation, Spitsbergen. *Fossils and Strata* 34 : 1-84.

Harland, W. B. 1997. *The Geology of Svalbard*. Geological Society Memoir 17, 521 pp.

Knoll, A. H., J. M. Hayes, A. J. Kaufman, K. Swett, and I. B. Lambert. 1986. Secular variation in carbon isotopic ratios from upper Proterozoic successions of Svalbard and East Greenland. *Nature* 321 : 832-838.

Knoll, A. H., and K. Swett. 1990. Carbonate deposition during the late Precambrian era : An example from Spitsbergen. *American Journal of Science* 290A : 104-131.

Knoll, A. H., K. Swett, and J. Ma가. 1991. Paleobiology of a Neoproterozoic tidal flat/ lagoonal complex : The Draken Conglomerate Formation, Spitsbergen. *Journal of Paleontology* 65 : 531-570.

선캄브리아 시대 고생물학에 관한 일반 문헌

Des Marais, D. J. 1997. Isotopic evolution of the biogeochemical carbon cycle during the Proterozoic eon. *Organic Geochemistry* 27 : 185-193(동위원소 자료를 이용한 태고의 생물지질화학 시스템의 재현에 관한 서술로서, 어렵지만 읽을 가치가 있는 저술).

Grotzinger, J. P., and A. H. Knoll. 1999. Precambrian stromatolites : Evolutionary milestones or environmental dipsticks? *Annual Review of Earth and Planetary Sciences* 27 : 313-358(태고의 스트로마톨라이트를 해석하는 방법에 관한 상세한 논의).

Knoll, A. H. 1996. Archean and Proterozoic paleontology, pp. 51-80 in J. Jansonius and D. C. MacGregor, editors, *Palynology : Principles and Applications*, volume Ⅰ. American Association of Stratigraphic Palynologists Press, Tulsa(선캄브리아 시대 미화석에 대한 논의로서, 도판이 풍부한 최신저술).

Knoll, A. H., and D. E. Canfield. 1998. Isotopic inferences on early ecosystems. *The Paleontological Society Papers* 4 : 211-243(A primer on the integration of isotopic, paleonto-logical, and phylogenetic information in Precambrian research. 선캄브리아 시대 연구에 관하여 동위원소, 고생물학, 계통관계 정보를 모아놓은 입문용 저술).

Schopf, J. W. 1999. *Cradle of Life*. Princeton University Press, Princeton, N. J.(선캄브리아 시대 고생물학의 초기 발전상황을 저자의 관점으로 서술한 책).

Schopf, J. W., and C. Klein, editors. 1992. *The Proterozoic Biosphere : A Multidisciplinary Study*. Cambridge University Press, Cambridge(선캄브리아 시대 고생물학의 전체 요소들을 아우른 방대하고 권위 있는 책이지만, 지금은 내용이 좀 오래된 감이 있다).

Summons, R. E., and M. R. Walter. 1990. Molecular fossils and microfossils of prokaryotes and protists from Proterozoic sediments. *American Journal of Science* 290A : 212-244(선캄브리아 시대 퇴적암에 남겨진 생물지표분자들에 대한 쉬운 입문용 저술).

Walter, M. R., editor. 1976. *Stromatolites*. Elsevier, Amsterdam(출판된 지 20년 이상 흘렀지만, 아직까지도 선캄브리아 시대 스트로마톨라이트 연구의 바이블로 통한다).

4장

와라우나 층군의 지질학과 고생물학에 관한 주요 문헌

Barley, M. E., and S. E. Loader, editors. 1998. The tectonic and metallogenic evolution of the Pilbara Craton. *Precambrian Research* 88 : 1-265(와라우나 층군과 관련 암석들에 관한 지각구조적, 지질연대적 자료들의 개론. 중정석 덩어리를 비롯한 와라우나 층군의 지질학적 특징을 다룬 나이먼 연구팀의 논문을 포함).

Brasier, M. D., O. R. Green, A. P. Jephcoat, A. K. Kleppe, M. J. van Kranendonk, J. F. Lindsay, A. Steele, and N. V. Grassineau. 2002. Questioning the evidence for Earth's oldest fossils. *Nature* 416 : 76-81.

Buick, R., J. S. R. Dunlop, and D. I. Groves. 1983. Stromatolite recognition in ancient rocks : An appraisal of irregularly laminated structures in an early Archaean chert-barite unit from North Pole, Western Australia. *Alcheringa* 5 : 161-181.

Buick, R., J. R. Thornett, N. J. McNaughton, J. B. Smith, M. E. Barley, and M. Savage. 1996. Record of emergent continental crust ~3.5 billion years ago in the Pilbara Craton of Australia. *Nature* 375 : 574-577.

Groves, D. I., J. S. R. Dunlop, and R. Buick. 1981. An early habitat of life. *Scientific American* 245 (10) : 64-73.

Hofmann, H. J., K. Grey, A. H. Hickman, and R. I. Thorpe. 1999. Origin of 3.45 Ga coniform stromatolites in Warrawoona Group, Western Australia. *Geological Society of America Bulletin* 111 : 1256-1262.

Kerr, R. A. 2002. Reversals reveal pitfalls in spotting ancient and E. T. life. *Science* 296 : 1384-1385.

Lowe, D. R. 1983. Restricted shallow water sedimentation of early Archaean stromatolitic and evaporitic strata of the Strelley Pool chert, Pilbara Block, Western Australia. *Precambrian Research* 19 : 239-248.

Lowe, D. R. 1994. Abiological origin of described stromatolites older than 3.2. Ga. *Geology* 22 : 387-390.

Schopf, J. W. 1993. Microfossils of the early Archean Apex Chert : New evidence of the antiquity of life. *Science* 260 : 640-646.

Schopf, J. W., A. B. Kudryavtsev, D. G. Agresti, T. Wdowiak, and A. D. Czaja. 2002. Laser-Roman imagery of Earth's earliest fossils. *Nature* 416 : 73-76.

Schopf, J. W., and B. Packer. 1987. Early Archean (3.3-billion to 3.5-billion-year-old) micro-fossils from Warrawoona Group, Australia. *Science* 237 : 70-73.

Shen, Y., D. Canfield, and R. Buick. 2001. Isotopic evidence for microbial sulphate reduction in the early Archaean ocean. *Nature* 410 : 77-81.

Walter, M. R., R. Buick, and J. S. R. Dunlop. 1980. Stromatolites 3,400-3,500 Myr old from the North Pole area, Western Australia. *Nature* 284 : 443-445.

바베르톤 산지의 고생물학에 관한 주요 문헌

Byerly, G. R., D. R. Low, and M. M. Walsh. 1896. Stromatolites from the 3,300-3,500-Myr Swaziland Supergroup, Barberton Mountain Land, South Africa. *Nature* 319 : 489-491.

Knoll, A. H., and E. S. Barghoorn. 1977. Archean microfossils showing cell division from the Swaziland System of South Africa. *Science* 198 : 396-398.

Lowe, D. R., and G. R. Byerly, editors. 1999. Geological evolution of the Barberton Greenstone Belt, South Africa. *Geological Society of America Special Paper* 329.

Walsh, M. M. 1992. Microfossils and possible microfossils from the early Archean Onverwacht Group, Barberton Mountain Land, South Africa. *Precambrian Research* 54 : 271-293.

Walsh, M. M., and D. R. Lowe. 1999. Modes of accumulation of carbonaceous matter in the early Archean : A petrographic and geochemical study of the carbonaceous cherts of the Swaziland Supergroup. *Geological Society of American Special Paper* 329 : 115-132.

Westall, F., M. J. de. Wit, J. Dann, S. van der Gaast, C. E. J. de Ronde, and D. Gerneke. 2001. Early Archean fossil bacteria and biofilms in hydrothermally influenced sediments from the Barberton greenstone belt, South Africa. *Precambrian Research* 106 : 93-116.

시생이언 초기의 지구에 관한 일반 문헌

Bowring, S. A., and T. Housh. 1995. The Earth's early evolution. *Science* 269 : 1535-1540(최근에 얻어진 지구화학적 자료들이 초기 지구역사에 대한 견해들을 어떻게 바꾸고 있는지를 일목요연하게 정리한 저술).

Fedo, C. M., and M. J. Whitehouse. 2002. Metasomatic origin of quartz-pyroxene rock, Akilia, Greenland, and implications for Earth's earliest life. *Science* 296 : 1448-1452(모이치스 연구팀—아래를 참조—이 아킬리아 섬의 암석에서 발견했다는 생물흔적이 사실은 변성작용이 일어나는 동안 물리적인 과정에 의해 생긴 것이라고 주장한다).

Kasting, J. F. 1993. Earth's early atmosphere. *Science* 259 : 920-926(지구화학적인 자료와 대기모델을 이용해 시생이언의 공기를 추측하는 훌륭한 논문).

Mojzsis, S. J., G. Arrhenius, K. D. McKeegan, T. M. Harrison, A. P. Nutman, and C. R. L. Friend. 1996. Evidence for life on Earth before 3,800 million years ago. *Nature* 384 : 55-59(특별히 오래된 암석에 존재하는 동위원소의 생물흔적을 지지하고 있지만, 현재는 논란이 되고 있다).

Mojzsis, S. J., T. M. Harrison, and R. T. Pidgeon. 2001. Oxygen-isotope evidence from ancient zircons for liquid water at the Earth's surface 4,300 Myr ago. *Nature* 409 : 178-181(태고의 사암에 포함되어 있는 광물 입자의 화학조성을 토대로, 초기의 지구의 상태를 고찰한다).

Rasmussen, B. 2000. Filamentous microfossils in a 3,235-million-year-old volcanogenic massive sulphide. Nature 405 : 676-679(아마도 미생물 화석으로 확실시되는 가장 오래된 화석일 것이다).

Rosing, M. T., 1999. C-13-depleted carbon micropaticles in > 3700-Ma sea-floor sedimentary rocks from west Greenland. Science 283 : 674-676(태고의 암석의 동위원소 조성을 조사한 결과).

Schopf, J. W., editor. 1983. Earth's Earliest Biosphere. Princeton University Press, Princeton, N. J., 543 pp.(초기의 지구와 생명에 관한 정보의 보고—내용은 오래되었지만 대단히 흥미진진하다).

Van Zuilen, M., A. Lepland, and G. Arrhenius. 2002. Reassessing the evidence for the earliest traces of life. Nature 418 : 627-630(모이치스 연구팀—위의 내용 참조—이 아킬리아 섬의 암석에서 발견한 생물흔적이 사실은 변성작용이 일어나는 동안 물리적인 과정에 의해 생성되었다고 주장하는 두 번째 문헌).

5장

Brack, A., editor. 1999. The Molecular Origins of Life : Assembling Pieces of the Puzzle. Cambridge University Press, Cambridge(생명의 기원을 탐구한 일류 학자들의 소논문들을 집대성한 뛰어난 책).

Darwin, C. 1969. The Life and Letters of Charles Darwin, volume 3. Johnson Reprint Corporation, New York. Originally published in 1887 by J. Murray, London(다윈이 후커에게 보낸 편지가 실려 있다).

Darwin, E. 1804. The Temple of Nature. Reprint by Pergamon, Elmsford, New York(이래즈머스 다윈이 생명의 기원과 진화의 개요를 시적으로 표현하고 있다).

Fry, I. 2000. The Emergence of Life on Earth : A Historical and Scientific Overview. Rutgers University Press, New Brunswick, N. J.(생명의 기원 이야기를 한 권의 책에 정리해놓은 책으로서는 최고의 책. 지은이는 과학철학자).

Gilbert, W. 1986. The RNA world. Nature 319 : 618(생명의 기원에서 RNA 효소가 갖는 의미를 다룬 짧지만 중요한 논문).

James, K. D., and A. D. Ellington. 1995. The search for missing links between self-replicating nucleic acides and the RNA world. Origins of Life and Evolution of the Biosphere 25 : 515-530(RNA 세계의 전구체들을 자세하게 해설한 것).

Joyce, G. F. 2002. The antiquity of RNA-based evolution. *Nature* 418 : 214-221(생명의 탄생에서 RNA가 맡은 몫을 논한 뛰어난 저술).

Lee, D. H., J. R. Granja, J. A. Martinez, Kay Severin, and M. R. Ghadiri. 1996. A self-replicating peptide. *Nature* 382 : 525-528(단백질과 비슷한 단순한 분자의 자가복제가 생명의 기원에 관여했다는 가설에 실험적 증거를 제시한다).

Miller, S. L. 1953. A production of amino acids under possible primitive Earth conditions. *Science* 117 : 527-528(생명의 기원 연구에서 선구적인 실험).

Orgel, L. E. 1994. The origin of life on the Earth. *Scientific American* 271 (10) : 77-83(화학적 진화에 대한 권위 있는 개론).

Pace, N., and T. Marsh. 1986. RNA Catalysis and the origin of life. *Origins of Life* 16 : 97-116(리보자임의 발견과, 리보자임이 생명 탄생 이전과 초기 생물 진화에 담당한 몫을 다룬 훌륭한 논문).

Wächtershäuser, G. 1992. Groundwork for an evolutionary biochemistry : The iron-sulphur world. *Progress in Biophysics and Molecular Biology* 58 : 85-201(A detailed statement of Wächtershäuser's metabolism-first view that life originated in hydrothermal vent systems. 생명이 열수분출공에서 발생했다는 베히터스호이저의 물질대사 우선 관점을 자세히 설명한다).

Szostak, J. W., D. P. Bartel, and P. L. Luisi. 2001. Synthesizing life. *Nature* 409 : 387-390(효소기능을 하는 RNA 분자가 진화를 이끌었다는 것을 밝히는 실험을 소개한다).

6장

건플린트를 포함한 시생이언 후기와 원생이언 초기의 고생물학에 관한 주요 문헌

Amard, B., and J. Betrand-Sarfati. 1997. Microfossils in 2000 My old cherty stromatolites of the Franceville Group, Gabon. *Precambrian Research* 81 : 197-221.

Awarmik, S. M., and E. S. Barphoorn. 1977. The Gunflint microbiota. *Precambrian Research* 20 : 357-374.

Barghoorn, E. S., and S. M. Tyler. 1965. Microfossils from the Gunflint chert. *Science* 147 : 563-577.

Brocks J. J., G. A. Logan, R. Buick, and R. E. Summons. 1999. Archean Molecular fossils and the early rise of eukaryotes. *Science* 285 : 1033-1036.

Cloud, P. 1965. The significance of the Gunflint (Precambrian) microflora. *Science*

148 : 27-35.

Golubic, S., and H. J. Hofmann. 1976. Comparison of Holocene and mid-Precambrian Entophysalidaceae (Cyanophyta) in stromatolitic algal mats : Cell division and degradation . *Journal of Paleontology* 50 : 1040-1073.

Hofmann, H. J. 1976. Precambrian microflora, Belcher Islands, Canada : Significance and systematics. *Journal of Paleontology* 50 : 1040-1073.

Knoll, A. H., E. S. Barghoorn, and S. M. Awramik. 1978. New organisms from the Aphebian Gunflint Iron Formatoin, Ontario. *Journal of Paleontology* 52 : 976-992.

Knoll, A. H., P. K. Stother, and S. Rossi. 1988. Distribution and diagenesis of fossils from the lower proterozoic Duck Greek Dolomite, Western Australia. *Precambrian Research* 38 : 257-279.

Lanier, W. P. 1989. Interstitial and peloidal microfossils from the 2.0 Ga Gunflint Formation : Implications for the plaeoecology of the Gunflint stromatolites. *Precambrian Research* 45 : 291-318.

Simonson, B. M. 1985. Sedimentological constraints on the origins of Precambrian iron-formations. *Geological Society of America Bulletin* 96 : 244-252.

원생이언 초기의 산소혁명에 관한 주요 문헌

Canfield D. E. 1998. A new model for Proterozoic ocean chemistry. *Nature* 396 : 450-453(시생이언 초기의 바다에 황화수소의 생성이 증가했기 때문에 철광층이 사라졌다는 주장을 명쾌하게 설명한다 — 생물권의 산화환원의 역사를 생각할 때 중요한 논문).

Catling, D. C., K. J. Zahnle, and C. P. McKay. 2001. Biogenic methane, hydrogen escape, and the irreversible oxidation of early Earth. *Science* 293 : 839-843(왜 원생이언 초기에 산소농도가 증가하기 시작했느냐는 수수께끼에 하나의 해답을 제안한다).

Cloud, P. E. 1968. A working model of the primitive Earth. *American Journal of Science* 272 : 537-548(대기의 역사에 관한 전통적인 견해를, 그 주창자의 한 사람이 요약하여 설명하는 논문).

Des Marais, D. J. 1997. 3장의 참고문헌을 보라.

Farquhar J., H. M. Bao, and M. Thiemens. 2000. Atmospheric influence of Earth's earliest sulfur cycle. *Science* 289 : 756-758(질량 비의존적인 황동위원소 분별효과를 대기의 역사를 논의하는 데 끌어들인 논문).

Habicht K. S., and D. E. Canfield. 1996. Sulphur isotope fractionation in modern microbial mats and the evolution of the sulphur cycle. *Nature* 382 : 342-343(현생 박

테리아에 의한 황동위원소 분별효과를 측정한 결과를 바탕으로 지구화학적 기록을 해석한 중요한 논문).

Ohmoto, H. 1996. Evidence in pre-2.2 Ga paleosols for the early evolution of atmospheric oxygen and terrestrial biotas. *Geology* 24 : 1135-1138(시생이언의 대기와 바다에 산소가 비교적 풍부했다는 소수 의견을 알기 쉽게 설명한다).

Rasmussen, B., and R. Buick. 1999. Redox state of the Archean atmosphere : Evidence from detrital heavy minerals in ca. 3250-2750 Ma sandstones from the Pilbara Craton, Australia. *Geology* 27 : 115-118(이 논문은 시생이언 후기 지층에 포함된 쇄암질의 능철석 등 여러 광물들이 초기의 대기에 산소가 희박했다는 사실을 보여준다고 이야기한다).

Rye, R., and H. D. Holland. 1998. Paleosols and the evolution of atmospheric oxygen : A critical review. *American Journal of Science* 298 : 621-672(홀랜드 연구팀이 대기의 진화를 조사하기 위해 이용했던 태고의 토양층위에 관한 자료들이 총정리되어 있다).

7장

빌랴흐 층군의 화석과 지질학에 관한 주요 문헌

Bartley, J. K., A. H. Knoll, J. P. Grotzinger, and V. N. Sergeev. 1999. Lithification and fabric genesis in precipitated stromatolites and associated peritidal dolimites, Mesoproterozoic Billyakh Group, Siberia. *SEPM Special Publication* 67 : 59-74.

Golubic, S., V. N. Sergeev, and A. H. Knoll. 1995. Mesoproterozoic Archaeoellipsoides : Akinetes of heterocystous cyanobacteria. *Lethaia* 28 : 285-298.

Knoll, A. H., and M. A. Semikhatov. 1998. The genesis and time distribution of two distinct Proterozoic stromatolite microstructures. *Palaios* 13 : 408-422.

Sergeev, V. N., A. H. Knoll, and J. P. Grotzinger. 1995. Paleobiology of the Mesoprote-rozoic Billyakh Group, Anabar Uplift, northern Siberia. *Paleontological Society Memoir* 39, 37 pp.

Veis, A. F., and N. G. Vorbyeva. 1992. Riphean and Vendian microfossils of the Anabar Uplift. *Izvestia RAN, Seria Geologocheskaya* 1 : 114-130(러시아어로).

시아노박테리아와 스트로마톨라이트에 관한 문헌

Giovannoni, S. J., S. Turner, G. L. Olsen, S. Barns, D. J. Lane, and N. R. Pace. 1988. Evolutionary relationships among cyanobacteria and green chloroplasts.

Journal of Bacteriology 170 : 3584-3692(시아노박테리아들 간의 진화적 관계를 추측하는 데 분자서열 자료를 이용하고 있는 중요한 논문).

Golubic, S. 1973. The relationship between blue-green algae and carbonate deposits, pp. 434-472 in N. G. Carr and B. A. Whitton, editors, *The Biology of Blue-Green Algae*. Oxford University Press, Oxford(시아노박테리아와 탄산염암의 상호적인 영향에 관심 있는 사람들에게 도움이 될 만한 기본자료).

Grotzinger, J. P., and A. H. Knoll. 1999. 3장의 참고문헌을 보라.

Knoll, A. H., and S. Golubic. 1992. Living and fossil cyanobacteria, pp. 450-462 in M. Schidlowski, S. Golubic, M. M. Kimberley, and P. A. Trudinger, editors, *Early Organic Evolution : Implications for Mineral and Energy Resources*. Springer-Verlag, Berlin(시아노박테리아의 화석과 현생종을 자세하게 비교하는 것이 시아노박테리아 진화에 대한 이해를 높일 수 있다는 사실을 요약·정리해놓았다).

Lenski, R., and M. Travasiano. 1994. Dynamics of adaptation and diversification : A 10,000 generation experiment with bacterial populations. *Proceedings of the National Academy of Sciences, USA* 91 : 6808-6814(장기적인 실험을 통해 박테리아 진화의 속도를 조사한 중요한 논문).

Niklas, K. J. 1994. Morphological evolution through complex domains of fitness. *Proceedings of the National Academy of Sciences, USA* 91 : 6772-6779(왜 어떤 적응지형은 가파르고 어떤 적응지형은 완만한지를 깊이 탐구한 자료).

Province, W. B. 1986. *Sewall Wright and Evolutionary Biology*. University of Chicago Press, Chicago, IL.(라이트와 그의—적응지형의 개념을 포함한—연구성과들에 대하여).

Raaden, M. E., and M. A. Semikhatov. 1994. Dynamics of the global diversity of the suprageneric groupings of Proterozoic stromatolites. *Doklady, Russian Academy of Sciences* 349 : 234-238(스트로마톨라이트 다양성의 시간에 따른 변화를 총정리한 것—스트로마톨라이트의 '종'이 실제로 무엇인지 알지 못하는 한, 대략적으로 정량화한 논의로서 받아들이는 것이 좋다).

Schopf, J. W. 1968. Microflora of the Bitter Springs Formation, late Precambrian, central Australia. *Journal of Paleontology* 42 : 651-688(원생이언의 처트에 포함된 시아노박테리아에 대한 선구적인 문헌).

Walter, M. R. 1994. Stromatolites : The main source of information on the evolution of the early benthos, pp.270-286 in S. Bengtson, editor, *Early Life on Earth*. Columbia Univer-sity Press, New York(1976년에 월터가 편집한 저술을 내가 개정한 것).

Whitton, B. A., and M. Potts, editors. 2000. *The Ecology of Cyanobacteria : Their*

Diver-sity in Time and Space. Kluwer Academic Publishers, Dordrecht, Netherlands(시아노박테리아의 생태를 해설한 최신개론서).

8장

진핵생물의 진화와 계통관계에 관한 주요 문헌

Baldauf, S. L., A. J. Roger, I. Wenk-Siefert, and W. F. Doolittle. 2000. A kingdom-level phylogeny of eukaryotes based on combined protein data. Science 290 : 972-977(진핵생물의 계통관계를 아는 데 최고로 좋은 개론서).

Bui, E. T. N., P. J. Bradley, and P. J. Johnson. 1996. A common evolutionary origin for mitochondria and hydrogenosomes. *Proceedings of the National Academy of Sciences, USA* 93 : 9651-9656(수소발생소포를 미토콘드리아, 프로테오박테리아와 비교한 중요한 논문).

Clark, C. G., and A. J. Roger. 1995. Direct evidence for secondary loss of mitochondria in Entamoeba histolytica. *Proceedings of the National Academy of Sciences, USA* 92 : 6518-6521(이 논문은 미토콘드리아가 없는 진핵생물의 세포핵에 존재하는 '미토콘드리아에서 유래한 유전자'에 관한 연구를 출발시켰다. 그런 의미에서, 진핵생물의 초기 진화에 대한 우리의 견해를 근본적으로 변화시켰다).

Delwiche, C. F. 1999. Tracing the thread of plastid diversity through the tapestry of life. *American Naturalist* 154 : S164-S177(1차, 2차, 3차 내부공생으로 진핵생물에 광합성이 퍼져나간 과정을 일목요연하게 정리해놓았다).

Douglas, S., and 9 others. 2001. The highly reduced genome of an enslaved algal nucleus. *Nature* 410 : 1091-1096(진핵생물 계통에 엽록체가 정착할 때 공생체와 숙주 사이에 일어난 상호작용에 대해, 게놈의 관점에서 접근한 연구).

Dyer, B. D., and R. A. Oban. 1994. *Tracing the History of Eukaryotic Cells : The Enigmatic Smile*. Columbia University Press, New York(내용이 좀 오래되었지만, 린 마굴리스의 생각을 아주 잘 이해할 수 있는 개론서).

Embley, T. M., and R. P. Hirt. 1998. Early branching eukaryotes? *Current Opinion in Genetics and Development* 8 : 624-629(진핵생물의 계통관계에 대한 최신의 연구성과를 읽기 좋게 요약해놓은 것. 미토콘드리아가 없는 진핵생물의 핵 내 게놈에 존재하는 미토콘드리아 유전자의 연구에 대해 논하며, 여기저기에 많이 언급된다).

Hartman, H., and A. Federov. 2002. The origin of the eukaryotic cell : A genomic investi-gation. *Proceedings of the National Academy of Sciences*, USA 99 : 1420-1425(진핵생물에서만 발견되는 유전자에, 진핵세포를 탄생시킨 원초의 공생에 제3의 동반자가 존재했다는 사실이 기록되어 있다고 주장하는 논문).

Khakhina, L. N. 1992. *Concepts of Symbiogenesis. A Historical and Critical Account of the Research of Russian Botanists*. Yale University Press, New Haven, Conn(An introduction to the work of Merezhkovsky and other early proponents of the endosymbiotic hypothesis. 메레츠코프스키를 비롯해 세포 내부공생설을 처음 제안한 사람들의 연구성과를 논한 개론서).

Margulis, L. 1981. *Symbiosis in Cell Evolution*. W. H. Freeman, San Francisco.(마굴리스의 견해를 기록한 고전. 1993년에 개정판이 나왔다).

Martin, W., and M. Müller. 1998. The hydrogen hypothesis for the first eukaryote. *Nature* 392 : 37-41(마틴과 뮐러의 도발적인 가설. 과감하지만 흥미롭다).

Moreira, D., and P. López-Garcia. 1998. Symbiosis between methanogenic Archaea and δ-Proteobacteria as the origin of eukaryotes : The syntrophic hypothesis. *Journal of Molecular Evolution* 47 : 517-530(진핵생물이 생명사의 초기에 고세균과 프로테오박테리아의 공생으로 생겨났다는 생각을 독립적으로 제안한다. 세부적인 점에서는 마틴-뮐러 가설과 다르다).

Palmer, J. D. 1997. Organelle genomes : Going, going, gone! *Nature* 275 : 790-791(수소발생소포는 미토콘드리아와 같은 내부공생체에서 유래했지만 그 유전자의 전부를 잃어버렸다는 가설을 뒷받침하는 연구를 '참고문헌과 함께' 논한 읽기 쉬운 논문).

Roger, A. J. 1999. Reconstructing early events in eukaryotoic evolution. *The American Naturalist* 154, supplement : S146-S163(진핵생물의 진화에 대한 분자생물학적인 접근들을 일목요연하게 정리해놓았다).

Sagan, L. 1967. On the origin of mitosing cells. *Journal of Theoretical Biology* 14 : 225-274(린 마굴리스가 미토콘드리아와 엽록체의 내부공생기원설을 논한 최초의 논문. 발표 당시는 많은 논란이 있었지만, 지금은 고전으로 평가받는다).

Sogin, M. 1997. History assignment : When was the mitochondrion founded? *Current Opinion in Genetics and Development* 7 : 792-799(진핵세포 미토콘드리아의 기원을 다르게 설명하는 흥미로운 논문).

Sogin, M. L., J. H. Gunderson, H. J. Elwood, R. A. Alonso, and D. A. Peattie. 1989. Phylogenetic meaning of the kingdom concept— an unusual ribosomal-RNA from *Giardia lamblia*. *Science* 243 : 75-77(진핵생물의 계통관계를 리보솜 RNA 서브유닛의 유전자에서 추측하여 검토한 고전적 논문).

Thomas, L. 1979. *The Medusa and the Snail*. Viking Press, New York(위원회와 생물에 관한 토머스의 명언은 여기에서 가져왔다).

9장

더우산퉈 층군의 지질학과 고생물학에 관한 주요 문헌

* 다음 논문들은 대부분 영어로 씌어진 것이다. 관심 있는 독자들이 중국의 방대한 문헌을 접할 수 있는 귀한 학술자료가 될 것이다.

Barfod, G. H., F. Albarede, A. H. Knoll, S. Xiao, J. Baker, and R. Frei. 2002. New Lu-Hf and Pb-Pb age constraints on the earliest animal fossils. *Earth and Planetary Science Letters* 201 : 203-212.

Chen, M., and Z. Zhao. 1992. Macrofossils from upper Doushantuo Formation in eastern Yangtze Gorges, China. *Acta Palaeontologica Sinica* 31 : 513-529.

Li, C.-W., J.-Y. Chen, and T.-E. Hua. 1998. Precambrian sponges with cellular structures. *Science* 279 : 879-882.

Steiner, M. 1994. Die neoproterozoischen Megalgen Südchinas. *Berliner geowissenschaftliche Abhandlungen (E)* 15 : 1-146.

Xiao, S., and A. H. Knoll. 2000a. Phosphatized animal embryos from the Neoproterozoic Doushantuo Formation at Weng'an, Guizhou, South China. *Journal of Paleontology* 74 : 767-788.

Xiao, S., and A. H. Knoll. 2000b. Eumetazoan fossils in terminal Proterozoic phosphorites? *Proceedings of the National Academy of Science, USA* 97 : 13684-13689.

Xiao, S., and M. Yuan, and A. H. Knoll. 1998. *Morphological reconstruction of Maiohephyton bifurcatum*, a possible brown alga from the Doushantuo Formation(Neoproterozoic), South China, and its implications for stramenopile evolution. *Journal of Paleontology* 72 : 1072-1086.

Xiao, S., X. Yuan, M. Steiner, and A. H. Knoll. 2002. Carbonaceous macrofossils in a terminal Proterozoic shale : A systematic reassessment of the Miaohe biota, South China. *Journal of Paleontology* 76 : 347-376.

Yuan, X., and H. J. Hofmann. 1998. New microfossils from the Neoproterozoic

(Sinian) Doushantuo Formation, Weng'an, Guizhou Province, southwestern China. *Alcheringa* 22 : 189-222.

Yuan, X., S. Xiao, L. Yin, A. H. Knoll, C. Zhao, and X. Mu. 2002. *Doushantuo Fossils : Life on the Eve of Animal Radiation*. University of Science and Technology of China Press, Beijing(중국어로 씌어 있지만, 더우산퉈 화석의 컬러 사진이 많기 때문에 살펴볼 가치가 있다).

Zhang, Y. 1989. Multicellular thallophytes with differentiated tissues from late Proterozoic phosphate rocks of South China. *Lethaia* 22 : 113-132.

Zhang, Y., L. Yin, S. Xiao, and A. H. Knoll. 1998. Permineralized fossils from the terminal Proterozoic Doushantuo Formation, South China. *Paleontological Society Memoir* 50 : 1-52.

원생이언 진핵생물의 생물학에 관한 주요 문헌

Anbar, A., and A. H. Knoll. 2002. Proterozoic Ocean chemistry and evolution : A bioinorganic bridge? *Science*, 297 : 1137-1142(황화물이 풍부한 바다가 미량원소의 농도, 1차 생산, 이에 따라 원생이언 바다의 조류 진화에 미친 영향을 탐구한 논문).

Butterfield, N. J. 2000. *Bangiomorpha pubescens* n. gen., n. sp ; implications for the evolution of sex, multicellularity, and the Mesoproterozoic/Neoproterozoic radiation of eukaryotes. *Paleobiology* 26 : 386-404(현생 조류와 같은 계통에 분류될 수 있는 가장 오래된 진핵생물의 화석).

Butterfield, N. J., A. H. Knoll, and K. Swett. 1994. 3장의 참고문헌을 보라.

Fedonkin, M. A., and E. L. Yochelson. 2002. Middle Proterozoic (1.5 Ga) *Horodyskia moniliformis* Yochelson and Fedonkin, the oldest known tissue-grade colonial eukaryote. *Smithsonian Contributions to Paleobiology* 94 : 1-29(북아메리카에서 발견된 원생이언 중기의 암석에 포함되어 있는, '구슬이 짧게 연결된 모양'의 거시적인 화석을 다루고 있다).

German, T. N. 1990. *Organic world one billion years ago*. Nauka, Leningrad, 52 pp.(시베리아의 암석에 존재하는 초기 진핵생물의 화석을 다룬 입문서. 도판이 많고, 두 가지 언어로 기록되어 있다).

Grey, K., and I. R. Williams. 1990. Problematic bedding-plane markings from the middle Proterozoic Manganese Subgroup, Bangemall Basin, Western Australia. *Precambrian Research* 46 : 307-327(원생이언 중기의 사암 층리면에 흔적을 남긴, 거시적인 '구슬이 연결된 모양'의 화석을 풍부한 도판과 함께 다루고 있다).

Hofmann, H. J. 1994. Problematic carbonaceous compressions ("metaphytes" and "worms"), pp.342-358 in S. Bengtson, editor, *Early Life on Earth*. Columbia University Press, New York(원생이언의 암석에서 발견된 거시적인 압축화석에 대한 권위 있는 해설서).

Javaux, E., A. H. Knoll, and M. R. Walter. 2001. Ecological and morphological complexity in early eukaryotic ecosystems *Nature* 412 : 66-69(원생이언 중기의 해안 수역에서 발견된 진핵생물 화석의 특징과 분포를 기술한다).

Knoll, A. H. 1994. Proterozoic and Early Cambrian protists : Evidence for accelerating evolutionary tempo. *Proceedings of the National Academy of Sciences, USA* 91 : 6743-6750(원생이언 후기에 진핵생물이 다양성을 증가시키고 진화의 속도를 높인 사실을 설명한다).

Porter, S. M., and A. H. Knoll. 2000. Testate amoebae in the Neoproterozoic Era : Evidence from vase-shaped microfossils in the Chuar Group, Grand Canyon. *Paleobiology* 26 : 360-385(꽃병 모양 미화석과 현생 원생동물인 유각아메바의 관계를 밝힌 논문).

Shen, Y., D. E., Canfield, and A. H. Knoll. 2002. The chemistry of mid-Proterozoic oceans : Evidence from the McArthur Basin, northern Australia. *American Journal of Science* 302 : 81-109(17억 3,000만 년~16억 4,000만 년 전의 해분에 황화물이 풍부한 심층수가 있었음을 보여주는 지구화학적인 증거).

Summons, R. E., S. C. Brassell, G. Eglinton, E. Eaavans, R. J. Horodyski, N. Robinson, and D. M. Ward. 1988. Distinctive hydrocarbon biomarkers from fossiliferous sediment of the late Proterozoic Walcott Member, Chuar Group, Grand Canyon, Arizona. *Geochimica et Cosmochimica Acta* 52 : 2625-2637(원생이언 후기의 암석에 포함된 진핵생물의 생물지표분자들을 다룬 중요한 연구).

Swift, J. 1733. From *Poetry, A Rhapsody*, reprinted in *Bartlett's Familiar Quotations*, tenth edition (1919). Little, Brown, Boston(스위프트의 유명한 시구의 출처).

Vidal, G. 1976. Late Precambrian microfossils from the Visingsö beds in southern Sweden. *Fossils and Strata* 9 : 1-57(원생이언 생층서학에 세계적 관심을 불러일으킨 논문).

Vidal, G., and M. Moczydlowska Vidal. 1997. Biodiversity, speciation, and extinction trends of Proterozoic and Cambrian phytoplankton. *Paleobiology* 23 : 230-246(초기 진핵생물의 진화에 대한 다른 관점. 1994년에 내가 발표한 내용을 보완했다).

Zang, W., and M. R. Walter. 1992. Late Proterozoic and Cambrian microfossils and biostratigraphy, Amadeus Basin, central Australia. *Association of Australasian*

Palaeontologists Memoir 12 : 1-132(더우산튀의 처트와 인산염암에 있는 것들과 아주 흡사한 미화석을 다루고 있다. 새로운 종명을 붙이는 데 지나치게 열심인 면이 있으나, 설명은 멋지다).

10장

나마 층군의 지질학과 고생물학에 관한 주요 문헌

Droser, M. L., S. Jensen, and J. G. Gehling. 2002. Trace fossils and substrates of the terminal Proterozoic-Cambrian transition : Implications for the record of early bilaterians and sediment mixing. *Proceedings of the National Academy of Sciences, USA* 99 : 12572-12576.

Germs, G. J. B. 1972. New shelly fossils from the Nama Group, Namibia (South West Africa). *American Journal of Science* 272 : 752-761.

Germs, G. J. B., A. H. Knoll, and G. Vidal. 1986. Latest Proterozoic microfossils from the Nama Group, Namibia (South West Africa). *Precambrian Research* 73 : 137-151.

Grant, S. W. F. 1990. Shell structure and distribution of Cloudina, a potential index fossil for the terminal Proterozoic. *American Journal of Science* 290A : 261-294.

Grotzinger, J. P., S. A. Bowring, B. Z. Saylor, and A. J. Kaufman. 1995. Biostratigraphic and geochronologic constraints on early animal evolution. *Science* 270 : 598-604.

Grotzinger, J. P., W. A. Watters, and A. H. Knoll. 2000. Calcified metazoans in thrombolite-stromatolite reefs of the terminal Proterozoic Nama Group, Namibia. *Paleobiology* 26 : 334-359.

Gurich, G. 1933. Die Kuibis-Fossilien der Nama Formation von Südwest-Afrika. *Pälaontologische Zeitschrift* 15 : 137-154.

Narbonne, G. M., B. Z. Saylor, and J. P. Grotzinger. 1997. The youngest Ediacaran fossils from southern Africa. *Journal of Paleontology* 71 : 953-967.

Pflung, H. D. 1970, 1970, 1972. Zur Fauna der nama-Schichten in Südwest Afrika. Ⅰ. Pteridinia, Bau und systematische Zugehörigkeit. *Palaeontolographica Abteilung A* 134 : 226-262 ; Ⅱ. Rangidae, Bau und systematische Zugehörigkeit. Palaeontolographica Abtelung A 135 : 198-231 ; Ⅲ. Erniettomorpha, Bau und systematishce Zugehörigkeit. *Palaeontolographica Abteilung A* 139 : 134-170.

Wood, R. A., J. P. Grotzinger, and J. A. D. Dickson. 2002. Proterozoic modular biomineralized metazoan from the Nama Group. *Science* 296 : 2383-2386.

에디아카라 화석과 그 해석에 관한 일반 문헌

Buss, L. W., and A. Seilacher. 1994. The phylum Vendobionta : A sister group of the eumetazoa? *Paleobiology* 20 : 1-4(벤도비온트의 계통적 위치를 고찰한 흥미로운 논문— 절 멸한 계 가설로부터 '한 걸음 물러난' 것).

Fedonkin, M. A. 1990. Systematic description of the Vendian metazoa, pp. 71-120 in B. S. Sokolov and A. B. Iwanowski, editors, *The Vendian System*, volume Ⅰ. Springer-Verlag, Berlin(러시아 백해의 에디아카라 화석을 조사한 성과를 정리한 최고의 영어 문헌).

Fedonkin, M. A., and B. M. Waggoner. 1997. The late Precambrian fossil Kimberella is a mollusc-like bilaterian organism. *Nature* 388 : 868-871(백해에서 새롭게 발견된 화석에 근거한 중요한 연구. 에디아카라의 생물종을 좌우대칭동물의 줄기 집단과 결부시킨다).

Gehling, J. M. 1999. Microbial mats in terminal Proterozoic siliciclastics : Ediacaran death masks. *Palaios* 14 : 40-57(에디아카라 동물군이 어떻게 화석화되었는지에 대한 의문에, 현재로서 가장 훌륭한 대답을 해준다).

Gehling, J. G., G. M. Narbonne, and M. M. Anderson. 2000. The first named Ediacaran body fossil, *Aspidella terranovica*. *Palaeontology* 43 : 427-456(에디아카라의 원반화석과 그것의 생물학적 해석을 정리한 훌륭한 문헌).

Glaessner, M. F. 1983. *The Dawn of Animal Life : A Biohistorical Study*. Cambridge University Press, Cambridge, 244 pp.(에디아카라의 고생물학을 연구한 선구적 대가가 최후에 남긴 책. 호주와 나미비아의 화석에 관한 글래스너의 연구를 정리해놓았다).

Jenkins, R. J. F. 1992. Functional and ecological aspects of Ediacaran Assemblages, pp. 131-176 in J. H. Lipps and P. W. Signor, editors, *Origin and Evolution of the Metazoa*. Plenum, New York(에디아카라 화석을 해석한 또 한 명의 권위자가 기고한 논문).

Narbonne, G. M. 1998. The Ediacara biota : A terminal Proterozoic experiment in the evolution of life. *GSA Today* 8(2) : 1-7(에디아카라의 고생물학을 공부하는 학생들이 처음으로 읽으면 좋을 글).

Runnegar, B. 1995. Vendobionta or Metazoa? Developments in understanding the Ediacara "fauna." *Neues Jahrbuch für Geologie und Paläontologie, Abhandlungen* 195 : 303-318(에디아카라 화석의 형태, 기능, 생물학적 관계를 깊이 고찰한 논문).

Seilacher, A. 1992. Vendobionta and psammocorallia : Lost constructions of Precambrian evolution. *Geological Society of London Journal* 149 : 607-613.(자일라허의 흥미롭고 논란을 불러일으키는 해석이 정리되어 있다).

11장

Bengtson, S. 1994. The advent of animal skeletons, pp. 414-425 in S. Bengtson, editor, *Early Life on Earth*. Nobel Symposium 84, Columbia University Press, New York(포식성과 캄브리아기의 무기질 골격의 진화를 엮어 설명한 글).

Bengtson, S., S. Conway Morris, B. J. Cooper, P. A. Jell, and B. N. Runnegar. 1990. Early Cambrian fossils from South Australia. *Memoirs of the Association of Australasian Paleontologists* 9 : 1-364(캄브리아기의 작은 껍데기 화석들을 보기 드물게 정교하게 다룬 저술).

Bowring, S. A., and D. H. Erwin. 1998. A new look at evolutionary rates in deep time : Uniting paleontology and high-precision geochronology. *GSA Today* 8(9) : 1-8(초기 동물의 다양화에 대하여, 시간적 관계를 밝힌다).

Budd, G. E., and S. Jensen. 2000. A critical reappraisal of the fossil record of the bilaterian phyla. *Biological Reviews* 75 : 253-295(캄브리아기 동물에 대한 비판적이지만 중요한 논문. 대부분이 좌우대칭동물문 또는 강의 꼭대기 생물군이라고 강조한다).

Carroll, S. B., J. K. Grenier, and S. C. Weatherbee. 2001. *From DNA to Diversity*. Blackwell Scientific, Oxford(발생 유전자와 동물 진화를 다룬 훌륭한 입문서).

Chen, J., and G. Zhou. 1997. Biology of the Chenjiang fauna. *Bulletin of the National Museum of Natural Science (Taiwan)* 10 : 11-106(버제스의 형님에 해당하는 화석군을 자세히 해설한다).

Conan Doyle, A. 1892. *Silver Blaze*, reprinted in *Complete Sherlock Homes*. Doubleday, New York, 1960(짓지 않는 개에 대한 인용의 출처).

Conway Morris, S. 1998. 1장의 참고문헌을 보라.

Davidson, E. H. 2001. *Genomic Regulatory Systems : Development and Evolution*. Academic Press, New York(발생 유전자와 그 진화상의 의미를 훌륭하고 수준 높게 논한다. 초기의 동물이 현대의 유충과 비슷했고, '보류세포'[set-aside cell]가 진화했을 때부터 크고 복잡한 몸을 만드는 능력이 생겼다고 하는 데이비슨의 흥미롭고도 논란을 불러일으키는 가설도 논의된다).

Eliott, T. S. 1942. Little Gidding, in *The Complete Poems and Plays, 1909-1950*. Harcourt Brace and World, New York(Four Quartets의 'Little Gidding'에서 발췌함. Copyright 1942 by T. S. Eliot and renewed 1970 by Esme Valerie Eliot and renewed 1970 by Esme Valerie Eliot. Harcourt, Inc의 허가를 받아 전재).

Fortey, R. A., D. E. G. Briggs, and M. A. Wills. 1996. The Cambrian evolutionary 'Explosion' : Decoupling cladogenesis from morphological disparity. *Biological Journal of the Linnaean Society* 57 : 13-33(동물의 계통은 일찍부터 갈라졌지만, 특유의 몸 설계가 진화한 것은 캄브리아기에 이르러서였다고 주장한다).

Garey, J. R., and A. Schmidt-Rhaesa. 1998. The essential role of "minor" phyla in molecular studies of animal evolution. *American Zoologist* 38 : 907-917('마이너 생물'— 계통관계의 분석에서 좀처럼 다루어지지 않는 작은 동물문— 을 열렬히 옹호하는 동시에, 분자적인 자료로 밝혀진 동물의 계통관계에 대한 훌륭한 논의도 있다).

Gould, S. J. 1989. *Wonderful Life : The Burgess Shale and the Nature of History*. Norton, New York(버제스 동물군에 대한 정밀한 묘사와 함께, 그들의 고생물학에 대하여— 논란은 있지만— 흥미로운 해석을 하고 있는, 책장을 덮을 수 없게 만드는 책).

Jensen, S. 1992. Trace fossils from the lower Cambrian Mickwitzia sandstone, south-central Sweden. *Fossils and Strata* 42 : 1-111(원생이언-캄브리아기 경계에 걸친 시기의 생흔화석에 대해 알 수 있는 좋은 문헌).

Knoll, A. H., and S. B. Carroll. 1999. Early animal evolution : Emerging view from comparative biology and geology. *Science* 284 : 2129-2137(발생 유전자와 고생물학에서 얻은 통찰을 통합하려 시도한 문헌— 이 장의 기초자료로 쓰였다).

Miklos, G. L. G. 1993. Emergence of organizational complexities during metazoan evolution : Perspectives from molecular biology, palaeontology, and neo-Darwinism. *Association of Australasian Palaeontologists, Momoir* 15 : 7-14(유기체의 계—특히 초기 동물의 신경계—에서 진화의 과정에 생긴 새로운 특성의 중요성을 강조한다).

Ruppert, E. E., and R. D. Barnes. 1994. *Invertebrate Zoology*, sixth edition. Saunders College Publishing, Fort Worth(동물의 놀라운 다양성에 관해 알 수 있는 좋은 책).

Smith, A. 1999. Dating the origins of metazoan body plans. *Evolution and Development* 1 : 138-142(초기 동물이 갈라진 시기에 대해, 분자시계와 지질학의 관점을 접목시키는 진지한 논문).

Valentine, J. W., D. Jablonski, and D. H. Erwin. 1999. Fossils, molecules and embryos : New perspectives on the Cambrian Explosion. *Development* 126 : 851-859(초기의 동물 진화 연구에서 유전학과 고생물학을 어떻게 결합시킬지에 대한 또 하나의 관점

을 제시한다).

Wray, G. A., J. S. Levinton, and L. H. Shapiro. 1996. Molecular evidence for deep Precambrian divergences among metazoan phyla. *Science* 274 : 568-573(분자시계를 이용해 초기 동물의 분기를 논한다).

12장

원생이언 후기 빙하기에 관한 주요 문헌

Evans, D. A. D. 2000. Stratigraphic, geochronological, and paleomagnetic constraints upon the Neoproterozoic climatic paradox. *American Journal of Science* 300 : 347-433.

Harland, W. B., and M. S. Rudwick. 1964. The great Infra-Cambrian ice age. *Scientific American* 211(2) : 28-36.

Hoffman, P. F. 1999. The break-up of Rodinia, birth of Gondwana, true polar wander, and the Snowball Earth. *Journal of African Earth Sciences* 28 : 17-33.

Hoffman, P. F., A. J. Kaufman, G. P. Halverson, and D. P. Schrag. 1998. A Neoproterozoic Snowball Earth. *Science* 281 : 1342-1346.

Hoffman, P. F., and D. P. Schrag. 2002. The snowball Earth hypothesis : testing the limits of global change. *Terra Nova* 14 : 129-155.

Hyde, W. T., T. J. Crowley, S. K. Baum, and W. R. Peltier. 2000. Neoproterozoic Snowball Earth's simulations with a coupled climate/ ice sheet model. *Nature* 405 : 425-429.

Kennedy, M. J., N. Christie-Blick, and A. R. Prave. 2001. Carbon isotopic composition of Neoproterozoic glacial carbonates as a rest of paleoceanographic models for Snowball Earth phenomena. *Geology* 29 : 1135-1138.

Kirschvink, J. 1992. Late Proterozoic low latitude glaciation : The Snowball Earth, pp.51-52 in J. W. Schopf and C. Klein, editors, *The Proterozoic Biosphere : A Multidisciplinary Study*. Cambridge University Press, Cambridge.

Schrag, D. P., R. A. Berner. P. F. Hoffman, and G. P. Halverson. 2002. On the initiation of a snowball Earth. *Geochemistry Geophysics Geosystems* 3 : art. no. 1036(Electronic journal file, accessible by Internet).

Vidal, G., and A. H. Knoll. 1982. Radiations and extinction of plankton in the late

Proterozoic and Early Cambrian. *Nature* 297 : 57-60.

동물과 원생이언 후기 산소증가에 관한 문헌

Canfield, D. E., and A. Teske. 1996. Late Proterozoic rise in atmospheric oxygen concentration inferred from phylogenetic and sulphur-isotope studies. *Nature* 382 : 127-132.

Derry, L. A., A. J. Kaufman, and S. B. Jacobsen. 1992. Sedimentary cycling and environmental change in the late Proterozoic : Evidence from stable and radiogenic isotopes. *Geochimica et Cosmochimica Acta* 56 : 1317-1329.

Graham, J. B. 1988. Ecological and evolutionary aspects of integumentary respiration : Body size, diffusion, and the Invertebrata. *American Zoologist* 28 : 1031-1045.

Knoll, A. H., J. M. Hayes, J. Kaufman, K. Swett, and I. Lambert. 1986. Secular variation in carbon isotope ratios from upper Proterozoic successions of Svalbard and East Greenland. *Nature* 321 : 832-838.

Nursall, J. R. 1959. Oxygen as a prerequisite to the origin of the metazoa. *Nature* 183 : 1170-1172.

Rhoads, D. C., and J. W. Morse. 1971. Evolutionary and ecological significance of oxygen-deficient marine basins. *Lethaia* 4 : 413-428.

Runnegar, B. 1982. Oxygen requirements, biology and phylogenetic significance of the late Precambrian worm Dickinsonia, and the evolution of the burrowing habit. *Alcheringa* 6 : 223-239.

Towe, K. M. 1970. Oxygen-collagen priority and the early metazoan fossil record. *Proceedings of the National Academy of Sciences, USA* 65 : 781-788.

원생이언-캄브리아기 경계에서 일어난 환경의 교란과 그것이 생물에 미친 영향에 관한 문헌

Amthor, J. E., J. P. Grotzinger, et al. 2003. Extinction of Cloudina and Namacalathus at the Precambrian-Cambrian boundary in Oman. *Geology* 31 : 431-434.

Bartley, J. K., M. Pope, A. H. Knoll, M. A. Semikhatov, and P. Yu. Petrov. 1998. A Vendian-Cambrian boundary succession from the northwestern margin of the Siberian Platform : Stratigraphy, paleontology, chemostratigraphy, and correlation. *Geological Magazine* 135 : 473-494.

Kimura, H., and Y. Watanabe. 2001. Oceanic anoxia at the Precambrian-Cambrian boundary. *Geology* 29 : 995-998.

Knoll, A. H., and S. B. Carroll. 1999. 11장의 참고문헌을 보라.

13장

화성 운석 논쟁에 관한 주요 문헌

Barber, D. J., and E. R. D. Scott. 2002. Origin of supposedly biogenic magnetite in martian meteorite Allan Hills 84001. *Proceedings of the National Academy of Sciences, USA* 99 : 6556-6561.

Bradley, J. P., R. P. Harvey, and H. Y. McSween, Jr. 1996. Magnetite whiskers and platelets in the ALH84001 Martian meteorite : Evidence of vapor phase growth. *Geochimica et Cosmochimica Acta* 60 : 5149-5155.

Clemett, S. J., X. D. F. Chillier, S. Gillette, R. N. Zare, M. Maurette, C. Engrand, and G. Kurat. 1998. Observation of indigenous polycyclic aromatic hydrocarbons in "giant" cabonaceous antarctic micrometeorites. *Origins of Life and Evolution of the Biosphere* 28 : 425-448.

Gibson, E. K., Jr., D. S. McKay, K. Thomas-Keprta, and C. S. Romanek. 1997. The case for relic life on Mars. *Scientific American* 277(12) : 58-65.

Golden, D. C., D. W. Ming, H. V. Lauer, Jr., C. S. Schwandt, R. V. Morris, G. E. Lofgren, and G. A. McKay. 2002. Inorganic formation of "truncated hex-octahedral" magnetite : Implications for inorganic processes in Martian meteorite ALH-84001. *Abstracts, Lunar and Planetary Science Conference*.

Golden, D. C., D. W. Ming, C. S. Schwandt, H. V. Lauer, Jr. R. A. Socki, R. V. Morris, G. E. Lofgren, and G. A. McKay. 2001. A simple inorganic process for formation of carbonates, magnetite, and sulfides in Martian meteorite ALH84001. *American Mineralogist* 86 : 370-375.

Kerr, R. A. 2002. 4장의 참고문헌을 보라.

McKay, D. S., E. K. Gibson, Jr., K. L. Thomas-Keprta, H. Vali, C. S. Romaneck, S. J. Clemett, X. D. F. Chillier, C. R. Maechling, and R. N. Zare. 1996. Search for past life on Mars : Possible relic biogenic activity in martian meteorite ALH84001. *Science* 273 : 924-930.

Mittlefeldt, D. W. 1994. ALH84001, a cumulate orthopyroxenite member of the martian meteorite clan. *Meteoritics* 29 : 214-221.

Thomas-Keprta, K. L., and 9 others. 2001. Truncated hexa-octahedral magnetite crystals in ALH84001 : Presumptive biosignatures. *Proceedings of the National Academy of Science, USA* 98 : 2164-2169.

Treiman, A. Recent scientific papers on ALH84001 explained, with insightful and totally objective commentaries. http : //cass.jsc.nasa.gov/lpi/meteorites/alhnpap. html(앨런 힐스 운석에 관한 논문들을 객관적으로 고찰하는 훌륭한 웹사이트. 애석하게도 2000년 12월 12일 이후 업데이트가 이루어지지 않고 있다).

우주생물학과 우주고생물학에 관한 문헌

Carr, M. 1996. *Water on Mars*. Oxford University Press, Oxford(화성 생명의 중요한 조건을 말하는, 전문적이면서 권위 있는 문헌).

Davies, P. 1995. *Are We Alone?* Penguin Books, London(날카롭고 논리 정연한 우주물리학자가 이 물음에 대해 해설한다).

Des Marais, D., editor. 1997. *The Pale Blue Dot Workshop : Spectroscopic Search for Life on Extrasolar Planets*. NASA Conference Publication 10154, 39 pp.(근처 항성계의 생명탐사 방법에 대한 토론회의 결과. 지구형행성탐사계획에 대한 우주생물학적 근거를 제공한다).

Farmer, J. D., and D. J. Des Marais. 1999. Exploring for a record ancient martian life. *Journal of Geophysical Research* 104 : 26977-26995(화성의 고생물학적 조사에 대한 전략을 명확히 서술한다).

Goldsmith, D., and T. Owen. 2001. *The Search for Life in the Universe*, third edition. University Science Books, Sausalito, Calif(우주와 거기에 존재할지도 모를 생명에 대해, 읽기 쉬운 안내를 제공하는 책).

Gopnik, A. 2002. The porcupine : A pilgrimage to Popper. *The New Yorker*, April 1, 2002 : 88-93(칼 포퍼와 과학 논쟁의 본질에 대하여 날카로운 통찰력을 제공한 에세이).

Hesse, H. 1943. *The Glass Bead Game*. Reissue edition by Henry Holt, New York, 1990(13장에 인용된 내용의 출처).

Lissauer, J. J. 1999. How common are habitable planets? *Nature* 402 : C11-C14.(한 난제를 다룬 깊이 있는 에세이).

Lunine, J. I. 1999. In search of planets and life around other stars. *Proceedings of the National Academy of Sciences, USA* 96 : 5353-5355(태양계 외 행성의 탐사를 다룬 읽기 쉬운 글. 그 우주생물학적인 의미도 고찰한다).

Malin, M. C., and K. S. Edgett. 2000. Evidence for recent groundwater seepage and surface runoff on Mars. *Science* 288 : 2330-2335(화성의 표면에 비교적 최근, 물이 존재했다고 주장하는 새로운 의견).

McSween, H. Y., Jr. 1997. *Fanfare for Earth : The Origin of Our Planet and Life*. St. Martin's Press, New York(지구의 역사와 그것이 우주 생명의 관점에서 갖는 의미를 멋지게 그려낸 글).

Shostak, S., B. Jakosky, and J. O. Bennett. 2002. *Life in the Universe*. Addison-Wesley, Boston(우주생물학 전반에 관한 훌륭한 입문서).

Tarter, J. C., and C. F. Chyba. 1999. Is there life elsewhere in the universe? *Scientific American* 281 (12) : 118-123(SETI와 지구 외 생명탐사에 대해).

Walter, M. R. 1999. *The Search for Life on Mars*. Perseus Books, Reading Mass(선캄브리아 시대 고생물학의 권위자가 우주생물학 전반을 대략적으로 이야기한 글).

Ward, P. D., and D. Brownlee. 2000. *Rare Earth : Why Complex Life Is Uncommon in Universe*. Copernicus Books, New York(고생물학자와 우주과학자가 함께, 그들의 책 제목이 말하려는 바에 대해 논하는 책).

에필로그

Barnes, J. 1984. *Flaubert's Parrot*. Jonathan Cape, London(도입부 인용의 출처. 허가를 받아 전재).

Bradie, M. 1994. The Secret Chain : Evolution and Ethics. State University of New York Press, Albany, N. Y.(진화와 인간윤리를 결부시킨 철학).

de Duve, C. 1995. *Vital Dust : Life as a Cosmic Imperative*. Basic Books, New York(과학과 가톨릭에 모두 친숙한 위대한 세포생물학자가 쓴, 생명사에 관한 흥미로운 입문서).

Gould, S. J. 1999. *Rocks of Ages : Science and Religion in the Fullness of Life*. Ballantine Books, New York(굴드는 과학과 종교를 '중첩되지 않는 권위'라고 부른다—별개의 목표와 수단을 갖고 진리탐구를 위해 노력한다는 뜻이다).

Myers, N., and A. H. Knoll, editors. 2001. The biotic crisis and the future of evolution. *Proceedings of the National Academy of Sciences, USA* 98 : 5389-5480(생명 진화의 미래를 주제로 한 세미나를 바탕으로 정리한 논문들).

O'Hara, R. J. 1992. Telling the tree. *Biology and Philosophy* 7 : 135-160(계통학의 시대에서 진화사를 바라본 깊이 있는 논문).

Ruse, M. 2001. *Can a Darwinian be a Christian?* Cambridge University Press,

Cambridge(과학적 사고와 기독교적 사고의 접점을 철학적으로 탐구한 재미있는 책. 강력 추천함).

Sproul, B. C. 1979. *Primal Myths : Creation Myth around the World*. HarperCollins, New York(창조에 관한 전통적인 생각들을 풍성하게 소개하는 저술).

Tucker, M. E., and J. A. Grim, editors. 2001. Religion and ecology : Can the climate change? *Daedalus* 130(4) : 1-306(지구환경 변화의 시대에 생각하는 논리와 종교에 관한 15개의 소논문).

찾아보기

인명

【ㄱ】

거스 아르헤니우스 Arrhenius, Gus 106
게리 올슨 Olsen, Gary 51
곤잘로 비달 Vidal, Gonzalo 220, 307
귀리히 Gürich, G. 237
귄터 베히터스호이저 Wächtershäuser, Gunther 125-126
그랜트 영 Young, Grant 299
그레그 레이 Wray, Greg 285-287
그레이엄 버드 Budd, Graham 272
기무라 히로토 木村浩人 312

【ㄴ】

나일스 엘드리지 Eldredge, Niles 29, 171
너셜 Nurshall, J. R. 309
노먼 슬립 Sleep, Norman 52
니콜라우스 코페르니쿠스 Copernicus, Nicolaus 347, 350
닉 버터필드 Butterfield, Nick 컬러도판 2, 71, 216, 276
닉 크리스티 - 블릭 Christie-Blick, Nick 304

【ㄷ】

댄 슈래그 Schrag, Dan 301-302, 304, 310
데렉 브릭스 Briggs, Derek 276

데이비드 데스 마라이스 Des Marais, David 155
데이비드 디머 Deamer, David 124
데이비드 매케이 McKay, David 322-328, 331-332
데이비드 바버 Barber, David 333
데이비드 캐틀링 Catling, David 154
도널드 브라운리 Brownlee, Donald 342
도미타니 아키코 166
돈 로위 Lowe, Don 90
돈 캔필드 Canfield, Don 156, 226-229, 311
딕 밤바크 Bambach, Dick 206
딕 홀랜드 Holland, Dick 145, 152

【ㄹ】

라이너스 폴링 Pauling, Linus 44
레그 스프리그 Sprigg, Reg 237, 248
레오 버스 Buss, Leo 245
레자 가드히리 Gadhiri, Reza 122
로버트 버너 Berner, Robert 304
로저 뷰익 Buick, Roger 81, 89, 90, 105, 141
로저 서먼스 Summons, Roger 74, 140-141
루 데리 Derry, Lou 311
루이 파스퇴르 Pasteur, Louis 111-112, 182
루이스 토머스 Thomas, Lewis 190
르네 데카르트 Descartes, René 349

리처드 렌스키 Lenski, Richard 170
리처드 젠킨스 Jenkins, Richard 242
리처드 포티 Fortey, Richard 276
린 마굴리스 Margulis, Lynn 182-183, 185, 192, 196, 199
린다 카 Kah, Linda 176, 228

【ㅁ】

마리아 리비에라 Riviera, Maria 49
마이클 멀린 Malin, Michael 338
마이클 에이캄 Akam, Michael 281
마이클 카 Carr, Michael 338
마크 맥메나민 McMennamin, Mark 245
마크 커슈너 Kirschner, Marc 271
마크 티먼스 Thiemans, Mark 151
마틴 글레스너 Glaessner, Martin 237, 241, 243
마틴 반 크라넨돈크 van Kranendonk, Martin 93
마틴 브레이저 Brasier, Martin 94-95, 97
마틴 쉘 Schoell, Martin 147-148
마틴 케네디 Kennedy, Martin 304
마틴 화이트하우스 Whitehouse, Martin 106
매튜 윌스 Wills, Matthew 276
맬컴 월터 Walter, Malcolm 90, 104
메리 웨이드 Wade, Mary 243
모드 월쉬 Walsh, Maud 100
미닉 로징 Rosing, Minik 106-107
미샤 세미하토프 Semikhatov, Misha 21-22, 30, 172, 175, 177
미샤 페돈킨 Fedonkin, Misha 243, 249
미스 반 데어 로에 van der Rohe, Mies 64
미첼 소긴 Sogin, Mitchell 194, 196, 200
미칼리스 아베로프 Averof, Michalis 281
미클로스 뮐러 Müller, Miklos 197-199

【ㅂ】

밥 호로디스키 Horodyski, Bob 164
벤 와고너 Waggoner, Ben 249
보니 패커 Packer, Bonnie 93
보리스 티모페예프 Timofeev, Boris 220, 237
볼로디야 세르기예프 Sergeev, Volodya 161
브라이언 할랜드 Harland, Brian 59, 71, 295-296
브루스 러네거 Runnegar, Bruce 243
브루스 자코스키 Jakosky, Bruce 335
블랑쉬 드보아 DuBois, Blanche 193
비르거 라스무센 Rasmussen, Birger 101, 105
빌 쇼프 Schopf, Bill 93, 97, 166, 208, 223

【ㅅ】

사라 깁스 Gibbs, Sarah 189
사이먼 콘웨이 모리스 Conway Morris, Simon 276
사이먼 클레메트 Clemett, Simon 327
샘 보우링 Bowring, Sam 272
샤오수하이 肖書海 208, 210, 212-214
선야난 沈亞楠 227
성 아우구스티누스 Augustine, St. 348
셜록 홈스 Holmes, Sherlock 245-246
소렐 피츠-기번스 Fitz-Gibbons, Sorel 49

숀 캐롤Carroll, Sean 281
수잔나 포터Porter, Susannah 217-218
슈얼 라이트Wright, Sewall 169
쉼퍼Schimper, A. F. W. 181-182
스타인 제이콥슨Jacobsen, Stein 311
스탠리 밀러Miller, Stanley 113-114, 122, 131
스탠리 타일러Tyler, Stanley 59, 135
스테판 벵트손Bengtson, Stefan 26, 214, 267, 273
스티브 골루빅Golubic, Steve 68-69
스티브 모이치스Mojzsis, Steve 105-106
스티브 베너Benner, Steve 329
스티브 스퀴어스Squyres, Steve 337
스티븐 제이 굴드Gould, Stephen Jay 29, 171, 274-275
시드니 앨트먼Altman, Sidney 117

【ㅇ】
아담 고프니크Gopnik, Adam 333
아돌프 자일라허Seilacher, Adolf 237, 240-245, 248, 275, 289, 313
아사드 알–투카이르Al-Thukair, Assad 68
아우구스트 크로그Krogh, August 309
아이리스 프라이Fry, Iris 118
아이작 뉴턴Newton, Isaac 347
알렉산더 오파린Oparin, Alexander 113
알렉세이 베이스Veis, Alexei 177
알렉세이 페도로프Fedorov, Alexei 199
알버트 아인슈타인Einstein, Albert 347
알프레드 베게너Wegener, Alfred 65
앤드류 스미스Smith, Andrew 288-289

앤드류 스틸Steele, Andrew 331
에드 스톨퍼Stolper, Ed 324
에드워드 스코트Scott, Edward 333
에밀 주커캔들Zuckerkandl, Emile 44
에어리얼 앤바Anbar, Ariel 228
엘리엇Eliot, T. S. 259
엘소 바곤Barghoorn, Elso 59, 99, 135, 237
엠마뉘엘 자보Javaux, Emmanuelle 222
오모토 히로시大本洋 146, 152
와우터 나이먼Nijman, Wouter 89
와타나베 요시오渡部芳夫 312
요헨 브록스Brocks, Jochen 141, 146
월터 길버트Gilbert, Walter 119
월트 휘트먼Whitman, Walt 11
웨스 워터스Watters, Wes 253-254
웰머Wellmer, F. M. 147-148
윌리엄 루비Rubey, William 114
윌리엄 마틴Martin, William 197
윌리엄 맥기니스McGinnis, William 281
윌리엄 콤스턴Compston, William 86
이래즈머스 다윈Darwin, Erasmus 112
이반 월린Wallin, Ivan 192
인레이밍尹磊明 212

【ㅈ】
자닌 베르트랑 사르파티Bertrand-Sarfati, Janine 164
장웨張岳 214
장원張昀 212, 215
잭 쇼스택Szostak, Jack 121
제라드 점스Germs, Gerard 234, 237, 250

제리 조이스Joyce, Jerry 121
제이 카우프먼Kaufmann, Jay 310-311
제임스 러브록Lovelock, James 341
제임스 레이크Lake, James 49
제임스 파쿠아Farquhar, James 151
제임스 허턴Hutton, James 81
조 커슈빈크Kirschvink, Joe 300-301, 332
조너선 스위프트Swift, Jonathan 225
조지 폭스Fox, George 46
존 거하트Gerhart, John 271
존 그로칭거Grotzinger, John 92, 234, 241, 251, 255, 313-315
존 던롭Dunlop, John 90
존 아치볼드 휠러Wheeler, John Archibald 13
존 헤이스Hayes, John 148, 310
죄렌 옌젠Jensen, Sören 272
줄리 바틀리Bartley, Julie 174
줄리언 그린Green, Julian 67
줄리언 반스Barnes, Julian 21, 27, 345
짐 게링Gehling, Jim 243

【ㅊ】

찰스 다윈Darwin, Charles 19, 25, 27-31, 36-38, 45, 53, 78, 109, 111-112, 126, 128, 171, 183, 231, 234, 255, 284, 345-347, 350
찰스 델위치Delwiche, Charles 191
찰스 둘리틀 월코트Walcott, Charles Doolittle 211
천멍거陣孟我 210

【ㅋ】

카롤루스 린네Linnaeus, Carolus 36
카터 타카스Takacs, Carter 287-288
칼 니클라스Niklas, Karl 170
칼 워스Woese, Carl 44, 194
칼 포퍼Popper, Karl 333
캐스 그레이Grey, Kath 92
케네스 에지트Edgett, Kenneth 338
케네스 토우Towe, Kenneth 310
케빈 잔늘Zahnle, Kevin 154
케빈 피터슨Peterson, Kevin 287-288
코마Komar, V. A. 175
콘스탄틴 세르게예비치 메레츠코프스키 Merezhkovsky, Konstantin Sergeevich 181-183, 185-186, 192
크리스토퍼 매케이McKay, Christopher 154
크리스토퍼 페도Fedo, Christopher 106
크리스토퍼 하우스House, Christopher 49
크리스티앙 드 뒤브De Duve, Christian 35

【ㅌ】

토니 프레이브Prave, Tony 304
토마스 아퀴나스Aquinas, Thomas 349
토머스 체크Cech, Thomas 117
톰 도비액Wdowiak, Tom 97
톰 크롤리Crowley, Tom 305
팀 라이온스Lyons, Tim 228

【ㅍ】

폴 데이비스Davies, Paul 335
폴 팔코우스키Falkowski, Paul 188

폴 호프먼Hoffman, Paul 컬러도판 3, 301-302, 304, 310
프랜시스 크릭Crick, Francis 116-117, 123
프레스톤 클라우드Cloud, Preston 142, 152-153, 237, 250
프리먼 다이슨Dyson, Freeman 123
피터 고가튼Gogarten, Peter 47
피터 워드Ward, Peter 342
피파 할버슨Halverson, Pippa 304

【ㅎ】

한스 플루크Pflug, Hans 237
한스 호프먼Hofmann, Hans 69, 92, 139, 163
해롤드 유리Urey, Harold 113
햅 맥스윈McSween, Hap 324, 342, 346
헤르만 헤세Hesse, Hermann 340
홀데인Haldane, J. B. S. 113
후안 가르시아-루이스Garcia-Ruiz, Juan 331
후안 오로Oró, Juan 119
히먼 하트먼Hartman, Hyman 199

기타

2-메틸박테리오호파네폴리올 140
2-메틸호페인 140-141
ALH-84001 322-328, 330-335 ; ― 에 지구 박테리아의 오염, 331 ; ― 안의 산소동위원소, 326 ; ― 안의 다환방향족탄화수소, 327 ; ― 안의 미화석으로 추정되는 것, 326-329, 331
ATP 36, 47, 192
DNA 36, 44, 46, 75, 115-117, 119, 122, 124, 129, 184-186, 189, 192-193, 195, 198-199, 224, 342
NADPH 130
RNA 세계 115, 119, 121, 329
RNA 36, 44-46, 49, 115-117, 119-124, 184, 192, 194, 196-197, 200, 279, 329 ; 리보솜 RNA, 45 ; ― 자가 스플라이싱, 117
Ubx 281

【ㄱ】

가이아 가설 341
갈리오넬라 138
개펄(조간대) 15, 21, 62-63, 66-71, 74, 112, 137, 139, 167-168, 170, 173-174, 216
갭 결합 263
거대이차이온질량분석기(SHRIMP) 87
건플린트 층군 59, 135-140, 153, 156, 162 ; ― 의 연대, 135 ; ― 의 탄소동위원소, 139 ; ― 의 미화석, 컬러도판 3, 135-140, 234 ; ― 의 황동위원소, 139, ― 의 스트로마톨라이트, 135-138
건플린티아 미누타 138
검은 셰일 71-72, 210
게놈 46, 49-50, 195-196, 198-199
계통관계 45, 47, 50, 70, 185, 187-188, 194, 197-198, 200, 211, 217, 220, 237, 260, 279 ; 분자적 ―, 44, 192,

264

고생물학 15, 35, 37, 40, 59-60, 69-71, 76, 88, 97-99, 104-105, 135-136, 140, 142-143, 168, 170, 175, 207, 212, 215, 220, 223, 229, 234, 237, 261, 267, 271-272, 274, 279, 285, 288-289, 291, 295, 310, 317, 324, 326, 330, 337

고세균 46-52, 54, 75, 103-104, 148-150, 154, 193, 197, 199, 206, 225, 306 ; ― 의 오랜 역사, 103 ; 호열성 ― , 51-52 ; 메탄생성 ― , 41, 45, 50-51, 148-150, 197, 342

고지자기 300

골격(뼈) 36-37, 58, 78, 193-194, 197, 199, 221-222, 225-226, 235, 238, 250-251, 253-254, 261-262, 266-268, 270-272, 275-276, 279, 309, 314-315

골지체 193, 195

공룡 13-15, 35, 72, 238, 255, 284, 313-314, 330, 345-346

공생 181-183, 185-190, 192-200, 216, 245, 265

광합성 15, 39, 40-42, 50, 53, 66, 75-76, 78, 94, 97-99, 102-104, 106, 128-129, 131, 147-148, 150, 152-153, 181, 183, 185-190, 192-193, 216-217, 228-229, 310-311, 337, 347 ; 박테리아의 ― , 50 ; 과정에서 탄소동위원소 분별효과, 75-77 ; 시아노박테리아의 ― , 152 ; 진핵생물의 ― , 181-183, 185-192 ; ― 의 진화, 128-131

광화학계 129

구이저우 성, 중국 203, 205, 212-213, 215, 221

군비경쟁, 진화의 265, 267, 316

규조류 200

균류 39, 42, 44, 190, 200, 223, 225, 307

그랜드캐니언, 애리조나 75, 337, 339, 348

그레이트 월, 시베리아 161-164, 171, 173-174, 203, 206, 215, 222, 334

극피동물 248, 255, 268, 272, 287, 316 ; 나판강 ― , 272-273 ; 분자시계의 교정 ― , 287

극한생물 51

근육 128, 243, 245, 249, 264-266, 272, 279

기관, 동물의 44, 128, 182, 186, 192-193, 195, 198, 244-245, 265-266, 280, 309-310

기생체 195-196

꼭대기 생물군 276-277, 317

꿈의 시대, 호주 원주민의 347

【ㄴ】

나노화석 329

나노미터 207, 263, 328-329

나마 층군 컬러도판 7, 235-239, 241-242, 246, 250-251, 253, 255, 289, 314 ; ― 의 화석, 컬러도판 7, 234, 236-239, 246-249 ; ― 의 연대, 236

나마칼라투스 254-255, 266, 315

내배엽 265-266

찾아보기 381

내부공생 181-183, 185-186, 188-190, 194-196, 216 ; 1차—, 189-191 ; 2차 —, 189-191, 216 ; 3차 —, 189-191 ; —설, 181-185
노스 폴, 호주 81-82, 88-89, 93, 97-98, 140, 161
눈덩이 지구 297, 301-303, 305, 332
뉴클레오티드 119-120, 122-124
능철석(FeCO$_3$) 144

【ㄷ】

다세포성 201
다양성, 생물의 14, 16, 35-36, 38-40, 54, 67, 71, 75, 171, 212, 219, 221, 223-226, 237, 242, 246, 255, 267, 281, 314
다환방향족탄화수소 327
단백질 36, 42-44, 52, 112, 114-118, 122-129, 182, 186, 189, 193, 196-198, 208, 261-264, 279-280, 329, 342 ; 샤프롱—, 186
단속평형설 28, 171
단지폴립 254
당 39, 41-42, 113, 119, 185-186, 192 ; 생명 탄생 이전의 화학반응에서—, 113, 119 ; 내부공생에서—의 구실, 185
대륙의 기원 102
대멸종 176, 210, 262, 284, 306-307, 313, 316 ; 원생이언-캄브리아기 경계에서 일어난—, 313-315 ; 원생이언 후기의 빙하시대와 관계있는 —, 307 ; 백악기-고제3기 경계의—, 313, 315 ; 페름기-트라이아스기 경계의—, 307, 313-315
대장균 44, 170, 196, 224, 328
대진화 317
더우산퉈 층군 205-206, 209, 211-213, 215, 307 ; — 의 화석, 컬러도판 5, 209-215, 295 ; —의 연대, 205
데르베시아 239
도구상자, 발생의 226, 263, 279, 281, 283, 312, 317
도메인(영역) 46-49, 102
돌연변이 169, 223, 281, 284, 308 ; 스트레스로 유발된—, 308
동물 ; —과 공생하는 광합성생물, 190 ; —의 대형화, 311 ; —의 계통관계, 261, 278 ; —의 몸 설계, 267, 279, 289 ; 에디아카라 이전의—의 화석으로 볼 수 있는 것, 289 ; 에디아카라—의 화석, 컬러도판 7, 235, 237-255, 261, 265, 287, 295, 303, 308, 312-317 ; 좌우대칭—, 247-248, 268, 271, 277, 312 ; 이배엽—, 315 ; 초창기— 의 화석, 컬러도판 5, 213-215
동물의 발생 213, 281
동위원소 ⇒ 탄소동위원소 ; 지질연대결정 ; 황동위원소 항목을 보라.
동일과정설 64
드롭스톤 205
디스털리스distal-less 280, 283
디킨소니아 컬러도판 7, 243-244

[ㄹ]

라한다 층 216-217
람블편모충 195-196, 200
랑게아 240, 242, 244
렙토트릭스 컬러도판 3, 138
로퍼 층군 221-222, 226-227, 229
리보솜 44-46, 49, 115, 117, 184, 192-194, 196, 200, 329
리보오스 119
리보자임 117, 121 ; ― 을 진화시키는 실험, 121
링그비아 컬러도판 2, 165

[ㅁ]

마우소니테스 컬러도판 7, 239
마지막 공통조상 37, 47, 52, 196, 225, 268-271, 283, 285, 288, 290
말미잘 211, 239-240, 247, 251
매트 21, 62, 66-69, 72, 74, 90, 92, 100, 137-139, 146, 163, 168, 173-176, 209, 331, 334 ; 시아노박테리아 ― , 63, 67-68, 92, 146 ; 미생물 ― , 62, 72, 92
맨눈으로 볼 수 있는 화석, 원생이언 중기의 222
먀오허, 중국 210-211
먀오허피톤 210
먹이그물 218
메두시니테스 239
메타노코쿠스 야나스키이 46
메탄 40-41, 50-51, 113-114, 147-150, 154, 197, 299, 304, 310, 313, 340, 342
메탄생성세균 ⇒ 고세균 ; 메탄생성
몰리브덴 228-229
물질대사 39-44, 46, 50-51, 53, 75, 78, 93, 98, 105, 115, 123-127, 129, 131, 138, 147, 149, 156, 177, 186, 192-193, 197-198, 218, 298, 311, 335, 342 ; 산소가 필요한 ― , 53 ; 산소가 필요 없는 ― , 39, 42, 53
미세소관 193
미토콘드리아 183, 192-198, 221 ; 세포핵으로 유전자의 이동, 192 ; ― 의 상실, 195 ; ― 의 기원, 192-193
미포자충 200
미화석 60, 66-68, 71, 74-75, 78, 88, 93, 96-97, 100, 136-139, 163-164, 166, 177, 207, 209, 212, 216-218, 220-222, 225-226, 236, 326-327, 334 ; ALH-84001에 존재하지 않음, 334 ; 32억 년 전 암석 안의 ― , 101, 105 ; 꽃병 모양의 ― , 컬러도판 2, 71, 217-218, 225, 229 ; 건플린트 층군의 ― , 136-138 ; 시생이언 초기의 ― 으로 볼 수 있는 것, 93-97 ; 스피츠베르겐 섬의 암석 속의 ― , 컬러도판 2, 60-68, 72 ; 빌랴흐 층군의 ― , 컬러도판 4, 161-166, 168, 172-176
밀러-유리 실험 114

[ㅂ]

바다조름 240-242, 264
바닷말 38-39, 72, 176-177, 210, 225,

229, 241, 254, 262, 265, 291, 311
바베르톤 산지, 남아프리카 99, 107, 136 ; —의 탄소동위원소, 99 ; —에서 나온 화석, 99-100 ; —의 스트로마톨라이트, 99
바우체리아와 비슷한 화석 217
바이러스 49, 129, 224, 329
바이킹 화성탐사선 324
바하마 제도 67
박테리아 ; 13-14, 21, 24, 38-44, 46-52, 54, 58-59, 66, 69 ; —의 오랜 역사, 102 ; —의 세포조직, 116 ; 화학합성 —, 50, 98 ; 지각 깊은 곳에 사는—, 325-326 ; —의 진화, 171 ; —의 화석, 59, 72 ; 종속영양—, 70 ; 호열성 —, 51-52 ; 철—138-139 ; 메탄산화 —, 148 ; 광합성 —40-41, 45, 50, 129, 150 ; 황산화—, 291
반감기 84-86
반색동물 268
발효 39-41, 149, 192, 197
방기아 컬러도판 6
방기오몰파 컬러도판 6
방사성 연대결정 297, 312
방사성동위원소 84
배 ; —의 발생, 268, 279-280 ; —화석, 213-214
백운암(백운석) 23, 61, 154, 161-162, 171, 173, 205-206, 298, 305
백해, 러시아 239, 242-243, 247-248, 283
버제스 셰일 211, 215, 274, 276, 314
번역(RNA에서 단백질로) 36, 115-116,

123, 193, 197, 280
벤도비온트 240-248, 255, 275, 309, 312
벤디아 248
벨처 군도, 캐나다 139, 163
벨타넬리포르미스 컬러도판 7, 239
부기저체류 45, 142, 187, 219
분별효과, 동위원소의 76, 98, 147-148, 150-151
분자시계 285, 287-288, 290-291, 307, 310
붉은 층 145-146
빌랴흐 층군 162-164, 173-174, 177
빗해파리 274
빙하기, 원생이언 후기의 65, 205, 296-312 ; —의 개수, 295-296 ; —의 고위도, 300
빙하작용 ⇒ 빙하기

【ㅅ】
산소(O_2) ; 동물의 생리기능에서 —, 309-310 ; 시생이언의 대기에 포함되어 있는 양, 103 ; — 순환, 152-154 ; 원생이언 초기 생물권에서 — 증가, 142-146, 150-152, 155-157 ; 원생이언 후기 생물권에서 — 증가, 226-228, 310-311, 317-318
산호 ; —와 공생하는 광합성생물, 182, 186 ; — 모양의 생물이 만든 것으로 보이는 작은 관, 215
삼엽충 13-14, 25, 30, 35, 67, 72, 238, 246-248, 272, 346, 348
상동 38

상피 264, 268
색소 39-40, 51, 128, 189
생명; ―의 기원, 111-131; ―의 크기 한계, 329; 지구 외―, 334-343; 지적 ―, 342-343; 행성규모의 과정을 만들어내는 주체로서의 ―, 321
생명과 환경의 공진화 16
생명의 계통수 40, 44-45, 49-50, 52-54, 58, 78, 89, 102-104, 131, 141, 185, 187, 209, 234, 237, 288, 307, 346; ―에서 인류의 위치, 346; ―의 뿌리, 47-48; 화석에 의한 교정, 142, 219, 278
생물; ―의 비교, 35-37, 309; 행성규모의 시각으로 본 ―, 334; 행성규모 과정으로서의 ―, 321
생물권의 미래 346-350
생물지구화학적 순환 53, 347
생물지표분자 217-218, 221
생물층서학, 원생이언의 220
생미네랄화 251
생태계; ―의 복잡성, 218, 225; ―의 작동, 38; 미생물의 ―, 컬러도판 1
생태환경 102, 196, 253, 284, 316, 335, 346; 너그러운 ―, 284, 308, 314, 317
샤크 만, 호주 72
석고 211, 24, 62, 76, 89, 151; ―에서 질량 비의존적인 황동위원소 분별효과, 151; 와라우나 층군의 ―, 89, 91
석회암 21-25, 61, 74, 131, 137, 147, 154, 171, 205, 236, 250, 277, 297-298, 305, 326

선구동물 268, 287-288, 290
선캄브리아-캄브리아 경계 24, 250, 261; ―에서 일어난 환경의 교란, 312-315
선형동물 244, 268-270, 290, 309
섬모충류 117, 190, 200, 217, 306
성경 347-348
세균엽록소 41
세모편모충류 200
세포골격 193-194, 197, 199, 221-222, 225-226, 279
세포핵 182-183, 185-186, 191, 209, 263; ―의 화석으로 추정되는 것, 208-209
셔고타이트 324
소닉 헤지호그sonic hedgehog 280
소진화 317
수렴(진화) 38, 166-167
수소(H_2) 41, 51, 113-114, 126, 148, 154, 156, 197-198, 200
수소발생소포 198, 200
수평이동, 유전자의 49, 51 126-127, 129, 193
스와르트푼티아 컬러도판 7, 241, 244, 255
스테란 141, 146, 220, 222, 334
스테롤 141, 146; ―의 합성에 필요한 산소, 146
스트로마톨라이트 72, 74, 78, 88, 90, 92-93, 97, 99, 136-139, 171-176, 236; 건플린트 층의 ―, 136-138; 스피츠베르겐 섬에서 나온 암석의 ―, 72-74; 나마 층군의 ―, 236; 빌랴흐 층군의

—, 172-173 ; 와라우나 충군의 —, 88-92, 97
스파에로틸루스 138
스프리기나 248-249, 250, 271
시리우스 파셋의 동물상
시아노박테리아 ; —의 오랜 역사, 102, 139-141 ; —의 생물지표분자, 140 ; —의 세포분화, 164-166 ; 내부공생체로서의—, 181-183 ; —의 진화, 163, 168-170 ; 벨처 군도에서 나온 암석의 화석, 139 ; 빌랴흐 충군의 화석, 컬러도판 4, 164-166 ; 비터 스프링스 충의 화석, 208 ; 나마 충군의 화석, 236 ; 스피츠베르겐 암석의 화석, 66-70 ; —의 광합성, 130 ; —의 계통관계, 165 ; 시생이언 후기 암석에서 — 화석처럼 보이는 것, 139 ; —의 정체, 168-170
시안화수소 119
신터 137
신학 348
실리카(SiO_2) 66, 69, 88-90, 92, 104, 136-138

[ㅇ]

아나바리테스 트리술카투스 26
아나베나 컬러도판 4, 164-165
아노말로카리스 275
아데닌 119
아르카이오키아탄스 262
아르카이오엘립소이데스 컬러도판 4, 164-165
아메바 39, 194-196, 200, 217-218, 261, 306-307 ; 유각—의 화석, 217-219 ; 유각—, 217-218, 306-307
아미노산 44, 52, 114, 122-123, 126
아이리스eyeless 280, 283
아이쉐아이아 페둔쿨라타 276
아카데미케르브린 충군 61-62, 64-65, 72, 74, 87, 173-174, 295
아킬리아 섬, 그린란드 105-106
안드로스 섬, 바하마 제도 68
알츠하이머병 348
암모늄이온(NH_4^+) 228
암모니아(NH_3) 42-43, 112-114
압축화석 210-211, 213, 218, 221-222, 274
애기백관해파리류 244
액틴 193
앨런 힐스, 남극 326, 333
에디아카라 언덕, 호주 237
에르니에타 241
에오아스트리온 138
에오엔토피살리스 컬러도판 3, 163, 173
엔토피살리스 컬러도판 3, 163, 167
연체동물 25, 38, 246, 249, 268, 272-273, 276-277 ; 에디아카라 화석과의 비교, 249 ; —의 화석, 25, 273
연충류 244, 251, 272
열수시스템 104 ; —과 생명의 기원, 126 ; —의 호열성세균, 45, 51-52 ; 화성의 열수분출공, 337 ; 시생이언의 —, 88, 94, 98, 104 ; 현대의 열수분출공, 52
염색체 46, 193, 280
엽록소 39-41, 128-129

엽록체 181-190, 192-195, 342 ; ―의 기원, 182-191 ; ―의 계통관계, 188
예쁜꼬마선충 283
옐로스톤 국립공원 52, 88, 90, 138
오라케이 코라코, 뉴질랜드 컬러도판 1
오르도비스기 273-274, 277
오만 314
오바토스쿠툼 239
오파비니아 274-275
올레넬루스 컬러도판 8
와라우나 층군 81, 85, 87-90, 92-98, 100, 102, 104-105, 107, 125, 131, 135-136 ; ―의 스트로마톨라이트, 90-92 ; ―에서 생물의 미세구조로 볼 수 있는 것, 92-96, 330 ; ―의 탄소동위원소, 97-98 ; ―의 연대, 87 ; ―의 황동위원소, 98
와편모조류 190, 200, 217, 306 ; ―의 최초의 기록, 217
완족동물 25, 268, 272, 274, 277, 307, 316, 348 ; ―의 화석, 25, 58 ; ―과 페름기-트라이아스기 경계의 대멸종, 307, 314
외배엽 264, 266
우라늄-철(U-Pb), 지질연대학에서 205
우라니나이트(산화우라늄, UO_2) 144
우이드 63-64, 66, 68-69, 71, 173, 305
우주생물학 334, 339-341, 343
우파니샤드 347
원생동물 14-15, 39, 42, 58, 75, 117, 181, 185, 190, 200, 200, 203, 217-219, 223-224, 229, 260, 265, 291, 312 ; ―의 화석, 58, 71, 218, 223

원핵생물 39-44, 46, 52, 72, 192, 195, 197 ; ―과 유성생식[짝짓기], 224
웡안, 중국 212-213
위와시아 275-276
유글레나 45, 187-188, 194, 219
유로파 340, 343
유아돌연사 348
유전암호 36, 44, 47, 121, 123, 125
유전자 ; ―복제(중복), 47-48, 126, 129, 317 ; ―수평이동, 49, 51, 126-127, 129, 141, 193 ; 조절―, 281, 283-284
유전자형 169
이매패류 255
이산화탄소(CO_2) 39-42, 76-77, 103, 114, 126, 130, 146-148, 152, 157, 176, 185, 197, 299, 302, 304-305, 311, 313, 332, 341-342
이질아메바 195-196
인산염(인산기) 105-106, 112, 203, 205-206, 212-213, 215, 234, 291 ; 38억 년 전 암석의 ―, 105-106 ; 화석을 포함한 ―, 컬러도판 5, 203-205, 209-211, 215, 234 ; 골격의 ―, 267, 272 ; 생명의 기원에서 ―, 119, 124
인지질 124-125
입금편모충류 260

【ㅈ】
자가복제 113, 122
자성을 띤 화석 331-332
자세포 264-265

찾아보기 387

자연선택 27, 29, 37, 72, 112, 121-122, 125-129, 169-170, 284

자철석, ALH-84001 속의 326, 331-334 ; 생물기원을 긍정하는 증거, 332 ; 생물기원을 부정하는 증거, 333-334

자포동물 239-242, 244-246, 248, 254, 264-266, 272, 283, 288, 290, 309, 312, 317 ; 군체를 형성하는—, 244 ; 초기—의 화석일 가능성이 있는 것, 컬러도판 5, 239-240

장강삼협, 중국 204-205, 209, 212

적응 37-38, 44, 50, 166, 169-171, 195, 308, 346

적응도 169-170

적응지형 169-170

적철석(Fe_2O_3) 103

전사(DNA에서 RNA로) 36, 46, 115, 117, 193, 195, 197, 280

절지동물 13, 38, 214-215, 238, 241, 248, 255, 268-272, 274-277, 280-281, 283, 316 ; —에서 혹스 유전자의 발현, 208-283

점균류 200

제이콥 말리적 사실 75, 147, 150, 154, 270

조류 ; —의 화석, 컬러도판 2/5/6, 58, 72, 177, 208, 213, 216-217, 228, 239 ; —의 원생이언 후기의 진화, 229, 315 ; 갈—, 컬러도판 2/5/6, 39, 210, 306 ; 녹—, 컬러도판 2, 72, 184, 188-191, 194, 200, 207, 213, 216, 239, 306 ; 홍—, 컬러도판 5/6, 184, 188-191, 200, 213, 216, 290, 306

종교 349

종속영양생물 39, 50, 229

좌우대칭동물 247-249, 264, 266, 268, 271-272, 274-277, 283, 285, 287-288, 290, 312, 314, 317 ; —의 초기의 분기, 285-288 ; —의 생흔화석, 285 ; —의 발생 유전자, 281-283

줄기 생물군 272-273, 276, 290, 312, 314

중배엽 266

중복편모충류 45, 187, 219

중정석 89, 98

쥐 281, 283, 287, 328

지구시스템과학 295, 299

지구형행성탐사계획 341-342

지르콘 86-87, 135, 348

지배인, 행성의 349

지의류 57, 241

지질 ; 생물지표분자로 보존된—, 75 ; 막상의—, 124-125

지질연대 14, 82, 85, 272

지질연대결정 85

진정세균 193, 199, 206

진핵생물 ; —의 '빅뱅', 220 ; —의 세포조직, 184 ; —의 화석기록, 177, 236 ; —의 원생이언 후기의 다양화, 212, 216-220, 229 ; —의 원생이언 후기의 화석, 컬러도판 2/5/6, 203, 209-219 ; —의 원생이언 중기의 화석, 컬러도판 6, 222 ; —의 기원, 179-200 ; —의 계통관계, 187, 194, 200, 218-219 ; —화석의 구별, 206-209

진화 ; 화학적—, 109, 122

진화성 271
질산염(NO_3^-) 40-43, 149
질세모편모충 198
질소 ; ― 순환, 42-43, 102 ; ― 고정, 43, 164-166, 196
질소환원효소 228
짝짓기(유성생식) 221, 223-226

【ㅊ】
찬우드 숲, 영국 242
창조 이야기 17, 347-348
창조론자 128, 348
채식採食 225, 265
처트 ; 건플린트 층군의 ―, 136-138 ; 시생이언 지층의 ―, 88, 94-96, 104 ; 스피츠베르겐 섬에서 나온 암석의 ―, 63, 66, 71-72 ; 더우산튀 층군의 ―, 209, 212 ; 빌랴흐 층군의 ―, 163-176
척색동물 268, 274, 277, 316
천막구조 62, 173
철광층 140, 142-143, 146, 153, 155-156, 299, 302
청장의 동물상 276
초, 미생물의 235, 251-252, 314 ; 스트로마톨라이트의 ―, 73, 172
초식 203
초파리 279-281, 283, 288
촉수담륜동물 268

【ㅋ】
카르니아 242

카르니오디스쿠스 242, 244
칼륨-아르곤에 의한 지질연대결정 85
캄브리아 ; ― 기의 연대결정, 87 ; ― 기 대폭발, 14, 21, 23, 31, 53, 55, 57, 59, 84, 234, 250, 259, 267, 274, 277, 281, 316-317 ; ― 기의 화석, 컬러도판 8, 19, 24-31, 58, 205, 214, 257 ; ― 기, 19, 30, 236, 248-250, 255, 257, 274-278, 281 ; ― 계, 30
켈프 39, 200
코투이칸 강과 절벽, 시베리아 19, 21-23, 25-26, 29, 30-31, 35, 53, 58, 87, 131, 140, 161-162, 171, 177, 206-207, 246, 255, 259, 272, 312
콜라겐 262
콜레스테롤 141
쿤테루나 층군 105
크립토조류(은편모조류) 189
클라도포라에 대응하는 생물의 화석 컬러도판 2, 216
클라우디나 250-251, 253-255, 266, 314-315
키랄 분자 119-120
키클로메두사 239
킴베렐라 249-250, 271, 273

【ㅌ】
타이탄 340
타파니아 컬러도판 6
탄산염(암) ; ― 의 해저 침전물, 92, 174-176, 298, 326 ; ― 동위원소 조성, 75, 78 ; ALH-84001 안의 ―, 325-327,

캡 —, 297-299, 301-302, 312, 305 ;
  골격형성에 쓰이는 —, 235, 250-255,
  266-267
탄소 14(^{14}C) 76, 84-85
탄소 114, 346
탄소순환 42-43, 76, 78, 148-150, 153,
  197, 298, 312, 317 ; 원생이언 초기의
  —, 139 ; 호수의 —, 148 ; 시생이언
  후기의 —, 148 ; 원생이언 후기의 —,
  299, 317
탄소동위원소 ; —의 분별효과, 76, 147-
  149 ; 37~38억 년 전 암석의 —, 105-
  107 ; 건플린트 층의 —, 139 ; 원생이
  언-캄브리아기 경계의 —, 312 ; 원생
  이언 후기의 빙하시대와 관련된 —,
  298, 301, 304-305, 310 ; 스피츠베르
  겐 섬에서 나온 암석의 —, 76-77 ; 바
  베르톤의 암석의 —, 97 ; 와라우나 암
  석의 —, 99 ; 시생이언 후기에서 원생
  이언 초기에 걸친 암석의 —, 147-149
탈피동물 268
테트라히메나 테르모필라 117
퇴적지질학 61
트리브라키디움 247-248
틴맨 tinman 280, 283

【ㅍ】
파르반코리나 248
판구조운동 99, 102
펩티드 핵산 121
포름알데히드 113, 119
표석점토암 205, 295-301, 303-304, 312 ;

난뛰 —, 300 ; 누메스 —, 296
폴리베수루스 비파르티투스 컬러도판 6
  67-68, 174
프라이캄브리디움 248
프로테오박테리아 192, 196-198 ; 미토
  콘드리아의 기원으로서 —, 192
프테리디니움 컬러도판 7, 241, 255
플라스모디아 200
피롤로부스 푸마리이 51
필로쥰 242

【ㅎ】
하데안이언 24
할로박테리아(호염성세균) 51-52
해면동물 190, 215, 248, 260-265, 274,
  283, 288, 312 ; —의 발생 유전자, 283
해면류 26
해파리 238-240, 244-245, 247, 251,
  254, 264-265, 274
핵산 42, 109, 117, 119-124, 129, 208,
  329
핵체 189-190
행성, 태양계 외의 341
행성탐사 330, 341-342, 349
현생이언 24, 219, 296
호상철광층(BIF) ⇒ 철광층
호흡 39-43 ; 산소 —, 39, 42, 149, 152,
  156-157, 192-193, 197 ; 무산소 —,
  42, 149 ; —의 오랜 역사, 104 ; 미토
  콘드리아와 —, 192 ; 철을 이용한 —,
  42 ; 망간을 이용한 —, 42 ; 질산염을
  이용한 —, 40, 42-43, 149 ; 황산염을

이용한—, 40-43, 149
혹스Hox 유전자 279-281, 283
홀로코스트 156, 348 ; '산소'—, 156
화석 ; 석회질—, 235 ; 캄브리아기의—, 컬러도판 8, 25-26, 58, 261-262, 267, 272-278 ; 시아노박테리아의—, 컬러도판 2/3/4, 55, 66-70, 139-140, 159, 163-166, 208, 236 ; 에디아카라—, 컬러도판 7, 237-250, 255, 303, 308, 312, 314-317 ; 진핵생물의—, 컬러도판 2/5/6, 200, 206-222 ; 작은 껍데기—, 26 ; 생흔—, 236, 247, 250, 255, 267, 283, 289 ; —의 모델, 253-254
화석토양 145-146
화성 319, 334 ; —에 생명체가 있다는 주장들, 322-333 ; —탐사, 334-336 ; —에서 온 운석, 322-333 ; 지구 생명의 기원, 111, 335 ; —에 생명이 있을 가능성, 335-338, 340, 343 ; —로봇탐사, 336 ; —의 황동위원소, 151 ; —의 물, 336-339
화성탐사선 글로벌 서베이어 호 338
화학합성 41, 50, 94, 98, 104, 147-148, 156, 196, 325, 337 ; —의 오랜 역사, 104
황 ; —순환, 78, 139, 151
황동위원소 97-98, 150-151, 311 ; —분별효과, 76, 78 ; 건플린트 지층의—, 139 ; 질량 비의존적인—의 분별효과, 144, 151 ; 와라우나 층군의—, 97
황산염 40-42, 76, 78, 98, 127, 143, 146, 149-150, 156, 302, 311 ; 박테리아에 의한—환원, 40-42 ; —을 이용하는 호흡, 40-42, 76, 127
황산염환원세균 76, 78, 98, 143, 149-150, 156
황철광(황철석) 76, 105
황화수소(H_2S) 40-41, 76, 126, 143, 150, 156, 226-227, 229, 302, 311
효소 43, 115, 117, 127, 130, 167, 185, 211, 228, 265, 286-287
후구동물 268, 287-288, 290
흑연 106-107
흑해 227
히드라 290
히에말로라 239

〈뿌리와이파리 오파비니아〉를 내며

지금부터 5억 년 전, 생물의 온갖 가능성이 활짝 열린 시대가 있었다. 우리는 그것을 캄브리아기 대폭발이라 부른다. 우리가 아는 대부분의 생물은 그때 열린 문들을 통해 진화의 길을 걸어 오늘에 이르렀다.

그러나 그보다 많은 문들이 곧 닫혀버렸고, 많은 생물들이 그렇게 진화의 뒤안길로 사라졌다. 흙을 잔뜩 묻힌 화석으로 발견된 그 생물들은 우리의 세상을 기고 걷고 날고 헤엄치는 생물들과 겹치지 않는 전혀 다른 무리였다. 학자들은 자신의 '구둣주걱'으로 그 생물들을 기존의 '신발'에 밀어 넣으려고 안간힘을 썼지만, 그 구둣주걱은 부러지고 말았다.

오파비니아. 눈 다섯에 머리 앞쪽으로 소화기처럼 기다란 노즐이 달린, 마치 공상과학영화의 외계생명체처럼 보이는 이 생물이 구둣주걱을 부러뜨린 주역이었다.

뿌리와이파리는 '우주와 지구와 인간의 진화사'에서 굵직굵직한 계기들을 짚어보면서 그것이 현재를 살아가는 우리에게 어떤 뜻을 지니고 어떻게 영향을 미치고 있는지를 살피는 시리즈를 연다. 하지만 우리는 익숙한 세계와 안이한 사고의 틀에 갇혀 그런 계기들에 선불리 구둣주걱을 들이밀려고 하지는 않을 것이다. 기나긴 진화사의 한 장을 차지했던, 그러나 지금은 멸종한 생물인 오파비니아를 불러내는 까닭이 여기에 있다.

진화의 역사에서 중요한 매듭이 지어진 그 '활짝 열린 가능성의 시대'란 곧 익숙한 세계와 낯선 세계가 갈라지기 전에 존재했던, 상상력과 역동성이 폭발하는 순간이 아니었을까? 〈뿌리와이파리 오파비니아〉는 두 개의 눈과 단정한 입술이 아니라 오파비니아의 다섯 개의 눈과 기상천외한 입을 빌려 우리의 오늘에 대한 균형 잡힌 이해에 더해 열린 사고와 상상력까지를 담아내고자 한다.

상상력을 자극하는 흥미로운 과학의 세계로! 〈뿌리와이파리 오파비니아〉

눈의 탄생 – 캄브리아기 폭발의 수수께끼를 풀다

동물 진화의 빅뱅으로 불리는 캄브리아기 대폭발! 이 엄청난 사건의 '실체'와 '시기'에 관해서는 그동안 잘 알려져 있었으나 그 '원인'에 관해서는 지금까지 수많은 가설과 억측이 난무했다. 왜 그때에 진화의 '빅뱅'이 일어났던 걸까? 무엇이 그 사건을 촉발시켰을까? 앤드루 파커가 제시하는 놀라운 설명에 따르면, 바로 이 시기에 눈이 진화해서 적극적인 포식이 시작되었다는 것. 이 책은 영향력을 넓히면서 더욱 인정받아가는 그 이론을 본격적으로 탐사하며 소개한다. 생물학, 역사학, 지질학, 미술 등 다양한 분야를 포괄한 과학적 탐정소설 형식의 『눈의 탄생』은 대중과학서의 고전으로 자리잡기에 손색없다.
한국출판인회의 선정 이달의 책! 과학기술부 인증 우수과학도서!

앤드루 파커 지음 | 오숙은 옮김

대멸종 – 페름기 말을 뒤흔든 진화사 최대의 도전

지금부터 2억 5,100만 년 전, 고생대의 마지막 시기인 페름기 말에 대격변이 일어났다. 육지와 바다를 막론하고 무려 90퍼센트가 넘는 동물종이 감쪽같이 사라지고 말았다. 지금은 희미한 화석으로만 겨우 알아볼 수 있는 갖가지 동물군들이 펼쳐냈던 장엄한 페름기의 생태계가 순식간에 몰락해버렸다. 생명의 역사상 그처럼 엄청난 대멸종의 회오리를 일으킬 만한 것이 대체 무엇이었을까? 운석이 충돌했던 것일까? 초대륙 판게아에서 대규모로 화산활동이 일어났던 것일까? 이러한 숱한 궁금증들을 풍부한 정보와 함께 치밀하게 그려낸 책. **과학기술부 인증 우수과학도서!**

마이클 벤턴 지음 | 류운 옮김

삼엽충 — 고생대 3억 년을 누빈 진화의 산증인

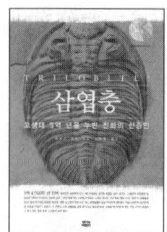

삼엽충은 5억 4,000만 년 전에 홀연히 등장하여 무려 3억 년이라는 장구한 세월을 살다가 사라졌다. 리처드 포티는 고대 바다 밑에 우글거렸던 이 동물들을 30년 넘게 연구한 학자이다. 그는 징그럽게 보일 수도 있는 이 동물들이 우리에게 경이롭고 사랑스럽고 대단히 많은 교훈을 전한다고 말한다. 이 책에는 그가 삼엽충을 대할 때 느끼는 흥분과 열정, 그리고 그들을 연구하면서 얻은 지식이 고스란히 녹아 있다. 리처드 포티는 이 색다른 동물들의 이야기 속에 진화가 어떻게 이루어졌으며, 과학이 어떤 식으로 발전하고, 얼마나 많은 괴짜 과학자들이 활약했는지를 흥미진진하게 풀어낸다.

리처드 포티 지음 | 이한음 옮김   * 한국간행물윤리위원회 선정 이달의 읽을 만한 책!

최초의 인류 — 인류의 기원을 찾아나선 140년의 대탐사

인간은 어디서 왔을까? 최초의 인류는 언제, 어디서 생겨났을까? 다윈 이후 인간의 기원을 찾기 위한 탐색은 화석인류의 발견으로 이어졌다. 최초의 조상인류로서 영광을 누리던 화석들은 머지않아 더 오래된 화석의 발견으로 그 지위에서 쫓겨나기를 반복했다. 『사이언스』지 진화 담당기자였던 앤 기번스는 이 책에서 인류의 기원을 밝히기 위한 과학자들의 노력과 연구, 인간적인 협력과 경쟁관계를 매우 사실적이고 공정하게 추적한다. 자바원인의 발견부터, 세계적인 고인류학 탐사대 4개 팀을 중심으로 한 최근의 발견 이야기까지, 기번스는 학자의 저서에서는 보기 힘든 객관적인 관점과 능숙한 솜씨로 최초의 인류를 둘러싼 과학자들의 휴먼 스토리를 생생하게 들려준다.

앤 기번스 지음 | 오숙은 옮김

노래하는 네안데르탈인 – 음악과 언어로 보는 인류의 진화

인간은 왜 음악을 만들고 들을까? 스티븐 미슨은 이 의문을 추적하면서 음악과 언어의 밀접한 관계, 음악이 인류 진화에 미친 영향을 찾아나선다. 스티븐 미슨에 따르면, 현생 인류에게 비교적 최근에 언어능력이 생기기 전까지, 음악은 이성을 유혹하고 아기를 달래고 챔피언에게 환호를 보내고 사회적 연대를 다지는 구실을 했다고 한다. 음악을 인류의 진화과정에서 생긴 쓸모없는 부산물로 치부하는 학자도 있지만, 『노래하는 네안데르탈인』은 언어에 가려 상대적으로 간과되어왔던 음악의 진화적 지위를 되찾아줄 것이다.

스티븐 미슨 지음 | 김명주 옮김

미토콘드리아 – 박테리아에서 인간으로, 진화의 숨은 지배자

우리 몸의 에너지는 어디에서 나오는 것일까? 성은 어떻게 생겨났을까? 우리의 노화와 죽음을 조종하는 것은 무엇일까? 그 해답은 모두 미토콘드리아 안에서 찾을 수 있다. 미토콘드리아는 우리 몸속 가장 깊은 곳에서 소리 없이 우리 삶을 지배하는 생명 에너지의 발전소이자 다세포 생물의 진화를 이끈 결정적인 원동력이다. 한동안 미토콘드리아는 핵이 있는 복잡한 세포를 위해 묵묵히 머슴처럼 일만 하는 기관으로 여겨졌다. 그러나 이제 미토콘드리아의 의미는 밑바닥부터 변화되고 있다. 오늘날 미토콘드리아는 복잡한 생명체를 탄생시킨 주인공으로 그 위치가 바뀌었다. 미토콘드리아가 없었다면 지구의 생명체는 여전히 세균뿐이었을 것이다!

닉 레인 지음 | 김정은 옮김

생명 최초의 30억 년
지구에 새겨진 진화의 발자취

2007년 3월 15일 초판 1쇄 펴냄
2021년 12월 30일 초판 6쇄 펴냄

지은이 앤드루 H. 놀
옮긴이 김명주

펴낸이 정종주
편집주간 박윤선
편집 박소진 김신일
마케팅 김창덕

펴낸곳 도서출판 뿌리와이파리
등록번호 제10-2201호 (2001년 8월 21일)
주소 서울시 마포구 월드컵로 128-4 (월드빌딩 2층)
전화 02)324-2142~3
전송 02)324-2150
전자우편 puripari@hanmail.net

디자인 페이지
종이 화인페이퍼
인쇄 및 제본 영신사
라미네이팅 금성산업

값 22,000원
ISBN 978-89-90024-66-4 (03450)